I0074086

KROENING

Die Preßluft = Werkzeuge

Die Preßluft=Werkzeuge

ihre Anwendung und ihr Nutzen

Von

ERICH C. KROENING

Mit 246 Abbildungen im Text

2. verbesserte Auflage

München und Berlin 1922
Druck und Verlag von R. Oldenbourg

Alle Rechte, einschließlich des Übersetzungsrechtes, vorbehalten

Herrn Direktor Ed. Rothauge

zugeeignet

Vorwort zur ersten Auflage.

Die Folgen des großen Krieges: Mangel an Arbeitskräften und hohe Lohnforderungen werden unzweifelhaft künftig in erhöhtem Maße das Bestreben hervortreten lassen, nach Möglichkeit die Handarbeit auszuschalten und sie durch maschinelle Einrichtungen und Apparate zu ersetzen, um die Produktion zu verbilligen, Zeit zu sparen und vor allem mehr als vordem von den geschulten, teuren Arbeitskräften unabhängig zu sein, soweit dies eben angängig ist.

Die deutsche Industrie wird auf diesem Entwicklungsgang dem Beispiel Amerikas folgen müssen, in welchem Lande schon lange Zeit vorher die Arbeitsverhältnisse dazu drängten, die oben angeführten Ziele mit allen Mitteln zu erreichen, um in neuerer Zeit auf Grund der Taylorschen Vorschläge teilweise sogar noch weit darüber hinauszugehen!

Es ist erklärlich, daß die ersten Preßluftwerkzeuge in Amerika entstanden, wo man ihre Nutzbarkeit zuerst erkannte und sich mit Erfolg bemühte, sie immer weiter zu vervollkommnen und gleichzeitig ihren Wirkungskreis auszudehnen. Die pneumatischen Apparate sind deshalb drüben in außerordentlichem Maße verbreitet. Alle Industriezweige haben sich ihre Anpassungsfähigkeit zunutze gemacht, soweit die Werkzeuge überhaupt für ihre Zwecke in Frage kommen können.

Da die Preßluftwerkzeuge durchweg die Handarbeit in bezug auf Leistung um ein Vielfaches übertreffen, gleichzeitig aber auch die Qualität der Arbeit mit ihnen verbessert wird, so läßt schon ein oberflächlicher Überschlag beträchtliche Werte zugunsten des Druckluftbetriebes herausrechnen.

Nachdem die Amerikaner in ihrem Lande eine starke Preßluftwerkzeugindustrie ins Leben gerufen hatten, versäumten sie natürlich nichts, um schleunigst auch den ausländischen Markt zu erobern. Ehe man bei uns so weit war, ihnen mit guten, einheimischen Erzeugnissen entgegenzutreten, hatten sie bereits den Rahm abgeschöpft und sich — hauptsächlich bei den Großabnehmern, den Werften, — vortrefflich einzunisten verstanden.

Dann kam der Krieg, der endlich auch so manchen Freunden amerikanischer Fabrikate den Beweis lieferte, daß die deutsche Industrie nach jeder Richtung hin leistungsfähig ist. Wer heute noch nicht davon überzeugt ist, daß wir die amerikanischen Werkzeugmaschinen, Werkzeuge, Schreibmaschinen u. a. m. wahrlich nicht brauchen, der hat die Lehren des Völkerringens nicht begriffen. Gewiß werden Handel und Wandel, den Chauvinisten aller Länder zum Trotz, sich fernerhin entwickeln, aber es wäre schade, wenn wir die Großmannssucht der Yankees auch in Zukunft in demselben Maße wie früher durch willige Abnahme gerade ihrer Fertigfabrikate stärken würden, zum Schaden unserer heimischen Industrie.

Zu den Erzeugnissen, in denen wir nicht auf die Lieferungen vom Ausland angewiesen sind, gehören die Preßluftwerkzeuge. Und da, wie anfangs gesagt, sicherlich eine bedeutende Nachfrage darin zu erwarten sein dürfte, so wird es gut sein, Verbrauchern und Interessenten die Leistungsfähigkeit der deutschen Preßluftindustrie einmal vor Augen zu führen. Es wäre traurig, wenn die Herren von drüben über kurz oder lang unser Land wiederum mit ihren Fabrikaten überschwemmen könnten. Das »business as usual« muß ihnen erschwert werden. Die deutschen Abnehmer müssen treu zur Fahne halten! Und das wird ihnen leicht gemacht durch die Tatsache, daß die heimischen Werkzeuge den bekanntesten überseeischen Marken ebenbürtig sind in Konstruktion, Ausführung und Leistung!

Diese Anschauung verbreiten zu helfen, ist der Zweck des Buches. Da es hauptsächlich für die Verbraucher bestimmt ist und weniger als Nachschlagewerk für Konstrukteure, so konnte von einer vergleichenden Gegenüberstellung der verschiedenen Fabrikate zumeist Abstand genommen werden, zumal dieselben heute, nachdem die Preßluftwerkzeuge über das Versuchsstadium hinaus sind, einander ziemlich ähnlich sehen.

Berlin, im April 1918.

Der Verfasser.

Vorwort zur zweiten Auflage.

Bei der Dürftigkeit der Literatur auf dem Gebiete der Druckluftverwertung war es eigentlich nicht verwunderlich, daß die erste Auflage in überraschend kurzer Zeit vollständig vergriffen war.

Der unvorhergesehene ungünstige Verlauf des Krieges hatte anfangs eine empfindliche Schädigung der deutschen Industrie im Gefolge. Inzwischen ist eine Besserung eingetreten; es wird wenigstens allenthalben wieder tüchtig gearbeitet! Und es zeigt sich schon, daß auch im Ausland der Respekt vor der Hochwertigkeit der deutschen Erzeugnisse nicht abhanden gekommen ist.

Wenngleich sich vorläufig die unliebsamen Spuren der Knebelung seitens der sogenannten Sieger an unserem, durch die gigantischen Anstrengungen im Kriege an und für sich geschwächten Wirtschaftskörper nicht verkennen lassen, so ist doch zu erwarten, daß dieser sich in absehbarer Zeit vollends wieder erholen wird. Sonst könnten wir aber auch in dem unausbleiblichen scharfen Konkurrenzkampf der Länder nicht bestehen! Auf diesen Kampf heißt es sich jetzt einstellen! Wer hernach schlecht gerüstet ist, der kommt unter die Räder.

Die wirtschaftlichen Verhältnisse haben sich gegen die Vorkriegszeit wesentlich verdreht! Die Materialpreise haben sich völlig verschoben. Löhne und Gehälter haben eine enorme Steigerung erfahren. Alle Ansprüche haben sich geändert.

Wir nähern uns immer mehr den amerikanischen Verhältnissen. Die Handarbeit wird so kostspielig, daß das Bestreben, sie tunlichst durch mechanische Kräfte zu ersetzen, gebieterisch wird.

Für die Preßluftindustrie ist diese Tendenz von großer Bedeutung! Keine Kesselschmiede, keine Gießerei, keine Konstruktionswerkstatt kann es sich fürderhin erlauben, von Hand zu nieten, zu meißeln, zu bohren und zu stampfen! Vom Lokomotiv-, Schiff- und Brückenbau usw. ganz zu schweigen! Aber auch ganz neue Arbeitsgebiete werden sich der Druckluft noch erschließen.

So wird die zweite Auflage des Preßluftbuches einen noch größeren Interessentenkreis vorfinden, und das Buch wird seine Hauptaufgabe, die Leistungsfähigkeit der deutschen Preßluftindustrie ins rechte Licht zu setzen, unter den relativ günstigsten Voraussetzungen erfüllen können!

Den im Text genannten Mitarbeitern, wie auch den betreffenden Firmen sei für ihre Unterstützung an dieser Stelle Dank gesagt.

X

Möge das Buch dazu beitragen, den deutschen Preßluftfirmen den Konkurrenzkampf gegen die ausländischen Marken, deren erneute Invasion nur
eine Frage der Zeit ist, etwas zu erleichtern. Und möge es zugleich recht vielen
ein nützlicher Ratgeber werden bei der Einrichtung einer Druckluftanlage
oder bei der Auswahl der in Betracht kommenden Maschinen und Werkzeuge!

Ende Dezember 1921.

Der Verfasser.

Zu den Berechnungen,

die an verschiedenen Stellen des Buches sich befinden, sei bemerkt, daß die
denselben zugrunde gelegten Arbeitslöhne, Betriebskosten, Preise der Maschinen, Werkzeuge usw. aus der Vorkriegszeit stammen und unverändert der
ersten Auflage entnommen worden sind. Es wäre ein leichtes gewesen,
die Kosten und Preise den augenblicklichen Verhältnissen anzupassen. Diese
jedoch entbehren gerade jetzt jeder Stabilität; die Löhne ändern sich fortwährend, man könnte sagen von heut auf morgen, und auch die Anschaffungskosten für Maschinen und Werkzeuge, Schläuche und Armaturen usw. haben
keine feste Basis. Die Berechnungen, die den augenblicklichen Verhältnissen
entsprechen, wären in den nächsten vier Wochen überholt! Aus diesem
Grunde erschien es richtiger, allen Berechnungen die früheren, stabilen
Grundlagen zu geben. Auf diese Weise dürfte am ehesten ohne Schönfärberei
die Rentabilität des pneumatischen Betriebes rechnerisch vor Augen geführt
werden können.

Inhaltsverzeichnis.

Register.

Zur Geschichte der Druckluft.

Es ist nicht mit Sicherheit festzustellen, wie weit die Anfänge, gepreßte und verdichtete Luft für Arbeitszwecke nutzbar zu machen, zurückreichen. Aus alten Berichten läßt sich entnehmen, daß der Gedanke, gepreßte Luft in geräumigen, eisernen Kasten für Unterwasserbauten zu verwenden, von dem Franzosen Papin ausgegangen ist, der sich in der Mitte des 17. Jahrhunderts mit derartigen Gründungen befaßt haben soll. Angeblich hatte dieser auch schon Pläne geschmiedet, die in der Druckluft schlummernde Energie als Kraftquelle zu gebrauchen. Offenbar war aber die damalige Zeit für solche Pläne noch nicht reif, wie ja die Technik allgemein erst viel später den Erfindern den Weg zum Erfolg zu ebnen vermochte.

Es verlautet, daß 1778 der Engländer Smeaton beim Bau einer Brücke in Hexham (Northumberland) das Papinsche Verfahren mit Erfolg zur Anwendung gebracht hat. Sehr viel später, im Jahre 1839, soll der Franzose Triger dann auf gleiche Weise bei Chalonnes die Loire untertunnelt haben, indem er dort einen 20 m tiefen Schacht ausbaute, um sich Zutritt zu einem Kohlenlager zu verschaffen. Vermutlich hatte er dabei Glück gehabt, denn es wird berichtet, daß er 6 Jahre später in diesem Bergwerk eine Kraftübertragung mittels Druckluft einrichtete, und daß der Weg von dem über Tage stehenden Kompressor bis zu dem Verwendungsplatz etwa 200 m lang gewesen ist.

Jedenfalls steht fest, daß die Druckluft als Kraftquelle zuerst in Bergwerken, in späterer Zeit hauptsächlich zur Speisung von Gesteinsbohrmaschinen Verwendung gefunden hat. Die verbrauchte Luft wurde dann gleich zur Ventilation der Arbeitsräume benutzt. 1859 beim Bau des Mont-Cenis-Tunnels wurden Drucklüftbohrmaschinen bereits in größerem Maßstabe angewandt, und zwar wurden hierbei die von Sommeiller geschaffenen Luftkompressionsanlagen bedeutungsvoll für die Entwicklung der Preßluftindustrie. Die in ihrer Konstruktion und namentlich in bezug auf die Wirtschaftlichkeit noch recht primitiven Kompressoren wurden durch Wasserräder angetrieben.

Nach Aussagen von Dr.-Ing. Riedler, der auch an der Einrichtung der umfangreichen Druckluftanlagen in Paris hervorragenden Anteil hatte, sind verschiedene Ideen Sommeillers erst durch den Österreicher Kraft de la Saulx verwirklicht worden, der u. a. auch unter den Mont-Cenis-Maschinen den Stoßheberkompressor nach dem Prinzip der hydraulischen Widder ins Leben gerufen haben soll. Die Pionierarbeit der Ingenieure und Konstrukteure der damaligen Zeit auf dem »Neuland« der Drucklufterzeugung ist wahrlich nicht hoch genug zu schätzen.

Über die Druckluftanlagen in Paris, wo die Luft in Zentralen auf den erforderlichen Grad gepreßt, dann in geräumige Druckluftbehälter, ähnlich den Gasometern, geleitet und von hier aus durch ein Netz von Rohrleitungen wie Gas und Wasser den Verbrauchsstellen zugeteilt wird, hat Riedler in früheren Jahren in seinen Vorträgen in Wien, Augsburg, Offenbach, Berlin usw. ausführlich und in interessanter Weise berichtet.

Die Pariser Druckluftanlage liefert die gepreßte Luft hauptsächlich als Betriebsmittel für Motoren, ferner zur Lüftung, für Kälteerzeugung und andere Zwecke. Den Kleinbetrieben wird auf solche Art Gelegenheit geboten, sich eine verhältnismäßig sehr billige Antriebskraft zu leisten, sie ersparen die Kosten für eine eigene Anlage, brauchen keinen Raum für eine solche und genießen dabei doch alle Vorteile, die in der Druckluft als gefahrlosem, wirtschaftlichem Kraftübertragungsmittel enthalten sind.

In der ersten Zentralstation für Drucklufterzeugung in Paris waren Dampfmaschinen von 4000 PS im Betrieb. Eine zweite Anlage wurde später für 10000 PS eingerichtet, wobei eine Erweiterung bis auf 24000 PS vorgesehen war. Dem Direktor des Pariser Unternehmens, H. Popp, gebührte in erster Linie das Verdienst um das Zustandekommen und die großzügige Entwicklung dieses Plans.

Es hat sich gezeigt, daß die Druckluft als Kraftmittel wohl imstande ist, mit der Elektrizität unter Umständen erfolgreich in Wettbewerb zu treten. Gab es doch gleichzeitig in Paris eine bedeutende Druckluftanlage für den Betrieb von Straßenbahnen durch Luftmotoren mit Wärmezuführung mittels Heißdampf nach dem System Mekarski.

Bei der ersterwähnten Druckluftzentrale in Paris waren Compoundkompressoren, Bauart Riedler, im Gebrauch, in denen die Luftverdichtung in zwei Stufen nacheinander erzielt wurde. Durch je eine, von der Dampfmaschine geleistete Pferdestärke wurden 10,4 cbm Luft pro Stunde von atmosphärischem Druck auf 6 kg Überdruck verdichtet. Die Fernleitung der Luft erfolgte in unterirdisch verlegten, genieteten Blechröhren von 500 mm l. W. Der Verlust an Druckluft durch Undichtigkeiten der Röhren und Verbindungsstellen hat sich dabei als unwesentlich herausgestellt. In bezug auf Spannungsverlust durch Reibung der Luft in den Leitungen und durch andere Widerstände haben Versuche von Riedler und Gutermuth (letzterer wurde später der Nachfolger von Riedler im Lehramt in Aachen und hat sich insbesondere um die Ausbildung der Luftmotoren verdient gemacht) ergeben, daß bei einer mittleren Luftgeschwindigkeit von 6,5 bis 6 m pro Sekunde in einer Leitung mit Entwässerungsapparaten und Absperrschiebern ein Druckverlust von nur 0,05 bis 0,07 Atm. für jeden Kilometer Leitungslänge zu rechnen ist.

Die Erweiterung der großen Druckluftanlage in Paris, Ende der 90er Jahre, hatte sodann die Einrichtung einer ähnlichen Anlage, jedoch in viel kleinerem Maßstabe, in Offenbach a. M. zur Folge. Auch in Birmingham war schon eine Druckluftanlage im Betrieb, deren Erweiterung beschlossen ward.

Die Pariser Anlagen brachten, nebenbei gesagt, etlichen deutschen Bankhäusern einen Schaden von mehreren Millionen Mark ein. Diese finanzielle Einbuße wollte man später Riedler zur Last legen, weil die Beteiligung von deutscher Seite seinen Ansichten und wohlgemeinten Aussagen über die Nutzbarkeit der Druckluft hauptsächlich zu verdanken gewesen sei. Riedler hat sich gegen diese falsche Auslegung mit Recht gewehrt, indem er darauf hinwies, daß er mit der Finanzierung der Sache nicht das geringste zu tun gehabt habe. An der Wirtschaftlichkeit des Druckluftbetriebes im allgemeinen aber und an der Rentabilität einer Druckluftanlage im einzelnen könne nach wie vor nicht gezweifelt werden. Der finanzielle Mißerfolg könne somit nur durch unvorsichtige kaufmännische Abmachungen zu erklären gewesen sein.

Riedler ging dann nach Amerika, wo seine Mitarbeit bei der Errichtung bedeutender Druckluftanlagen, u. a. bei den Kupfergruben der Calumet and Hekla Mine am Oberen See, bei den Anaconda-Werken, bei Bergbauten in Mexiko und Chile, sehr geschätzt wurde. Bei dem von der Niagara Power Co. ausgeschriebenen Wettbewerb wurde Riedler für sein Projekt einer gemischten hydraulischen und pneumatischen Anlage der zweite Preis zuerkannt. Er zollte aber stets seinen Dank auch dem Ingenieur Lasche, später Direktor der A. E. G. in Berlin, für seine Mitarbeit an diesem Projekt.

Hatte man bis jetzt, in den 90er Jahren, in Deutschland im Hinblick auf die Fortschritte des Auslands der Druckluftverwertung lebhaftes Interesse entgegengebracht, so erlahmte dies plötzlich. Man muß sagen leider! Eine »Internationale Druckluft-Gesellschaft«, der übrigens auch noch Riedler nach seiner Rückkehr aus Paris kurze Zeit als Berater angehört hatte, entschlief tatenlos.

Und doch war vielleicht gerade die damalige Zeit die günstigste gewesen, um die Druckluft allgemeinen wirtschaftlichen Zwecken nutzbar zu machen. Hätte man, wie auch verschiedentlich angeregt worden war, eine Zentralstelle geschaffen, in der unter Heranziehung namhafter Ingenieure und weitblickender Kaufleute die bisherigen Erfahrungen verwertet und ausgebaut wurden, so hätte sich daraus eine starke, deutsche Industrie entwickeln lassen, die auf dem Wege der Stromerzeugung durch Druckluftmaschinen wahrscheinlich mit den elektrotechnischen Anlagen und Lichtanlagen erfolgreich in Konkurrenz treten konnte. Heute, wo die rapid emporgestiegene elektrotechnische Industrie so ungezählte Millionen hinter sich gebracht hat, liegt die Sache wesentlich anders.

Man hätte schon damals das ganze Gebiet der Druckluftverwertung gründlich beackern sollen. Im Bergwerkswesen fand sich eine vortreffliche Grundlage, auf der sich dann die technischen Fortschritte, bezüglich der

Druckluftbremsen und namentlich der Druckluftwerkzeuge, unzweifelhaft leicht hätten aufbauen lassen.

Man ist zwar der Ansicht, daß es auch heute noch möglich wäre, in vielen Städten und Industriebezirken trotz der Elektrotechnik Druckluftbetriebe lohnend zentral zu betreiben. Um einen Erfolg herbeizuführen, müßte man aber in erster Linie die Druckluftmotoren verbessern oder neu gestalten. Daß dies bei dem heutigen Stand der Technik durchführbar ist, daran ist kaum zu zweifeln. Nach der Meinung Riedlers mit viel besserem Erfolg als beispielsweise bei Gasturbinen, weil die Druckluft nur Energieträger ist und ein bequemes Kraftmittel, dem Wärme zugeführt werden kann, was bei keinem anderen Energiemittel möglich ist. Eine Wärmezuführung und Umsetzung in mechanische Arbeit ist aber mehrstufig sehr vorteilhaft denkbar.

Im übrigen läßt sich jede Dampfmaschine als Druckluftmaschine verwenden. Die Druckluft kann den Motoren direkt aus der Leitung zugeführt werden, doch ist es höchst vorteilhaft, sie vorerst zu erwärmen. Die Erwärmung hat bei gleichbleibender Spannung eine Ausdehnung der Luft zur Folge und zieht den Luftverbrauch pro Pferdestärke und Stunde ganz bedeutend herab.

Welche entscheidende Rolle die Druckluft in Zukunft noch spielen wird, welche technischen Fortschritte auf diesem Sondergebiet noch zu verzeichnen sein werden und in welchem Maße die Industrie von der Ausnutzung der Druckluft als Kraftübertragungsmittel dereinst noch profitieren wird, das läßt sich heute nicht voraussagen. Wenn man sich aber den Siegeszug der Preßluftwerkzeuge in den letzten 10 Jahren vergegenwärtigt, so kann man daran die Bedeutung des pneumatischen Arbeitsverfahrens in volkswirtschaftlicher Hinsicht ermessen und den weiteren Verlauf ahnen!

Eine außerordentliche Perspektive auf eine wirtschaftliche Umwälzung durch die Druckluftverwertung — besonders wichtig im Hinblick auf die durch den verlorenen Krieg für die deutsche Industrie entstandenen Schwierigkeiten bei der Kohlenbeschaffung — bietet beispielsweise die soeben bekannt werdende Erfindung des Münchener Ingenieurs Th. Reuter. Das Perpetuum mobile ist diese Druckluftkraftmaschine zwar auch nicht, aber sie kommt dieser Idee doch nahe, wenn man bedenkt, daß es sich um eine Maschine handelt, die mit selbst erzeugender Preßluft mittels eines Beiwerks imstande sein soll, jedes beliebige Fahrzeug, groß oder klein, ohne Kohle oder sonstige zur Heizung notwendigen Betriebs- und Brennstoffe anzutreiben!

Die Erfindung erinnert etwas an die Druckluftlokomotive, die in Bergwerken seit Jahren sich vortrefflich bewährt. Abb. 1 zeigt in großen Umrissen eine Kraftlokomotive der Reuterschen Idee. Die Maschine kommt mit Preßluft gefüllt aus der Halle; das angebrachte Beiwerk hat die Aufgabe, die auf der Fahrt verbrauchte Preßluft wieder nachzuliefern.

Die Zylinder müssen vollkommen luftdicht verschlossen sein. Dieses erfolgt in ihrem äußeren Teile bei den Zylinder- und Schieberkastendeckeln durch gekümpelte Blechhauben, nicht durch gegossene Hauben, die den Deckeln angepaßt und angeschraubt werden und genau ausgeschnittene Büchsenausschnitte für die Zylinderarmaturteile- besitzen müssen. Ob die betreffenden Hauben ein- oder zweiteilig gemacht werden, entscheidet die Bauart der Zylinderdeckel. Bei der Ausführung der Zylinderverkleidung ist auf die Luftdichte der Zylinder zu achten. Die innere Zylinderverkleidung besteht darin, daß zwischen Zylinder und Verkleidungsblech noch eine Abdichtung eingelegt wird, entweder Teer oder noch besser Gummi. Ersteres wird in teigigem Zustand auf die Zylinderwand, ebenso auf die Deckel aufgetragen. Ein unbenutztes Ausscheiden der Luft ist unbedingt zu vermeiden.

Ein weiterer wichtiger Faktor ist das Druckventil b, das sehr leicht den Druck durchlassen muß, dagegen unter keinen Umständen den Rückdruck zulassen darf.

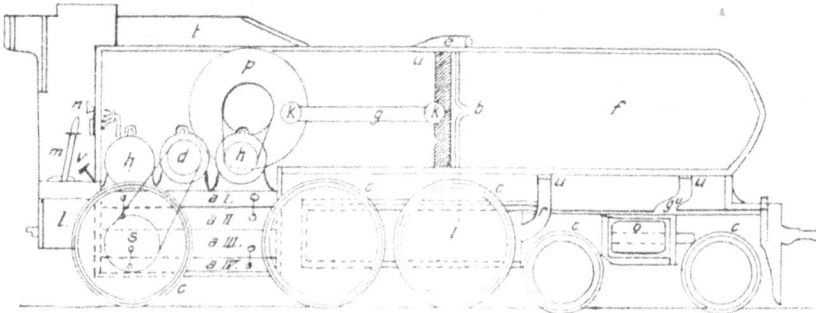

Abb. 1. Kraftlokomotive.

Nach Berücksichtigung vorstehender besonderer Verdichtung ist z. B. eine Versuchsmaschine mit zwei Zylindern von 460 mm Durchm. bei einer 60 km/Std.-Geschwindigkeit auf ebener Erde und 25 km/Std.-Rangiergeschwindigkeit mit 15 Atm. Druck unter einer Belastung von 50 t (5 beladene Waggons) 9,94 km in 1296 Sek. gelaufen.

Der Hauptkessel f ist vollständig luftdicht hergestellt und wird mit der Pumpe g, die mit der Schwungscheibe p durch Kugelgelenke k verbunden ist, durch Druckventil b gefüllt. Letzteres läßt das Durchdrücken der Luft zu, während es den Rückdruck verhindert. Während Pumpe g durch Motor h, der durch den zweiten Motor h im Bedarfsfalle unterstützt wird und ihre Kraft abwechslungsweise aus den 4 Akkumulatoren (a I und II, dann a III und IV) erhalten, die ebenfalls abwechslungsweise automatisch während der Fahrt durch Dynamo d, der mit Schwungscheibe s verbunden, die an einem der Hinterräder befestigt ist, geladen werden. Durch die Rückwärtsbewegung zieht die Pumpe g durch Ansaugstutzen e die Luft an. Der Stutzen e wird bei Eindrücken der Luft durch diesen Druck mit Abschlußklappe $u = ue$ luftdicht verschlossen.

Diese nun durch vorerwähnte Anlagen erzeugte Preßluft, die sich im Kessel f befindet, drückt durch Zulaßrohr qu auf die Zylinder und dadurch werden die Räder, wie bei der heutigen Lokomotive, bewegt. Zum Halten der Lokomotive wird Abschlußklappe u vom Führersitz oder vielmehr Führerstand aus angezogen und damit Zulaßrohr qu verschlossen. Zugleich treten die üblichen Bremsen in Tätigkeit. Zum Anfahren werden die Bremsen und Abschlußklappe u auf Zulaßrohr qu geöffnet. Im Führerstand ist Anlasser n für die elektrischen Anlagen. Ferner befindet sich Schaltung m, die drei Übersetzungen und einen Rücklauf betätigt und durch Kupplung v auf das Getriebe l wirkt, Anlage wie bei Automobilen, im Führerstand. Als besondere Reserve ist unter dem Hauptkessel f vorerst Nebenkessel i angebracht, der durch Zulaßrohr r mit dem Hauptkessel f in Verbindung steht und durch Abschlußklappe u vollständig geschlossen ist. Diese Klappe $u = ur$ wird nur in dringendsten Fällen vom Führerstand aus geöffnet, um eventuell den Zug von der Strecke zur nächsten Pumpstation zu befördern.

Als Reserve kann noch jeder Kohlenwagen in einen Lufttankwagen umgearbeitet werden. Jede Station, die heute eine Wassertankstelle hat, kann in eine Lufttankstelle umgemodelt werden.

Die Geschichte der Preßluftwerkzeuge in Amerika.

Die richtige Einschätzung der Druckluft als gefahrloses, bestens anpassungsfähiges Kraftübertragungsmittel hängt mit dem Auftauchen der eigentlichen Preßluftwerkzeuge und ihrer Einführung für Metallbearbeitungszwecke eng zusammen. Gegenüber anderen Kraftmitteln besitzt die Druckluft in der Tat ausschlaggebende Vorteile, die ihr immer neue Anwendungsgebiete zuführen. Kondensation und Spannungsabfall, wie beim Dampf, lassen sich vermeiden. Explosionsgefahr, wie bei Benzin, Gas oder anderen leicht entzündbaren Gasen, ist ausgeschlossen. Der Nachteil des Einfrierens, wie beim hydraulischen Betrieb, fällt weg. Auch braucht die verbrauchte Druckluft nicht durch Leitungen und dergleichen wegbefördert zu werden. Gefährliche Kurzschlüsse, wie beim elektrischen Betrieb, sind nicht zu befürchten; ebenso ist das Berühren der Leitungen ungefährlich.

Abb. 2. Meißelhammer beim Gußputzen.
(Phot. b. A. Borsig, Tegel).

Obwohl der Wirkungsgrad einer Preßluftanlage, allgemein betrachtet, gering ist, bringt doch der pneumatische Betrieb in praktischer Hinsicht so erhebliche Vorteile mit sich, daß die beispiellose Verbreitung der Preßluftwerkzeuge in kurzer Zeit ohne weiteres erklärlich wird. Gegenüber der Handarbeit ist in fast allen Fällen eine erstaunliche Mehrleistung zu beobachten. Die Preßluftwerkzeuge sind leicht zu handhaben und ergeben auch in der Hand eines ungelernten Arbeiters höchst befriedigende Resultate. Man ist also unabhängiger von den Facharbeitern mit ihren immer anspruchsvoller werdenden Forderungen. Die Betriebssicherheit der Preßluftwerkzeuge läßt nichts zu wünschen übrig. Das Reparaturbedürfnis ist gering, vorausgesetzt, daß man zeitgemäße, gute Fabrikate wählt. Ein moderner Kompressor braucht so gut wie keine Wartung. Kurzum, es ergeben sich durch die Be-

nutzung der Preßluftwerkzeuge in der Produktion so erhebliche Ersparnisse an Zeit und Löhnen, daß der geringe Wirkungsgrad dabei keine Rolle
spielt.

Angesichts der heutigen Beliebtheit der Preßluftwerkzeuge kann man es
sich eigentlich kaum vorstellen, mit welchen Schwierigkeiten im Anfang ihre
Einführung verknüpft gewesen ist. Heute möchten Arbeitgeber sowohl wie
Arbeitnehmer die Werkzeuge nicht mehr missen. Vor nicht allzu langer Zeit
aber sträubten sich die Arbeiter mit Händen und Füßen gegen ihren Gebrauch, und so mancher Fabrikherr setzte die Anlage wieder still und wurde
grob, wenn man ihn — in Unkenntnis über
die ungeheuerlichen Instandhaltungskosten
— daran erinnerte.

Es verlohnt deshalb, über den Entwicklungsgang der Preßluftwerkzeuge sich
etwas eingehender zu unterrichten:

Interessant ist es, daß der erste Preßlufthammer, wenn man ihn überhaupt so
nennen will, das jetzige Fachgebiet gar
nicht berührte. Er war nämlich für den
zahnärztlichen Gebrauch bestimmt! Das
betreffende Patent ward im Jahre 1877 in
San Franzisko einem Zahnarzt, Samuel
W. Dennis, erteilt. Das kleine Werkzeug
besaß ein primitives Ventil, welches den
Zutritt der Luft in den dünnen Zylinder
regulierte. Beim Öffnen des Ventils wurde
der Kolben nach abwärts bewegt und
drückte unten eine Feder zusammen, die
den Kolben wieder zurücktrieb, sobald
das Ventil der gepreßten Luft den Weg
ins Freie öffnete. Zum Betriebe kam eine
einfach gebaute Pumpe in Betracht, die

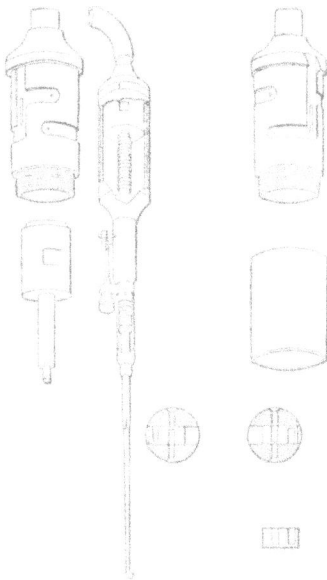

Abb. 3. Der erste Preßlufthammer,
Patent Dennis, vom Jahre 1877.

natürlich einen niedrigen und ungleichmäßigen Druck lieferte. Das Werk-
zeug wurde ein wenig verbessert, worauf ein Jahr später ein erweitertes
Patent an Dennis und Moreau vergeben wurde. Die Erfinder besaßen
offenbar großen Mut. Nach mehrjährigen Versuchen trommelten sie in San
Franzisko einen Kreis von Interessenten zusammen, um die pneumatischen
Werkzeuge öffentlich im Betrieb vorzuführen.

Der auswechselbare Kolben des Hammers hatte $\frac{1}{4}$ Zoll Durchm. Er
wurde durch ein kleines, quer gelegtes Ventil gesteuert und machte schätzungsweise 10 000 Schläge in der Minute. Der Hub war überaus kurz. Man kann
vielleicht einen Vergleich mit einem der heutigen Preßluftabklopfer ziehen,
wenn man die hohe Schlagzahl und den geringen Hub betrachtet, nur daß
jenes Werkzeug wesentlich leichter und zierlicher war.

Tatsächlich fand man auch ein Opferlamm, das sich dazu hergab, in öffentlicher Sitzung in einem klinischen Institút sich die Zähne mit dem neuen Instrument bearbeiten zu lassen.

Der Erfolg war verblüffend. Der Hammer arbeitete trotz des niedrigen Kompressordrucks so kräftig, daß der Dentist ihn nicht ruhig halten konnte. Die Zähne des Patienten kamen noch gut dabei wég, aber die Kinnladen wurden beschädigt. Und die Erfinder hatten, wie immer, zu dem Schaden noch den Spott zu tragen.

Bemerkenswert ist, daß heute in Amerika tatsächlich in Zahninstituten mit kleinen Preßluftinstrumenten erfolgreich gearbeitet wird!

Aber schon die Vorführung in jener Zeit hatte doch ein Gutes! Unter den Zuschauern befand sich nämlich ein Steinbruchbesitzer aus Vermont, der die Möglichkeit voraussah, mit dem Preßlufthammer Marmor zu . bearbeiten. Er kaufte das Patent auf, unternahm langwierige praktische Versuche und hatte die Genugtuung, ein einigermaßen brauchbares Werkzeug für seine Zwecke gewonnen zu haben.

Es wurde ein kleineres Modell geschaffen, mit dem der ziemlich weiche Vermontmarmor zugerichtet und geglättet wurde, und ein größeres Modell mit einem Kolben von 1 Zoll Durchm., das zum Zerkleinern der Blöcke diente. Der Zylinder dieser Hämmer wurde aus schmiedbarem Guß hergestellt. Beide Modelle machten minutlich etwa 6000 Schläge und es ergab sich die zwei- bis dreifache Leistung der Handarbeit.

Den Hämmern wäre vielleicht schon zu damaliger Zeit ein größerer Erfolg beschieden gewesen, wenn nicht die Einführung an der Hartnäckigkeit der Arbeiterschaft gescheitert wäre. Handarbeit war noch sehr geschätzt, die Devise »Zeit ist Geld« besaß noch nicht den revolutionären Charakter von heute, und da die Leute fürchteten, sie könnten durch die neue Arbeitsmethode in ihrem Verdienst geschädigt werden, so lehnten sie sich einmütig dagegen auf und verweigerten die Arbeit.

Dazu kam, daß die Werkzeuge selbstverständlich hinsichtlich der Ausführung noch nicht auf der Höhe waren. Brüche und Betriebsstörungen waren an der Tagesordnung und die Instandhaltungskosten der Anlage nicht niedrig. Die Aussichten, die Preßluft auf diesem Gebiet in erhöhtem Maße einzuführen, waren deshalb vorerst recht trübe!

Wenn man berücksichtigt, in welchem Grade die Nutzbarkeit der Preßluftwerkzeuge in der Tat von der Präzision aller Einzelteile abhängt, und wenn man daran denkt, daß die Werkzeuge heute mit einer Genauigkeit bis zu 0,02 mm unter Benutzung von Kalibern und Toleranzlehren hergestellt werden, so kann man sich ein ungefähres Bild von den ungeheuren Schwierigkeiten machen, mit denen die Fabrikanten damals zu kämpfen hatten.

Tatsächlich sah sich der Inhaber des Patents bald gezwungen, dasselbe abzustoßen. Und es war ein Glück, daß er in New York den ihm bekannten Ingenieur James S. Mac Coy traf, der sich mit großem Eifer der Sache annahm. Mac Coy war gerade aus dem Westen heimgekehrt, wo er verschiedene Wasser-

werke mit beträchtlichem Profit eingerichtet hatte. Er besaß die erforderlichen Geldmittel, außerdem hinreichende technische Kenntnisse und vor
allem hervorragende kaufmännische Fähigkeiten.

1884 gründete er mit den besten Hoffnungen auf Erfolg die American
Pneumatic Tool Co., womit er gleich die richtigen Grundlinien für die Erzeugung von Preßluftwerkzeugen schuf. Die besten Mechaniker wurden ange-
worben, gute Meßvorrichtungen besorgt und Wert auf hervorragende Materialien gelegt. Kurze Zeit darauf wurden die Werkstätten durch einen Brand
eingeäschert. Man ließ sich jedoch nicht abschrecken und konnte dann die
Früchte der beharrlichen Arbeit in der Kundschaft der bedeutendsten Marmor-
Steinbruchkonzerne erblicken. Das Vorurteil der Arbeiter begann zu schwinden
und die großen Gesellschaften standen, wie gesagt, dem pneumatischen
Betrieb nicht mehr ablehnend gegenüber. Wohl aber schien es unmöglich,
auch die kleineren Betriebe zu gewinnen. Und von der Kundschaft der großen
allein konnte die Gesellschaft nicht gut existieren.

Da Konkurrenz nicht vorhanden war, so kam die American Pneumatic
Tool Co. auf den schlauen Gedanken, die Werkzeuge überhaupt nicht mehr
zu verkaufen, sondern nur zu verleihen. Die Gebühr betrug 180 Dollar pro
Jahr und mußte im voraus entrichtet werden, ganz gleich, ob der Hammer
hernach im Betrieb war oder nicht. Dazu kamen aber die teuren Ersatzteile,
die der Pächter bezahlen mußte.

Dadurch wurde den kleineren Unternehmern die Anwendung der Preßluftwerkzeuge vollständig verleidet oder unmöglich gemacht, denn zumeist
waren die Betriebsmittel in dieser Branche an und für sich nicht bedeutend.

So ging denn die Einführung der Preßluftwerkzeuge sehr langsam vonstatten. Im Jahre 1888 bezifferten sich die Einkünfte der American Pneumatic Tool Co. auf rd. 6000 Dollar pro Jahr aus den Renten und dem Verkauf
der Ersatzteile. Aber die Fabrikation der Werkzeuge und die Einführungs-
spesen verschlangen nahezu dieselbe Summe. Von einem Verdienst konnte
mithin keine Rede sein. James Mac Coy mußte verschiedentlich aus eigenen
Mitteln beisteuern, um die Gesellschaft über Wasser zu halten.

Bisher waren die Hämmer fast ausschließlich für Marmor gebraucht
worden. Bis der Seniorchef der Firma Batterson, See & Eisele, einer der besten
Kunden der American Pneumatic Tool Co., den Versuch machte, die Werkzeuge auch in seinen Granitwerken in Westerly auszuproben.

Die Hämmer bestanden immer noch aus Gußeisen. Der Zylinder hatte
am Vorderende ein Nasenstück, ebenfalls aus Gußeisen. Und dieses brach
beim Gebrauch in Granit fortwährend ab. Das Nasenstück wurde verstärkt,
aber mit keinem besseren Erfolg. Brüche kamen in solcher Zahl vor, daß die
Werkstätten der American Pneumatic Tool Co. zeitweise voll beschäftigt
waren mit Reparaturen. Endlich kam man dahin, für Zylinder und Nase
Stahl zu verwenden. Dadurch wurde es zudem möglich, die Hämmer leichter
und handlicher zu gestalten, und sie zeigten sich dann als wohlgeeignet auch
für Granitarbeiten. Während bislang ein Arbeiter von Hand durchschnitt-

lich 25 bis 30 Monumentbuchstaben fertiggestellt hatte, konnte er nun mit dem Preßlufthammer bequem bis 90 Stück ausarbeiten: Dabei zeigten die maschinell geformten Buchstaben, ganz gleich ob tief geschnitten oder erhaben herausgearbeitet, bessere Schärfe und größere Formenschönheit.

Aber nach wie vor verhielten sich die kleineren Betriebe sehr ablehnend, und die American Pneumatic Tool Co. kam endlich auf den Gedanken; voll-

Abb. 4. Vollventil-Niethammer.
(Phot. b. J. Pohlig, A.-G., Brühl).

ständige Preßluftanlagen ohne Verbindlichkeit einzurichten und 30 Tage probeweise zu liefern. Dann mußte aber in den weitaus meisten Fällen auch noch ein Instruktor ohne Kostenberechnung gestellt werden, weil die Leute sonst mit den Werkzeugen nicht zurechtkommen konnten.

Vielfach ergaben sich beim Probebetrieb allerhand Anstände. Die Probezeit wurde ausgedehnt, der Instruktor mußte manchmal monatelang beigestellt werden. Kam es dann doch vor, daß die ganze Anlage hernach wieder abgerissen und zurückgegeben wurde, weil die betreffende Firma sich von dem Nutzen des pneumatischen Betriebes und von seinen Vorteilen in betriebstechnischer Hinsicht nicht überzeugt glaubte, so machte dies natürlich einen sehr schlechten Eindruck auf alle in der Umgegend seßhaften, neugierig gewordenen Unternehmer, und man konnte sich fürs erste in jener Gegend nicht mehr sehen lassen.

Unter diesen Verhältnissen sah sich die Gesellschaft veranlaßt, durch unermüdliche Versuche in ihren Werkstätten neue Anwendungsarten für die Preßlufthämmer herauszutüfteln. Man dachte daran, irgendeine Arbeit, für die bisher Hammer oder Schlegel gebraucht wurde, mit besserem Erfolg für den Preßluftbetrieb nutzbar zu machen, und war überzeugt, daß sich dann für den Vertrieb der Werkzeuge ein weites und dankbares Feld darbieten würde. So erstand endlich der Stemmhammer, indem man zur Erhöhung der Schlagstärke den Kolbendurchmesser vergrößerte, aber nicht auch den Kolbenhub. Das Resultat war ein enormer Rückschlag, und aus der Reihe der Abnehmer machte man der Fabrik den ironischen Vorschlag, den Hammer umgekehrt arbeiten zu lassen, damit Schlagwirkung und Rückschlag in das richtige Verhältnis kämen! Die Arbeiter weigerten sich entschieden, mit dem Stemmhammer zu arbeiten. Vielfach waren Streikbewegungen die Folge des Versuchs, die Werkzeuge einzuführen. Zuweilen mußte der Instruktor durch eine bewaffnete Wache vor Ausschreitungen der Arbeiter geschützt werden.

Der Hammer arbeitete wohl zufriedenstellend beim Verstemmen von Kesseln, und man hatte auch einen Hammer zum Rohrreinigen konstruiert, der — abgesehen von dem starken Rückschlag — nicht schlecht war. Aber die Werkzeuge wurden als »Menschenschinder« bezeichnet und zeitigten überall, wo sie hinkamen, eine schleunige Flucht der besseren Arbeitskräfte.

Nach wie vor hatte die American Pneumatic Tool Co. an der Vermietung der Werkzeuge festgehalten. Nur wurden die Abgaben für die neuen Hämmer auf 300 Dollar pro Jahr festgesetzt. Obgleich diese Forderung als ungeheuerlich empfunden wurde, konnte die Gesellschaft doch ihren Kundenkreis durch beharrliche Anstrengungen nach und nach vergrößern. Im Jahre 1890 waren es bereits über 100 Werke, welche die Stemm- und Rohrhämmer im Gebrauch hatten, und es wurde ein Nettogewinn von rd. 36 000 Doll. erzielt, was mit den festen Einkünften aus den Kreisen der Steinindustrie zusammen über 60 000 Doll. ergab. Daraus ließ sich ein kleiner Überschuß herauswirtschaften.

Die verhältnismäßig geringen Herstellungskosten der Preßluftwerkzeuge gegenüber dem relativ großen Einkommen aus ihrer Vermietung oder dem Verkauf erregten natürlich die Begierde der Erfinder und Fabrikanten. Und so häuften sich von nun an die Patentanmeldungen auf diesem Gebiete.

Inzwischen hatte der Coy-Hammer für Steinbearbeitung seinen Weg bis nach Deutschland gefunden.

Die American Pneumatic Tool Co. hatte von jetzt ab fortwährend Patentstreitigkeiten auszufechten, und es war nur gut, daß sie vorher das Patent von Albert J. Bates aufgekauft hatte, dessen Ansprüche so weitgehend abgefaßt waren, daß die meisten nachherigen Erfinder nicht dagegen aufkommen konnten. So verlief ein langwieriger und recht kostspieliger Patentprozeß gegen die von Daniel Drawbaugh in New York gegründete Gesellschaft, ungeachtet der eingelegten Berufung, zugunsten der American Pneumatic Tool Co., und zwar nur auf Grund des Bates-Patentanspruchs.

Immerhin war es ein Pyrrhussieg, der die Finanzen der Gesellschaft arg ins Wanken brachte. Wäre zu damaliger Zeit eine Verbindung zwischen der American Pneumatic Tool Co. und J. W. Duntley zustande gekommen, wie dies von Glenn B. Harris, dem Sekretär der ersteren, angeregt worden war, so wäre dies für sie von größtem Nutzen gewesen. Harris, dessen im »American Machinist« veröffentlichte Memoiren die vorliegende Geschichte der Preßluftwerkzeuge in ergiebiger Weise bereichert haben, bemühte sich, den sich in der Metallbranche gründlich auskennenden und kaufmännisch geschulten Duntley für die Werkzeuge der American Pneumatic Tool Co. zu interessieren. Derselbe zog es aber dann vor, mit seinem Gelde und dem einiger Freunde eine eigene Gesellschaft zu gründen, und zwar machte er sich die Ventilkonstruktion des verstorbenen Pierre Choteau, St. Louis, zunutze. Der daraus hervorgegangene Hammer war aber nicht viel wert. Fabriziert wurde das Werkzeug in der kleinen, unscheinbaren mechanischen Werkstätte von Joseph Boyer in St. Louis, welch letzterer sich früher schon einen Preßlufthammer zur Bearbeitung von Glas hatte patentieren lassen. Dieses Werkzeug

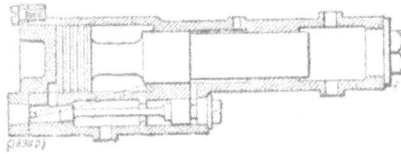

Abb. 5. Eine der ältesten amerikanischen Hammerkonstruktionen (1883), System Brazette.

erfüllte offenbar seinen Zweck, aber sein Erfinder versäumte es, die Sache kommerziell auszubeuten. Durch den Mißerfolg mit dem Choteau-Hammer ließ sich nun Duntley nicht beirren. Es glückte ihm, noch einmal etwas Kapital flüssig zu machen, und er schloß nunmehr mit Boyer einen Vertrag, wonach dieser allein die Fabrikation zu leiten hatte, während Duntley sich ganz dem Vertrieb widmete.

Es erstand so die Chicago Pneumatic Tool Co., die sich dann zwecks Einführung ihrer Erzeugnisse in der ersten Zeit hauptsächlich an die bisherigen Kunden der American Pneumatic Tool Co. wandte, aber ihre Hämmer — nach vorheriger Probelieferung — zu angemessenem Preise freihändig verkaufte, also von dem Vermietungsgeschäft abging. Boyer verbesserte das Benjamin Brazelle 1883 verliehene Patent in glücklicher Weise und brachte 1896 den ersten wirklich brauchbaren Meißelhammer heraus, der sich von den bisherigen Hammerkonstruktionen schon äußerlich durch einen Handgriff mit Daumenhebel vorteilhaft unterschied. Bei allen bisherigen Hämmern war der Hub sehr kurz gehalten, und die Schlagkraft sollte durch einen großen Kolbendurchmesser erzielt werden. Boyer dagegen vergrößerte den Hub des Kolbens von $^{11}/_{16}$ Zoll des American-Pneumatic-Tool-Hammers auf 3 Zoll, wogegen er den Kolbendurchmesser von $1\frac{1}{2}$ Zoll auf $1^{1}/_{16}$ Zoll verringerte.

Der neue Boyer-Meißelhammer führte sich vortrefflich ein, weil ihn die Arbeiter seines mäßigen Rückschlages wegen bevorzugten. Nichtsdestoweniger

war die Gesellschaft nicht gerade auf Rosen gebettet, denn die Vertriebsspesen waren ungeheuer, weil man wohl oder übel die Praxis der unverbindlichen Probelieferungen beibehalten mußte.

Man lebte so gewissermaßen von der Hand in den Mund, und wenn ein
Hammer glücklich verkauft worden war, so wartete man schon begierig auf
die Bezahlung. Es zeigte sich hier wieder einmal, daß bedeutende Erfindungen,
deren Tragweite meist erst die spätere Zeit richtig erkennen läßt, keineswegs ihren Schöpfern von vornherein und ohne Mühe goldene Berge in den
Schoß zaubern, sondern daß zuweilen gerade sie zu unermüdlichen Anstrengungen zwingen, ohne die der erst viel später einsetzende Erfolg nicht möglich wäre.

1899 schuf Boyer den ersten Niethammer, der im allgemeinen dem Meißelhammer ähnelte, aber zwei Ventile aufwies, eins im oberen und eins im unteren
Teil des Zylinders. Der Hammer
war schwer, ziemlich unhandlich
und offenbar auch zu kompliziert,
weshalb er sich nicht einführen
konnte. Zur gleichen Zeit wurde
auch die Niethammerkonstruktion
des Deutschen Meißner in St. Louis
bekannt. Und erst diese Erfin-

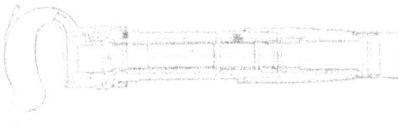

Abb. 6. Alter amerikanischer Niethammer
(Boyer) mit oberem und unterem Ventil (1899).

dung legte eigentlich den Grundstock zu allen späteren »Long-stroke«-
Hämmern. Leider hatte es Meißner nicht verstanden, den Schutzanspruch
in vollkommener Weise auszuarbeiten, wodurch er um die Früchte seines
Schaffens betrogen wurde.

Mittlerweile hatte die American Pneumatic Tool Co. angesichts der allmählich fortschreitenden Einführung der Boyer-Werkzeuge einen Patentprozeß gegen die Chicago Pneumatic Tool Co. eingeleitet. Wiederum auf Grund
des scheinbar allmächtigen Bates-Patentanspruchs. Und sie erzielte auch
tatsächlich einen günstigen Rechtsspruch. Aber die Konkurrenzgesellschaft
raffte sich zusammen und legte Berufung ein. In der zweiten Instanz wurde
unerwartet das erste Urteil umgestoßen und der Bates-Anspruch als nichtig
erkannt.

Damit war das Schicksal der American Pneumatic Tool Co. besiegelt.
Sie hielt sich noch kurze Zeit, mußte dann aber vom Schauplatz ihres lang-
jährigen Wirkens abtreten und der Chicago Pneumatic Tool Co. das Feld überlassen. Diese trat das Erbe würdig an, verbesserte nach und nach die Hämmer,
schuf auch in der Duntley-Turbinenbohrmaschine etwas Neues und hatte
vor allem einen trefflichen Blick für die Konstruktionen der an vielen Punkten
der Vereinigten Staaten auftauchenden Konkurrenzunternehmungen. Kapital-
kräftig geworden, fraß sie schließlich von diesen eins nach dem andern auf,
wodurch sie dann und wann wiederum zu Konstruktionskenntnissen kam,
welche ihr in der weiteren Verbesserung ihrer Erzeugnisse entschieden förder-
lich waren. Ein Beispiel hierfür bilden die Hämmer und Bohrmaschinen

der Keller-Pneumatic Tool Co., mit denen sie vordem auch in europäischen Ländern zu konkurrieren gehabt hatte. Besonders in Berlin war Chas. G. Eckstein als deren Vertreter sehr rührig gewesen.

Nur verhältnismäßig wenige amerikanische Preßluftgesellschaften konnten sich schließlich der Aufsaugung durch die Chicago Pneumatic Tool Co. entziehen und eigene Wege wandeln. So u. a. die Ingersoll Pneumatic Tool Co., die sich besonders auf Gesteinsbohrmaschinen und Bohrhämmer verlegte und auf diesem Sondergebiet die erstere überragte.

Alles in allem betrachtet, hat es doch ziemlich lange gedauert, bis wirklich brauchbare Preßluftwerkzeuge zustande gekommen sind. Heute kann man kaum noch ermessen, welche Fülle von Gedankenarbeit das Preßluftwerkzeug in sich birgt und wie viele Enttäuschungen und Mißerfolge mit seiner stufenweisen Entwicklungsgeschichte verknüpft sind.

Abb. 7. Kalt-Nietmaschinen im Gasometerbau. (Ausführende Firma: Jul. Pintsch, A.-G., Berlin).

Der Werdegang der Preßluftwerkzeuge in Deutschland.

War die Einführung der Preßluftwerkzeuge schon in Amerika mit Schwierigkeiten verknüpft gewesen, so mußte dies, wie man sich leicht vorstellen kann, in Deutschland in erhöhtem Maße der Fall sein. Hier lagen die Arbeitsverhältnisse, zunächst an der Höhe der Arbeitslöhne gemessen, für die Handarbeit entschieden günstiger, und man ging infolgedessen weniger impulsiv, dagegen unter sehr nüchternen und reiflichen Erwägungen an die Prüfung der Rentabilitätsfrage des pneumatischen Betriebes heran.

Leichtes Spiel hatten die Amerikaner in den ersten Jahren insofern, als sie keine einzige deutsche Konkurrenz vorfanden. Sie verstanden diesen Umstand genügend auszunutzen, indem sie die Konstruktionen ihrer Werkzeuge in Deutschland hinlänglich schützen ließen. Gerade diese Maßnahme stellte später die deutschen Konstrukteure vor ungemein schwer zu lösende Aufgaben.

Die geschäftstüchtigen Yankees sahen bald ein, daß sie am ehesten zum Ziele kamen, wenn sie den ganzen Vertrieb in deutsche Hände gaben. Und sie fanden die tüchtigste Vertretung in der bekannten Importfirma Schuchardt & Schütte, mit deren Namen dadurch die Geschichte der Preßluftwerkzeuge in Deutschland eng verknüpft ist.

Von der schon in Amerika geübten Methode der unverbindlichen Probelieferung konnte auch hier nicht abgegangen werden. Dennoch bedurfte es der größten Anstrengungen, um allmählich ins Geschäft zu kommen. Die Vertriebsspesen waren ungeheuer groß, und wer weiß, wie die ganze Sache ausgegangen wäre, wenn nicht die genannte Berliner Firma in der Überzeugung, daß die Drucklufttechnik für die künftige Entwicklung der gesamten heimischen Industrie von größter Bedeutung sein könnte, ihre ganze Energie und ihren vollen Einfluß darauf verwandt hätte, die Erkenntnis von der Nutzbarkeit der Preßluftwerkzeuge in alle interessierten Kreise, vornehmlich der Schiffbauindustrie, hineinzutragen.

Schon knatterten in fast allen amerikanischen und in vielen englischen Werften die Lufthämmer, Lohn- und vor allem Zeitersparnisse mit sich bringend, da war man in Deutschland noch immer beim Schwingen der alten Vor- und Zuschlaghämmer. In der Hauptsache waren es die Arbeiter, die in solidarischer Übereinstimmung sich lange Zeit gegen die Einführung des neuen Arbeitsverfahrens auflehnten. Dieselben Beweggründe, die anfangs gegen die Anwendung der ebenfalls von Amerika herüberkommenden Schreibmaschine geltend gemacht wurden, waren auch hier bestimmend. In beiden Fällen stand hinter dem Posaunengeblase von der vermeintlichen Gesundheitsschädlichkeit der neuen Arbeitsmittel die Angst, es könnte am Ende mit dem lieben, alten Schlendrian vorbei sein. Technische Fortschritte pflegen wir in Deutschland zumeist erst zu begreifen, wenn andere Länder uns zuvorgekommen sind. Wir stecken immer mit unseren ureigensten Gefühlen in der »guten, alten Zeit«. Wir hängen zu sehr am Althergebrachten, in der Meinung, es sei ja so lange gut gegangen! So war es bei Einführung der Preßluftwerkzeuge, so sehen wir es, um nur ein Beispiel herauszugreifen, nach

Abb. 8. Schlagen von Versenknieten im Schiffbau. (Deutsche Werke, A.-G., Werft Kiel).

den Schreibmaschinen an den Diktierapparaten, und so wird es wohl auch mit dem Taylorschen Arbeitsverfahren gehen, das vorläufig für die Deutschen wenig taugen soll. Wir waren eben bislang nicht gewohnt, so schnell zu leben wie beispielsweise die Amerikaner. Die Zeit war uns eigentlich schon über den Kopf gewachsen. Deshalb war auch der weitaus größte Teil des deutschen Volkes so überrascht, als der Krieg hereinbrach. Der mußte scheinbar erst kommen, um uns aufzurütteln und zu der Erkenntnis zu bringen, daß der Daseinskampf heute doch ein ganz anderer ist als zu Großvaters Zeiten. Und um uns schließlich auch einmal zu zeigen, was es mit der Vetternwirtschaft jenseits des Kanals und mit dem Phrasentum der ollen, ehrlichen Überseefreunde auf sich gehabt hat!

Nach dieser Abschwenkung kommen wir wieder auf die Inbesitznahme der deutschen Industrie seitens der Amerikaner zu Anfang des Jahrhunderts zurück. Man kann sich heute noch ärgern, wenn man überlegt, daß damals ohne Murren 800 Mark für einen überseeischen Niethammer gezahlt wurden, wogegen hernach, als es endlich einen guten deutschen Hammer zu kaufen gab, des Feilschens und Handelns nicht genug sein konnte, bis der Preis von 150 Mark noch als zu hoch empfunden wurde.

Nachdem es der Firma Schuchardt & Schütte endlich geglückt war, den Kaiser für die Preßluftwerkzeuge zu interessieren, dem sie sie durch Ingenieur Kitzerow praktisch vorführen ließ, war der Bann im großen und ganzen gebrochen, und 1900 wurde als erste die Flensburger Schiffswerft mit pneumatischem Betrieb in großem Maßstabe ausgerüstet.

Bald nachher erschienen noch andere amerikanische Gesellschaften auf dem Plan, was zunächst zur Folge hatte, daß die Preise der Werkzeuge ein wenig niedriger wurden. Ein Freudenquell war übrigens eine Preßluftanlage für den Unternehmer zur damaligen Zeit noch nicht! Abgesehen davon, daß die Luftkompressoren sehr teuer waren und unwirtschaftlich arbeiteten, kamen auch Brüche und Betriebsstörungen an den kostspieligen Werkzeugen häufig vor. Und die Ersatzteile vor allem rissen große Löcher in den Geldbeutel.

1902 nahm als erste deutsche Firma C. Oetling in Strehla den Bau von Preßluftwerkzeugen auf. Es war dies angesichts der über reiche Erfahrungen verfügenden amerikanischen Konkurrenz natürlich ein Wagnis. Zudem war es nicht möglich, sich konstruktiv einfach an die amerikanischen Werkzeuge anzulehnen, denn an diesen war alles, was man sich denken konnte, gesetzlich geschützt. Es mangelte aber vor allem an Erfahrungen hinsichtlich der für die verschiedenen Teile zu verwendenden Materialien. Und gerade dieser Punkt ist für die Fabrikation pneumatischer Werkzeuge ausschlaggebend.

Die Oetlingschen Hämmer besaßen einen Stahlzylinder und hatten als Steuerorgan einen ebenfalls aus Stahl bestehenden Differentialkolbenschieber, der sehr dünnwandig war und ohne Bohrung ausgeführt wurde. Die Hämmer arbeiteten mit Expansion. Neu daran war hauptsächlich eine sog. Antivibrationsvorrichtung am Griff, die den Rückschlag aufnehmen sollte. Die Werkstätten von Oetling, der übrigens vorher in den Vereinigten Staaten studienhalber sich aufgehalten hatte, waren mustergültig eingerichtet und fabrizierten nicht nur Hämmer, sondern auch Zweizylinderbohrmaschinen, Gegenhalter, Schlagnietmaschinen, Nietfeuer und sogar Kompressoren. Also vielleicht etwas zu viel auf einmal. Für feinere Steinarbeiten lieferte Oetling einen Hammer, bei dem das Einlaßventil in die Schlauchleitung verlegt war und am Boden durch den Fuß betätigt wurde.

Es folgten bald etliche andere deutsche Firmen, wie Collet & Engelhard, Offenbach, Hasse & Wrede in Berlin, Hartung, Kuhn & Co., Düsseldorf, dann de Fries & Co., deren Hammer durch zwei getrennte Steuerventile mit parallel und senkrecht zur Kolbenachse gehender Bewegung auffiel. Aber alle diese Firmen vermochten sich auf die Dauer gegen die kapitalkräftige amerikanische Konkurrenz nicht zu halten. Sie alle hatten offenbar die Schwierigkeiten im Bau pneumatischer Werkzeuge unterschätzt und in ihrem Voranschlag die hohen Vertriebsspesen nicht zur Genüge berücksichtigt. So verschwand eine deutsche Marke nach der andern und die Amerikaner konnten sich ins Fäustchen lachen. Franz Ant. Schmitz, von der Firma Schuchardt & Schütte, ging nach Düsseldorf und gründete dort eine eigene Preßluft-Gesellschaft, die sich aber nicht mit der Erzeugung der Werkzeuge befaßte, sondern die amerikanischen Ajax-Hämmer vertrieb. Andere Firmen handelten mit Cleveland-Werkzeugen und allen möglichen anderen amerikanischen Erzeugnissen. Daneben trieben auch noch englische Fabrikate ihr Wesen. Kurzum: Ausland war Trumpf!

Nach und nach hatte sich die Arbeiterschaft an die Werkzeuge gewöhnt, zumal die amerikanischen Gesellschaften es verstanden, sich die Gunst der Arbeitsleute zu sichern. Sie hatten in dieser Beziehung einen weiten Blick und eine offene Hand. Und der Verein gegen das Bestechungsunwesen existierte damals noch nicht.

So schworen die Arbeitsleute auf die amerikanischen Werkzeuge. Und gleichzeitig wußten die Amerikaner mit den Werften und Großabnehmern langjährige Verträge abzuschließen.

Unter solchen Umständen war der Mut weiterer deutscher Fabriken, mit ihren Preßluftwerkzeugen in Konkurrenz zu treten, nicht hoch genug zu veranschlagen! In Frankfurt begannen 1903 Pokorny & Wittekind unter Assistenz von Wilh. Kühn ihre Tätigkeit. In Berlin-Oberschöneweide nahmen die Deutschen Niles-Werke nach Eintritt des Ing. Kiecksee den Bau von Preßluftwerkzeugen mit Erfolg auf. Kiecksee richtete etwas später auch die bekannte Kompressorenfirma G. A. Schütz für den Bau pneumatischer Werkzeuge ein. Inzwischen hatte der Konstrukteur Ernst Rehfeld dessen Platz bei den Niles-Werken eingenommen. Ihm gelang es dann, in Gemeinschaft mit seinem kaufmännischen Kollegen Vomacka, einen Geldmann in dem Bremer Großkaufmann Pflüger zu finden, worauf man, ebenfalls in Oberschöneweide, 1907 die Gründung der Deutschen Preßluft-Werkzeug- und Maschinenbau-Gesellschaft vornahm, die dank den brauchbaren Konstruktionen Rehfelds rasch einen ziemlich bedeutenden Aufschwung nehmen konnte. Inzwischen hatte auch noch die Deutsche Maschinenfabrik Duisburg mit der Fabrikation von Preßluft-Metallbearbeitungswerkzeugen begonnen, um sie — ebenso wie Frölich & Klüpfel — neben ihren Gesteinswerkzeugen zu vertreiben.

Daneben gab es aber eine ganze Anzahl Händlerfirmen, die ausländische Marken verkauften, wie z. B. die Allgemeine Preßluft-Gesellschaft in Berlin. Neben Globe- und Atlas-Werkzeugen stieß man hauptsächlich auf die Erzeugnisse der Ingersoll Rand Comp. und — last not least — der Chicago Pneumatic Tool Co., deren Boyer-Hämmer sich einer großen Beliebtheit erfreuten. Nach dem Eingehen der Firma Chas. G. Eckstein war es die Internationale Preßluft- und Elektrizitäts-Gesellschaft in Berlin, die unter dem Protektorat der amerikanischen Stammfirma sich für den Vertrieb der Boyer- und Keller-Werkzeuge mit großem Eifer und Erfolg einsetzte.

Es ist verständlich, daß nicht alles, was von den deutschen Fabriken anfangs auf den Markt gebracht wurde, gut und konkurrenzfähig war. Nur ganz langsam, Schritt für Schritt, konnten die heimischen Fabrikate aufrücken. Da die Ausländer die konstruktiven Eigenheiten ihrer Werkzeuge sich patentamtlich hatten schützen lassen, so galt es, teilweise ganz neue Wege zu beschreiten. Manche Konstruktion, die theoretisch viel versprochen hatte, mußte vom praktischen Standpunkt aus hernach verworfen werden. Die Kinderkrankheiten, die die amerikanischen Werkzeuge früher durchgemacht hatten, blieben auch den deutschen nicht erspart. Die Konstrukteure suchten sich ständig den Rang abzulaufen. Einer wachte eifersüchtig über das Tun des andern. Und wehe, wenn man einem konstruktiven Pirschgang auf die Spur kam, der zu nahe an die gezogene Grenze heranreichte. Flugs hatten die Patentanwälte Arbeit! Dabei muß man bedenken, daß die Grundformen der Preßluftwerkzeuge bereits festlagen und daß die Steuerungen im Prinzip alle auf dasselbe hinausliefen.

Deshalb ist es begreiflich, daß soundso viele Musterschutz- und Patentansprüche auf diesem eng begrenzten Gebiet von vornherein »für die Katz« waren, d. h. für die Praxis gar keinen Wert besaßen und — den technischen Fortschritt lähmend — eigentlich nur den einen Zweck erfüllten, nämlich dem Konkurrenten das Leben sauer zu machen und andere Konstrukteure in der Verwirklichung neuer Ideen oder an der Verbesserung der bestehenden Schöpfungen zu hindern!

Den Amerikanern konnte das alles nur recht sein. Sie hatten keinen Schaden davon, und ihr Weizen blühte weiter. Schuchardt & Schütte gaben jedoch, als ihr Abkommen zu Ende war, die Vertretung auf. Mit diesem Zeitpunkt aber, der mit dem Aufkommen der ersten, wirklich brauchbaren deutschen Werkzeuge zusammenfiel, verschwanden die Amerikaner nicht etwa von der Bildfläche. Im Gegenteil, nun entwickelte sich erst der Konkurrenzkampf mit den deutschen, beharrlich an die Oberfläche strebenden Marken. Und da konnte man denn ab und zu einen interessanten Blick hinter die Kulissen amerikanischer Geschäftstüchtigkeit tun.

So ist z. B. gerichtlich festgelegt worden, daß der Vertreter einer großen amerikanischen Firma wiederholt Arbeiter und Meister einer deutschen Werft durch Bestechung dahin zu bringen vermocht hatte, daß sie in die Hämmer einer deutschen Konkurrenz, die der Werft auf Probe geliefert worden waren, wiederholt Feilspäne und andere Fremdkörper hineinschmuggelten, so daß die betreffenden Werkzeuge nachher bei der öffentlichen Probe vollkommen versagen mußten. Andere, auf den gleichen Zweck hinauslaufende Manipulationen bestanden in dem heimlichen Lösen der Zuspannschrauben oder in einem Lockern des Handgriffs. Es ist klar, daß auf diese einfache Weise alle Anstrengungen einer ehrlichen Konkurrenz zunichte gemacht werden können. Genügen doch bei der haargenauen Zusammensetzung der Preßluftwerkzeuge schon winzige Mengen von Spänen, in den Zylinder eines Hammers bugsiert, um den Kolben zum Festfressen zu bringen oder um eine Bohrmaschine zu ruinieren. Und wenn der bestochene Übeltäter später aus irgendwelchen Gründen nicht selbst seine Schuld offenbart, so läßt sich nicht einmal ein Beweis erbringen; im höchsten Falle dürfte man von einer Fahrlässigkeit sprechen!

Es ist ferner festgestellt worden, daß Vertreter amerikanischer Gesellschaften die Interessenten und Abnehmer ständig mit unrichtigen Betriebsdaten getäuscht haben und daß sie sich ausnahmsweise schlecht arbeitende Konkurrenzwerkzeuge beschafften, um diese gegen ihre amerikanischen Werkzeuge auszuspielen. Kurzum, das Kapitel vom unlauteren Wettbewerb könnte durch die Machenschaften auf diesem Gebiete in höchst ergiebiger Weise bereichert werden, wenn — alles ans Tageslicht käme!

Gerichtlich festgestellt ist auch folgendes, für amerikanische Begriffe charakteristische Begebnis: Eine Vertreterfirma engagierte mehrere Angestellte einer bekannten deutschen Preßluftgesellschaft und bewog sie, bei dieser noch längere Zeit zu bleiben und laufend Bericht zu erstatten über eingelaufene Anfragen. Kommentar überflüssig!

Abb. 9. Reparaturarbeiten auf einem Kriegsschiff.

Es soll nun nicht etwa gesagt sein, daß sämtliche ausländischen bzw. amerikanischen Firmen solchen eigenartigen Geschäftsprinzipien huldigten, denn man soll nicht das Kind mit dem Bade ausschütten. Aber die gegebenen Beispiele dürften doch erkennen lassen, daß die Bevorzugung der amerikanischen Preßluftwerkzeuge unter tatsächlicher Zurücksetzung der heimischen Erzeugnisse nicht länger gutzuheißen war. Solange es keine ebenbürtigen deutschen Preßluftwerkzeuge gab, war man auf die ausländischen Produkte angewiesen gewesen. Leider aber gab es auch später, bis zum Ausbruch des Krieges, noch viele Firmen, namentlich Werften und auch behördliche Werkstätten, die von den amerikanischen Marken nicht abzugehen gewillt schienen.

Aber verhielt es sich nicht ähnlich auch mit anderen amerikanischen Erzeugnissen? Gab es nicht Leute, die da geglaubt hatten, amerikanische Schuhe wären formenschöner oder haltbarer als deutsche, und amerikanische Rasierklingen seien das Beste auf der Welt? Und zahlte man nicht bereitwilligst bis zu 100 M. mehr für eine original-amerikanische Schreibmaschine? Daß die Amerikaner nicht davor zurückschrecken, unter Umständen und mit allen Mitteln überhaupt jede Konkurrenz zu unterdrücken, das hat uns doch das Nationalkassensystem hinreichend bewiesen!

Wieweit deutsches Entgegenkommen übrigens den Yankees in der Zeit vor dem Kriege das Rückgrat gestärkt hat und bis zu welchem Grade amerikanische Unverfrorenheit sich ausdehnen kann, erkennt man aus der Tatsache, daß seinerzeit 13 amerikanische Schreibmaschinenfabriken die Handelskammer in Dortmund aufgefordert hatten, sie im Kampfe gegen die Bewegung zu unterstützen, die zugunsten der deutschen Erzeugnisse sich entwickeln wollte. Die Handelskammer hat diese merkwürdige Zumutung mit der Aufforderung beantwortet, zunächst einmal darauf hinzuwirken, daß die amerikanischen Handelskammern die Einfuhr der deutschen Schreibmaschinen zuungunsten der amerikanischen fördern möchten.

Da dieses Buch es sich zur Aufgabe gemacht hat, die heimische Industrie in ihrem Kampfe gegen die ausländische Konkurrenz tunlichst zu unterstützen, so erscheint es angebracht, an dieser Stelle beispielsweise die Geschäftsprinzipien einer amerikanischen Großfirma zu beleuchten, um zu zeigen, daß den Herrschaften von drüben einfach jedes Mittel recht ist, wenn es gilt, die Konkurrenz tot zu machen. Ich erwähnte vorhin schon kurz die National Cash Register Co. Die Tatsache, daß es auch in Deutschland vor dem Kriege keiner einzigen Registrierkassen fabrizierenden Firma gelang, sich gegen die übermächtige amerikanische Konkurrenz zu behaupten, läßt deutlich erkennen, wohin es führen kann, wenn die deutschen Industriefirmen sich nicht gegenseitig beistehen. Was aber gestern in Registrierkassen geschah, könnte morgen in Automobilen, Preßluftwerkzeugen oder irgendeinem anderen Erzeugnis möglich sein — wenn man nicht auf der Hut ist!

Schon jetzt streckt die National Cash Register Co. von Dayton aus wiederum ihre Fänge aus, um die inzwischen aufgekommene deutsche Kassenindustrie erneut zu erwürgen. Ohne in chauvinistische Fehler zu verfallen, sollte man aber bei uns wenigstens die ungeheuren Schmähungen gerade dieser Gesellschaft gegen Deutschland nicht aus dem Gedächtnis verlieren, mit denen sie während des Krieges ihre Kampfpolitik im eigenen Lande fortgesetzt hatte. In der von ihr herausgegebenen Zeitschrift N. R. konnte man u. a. im Juni 1918 lesen: »Deutschland hat sich seit 50 Jahren auf den Krieg vorbereitet. Deutsche Tüchtigkeit ist viel zu hoch eingeschätzt worden. Deutschland hat fast gar nichts erfunden! Die Deutschen haben alles nachgeahmt oder gestohlen, besonders von Amerika ... Ein einziger amerikanischer Soldat ist gleichwertig mit fünf deutschen. Wir müssen sie besiegen, oder

Abb. 10. Niethammer im Kranbau. (Phot. b. Zobel, Neubert & Co., Schmalkalden.)

der Name Deutschland wird 1000 Jahre lang ein Gestank in der Nase der Zivilisation sein!«

Unterschrieben war diese Expektoration von John H. Patterson, dem Präsidenten. Dieser Herr hat übrigens nicht nötig, sich einzubilden, daß er in den Rahmen einer Zivilisation paßt, die sich im wesentlichen über die Troglodytenperiode erhebt. Er wurde nämlich schon im Jahre 1911 formell angeklagt, »acts of savagery« begangen zu haben, was man wohl am besten mit »Methoden von Wilden« übersetzt. Später wurde er dann zu einem Jahr Gefängnis und 5000 Doll. Geldstrafe verurteilt, weil er, wie das Gericht konstatierte, 150 Konkurrenzgesellschaften aus dem Felde getrieben hatte, und zwar durch Bestechung von deren Angestellten, Kolportierung von Gerüchten über ihren Kredit, Beeinflussung von Verkehrsgesellschaften zu dem Zweck, die Erzeugnisse der Konkurrenz gar nicht oder langsam zu befördern, die Anstrengung faktiöser Patentprozesse usw. Der Richter bemaß die Strafe deshalb so hoch — die Höchststrafe —, weil Patterson eine besondere Abteilung organisiert hatte, nicht um die eigenen Erzeugnisse zu vertreiben, sondern den Verkauf der Konkurrenz zu unterbinden. Neben

Patterson wurden noch 28 andere Mitglieder seines Registrierkassenkonzerns verurteilt, alle zu Haftstrafen. Ins Gefängnis gewandert ist allerdings noch keiner von ihnen, entweder schwebt die Berufung noch, oder die Sache ist während des Kriegstreibens, da die große Öffentlichkeit solchen Dingen wenig Aufmerksamkeit schenkte, in aller Stille begraben worden; jedenfalls ist aber das Strafurteil, das auf Grund eines Geschworenenwahrspruchs erfolgte, nicht geeignet, den Bemühungen der Registrierkassen-Gesellschaft, in fremden Ländern festen Fuß zu fassen, Vorschub zu leisten.

Es steht nun längst fest, daß seit mehr als 15 Jahren die deutschen Preßluftwerkzeuge in Konstruktion und Ausführung hinter den ausländischen keineswegs zurückstehen, daß sie diesen in bezug auf Leistungsfähigkeit und Wirtschaftlichkeit durchaus ebenbürtig sind, und daß sie ihnen hinsichtlich Betriebssicherheit und Haltbarkeit zum mindesten gleichkommen. Dabei sind die deutschen Werkzeuge größtenteils billiger; Ersatzteile sind nötigenfalls rasch und preiswert erhältlich, und etwaige Betriebsstörungen lassen sich durch geschulte Fachleute schnellstens beheben.

Schon aus nationalen Gründen wäre es unverantwortlich, wenn der deutschen Preßluftindustrie in Anbetracht der überstandenen Schwierigkeiten in Zukunft seitens der Verbraucher und Behörden keine bessere Förderung zuteil werden würde als früher. Durch hohe Einfuhrzölle muß wenigstens dafür gesorgt werden, daß die ausländischen Preßluftwerkzeuge fernerhin nicht mehr imstande sind, Erfolge durch Preisdrückerei zu erzielen.

Augenblicklich liegen die Verhältnisse so, daß die ausländischen, vornehmlich die amerikanischen Fabriken infolge der Valutadifferenz noch nicht wieder mit voller Kraft in den Konkurrenzkampf, wenigstens in Europa, eingreifen können. Aber das ist wahrscheinlich nur eine Frage der Zeit. Bis dahin spielt sich auch der Kampf der deutschen Preßluftfirmen sozusagen in einem vornehmen Rahmen ab.

Die in der ersten Auflage des Preßluftbuches gegebene Anregung einer Konzernbildung innerhalb der deutschen Werke, einesteils zur besseren Abwehr der ausländischen Konkurrenz, andernteils zur Beseitigung der Preisschleuderei im eigenen Lager, ist mittlerweile in die Tat umgesetzt worden. Die länger bestehenden Firmen haben sich zu einem Preßluft-Werkzeug-Verband zusammengeschlossen, dem es obliegt, die Verkaufspreise zu regeln, gleichzeitig aber auch durch Gedankenaustausch und praktische Erwägungen die Qualität der deutschen Preßluftwerkzeuge immer mehr zu vervollkommnen.

Zu bedauern ist nur, daß der Preßluft-Verband die Tendenz des vorliegenden Buches nicht verstanden hat, die darin gipfelt, der deutschen Preßluftindustrie den Rücken zu stärken und sie in dem Konkurrenzkampf gegen die ausländischen Marken zu unterstützen. Statt dessen haben die Verbandsfirmen, von unrichtigen Voraussetzungen ausgehend, dem Verfasser die nachgesuchte Beihilfe bei der Ausarbeitung des Textes der zweiten Auflage verweigert. Im andern Falle würde gewiß ein noch vollkommeneres Bild der deutschen Preßluftindustrie zustande gekommen sein; immerhin dürfte das gesammelte Material gerade vollauf genügen, um dem aufmerksamen Leser die Überzeugung beizubringen, daß es nicht erforderlich ist, den Bedarf an pneumatischen Maschinen und Werkzeugen bei ausländischen Firmen zu decken. Und damit wird der eigentliche Zweck des Buches erfüllt.

Die unausgesetzt steigende Nachfrage nach Preßluftwerkzeugen läßt es ganz erklärlich erscheinen, daß in den letzten Jahren zu den alten Firmen noch etliche neue Fabriken hinzugetreten sind. So das Rheinwerk in Barmen, die Maschinenfabrik Sürth bei Köln, die Firma E. Düsterloh, Sprockhövel.

Ihr Auftauchen hat nun unter den alten Verbandsfirmen einige Aufregung hervorgerufen. In der Zeitschrift »Preßluft« z. B. wurden die Verbraucher — offenbar aus einem Gefühl der Angst vor den neuen Konkurrenzen heraus — vor den neu aufgetauchten Firmen gewarnt. Man schrieb u. a. wörtlich: »Eine eigene Erscheinung ist es, daß fast alle Firmen, welche vor dem Kriege Kriegsmaterial fabrizierten, daran dachten, nunmehr die Fabrikation von Preßluftwerkzeugen aufzunehmen, ohne die Hauptfrage genügend zu prüfen, wie groß in den in Betracht kommenden Ländern der Gesamtbedarf sei. Dieser Bedarf kann nämlich von den bestehenden Preßluftwerkzeugfabriken überreichlich gedeckt werden! Der durch die neuen Fabriken hervorgerufene Konkurrenzkampf bedeutet also, volkswirtschaftlich betrachtet, einen großen Schaden, für sie selbst Opfer und Verluste, für die Verbraucher ein schwerwiegendes Risiko, welches diese in ihre Betriebe hineintragen. «

Derartige Maßnahmen dürften nun wenig geeignet sein, die deutsche Preßluftindustrie zu einem planmäßigen Zusammengehen gegen die ausländische Konkurrenz zusammenzuschließen. Man verschärft nur den Kampf im Innern und besorgt damit die Geschäfte der Ausländer. Zudem kann der Bedarf an Preßluftwerkzeugen absolut nicht vorausgesehen werden. Aber selbst die Möglichkeit, den etwaigen Bedarf mit den vorhandenen Mitteln decken zu können, hat im Wirtschaftsleben noch niemals zur Unterdrückung neuer Produktionsquellen führen können. Und das ist gut, denn sonst würden Handel und Wandel wohl längst verflacht sein. Wenn die Aufnahme einer Fabrikation von der Frage abhängig gemacht werden sollte, ob nicht vielleicht der Bedarf schon durch die bereits bestehenden Firmen gedeckt werden könnte, so wäre der Wirtschaftskampf im Leben der Völker längst erstorben!

Jede neue Konkurrenz verschärft den Kampf, bringt aber auch neues Leben hinein und spornt alle Mitkämpfer zu erneuten Anstrengungen an.

Nach Kriegsschluß gingen ferner die Deutschen Werke, A.-G., entstanden aus der Verschmelzung der ehemaligen Reichsbetriebe, an die Fabrikation von Preßluftwerkzeugen heran, und zwar wurde die frühere bayerische Gewehrfabrik in Amberg zu einer Preßluftfabrik ausgebaut. Die Erzeugnisse dieses Werkes erfreuten sich seit nahezu 100 Jahren des allerbesten Rufs, und ihre Einrichtungen und Maschinen waren naturgemäß für die Serienfabrikation so hochwertiger Präzisionsartikel wie geschaffen. Zudem verstanden es die Deutschen Werke, die gefürchteten Kinderkrankheiten zu vermeiden, indem sie sich vor Experimenten hüteten, sondern bewährte Fachleute zur Konstruktion und Ausführung der Preßluftwerkzeuge sich verschrieben.

Die erwähnten günstigen Voraussetzungen treffen ebenso auf die Firma Friedr. Krupp, A.-G., zu, die aus denselben Erwägungen heraus neuerdings den Preßluftwerkzeugbau mit gutem Erfolg aufgenommen hat.

So wird erfreulicherweise die deutsche Preßluftindustrie immer stärker und das Bollwerk gegen die ausländische Flut durch das Einfügen neuer Stützen kräftiger!

Die Anwendung der Druckluft und der Preßluftwerkzeuge.

Das Anpassungsvermögen an alle erdenklichen Arbeiten, die man bislang meist nur von Hand, viel weniger rasch und weniger gut, hatte ausführen können, war seit jeher einer der Hauptfaktoren, die die Einführung der Druckluftwerkzeuge begünstigen.

Abb. 11. Meißelhammer beim Abgraten (Phot. b. Maschinenfabrik Rheinwerk, Langerfeld).

Auch während des Krieges hat die Druckluft ihre Nutzbarkeit in höchst befriedigendem Maße bewiesen. Es darf sogar mit vollem Recht gesagt werden, daß ein guter Teil der militärischen Erfolge neben dem Feuereifer der technischen Truppen und der Tüchtigkeit ihrer Führer auch der Druckluft zuzuschreiben ist. Die Anwendung der Druckluft im Torpedowesen ist bekannt. Sie hat aber u. a. auch den U-Booten hervorragende Dienste geleistet, auf denen beispielsweise Preßluftmotoren zur Betätigung des Steuerruders erfolgreich verwendet wurden.

Preßluftwerkzeuge sind in Mengen gebraucht worden, um im Felde Bohrungen in Gestein und Beton für Unterstände, Minensprengungen usw. auszuführen. Sie wurden ferner gebraucht beim Brückenbau, bei der Errichtung von Luftschiffhallen, bei der Herstellung von Eisenbahnmaterial, Pontons, Tanks, Kanonen- und Mörserunterteilen, Wagengestellen aller

Art, kurzum für Kriegsmaterial in mannigfacher Gestalt. Ganz zu schweigen von der gleichzeitigen vielseitigen Verwendung in den heimischen Werkstätten bei Erledigung kriegswichtiger Aufträge.

Im übrigen hat sich die Druckluft als solche bereits so viele Anwendungsgebiete erobert, daß es unmöglich erscheint, dieses Kapitel in wirklich erschöpfender Weise zu behandeln. Zum Transport von flüssigem und körnigem Gut, zur Förderung von Getreide, Malz, Reis, Hülsenfrüchten, Kartoffelflocken, Kohle usw. wird sie seit längerer Zeit mit bestem Erfolg verwandt.

Abb. 12. Doppelmuffelfeuer beim Anrichten von Kesselblechen.

Des ferneren sei erinnert an den Gebrauch der Druckluft in Preßhefe-, Malz- und Konservenfabriken. Es ist übrigens interessant, daß bereits im Jahre 1810 dem Dänen Gg. Medhurst ein englisches Patent über die Beförderung von Gütern in Röhren durch Druckluft erteilt worden ist.

Druckluft wird auch angewendet bei der Herstellung von Sauerstoff und Stickstoff, beim Zerstäuben von Farbe u. dgl. für alle möglichen Industriezwecke, beim Zerstäuben von Petroleum in Brennern, die dann zum Erhitzen von Blechen und Platten in Schiffswerften, Waggonfabriken usw. dienen. Ein weites Gebiet haben die Druckluftmuffelfeuer sich erobert, ortsbewegliche Feuerstätten darstellend, die mit Erfolg überall Anwendung finden, wo feststehende Feuerstätten nicht benutzt werden können. Also z. B. in Kesselschmieden beim Anrichten von Blechen und Ringen, in Röhrenwerken beim Biegen der Röhren, im Schiffbau beim Anrichten von Spanten und Blechen, ferner in Brückenbauanstalten, Eisenbahnwerkstätten, Maschinenfabriken für die mannigfachsten Arbeiten. Derartige Muffelfeuer arbeiten recht ökonomisch, weil als Brennstoff billige Heizöle, allenfalls auch Abfallöle, verwendet werden können. Zum Zerstäuben des Brennstoffes dient Druckluft von 4 bis 6 Atm. Spannung, durch welche er auch gleichzeitig zum Brenner gedrückt wird. Gegenüber den oben erwähnten Petroleum- und Benzinbrennern bieten die Muffelfeuer verschiedene Vorteile: Sie sind ungefährlicher, dabei leistungsfähiger und obendrein billiger im Gebräuch. Das Erwärmen auf Rotglut mit einem Muffelfeuer nimmt bei einem Blech von 13 mm Stärke und 150 mm Flächendurchmesser etwa 6 Minuten, bei einem Rohr von 350 mm Durchm., 8 mm Wand, 250 mm Kreisfläche etwa 8 Minuten in Anspruch. Das Anheizen einer Lokomotive dauert etwa 15 Minuten.

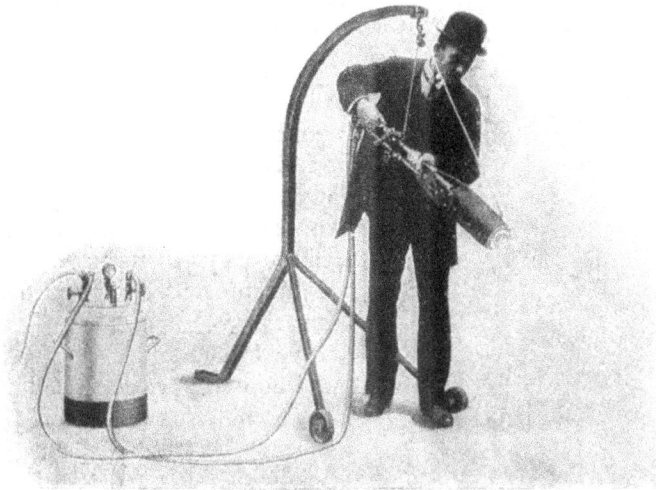

Abb. 13. Muffelfeuer mit Galgenständer. (Fabr. Brüder Boye, Berlin N. 37).

Bei Fundamentierungen in Wasser fällt den pneumatischen Gründungen eine immer bedeutendere Rolle zu, je mehr in den Großstädten der Bau von Untergrundbahnen fortschreitet. Es ist erstaunlich, welche Leistungen die modernen Preßluftpumpen dabei vollbringen, die nicht nur reines, sondern auch sandiges, schlammiges, mechanisch verunreinigtes Wasser, Kohlen- und Erzschlamm, Zementschlamm u. a. m. bewältigen und für manche Industriezwecke unentbehrlich sind.

Auch die Preßluft-Entstaubungsanlagen verdienen Erwähnung, die sich namentlich bei den Eisenbahnbehörden gut eingeführt haben und mit Vorteil zum Säubern der Eisenbahnwagen gebraucht werden. Eigens für diesen Zweck haben verschiedene Eisenbahnämter große Druckluftanlagen mit 3 und 4 Kompressoren eingerichtet.

Neben den Sandstrahlgebläsen, die sich nicht nur zum Gußputzen, sondern auch in der Glasindustrie, ferner beim Reinigen von Häuserfassaden und bei der Steinbearbeitung vortrefflich bewähren, und die an anderer

Stelle noch ausführlich behandelt sind, darf man vor allem auch den Preßluft-Ausblasepistolen weiteste Verbreitung prophezeien.

Die Pariser Druckluftzentrale, von der schon mehrfach die Rede war, lieferte Druckluft in umfangreichem Maße zum Antrieb pneumatischer Uhren, ebenso auch zur Erzeugung elektrischer Energie zu Beleuchtungszwecken, obgleich diese Anwendungsart vielleicht paradox erscheinen mag. In chemischen Fabriken muß die Druckluft herhalten zum Heben von Säuren, ätzenden Flüssigkeiten usw., wie auch zum Rühren und Mischen von solchen. Man bedient sich ihrer auch in Glasmalereien, Imprägnieranstalten, Brauereien, Papierfabriken, in der Textilbranche, und für alle möglichen Zwecke, so daß es zu weit führen würde, wollte ich hier eine lückenlose Übersicht bieten.

Ihren größten Triumph aber feiert die Druckluft unstreitig in der Betätigung der eigentlichen Preßluftwerkzeuge! Auch nach dieser Richtung hin ist es nicht angängig, alle Verwendungsarten zu erwähnen. Es muß genügen, die hauptsächlichsten zusammenzustellen. Den größten Anteil hieran hat die Metallbearbeitungsindustrie.

Die Preßluftwerkzeuge lassen sich in vier Hauptgruppen einteilen: 1. Werkzeuge mit rasch aufeinanderfolgender Kolbenbewegung, bei denen der Schlagkolben seine lebendige Kraft unmittelbar auf das Arbeitszeug, z. B. den Döpper oder Meißel, überträgt. Hierzu gehören u. a. die Niet- und Meißelhämmer, das α und ω der Druckluftverwertung als Energieträger.

Abb. 14. Entstaubung eines Eisenbahnwagens durch Druckluft. (Fabr. A. Borsig, Tegel.)

2. Werkzeuge, die von Hand gesteuert werden, und die bei jedem Arbeitsvorgang durch die Einwirkung der Druckluft nur eine einmalige langsame oder schnelle Bewegung vollführen und dann in der eingenommenen Lage beharren, bis durch Drehen des Lüftventils von Hand die Druckluft entweicht und der Kolben in die Anfangslage zurückgeht. Zu dieser Kategorie sind hauptsächlich die Gegenhalter, die Kniehebelnietmaschinen und allenfalls die Zylinderhebezeuge zu rechnen. 3. Werkzeuge, die eine drehende Bewegung ausführen, d. h. Bohrmaschinen und dergleichen. Zu der 4. Klasse endlich kann man dann alle übrigen Werkzeuge und Apparate zählen, die sich ihrer Wirkungsweise nach in keine der vorgenannten Gruppen einreihen lassen, also z. B. Siebmaschinen, Spritzapparate, Ausblasepistolen usw.

An erster Stelle stehen die Preßlufthämmer, von denen schon in den vorangegangenen Kapiteln die Rede war, und die als Urväter der Preßluftwerkzeuge bezeichnet werden dürfen. Ihre Wirkungsweise ist bei allen bestehenden Systemen die gleiche: Die eintretende Druckluft wirkt einmal vor und das andere Mal hinter dem in einem Arbeitszylinder sich bewegenden Schlagkolben, wodurch dieser in rascher Folge auf- und niederschlägt und den Schlag auf das vorn im Zylinder sitzende Werkzeug abgibt. Die Umsteuerung geschieht neuerdings fast ausnahmslos durch ein besonderes Ventil, nachdem die Hämmer mit selbststeuerndem Kolben den neuzeitlichen Anforderungen nicht mehr genügten. Der Unterschied zwischen Meißelhämmern und Niethämmern ist an und für sich gering. Konstruktion und Wirkungsweise sind im allgemeinen gleich. Eine Verschiedenartigkeit in der Bauart ergibt sich nur aus der Forderung, daß zum Stemmen und Meißeln nicht so kräftige Schläge zu vollführen sind als zum Nieten. Um letzteres zu erreichen, haben die Niethämmer einen größeren Hub; auch sind sie allgemein kräftiger ausgeführt und besitzen einen stärkeren Kolben.

Die Leistung der Hämmer gegenüber der Handarbeit ist erstaunlich. Mit einem mittelgroßen Stemmhammer kann ein Mann ohne Überanstrengung bis zu 80 m Kesselnaht am Tage sauber verstemmen. Ein Span von 100 · 10 · 10 mm kann in 60 Sekunden aus Flußeisenblech von 50 kg Festigkeit abgemeißelt werden. Das Bördeln eines Siederohres erfordert kaum 2 Minuten Zeit.

Mit einem Niethammer lassen sich, wenn man einwandfreie Niete erzielen will, 400 bis 500 zöllige Niete in zehnstündiger Arbeitsschicht fertigstellen. Es gibt aber auch eingearbeitete Nietkolonnen, die an Eisenkonstruktionen 90 bis 120 Niete pro Stunde schlagen. Gegenüber der Handarbeit bedeutet diese Leistung ein Plus von 60 bis 80 %.

Die Leistung einer guten Kniehebelnietmaschine kann im Kesselbau mit 1100 bis 1200 Nieten in 10 Stunden angenommen werden.

Schlagnietmaschinen, deren hämmernde Arbeitsweise der der Niethämmer gleichkommt, werden vorwiegend in Eisenkonstruktionswerkstätten und im Behälterbau angewendet. Bei Reihennietungen ist die Leistung einer aufgehängten Nietmaschine der eines Hammers überlegen, weil die Bedienungsmannschaften weniger leicht ermüden. Man kann deshalb in zehnstündiger Schicht annähernd mit 850 bis 900 zölligen Nieten rechnen, doch läßt sich diese Leistung bedeutend steigern, wenn zweckdienliche Vorrichtungen vorhanden sind, die ein ungehindertes Fortschreiten der Nietarbeit und vor allem noch die Beweglichkeit der Nietmaschine begünstigen.

Mit den leichten Schlagnietmaschinen, die insbesondere zum Schlagen der kleinen kalten Niete an Gasometerglocken benutzt werden, sind schon Leistungen von 850 Nieten in 1 Stunde beobachtet worden!

Die Preßluftstampfer leisten das 4- bis 8fache der Handarbeit.

Für Hämmer und Stampfer gibt es kaum irgendwelche Konkurrenzwerkzeuge mit einem anderen Kraftübertragungsmittel. Die elektrischen Schlagwerkzeuge befinden sich offenbar noch im Versuchsstadium. Die Kniehebelnietmaschinen stehen in Konkurrenz mit den hydraulischen und elektrischen Maschinen, denen sie an Leistungsfähigkeit nicht nachstehen.

Die Preßluftbohrmaschinen kommen in der Arbeitsleistung den bekannten elektrischen Handbohrmaschinen gleich. Hier tritt die Elektrizität, bei der ja die Drehbewegung das Naturgemäße ist, mit der Druckluft in Wettbewerb, und es ist nicht abzuleugnen, daß die elektrische Bohrmaschine in bezug auf den Wirkungsgrad und die Kraftübertragung im Vorteil ist. Bei gleicher Bohrleistung ist der Energieverbrauch der elektrischen Maschinen geringer. Wenn man dann aber bei Betrachtung der Leistung den Zeitverbrauch mit vergleicht, so wird man im Dauerbetriebe doch eine Überlegenheit der Preßluftbohrmaschine herausfinden. Es ergibt sich daraus eine Ersparnis an Arbeitslohn, die unter Umständen den Mehrverbrauch an Energie gegenüber der elektrischen Maschine nahezu ausgleicht. Dazu kommt, daß die Preßluftbohrmaschine weniger empfindlich ist, daß bei ihr nicht so leicht ein Warmlaufen zu befürchten ist, weil die Luft, namentlich wenn mit Expansion gearbeitet wird, kühlend wirkt, daß kein Durchschmelzen der Sicherungen und kein Kurzschluß vorkommen können, und daß die Preßluftbohrmaschine, ganz allgemein betrachtet, eine derbere Behandlung aushält. Die größeren Modelle fallen bei den Preßluftmaschinen leichter aus, sind also handlicher. Zumeist wird man finden, daß die Preßluftbohrmaschinen weniger Reparaturen erfordern, seltener Betriebsstörungen verursachen und geringere Instandhaltungskosten bedingen. Wenn also schon Druckluft zum Betriebe anderer Werkzeuge vorhanden ist, so wäre es unvorteilhaft, nicht auch die pneumatischen Bohrmaschinen in den Bereich der Druckluftverwertung zu ziehen, denn erfahrungsgemäß rentiert sich eine Preßluftanlage um so besser, je mehr sie ausgenutzt wird. Mit anderen Worten: Man soll danach trachten, möglichst für alle einschlägigen Arbeiten Preßluftwerkzeuge zu verwenden!

Es soll übrigens nicht vergessen sein, den obigen Ausführungen über die Vorzüge der Preßluftbohrmaschinen noch den Hinweis auf die Gefährlichkeit der elektrischen Maschinen hinzuzufügen! Der bayerische Revisionsverein berichtet soeben (1921) wieder in seiner Zeitschrift von einem tödlichen Unfall, der sich beim Gebrauch einer elektrischen Handbohrmaschine mit einer Spannung von 220 V gegen Erde ereignet hat. Durch Beschädigung der Wicklungsisolation des Motors war das Gehäuse unter Spannung gekommen. Der Arbeiter, der die Maschine bediente, stemmte sich gleichzeitig mit den Füßen gegen den Kesselmantel. Hierbei hat er sich, da der Kessel offenbar guten Erdschluß hatte, zwischen die volle Spannung geschaltet und ist von dem entstehenden Strom getötet worden. Der Unfall zeigt, daß elektrische Werkzeuge niemals ohne Schutzmaßregeln gebraucht werden sollten. Es ist ratsam, bei Verwendung elektrischer Bohrmaschinen zu Kesselausbesserungen eine besondere Erdleitung nach einer zuverlässigen Erde, beispielsweise der Wasserleitung, zu legen.

Ein fortschrittlich denkender Betriebsleiter wird in vielen Fällen in seinem Betriebe noch allerlei Spezialarbeiten ausfindig machen, für die sich Preßluftwerkzeuge nutzbringend gebrauchen lassen. Daß man hierbei übrigens arg übertreiben kann, beweist das von Paul Möller in der »Zeitschrift des Vereins deutscher Ingenieure« erzählte Beispiel, wonach in einer amerikanischen Lokomotivwerkstatt einmal ein Druckluftkran eingeführt wurde, der am Schornstein der Lokomotive zu befestigen war und dazu diente, die Deckel der Schieberkasten herunterzuheben. Da der Kran doppelt so schwer war wie der Schieberkasten, so waren drei Mann notwendig, um ihn am Schornstein anzubringen, wogegen zwei Mann den ganzen Schieberkasten mit der Hand abzuheben vermochten!

Besser ist der Gedanke, den ein Fabrikant am Niederrhein in die Tat umgesetzt hat, nämlich eine Kniehebelnietmaschine zum Einstanzen von

Abb. 15. Leichter Fahrkompressor mit Brennstoffmotor.
(Fabr. Colditzer Maschinenfabrik, Colditz i. S.)

Spundlöchern mit vorgepreßtem Schweißrande in eiserne Fässer zu gebrauchen.

In neuester Zeit benützt man auch mit sehr gutem Erfolg die Druckluft zum Zuspannen von Schraubstöcken und zum Vorschub an Hobelmaschinen usw. Auch werden immer mehr Dampf-Schmiedehämmer für Druckluftbetrieb umgeändert.

Preßlufthämmer werden außer für allgemeine Niet-, Stemm- und Meißelarbeiten mit Erfolg auch zu folgenden Arbeiten herangezogen: Gußputzen und Abgraten, Stauchen von Stehbolzen, Verstemmen von Dampfturbinenschaufeln, Reinigen der Kammwalzen in Walzwerken, Herstellung von Rillen und Kanälen in Mauerwerk, Abbau von Kohle, Schärfen von Mühlsteinen, Aufhauen von Beton, Zement, Asphalt, Abbau von Fundamenten, Brückenpfeilern usw. Außerdem natürlich für Steinbearbeitungszwecke.

Die Preßluftbohrmaschinen leisten hervorragende Dienste beim Bohren, Aufreiben, Gewindeschneiden, Einwalzen von Rohren u. dgl.

Die Stampfer sind ebensogut am Platze in Gießereien wie in der Zement-
und Kunststeinindustrie und im Baugewerbe zum Stampfen von Beton,
Schamotte, Zement, Asphalt usw.

Der pneumatische Betrieb eignet sich besonders für Eisenkonstruktions-
werkstätten, Kesselschmieden, Gießereien, Stahlwerke, Waggonfabriken,
Automobilfabriken, für den Schiffbau, Maschinenbau, Behälterbau, für
Eisenbahnwerkstätten und Lokomotivwerkstätten, für das Baugewerbe, für
Bergwerke und Steinbruchbetriebe. Diese Aufzählung kann durchaus keinen
Anspruch auf Vollständigkeit erheben. Es gibt im Gegenteil noch sehr viele
Anwendungsgebiete, auf denen sich Preßluftwerkzeuge der einen oder anderen
Art ebenfalls bestens bewährt haben, und fortgesetzt kommen noch neue Be-
triebe hinzu.

Der Umstand, daß sich die Druckluft, was bei keinem anderen Kraftübertragungsmittel der Fall ist, in gleich vorteilhafter Weise zur Hervor-
bringung von Schlag-, Druck- Dreh-, Blas- und Saugwirkung verwenden
läßt, so daß die Preßluftwerkzeuge für alle erdenklichen Arbeiten unter
Erzielung von Lohn- und Zeitersparnissen gebraucht werden
können, läßt die Ausdehnung des pneumatischen Betriebes auf alle Industriezweige erklärlich erscheinen. Und es ist anzunehmen, daß mit dem Fortschreiten der sozialen Bewegung auf dem einmal eingeschlagenen Wege auch
die Einführung der Preßluftwerkzeuge Hand in Hand gehen wird, zumal die
Arbeiter inzwischen eingesehen haben, daß der Gebrauch der Werkzeuge
unstreitig physische Erleichterungen für sie mit sich bringt. Wenn zuweilen
ein Sinken der Akkordlöhne damit verbunden ist, so wird auf der anderen
Seite die Produktionsfähigkeit erheblich gesteigert. Es tritt eine Belebung
auf der ganzen Linie ein, neue Arbeitsmöglichkeiten werden geschaffen, und
schließlich profitieren Arbeitgeber wie Arbeitnehmer zu gleichen Teilen von
der Nutzbarkeit des Druckluftbetriebes, der sich somit am Ende unbedingt als
segensreich für die gesamte Industriewirtschaft erweisen muß.

Etwas über den Luftverbrauch.

Es gab eine Zeit, in der auf Grund irriger Anschauungen der Luftverbrauch eines Preßlufthammers allein als ausschlaggebend für seine Wertbestimmung angesehen wurde. Alle Welt ritt auf den Luftverbrauchsdaten herum. Allenthalben wurden Vorführungen veranstaltet, deren Kernpunkt in dem Ergebnis des unvermeidlichen Luft-Meßapparates lag. Nichts hat größere Verwirrung in die Reihen der Konsumenten hineingetragen als die Überschätzung des Luftmessers und die sich fortwährend widersprechenden Luftverbrauchsdaten. Und noch heute ist es zuweilen schwer, mit der Ansicht durchzudringen, daß der nominelle Luftverbrauch eines Preßluftwerkzeuges an sich keinen reellen Maßstab für seine Güte vorstellen kann.

Gewiß darf der Luftverbrauch keineswegs außer acht gelassen werden. Er ist vielmehr von größter Bedeutung für die Wirtschaftlichkeit des pneumatischen Betriebes. Aber ebensowenig, wie ich mir einen Begriff von der Qualität eines Motors machen kann, wenn mir bloß gesagt wird, daß er soundsoviel Brennstoff in einer bestimmten Zeit verbraucht, die eigentliche Kraftleistung aber hintenangestellt wird, ebensowenig läßt sich mit den Luftverbrauchsangaben etwas anfangen, wenn nicht zu gleicher Zeit das Leistungsverhältnis in Betracht gezogen wird.

Mit einer gewissen Lufteinheit läßt sich immer nur ein ganz bestimmtes Arbeitsquantum leisten! Meist wird ein Hammer, dem ein durch Drosselung der Kanäle oder durch Expansion herbeigeführter, außergewöhnlich niedriger Luftverbrauch als Aushängeschild mitgegeben wird, eine weit geringere Schlagwirkung ausüben als ein anderer Hammer, der zwar etliche Liter Luft mehr verbraucht, aber infolge ungedrosselter und ungehinderter Luftzufuhr dafür seine höchste Leistungsfähigkeit entwickeln kann. Es ergibt sich daraus die Lehre, niemals den Luftverbrauch allein als maßgebend zu betrachten, sondern stets nur im Verhältnis zu der erzielten Leistung und im Hinblick auf die für eine ganz bestimmte Arbeit aufgewandte Zeit!

Kraftleistung und Luftverbrauch ergeben sich teils aus der Steuerung, teils aus der folgerichtigen Anordnung und dem zweckdienlichen Querschnitt der Zylinderkanäle! Im Zusammenhang damit steht auch der Rückschlag. Die Geschichte der Preßluftwerkzeuge läßt erkennen, daß die Hämmer ihre Vollkommenheit einer ununterbrochenen Kette praktischer Versuche verdanken.

3*

Theoretische Betrachtungen führten zwar zu steter Verbesserung der Konstruktionen, aber bestimmend blieb bis in die neueste Zeit hinein letzten Endes doch immer die praktische Erprobung.

Anfangs ging man von dem Bestreben aus, um die Wirtschaftlichkeit der Preßluftwerkzeuge zu erhöhen, überall Expansionswirkung herbeizuführen. Die Oetlingschen Hämmer z. B. hatten Expansionssteuerung. Diese zeigt sich jedoch insofern nachteilig, als infolge der niedrigen Temperatur gegen das Ende der Expansion eine starke Abkühlung im Innern des Werkzeuges auftritt, die leicht zur Vereisung und Verstopfung der Kanäle führen kann. Auch bei den mit übermäßiger Expansion arbeitenden Bohrmaschinen kommt es ja vielfach zur Eisbildung. Im übrigen wird die Schlagfertigkeit der Hämmer durch Expansionssteuerung ungünstig beeinflußt. In den ersten Jahren war, nebenbei gesagt, die Eisbildung an den Preßluftwerkzeugen, auch an den amerikanischen, so allgemein, daß die Arbeiter immer mit dicken Lederhandschuhen arbeiten mußten.

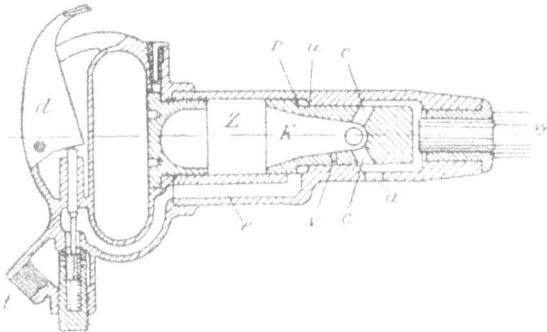

Abb. 16. Eine der ältesten Hammerkonstruktionen.

Wie schon gesagt, spielt der Querschnitt der Lufteinlaßkanäle, wie auch der Ausströmkanäle eine große Rolle in bezug auf Leistung und Wirtschaftlichkeit des Werkzeuges. Noch wichtiger ist natürlich die Steuerung! Die ältesten Hämmer waren ventillos. Der Kolben steuerte sich selbst. Die Wirkungsweise eines solchen einfachen Hammers läßt sich am besten an der Hand der Abb. 16 verfolgen, die einen früheren Meißelhammer der Pittsburg-Pneumatic Tool Co. veranschaulicht. (Bild u. Beschreibung sind dem Buch von P. Iltis, »Die Preßluftwerkzeuge«, Verlag Göschen, entnommen.) Der Hammer besitzt einen ausgehöhlten Schlagkolben K, der sich in dem Zylinder Z bewegt. Beim Öffnen des Drückers d tritt die Druckluft durch den Kanal e in den Ringraum, der sich in der größeren Bohrung des Zylinders befindet und durch den stärkeren Teil des abgestuften Schlagkolbens begrenzt wird. Die Luftverteilung besorgt der Kolben von hier aus selbst. Die schon erwähnte Ringfläche r steht ständig unter Druck. In der aus der Abbildung ersichtlichen vorderen Lage des Kolbens pufft die Luft durch die Kanäle c, den vorderen Zylinderraum passierend, und durch die Auspufflöcher a ins Freie. Der auf der Ringfläche r lastende Druck treibt dann den Kolben zurück. Dabei werden zunächst die Kanäle c geschlossen und hinter dem Kolben bildet sich ein Luftkissen. Sobald die Kanäle c die Kante u überschreiten, findet die Druckluft ihren Weg durch die ersteren hinter den Kolben und schleudert ihn nach vorn. Sobald die Kanäle *c* wieder in den vorderen Zylinderraum münden, beginnt das Spiel von neuem. Der kleine Kanal *v* ist ein Voreinströmkanal, der die Drucksteigerung hinter dem Kolben einleitet, sobald er die Kante *u* überschleift.

Sehr ökonomisch wird dieser Hammer nicht gearbeitet haben. Ein schwerwiegender Nachteil lag vor allem in der offenen Mündung des Kanals *a*, durch den das Eindringen von Schmutz und Fremdkörpern in den Zylinder begünstigt wurde.

Einen anderen, wesentlich vollkommeneren ventillosen Meißelhammer zeigt Abb. 17. Dieser unterscheidet sich von dem vorgenannten

Abb. 17. Ventilloser Meißelhammer.
(Fabr. Collet & Engelhard.)

hauptsächlich dadurch, daß der Kolben massiv ist und die Steuerkanäle in der Zylinderwand angeordnet sind.

Die ventillosen Hämmer sind heutzutage vollständig von den ventilgesteuerten verdrängt. Es ist dies darauf zurückzuführen, daß die ventillosen Hämmer infolge des durch den langen und schweren Kolben begrenzten Hubes keine große Schlagstärke entwickeln können. Sie sind also nur da am Platze, wo eine große Anzahl rasch aufeinanderfolgender Schläge von geringer Stärke beansprucht wird, wie dies beispielsweise beim Preßluftabklopfer der Fall ist. Auch kleine Spezialhämmer zur Steinbearbeitung können das Steuerventil vermissen lassen und sich mit dem einfachen, selbstgesteuerten Kolben begnügen. Für schwerere Stemm- und Meißelarbeiten hingegen und vollends für Nietarbeiten scheiden die ventillosen Werkzeuge aus.

Das Steuerventil ist die Seele des Preßlufthammers! Es verdient deshalb weitgehende Beachtung. Das Steuerventil hat im Laufe der Jahre in Form und Ausführung die mannigfachsten Wandlungen durchmachen müssen. Anfangs hatten die Hämmer zuweilen 2 Ventile, doch ist man aus Gründen der Betriebssicherheit davon ganz abgekommen. Bei dem schon früher erwähnten Mac-Coy-Hammer war das Steuerventil im Kolben selbst angeordnet, was aber unpraktisch ist. Erstens fällt der Kolben wie beim ventillosen Hammer im Verhältnis zum Hub zu lang und zu schwer aus, und zweitens ist das mit dem Kolben mitgehende Ventil zu starken Erschütterungen ausgesetzt.

Bei den neuzeitlichen Hämmern ist das Ventil zumeist oberhalb des Kolbens in der Richtung der Kolbenachse, vielfach in einem besonderen Ventilgehäuse, untergebracht. Es gibt aber vereinzelt auch Hämmer mit senkrecht zur Kolbenachse angeordnetem Steuerventil, wie der Ingersoll-Crown-Hammer. Dieselbe amerikanische Firma, die anscheinend gern einsame Wege geht, hatte seinerzeit auch einen Hammer mit einem als Drehschieber ausgebildeten Ventil herausgebracht, das eine schwingende Bewegung machte. Es ist nicht möglich, auf alle diese Sonderausführungen näher einzugehen.

Jedenfalls hängt beim Preßlufthammer von der Ausführung, d. h. von der Form und von der Wirkungsweise des Steuerventils ungeheuer viel ab, und so ist es wohl zu verstehen, daß sich die hauptsächlichsten Anstrengungen der Konstrukteure und Fabrikanten mit der fortschreitenden Verbesserung der Hämmer in erster Linie auf das Steuerventil konzentrierten.

Fast alle Preßluftwerkzeugfabriken haben einen Versuchsstand, auf dem die fertiggestellten Werkzeuge vor dem Versand auf ihre Leistung und Wirkungsweise, vor allem aber auch auf den Luftverbrauch, unter Verhältnissen, die der Praxis möglichst ähnlich sehen, ausprobiert zu werden pflegen. Einige größere Werke gehen hierin noch weiter, indem sie sich besondere Vorrichtungen zum Indizieren geschaffen haben, um sich über die effektive Kraftleistung ihrer Werkzeuge und über ihren Luftverbrauch ständig zu unterrichten. Es werden die Kolbenbewegungen und ihre Geschwindigkeiten gemessen, Diagramme aufgelegt und auf diese Weise das Arbeitsfeld der Druckluft in Hämmern und Bohrmaschinen usw. gewissenhaft studiert und dauernd beobachtet.

Zuweilen begnügt man sich auch damit, die Schlagkraft durch einfache Stauchwirkung in Holz und Metall oder durch bestimmte Meißelarbeiten zu kontrollieren. Zum Messen des Luftverbrauchs verfügen die Fabriken in der Regel über sehr feinfühlige und zuverlässige Doppelsäulen-Luftmesser, aus zwei geräumigen Windkesseln bestehend. Es haben sich aber auch kleine Luftmeßapparate gut bewährt, die in die Druckleitung eingeschaltet werden und ähnlich wie ein Gasmesser den Durchgang der Luft registrieren.

Bei der Feststellung der vorerwähnten Stauchwirkung kann man noch etwas genauer zu Werke gehen, indem man den Hammer horizontal in einer Spannvorrichtung befestigt. Rechtwinklig zur Hammerachse ist ein zirka 30 bis 40 cm langes, kräftiges Eisenstück gelagert, das an dem einen Ende um einen Zapfen schwingbar angeordnet ist und am anderen Ende durch eine kräftige Feder gegen den Döpper des Hammers gezogen wird. Der Druck des Eisenstücks gegen den Döpper des Hammers kann durch diese Feder beliebig eingestellt werden. Wird nun der Hammer in Tätigkeit gesetzt, so übertragen sich die Schläge auf den Döpper und von diesem auf das Eisenstück, welches dadurch selbst in vibrierende Bewegung gerät, denn die Feder hat das Bestreben, nach jedem Schlage das Eisenstück wieder gegen den Döpper zu ziehen. Ein am Eisenstück in der Nähe der Feder befestigter Bleistift überträgt nun die Stärke der Schläge, sowie deren Anzahl auf einen Papierstreifen, der mit einer der Schlaggeschwindigkeit des Hammerkolbens entsprechenden Schnelligkeit über eine Rolle geführt wird. Auf diese Art erhält man auf dem Papierstreifen eine zackige oder wellige Linie, die ein ziemlich getreues Diagramm von der Schlagzahl und der Gleichmäßigkeit der Schläge ergibt. Bohrmaschinen prüft man am einfachsten durch Abbremsen, wobei man von der Regel ausgeht, daß die indizierte Pferdekraft von der Umdrehungsgeschwindigkeit und dem Luftdruck abhängig ist. Die eingespannte Bohrmaschine kann man mit Hilfe eines Riemenzuges horizontal eine Dynamomaschine antreiben lassen, Der erzeugte Strom wird abgelesen und als Wertmesser für die Kraftleistung der Maschine betrachtet. Eine andere Maßnahme besteht in dem Antrieb einer theoretisch bestimmten großen Riemenscheibe, deren Wellen-ende einen zur Bohrmaschine passenden Morsekonus erhält. Als Bremse dient ein feingewebter Baumwollriemen. Die Umdrehungszahlen werden dann einem Zählapparat entnommen.

Alle diese Vorrichtungen genügen für den Probierstand oder richtiger gesagt »fürs Haus!« Sie lassen aber durchaus keinen vollgültigen Einblick in die Arbeitsvorgänge der Druckluft, namentlich im Hammerinnern, ge-winnen und bieten deshalb für die Öffentlichkeit wenig Interesse. Eingehende Berechnungen, die in neuerer Zeit von verschiedenen Seiten, u. a. von Baril, P. Möller und Lindner, vorgenommen worden sind, ließen erkennen, daß unmöglich auf theoretischem Wege mit Sicherheit die sich aus dem Kolbenhub, der Kolbengeschwindigkeit, der Präzision der Umsteuerung und dem Luftverbrauch resultierende Qualität der verschiedenen Hammerarten bestimmt werden kann. Hierzu gehören vielmehr praktische Versuche mit besonderen Apparaten, sowie wissenschaftlich durchdachte Einrichtungen, wie solche allenfalls den Technischen Hochschulen zur Verfügung stehen.

Es ist nun erfreulich, daß, in richtiger Einschätzung des wirtschaftlichen Wertes der Preßluftwerkzeuge für unsere Industrie, die Hochschulen in Char-lottenburg und in Darmstadt sich bereitgefunden haben, zunächst einmal an Hämmern technisch und wissenschaftlich einwandfreie Untersuchungen zwecks Feststellung von Zeitweg- und Zeitdruckdiagrammen vorzunehmen, aus denen sich dann die bisher unbekannten Druckvolumendiagramme herausschälen ließen.

In Charlottenburg hatte sich Professor Schlesinger unter Assistenz von B. Harm der Sache mit Energie angenommen. In Darmstadt wirkte Professor Berndt im Verein mit E. Groedel. Die ersteren mußten sich darauf beschränken, Kolbenwegzeitdiagramme aufzustellen, weil ein optischer Indikator zur Aufnahme von Druckzeitdiagrammen nicht vorhanden war. Im-merhin ließ dieses Indizierverfahren schon höchst interessante Schlüsse auf die spezifische Hammerleistung und auf die Wirtschaftlichkeit der verschiedenen Hammerkonstruktionen ziehen, die in der ausführlichen, als Dissertation aufgefaßten Darstellung von B. Harm in den Berichten der Technischen Hochschule Charlottenburg, Heft III, zum Ausdruck gekommen sind.

Die Untersuchungen in Darmstadt waren noch ausgedehnter und frucht-barer, weil dort ein optischer Indikator zur Verfügung stand, der auch die Aufnahme von Druckzeitdiagrammen gestattete. Gerade diese waren sehr lehrreich, weil sich in ihnen die Eigenart der einzelnen Hammerkonstruktionen deutlich wiederspiegelte. Man vermag an Hand der Aufzeichnungen deutlich die schädlichen Wirkungen zu kleiner Einström- und zu enger Ausströmquer-schnitte zu verfolgen. Durch die in den Diagrammen auftretenden Schwin-gungen kam man sodann beachtenswerten Flatterbewegungen der Steuer-ventile auf die Spur, die zu unerwarteten Vermutungen hinsichtlich des Verhaltens der Ventile beim Arbeitsgang führten. Die Auswertung der gewonnenen Diagramme hinsichtlich Schlagkraft, Schlagzahl und Leistung kann hier nicht erläutert werden, weil der Raum dazu nicht ausreicht, zumal zum besseren Verständnis dann auch die verschiedenen Diagramme veröffentlicht werden müßten. In der Z. d. V. D. I., Bd. 57, Nr. 30, hat Groedel ausführlich über die Ergebnisse berichtet. Bei den Prüfungen wurden fast durchweg die stärksten Langhubhämmer bis zu 5,45 mkg/Schlag mit Schlagzahlen bis zu 1036 Schlägen pro Min. verwandt. In vielen Fällen konnte dabei der Erfolg konstruktiver Maßnahmen, wie z. B. die Vergrößerung oder Verkleinerung von Kanalquerschnitten, die Verlegung von Kanalmündungen oder der Einfluß verschiedener Bemessung und Ausführung von Steuerventilen nachgeprüft werden. Und diese Möglichkeit ist nach den Worten von Groedel sehr wichtig, weil somit an die Stelle des kostspieligen und langwierigen Ausprobierens der Hämmer, das in gewissem Sinne selbst für den gewiegten Fachmann immer nur ein unsicheres Tasten blieb, ein eingehendes Untersuchungsverfahren und schrittweises Vorgehen tritt, was insbesondere für Neukonstruktionen pneumatischer Werkzeuge wertvoll sein dürfte! Übrigens haben die Untersuchungen erneut bewiesen, daß Ventilkonstruktionen, die eine Ausnutzung des Expansionsvermögens der Luft anstreben, ihre Zwecke nur unter ganz bestimmten, durchaus nicht immer eingehaltenen Bedingungen erfüllen können.

Abb. 18.

Dieses Kapitel über den Luftverbrauch aber kann man nicht besser abschließen, als daß man die von Harm niedergeschriebene Meinung wiedergibt: Angaben über den Luftverbrauch von Preßluftwerkzeugen ohne Bezugnahme auf die damit vollbrachte Leistung haben wenig Wert. Erst der Vergleich beider Größen miteinander gibt einen wirtschaftlichen Maßstab für die Güte der Hammerkonstruktion!

Und nun kann man nur noch wünschen, daß diese wissenschaftlichen Untersuchungen über die Wirtschaftlichkeit der Werkzeuge und über den praktischen Wert der einzelnen Typen auch tatsächlich der Allgemeinheit zugute kommen möchten. In den Archiven der Hochschulen sind die Feststellungen ganz gewiß sehr gut aufgehoben, aber den Fabrikanten nutzen sie nur dann, wenn man sie ihnen nicht vorenthält, sondern wenn man ihnen im Gegenteil die etwaigen Nachteile ihrer Konstruktionen in sachlicher Weise vor Augen führt. Erst dann können die Konstrukteure mit begründeter Aussicht auf Erfolg zu Verbesserungen schreiten und die früheren Fehler vermeiden!

Wie erst kürzlich eine angesehene englische Zeitschrift in einer vergleichenden Betrachtung der technischen Fortschritte beider Länder sehr richtig bemerkte, »machen wir Deutsche sehr viel Wissenschaft«, die wir jedoch fast immer versäumen in die Praxis umzusetzen! Das würde auch im vorliegenden Falle den Nagel auf den Kopf treffen, wenn man nicht Mittel und Wege fände, auf Grund der wissenschaftlichen Untersuchungen, denen hoffentlich noch weitere folgen werden, die deutschen Preßluftwerkzeuge in praktischer Hinsicht mehr und mehr zu vervollkommnen, um so der deutschen Industrie zum Kampf gegen die ausländischen Marken den Rücken zu stärken und die heimischen Fabrikate nicht allein im besten Sinne des Wortes konkurrenzfähig zu machen, sondern ihnen eine unbedingte, in die Augen springende Überlegenheit zu sichern!

Die Nutzbarkeit des Preßluftbetriebes.

Aus der schon mehrfach erwähnten Mehrleistung bei Verwendung der verschiedenen pneumatischen Werkzeuge gegenüber der Handarbeit resultiert eine mehr oder minder große Ersparnis an Arbeitskräften und Löhnen, die nicht bei allen Werkzeugen und nicht unter allen Verhältnissen gleich ist, wohl aber in fast allen Fällen leicht nachweisbar ist. Bei der Nietung mit·Preßlufthämmern werden z. B. pro Nietkolonne - zwei Zuschläger gespart. Beim pneumatischen Stampfverfahren vermag ein Mann· so viel zu leisten wie 6 bis 8 Leute von Hand!

Nun sind nicht allein die Arbeitslöhne in den verschiedenen Arbeitsgebieten ungleich, sondern sie machen auch enorme Schwankungen durch, und zwar vorwiegend in dieser Zeit, wo die zweite Auflage des vorliegenden Buches in Druck gegeben wird. Deshalb erscheint es um so schwieriger, wenn nicht unmöglich, eine Rentabilitätsberechnung aufzustellen, die für alle Fälle auch nur einigermaßen paßt und den Zeitverhältnissen Rechnung trägt! Auch für das vorliegende Kapitel halte ich es entschieden für das beste, auf eine ganz objektive und erschöpfende Berechnung zurückzugreifen, die aus der Friedenszeit stammt und erstmalig von Dr.-Ing. Alexander Lang, Berlin, in der Zeitschrift d. V. d. Ing. veröffentlicht worden war. Ich stimme mit Lang dahin überein, daß es momentan zwecklos sein würde, alle diese Zahlen so umzuändern, daß sie den augenblicklichen Lohn- und Betriebsverhältnissen entsprechen. Denn wer kann es wissen, wie lange die augenblicklichen Ziffern Geltung haben, ob die Teuerungswelle sich noch höher aufbäumen oder ob und wann ein Preisabbau eintreten wird? Aus diesen Erwägungen heraus bin ich zu dem Entschluß gekommen, die Langschen Zahlen aus der guten alten Zeit vor dem Kriege, als noch Stabilität herrschte, unverändert mit hinüberzunehmen. Sie beweisen zur Genüge die hohe Wirtschaftlichkeit des Preßluftbetriebs, die logischerweise heute, wo die Arbeitslöhne sich mindestens verzehnfacht haben, noch ein viel günstigeres Stadium erreicht als damals! Natürlich sind auch die Preise der Maschinen, Werkzeuge und Betriebseinrichtungen im gleichen Tempo angestiegen!

So mögen denn die Berechnungen folgen, die sich mit der Rentabilität einer kleinen Nietanlage befassen, wie sie den Bedürfnissen einer kleinen Kesselschmiede entspricht. Es sei gleich betont, daß der pneumatische Betrieb sich immer besser rentiert, je mehr Werkzeuge betrieben werden und je mehr die Kompressoranlage ausgenutzt wird.

Für die Berechnung spielen folgende Hauptfaktoren eine entscheidende
Rolle: 1. die Kosten der Druckluft, 2. die Betriebs- und Unterhaltungskosten,
3. die Kosten des aufgewendeten Kapitals, d. h. Abschreibungen und Verzinsung des Anlagekapitals.

Der erste Posten richtet sich in der Hauptsache nach dem Wirkungsgrad
des Maschinensatzes, also Dampfmaschine und Kompressor, oder Elektromotor
und Kompressor usw., und außerdem nach den Brennstoffkosten. Der zweite
Posten ist von einer großen Anzahl von Umständen abhängig: Tagelöhnen,
Ausbesserungen, Kosten
für Schmieröl, Putzstoffe
usw. Der dritte Posten
richtet sich nach dem Preis
des Werkzeuges, dem Zins-
fuß und der Höhe der Ab-
schreibungsquote.

Die Gesamtheit aller
drei Hauptfaktoren ist
schließlich wiederum ab-
hängig von der Benut-
zungszeit des Werkzeuges
und der Preßluftanlage;
denn die Kosten der Ma-
schinenarbeit sind um so
niedriger, je mehr die Anlage voll ausgenutzt
wird, da sich alsdann die
Abschreibungsquote auf
eine längere Zeit verteilt.

Abb. 19. Kleiner Stemmhammer.
(Phot. b. Deutsche Werke, A.-G., Werft Kiel.)

Um einen Einblick in die Rentabilitätsbedingungen des Druckluftbetriebes zu gewinnen, mache ich folgende Festsetzungen; es seien:

y die Tageskosten,

x die Benutzungszeit in Tagen,

t die Gesamtheit der drei Hauptposten.

Zwischen diesen drei Größen besteht der Zusammenhang

$$y = F[x f(t)].$$

Um diese Gleichung in einem ebenen, rechtwinkligen Koordinatensystem
darstellen zu können, habe ich sämtliche Veränderlichen auf der rechten Seite
der Gleichung auf eine einzige zurückzuführen. Will ich x als wichtigste
Veränderliche beibehalten, so setze ich für die Veränderlichen unter t feste
Werte, d. h. einen bestimmten Druckluftpreis, entsprechende Werte für
Betrieb und Unterhaltung und einen bestimmten Werkzeugpreis; alsdann
geht die Gleichung über in

$$y = F(x).$$

Diese Gleichung soll nun dargestellt werden.

Ich wähle eine kleine Preßluftanlage, die für zahlreiche Betriebe ausgeführt worden ist. Sie umfaßt einen Kompressor von 3,3 cbm/Min. Saugleistung bei normaler Umlaufzahl, einen Niethammer, eine Nietmaschine und zwei Meißelhämmer an Werkzeugen. Die Erfahrung hat ergeben, daß für eine solche Anlage rd. 1,5 cbm/Min. freie Luft erforderlich werden; der Kompressor braucht also nur mit der halben Umdrehungszahl zu laufen. Der Kompressor wird durch Riemen von einer Transmission aus angetrieben, die durch eine Dampfmaschine von rd. 50 PS in Tätigkeit gesetzt wird. Der Kraftbedarf des Kompressors beträgt bis 1,6 cbm Saugleistung rd. 12 PS; 1 PS kostet, am Kompressor gemessen, im ungünstigsten Fall und mit Einrechnung der Dampfmaschinenabschreibung usw. 5 Pf./Std.[1]).

Die Kosten der Druckluft betragen sonach bei

10stündiger Arbeitszeit 0,05 · 12 · 10	6,00 M.

An Betriebs- und Unterhaltungskosten ergeben sich für:

Wartung (in der Hauptsache einmalige Reinigung am Tage)	1,00 »
Öl und Putzstoffe	0,40 »
Mehrkosten der Preßluftmeißel, Döpper usw. gegenüber Handmeißeln usw. täglich	1,20 »
Reinigung und Instandhaltung der Werkzeuge täglich . .	0,40 »
Druckluft-, Betriebs- und Unterhaltungskosten insgesamt	9,00 M.

---

[1]) Dieser Wert ergibt sich aus folgender Aufstellung:

Anlagekosten:

Maschine	7 800 M.
Kessel	5 700 »
Rohrleitungen und Zubehör	1 000 »
Kesselmauerwerk einschl. Schornstein . . .	3 800 »
Maschinenfundament	200 »
Gebäude	4 200 »
zusammen	22 700 M.

Betriebskosten:

Verzinsung 4 vH	908 M.
Abschreibung, Maschine usw. 7 vH	1 015 »
» Gebäude 2 vH	164 »
Reparaturen, Maschine usw. 3 vH	435 »
Feuerversicherung 1,4 vT	32 »
Bedienung	1 200 »
Kesselreinigung. Revision	80 »
Beleuchtung (elektr.)	74 »
Schmier- und Putzstoffe	680 »
Brennstoff einschl. Verluste	3 840 »
zusammen	8 428 M.

Betriebskosten für 1 PS_e/st bei 3600 Arbeitsstunden im Jahr rd.. . . . . 5 Pf.

Zur Feststellung der Kapitalkosten sind zunächst in Ansatz zu bringen:

Kompressor für 3,3 cbm	rd. 2800,00	M.
Windkessel von 5 cbm Inhalt	850,00	»
Fundament, Rohrleitungen und Armaturen	800,00	»
1 Kniehebel-Nietmaschine von 65000 kg Schließdruck und 2500 Millimeter Ausladung	5000,00	»
1 Niethammer	500,00	»
1 Meißelhammer Nr. I	340,00	»
1 Meißelhammer Nr. III	320,00	»

das Anlagekapital beträgt also insgesamt 10610,00 M.

Davon sind jährlich aufzubringen für:

Verzinsung 5%	530,00	M.
Abschreibung für Maschinenanlage, Rohrleitung und Niet- maschine 10% von 9450 M.	945,00	»
Abschreibung für Werkzeuge 30% von 1160 M.	350,00	»

die Kapitalkosten betragen sonach 1825,00 M.

Diese Summe verteilt sich auf die Anzahl der Benutzungstage. Auf jeden Arbeitstag fallen außerdem noch folgende Kosten:

Löhne für 2 Nieter, je 5 M.	10,00	M.
Lohn für 1 Gegenhalter	3,50	»
Lohn für die Nietmaschine	3,50	»
Löhne für 2 Burschen zum Nietwärmen	5,00	»
Lohn für den Betrieb der Meißelhämmer, für 1 Arbeiter 5 M., also 5 · 2 = ...	10,00	»
Druckluft-, Betriebs- und Unterhaltungskosten für den Tag .	9,00	»

zusammen 41,00 M.

Unter Einrechnung der Kapitalquote bei x Benutzungstagen betragen sonach die Arbeitskosten für den Tag:

$$y = \frac{1825}{x} + 41.$$

Diese Gleichung, für alle Werte von x zeichnerisch dargestellt, liefert die Kurve der täglichen Kosten für Maschinenarbeit; s. Abb. 20.

Um die Rentabilität der Anlage zu erkennen, sind den gefundenen Werten die Tageskosten bei Handbetrieb gegenüberzustellen.

Die Erfahrung hat ergeben, daß die Nietmaschine und der Niethammer in der Stunde je rd. 35 Niete von 22 bis 26 mm Durchm. = 700 Niete[1] für

---

[1] Die Tagesleistung eines Niethammers ist, wie die Erfahrung gelehrt hat, nicht proportional der Minutenleistung, da bei der Tagesleistung sämtliche Verzögerungen in der Arbeit durch Transport, Umbau und schwere Zugänglichkeit einzelner Stellen mit einzuschließen sind. Für die Bemessung des Kompressors müssen naturgemäß die Zeiten flottesten Arbeitens zugrunde gelegt werden.

den Tag bei 10stündiger Arbeitszeit leisten (Zeit für Einstellen der Maschine und der Werkstücke einbegriffen). Demgegenüber leistet eine Nietkolonne (5 Mann) etwa 30 Niete in der Stunde; das macht für 2 Kolonnen 60 Niete. Um die maschinelle Tagesleistung zu erreichen, müssen die beiden Kolonnen $\frac{70}{60} \cdot 10 = 11^2/_3$ Stunden arbeiten.

An Lohn ist für den Tag bei 10stündiger Arbeitszeit zu zahlen:

2 Nieter zu 5 M. . . . . 10 M.
6 Zuschläger und Gegenhalter zu 3,50 M. . . . . 21 »
2 Burschen zum Nietwärmen . . . . 5 »
zusammen 36 M.

$11^2/_3$ Stunden würden demnach kosten; $\frac{36}{10} \cdot 11^2/_3 = 42$ M.

Beim Meißeln mit der Hand ist zur Erzielung derselben Leistung wie mit dem Preßlufthammer bis etwa die 5fache Zeit nötig. Legen wir indes nur die $2\frac{1}{2}$fache Zeit zugrunde,

so beträgt der Lohn $2\frac{1}{2} \cdot 10$ . . . . 25 M.;

demnach betragen die Gesamtkosten des Handbetriebes

$42 + 25$ M. . . . . 67 »,

Da diese Größe für alle Werte von x naturgemäß gleichbleibt, so stellen sich die Tageskosten der Handarbeit als gerade Linie im Abstand 67 von der Abszisse (s. die Abb.) dar.

Maschinenarbeit und Handarbeit sind nunmehr gleich teuer, wenn

$$y = 67$$

oder

$$\frac{1825}{x} + 41 = 67,$$

oder wenn

$$x = 70,2 \text{ Tage}.$$

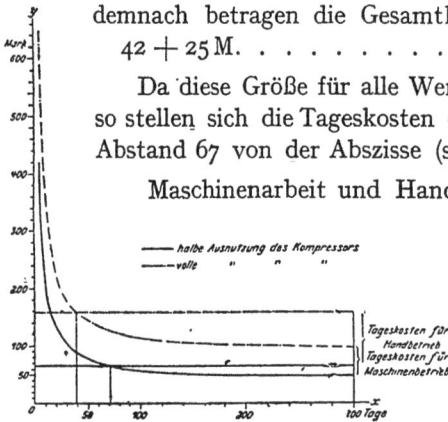
Abb. 20.

Wird also die Preßluftanlage weniger als 70,2 Tage im Jahr verwendet, so ist die Handarbeit billiger, während bei einer Benutzungszeit von mehr als 70,2 Tagen das maschinelle Verfahren fortschreitend billiger ist. Bei 300tägiger Ausnutzung beispielsweise betragen die Arbeitskosten für den Tag 47,08 M.; man spart also gegenüber der Handarbeit jeden Tag 20 M., das macht in 300 Tagen 6000 M.

Bemerkenswert ist nun noch der Verlauf der Kurve bei voller Ausnutzung (siehe die strichpunktierte Kurve in der Abb.) des Kompressors. Zu diesem Zweck machen wir eine der obigen entsprechende Aufstellung.

Der Kraftbedarf des Kompressors beträgt für 3,3 cbm Saugleistung rd. 22 PS; 1 PS/Std. kostet, am Kompressor gemessen, im ungünstigsten Fall 5 Pf.

Die Kosten der Druckluft betragen sonach bei 10stündiger Arbeitszeit 0,05 · 22 · 10 = ... 11,00 M.

An Betriebs- und Unterhaltungskosten ergeben sich für:

Wartung . . . . 1,00 »
Öl und Putzstoffe . . . . 0,40 »
Mehrkosten der Preßluftmeißel, Döpper usw. gegenüber Hand-
meißeln usw. täglich . . . . 1,20 »
Reinigung und Instandhaltung der Werkzeuge täglich . . . . . 0,40 »
Druckluft-, Betriebs- und Unterhaltungskosten insgesamt . . . 14,00 M.

Zur Feststellung der Kapitalkosten sind in Ansatz zu bringen:

Kompressor von 3,3 cbm/Min. Saugleistung . . . . rd. 2800 M.
Windkessel von 5 cbm Inhalt . . . . 850 »
Fundament, Rohrleitungen und Armaturen . . . . 800 »
1 Kniehebel-Nietmaschine von 65000 kg Schließdruck und 2500 mm
Ausladung. . . . . 5000 »
1 Kniehebel-Nietmaschine von 65000 kg Schließdruck und 500 mm
Ausladung . . . . 2200 »
2 Niethämmer zu je 500 M. . . . . 1000 »
6 Meißel- und Stemmhämmer zu je 330 M. . . . . 1980 »

das Anlagekapital beträgt also insgesamt 10610 M.

Davon sind jährlich aufzubringen für:

Verzinsung 5 vH . . . . 731 M.
Abschreibung für Maschinenanlage, 10% von 11650 M. . . . . 1165 »
Abschreibung für die Werkzeuge, 30% von 2980 M. . . . . . 894 »

die Kapitalkosten betragen sonach 2790 M.

Diese Summe verteilt sich auf die Anzahl der Benutzungstage. Auf jeden
Arbeitstag fallen außerdem noch folgende Kosten:

Löhne für 4 Nieter, je 5 M. . . . . 20 M.
Lohn für 2 Gegenhalter. . . . . 7 »
Lohn für 2 Führer für die Nietmaschinen . . . . 7 »
Löhne für 4 Burschen zum Nietwärmen . . . . 10 »
Löhne für den Betrieb der Meißelhämmer, für den Arbeiter 5 M.,
also 5 · 6 = ... 30 »
Druckluft-, Betriebs- und Unterhaltungskosten für den Tag . . . 14 »

zusammen 88 M.

Unter Einrechnung der Kapitalquote bei x Benutzungstagen betragen
sonach die Arbeitskosten für den Tag

$$y = \frac{2790}{x} + 88.$$

Diesen Kosten sind die Kosten für Handbetrieb gegenüberzustellen.
Nietmaschinen und Niethämmer leisten in der Stunde rd. 140 Niete, das

macht im Tage 1400 Niete. Läßt man 4 Nietkolonnen zu je 5 Mann arbeiten, so leisten sie 120 Niete stündlich oder 1200 Niete täglich. Um also die maschinelle Tagesleistung zu erreichen, müssen die vier Kolonnen $\frac{140}{120} \cdot 10 = 11^2/_3$ Std. arbeiten.

An Lohn ist täglich bei 10stündiger Arbeitszeit zu zahlen:

4 Nieter zu je 5 M. . . . . 20 M.
12 Zuschläger und Gegenhalter zu je 3,50 M. . . . . 42 »
4 Burschen zum Nietwärmen . . . . 10 »

zusammen   72 M.

Abb. 21. Putzen des rohen Gußstückes eines Lokomotivzylinders.

Das macht für $11^2/_3$ Stunden $\frac{72}{10} \cdot 11^2/_3 = 84$ M.

Beim Meißeln mit der Hand ist zur Erzielung derselben Leistung wie bei Verwendung von Preßlufthämmern bis etwa die 5fache Zeit nötig. Legen wir wieder nur das $2\frac{1}{2}$fache zugrunde, so beträgt der Lohn $2\frac{1}{2} \cdot 30$ M. = 75 M.

Demnach betragen die Gesamtkosten des Handbetriebes
$84 + 75$ M. . . . . 159 M.

Maschinenarbeit und Handarbeit sind wieder gleich teuer, wenn

$$y = 159$$

oder

$$\frac{2790}{x} + 88 = 159.$$

d. h.

$$x = 39,3 \text{ Tage.}$$

Die Rentabilität beginnt also bei voller Ausnutzung erheblich früher als bei halber Ausnutzung des Kompressors; demgemäß ist auch die Ersparnis bei 300 tägiger Ausnutzung beträchtlich höher; die täglichen maschinellen Arbeitskosten betragen in diesem Fall 97,3 M.; man erspart also gegenüber dem Handbetrieb 61,7 M. für den Tag, das macht in 300 Tagen 18 510 M. Diese Summe wird unter den gegebenen Bedingungen alljährlich für anderweitige Zwecke frei; daraus erhellt die große privat- und volkswirtschaftliche Bedeutung der Anwendung von Preßluftwerkzeugen.

Zur Verminderung der Arbeitskosten tritt noch ein zweiter, nicht weniger bedeutsamer wirtschaftlicher Gesichtspunkt: die Behebung des Arbeitermangels, oder, was dasselbe ist: der Ersatz von Arbeitern.

Um auch in dieser Beziehung ein anschauliches Bild der Verhältnisse zu gewinnen, habe ich unter Verwendung der oben gemachten Leistungsangaben die folgende Zahlentafel aufgestellt.

	Anzahl der erforderlichen Arbeiter bei		Anzahl der ersparten Arbeiter
	Maschinenarbeit	Handarbeit	
Tagewerk von 1 Stück Niethammer	3	$5^5/_6$	$2^5/_6$
,, ,, 10 ,, ,, ...	30	$58^1/_3$	$28^1/_3$
,, ,, 50 ,, ,, ...	150	$291^2/_3$	$141^2/_3$
,, ,, 100 ,, ,, ...	300	$583^1/_3$	$283^1/_3$
Tagewerk von 1 Stück Meißelhammer	1	$2^1/_2$	$1^1/_2$
,, ,, 10 ,, ,, ...	10	25	15
,, ,, 50 ,, ,, ...	50	125	75
,, ,, 100 ,, ,, ...	100	250	150
Tagewerk von 1 Satz ⎫ Niet- und	4	$8^1/_3$	$4^1/_3$
,, ,, 10 ,, ⎬ Meißel-	40	$83^1/_3$	$43^1/_3$
,, ,, 50 ,, ⎪ hämmern	200	$416^2/_3$	$216^2/_3$
,, ,, 100 ,, ⎭	400	$833^1/_3$	$433^1/_3$

Wie diese Zusammenstellung erkennen läßt, ist man in der Lage, sich von den Arbeitern in hohem Maß unabhängig zu machen, ein Gesichtspunkt, der in Geldwerten nicht ausgedrückt werden kann, der aber sehr wichtig ist, namentlich dann, wenn es sich um die Abwehr unberechtigter Forderungen seitens der Arbeiter handelt. Hierin liegt auch die Erklärung, weshalb die Verwendung von Preßluftwerkzeugen gerade in den Ländern mit hohen Arbeitslöhnen und großem Arbeitermangel historisch und praktisch zuerst eingesetzt hat.

Daß die Preßluftwerkzeuge den Arbeitern eine Menge schwerer und gesundheitsschädlicher Arbeit abnehmen und damit die Zahl der Unfälle beträchtlich herabmindern, ist von großer sozialer Bedeutung, liegt aber jenseits des Rahmens der vorstehenden Untersuchung.

Lang hat die Berechnung in so erschöpfender Weise durchgeführt, daß sich jeder Kommentar dazu erübrigt. Es soll nur noch gesagt sein, daß die

Rentabilität nicht zum wenigsten auch von der Wahl des Kompressors und der Qualität der Werkzeuge beeinflußt wird. Ein minderwertiger Kompressor kann den Nutzwert der ganzen Anlage ernstlich in Frage stellen, und schlechte Preßluftwerkzeuge bilden erfahrungsgemäß eine Quelle von Betriebsstörungen, Unkosten und Ärgernissen, die die eigentlichen Vorteile des pneumatischen Betriebes leicht ins Gegenteil verwandeln kann.

Nicht allein, daß zweitklassige Preßluftwerkzeuge oftmalige Reparaturen und einen hohen Kostenaufwand bedingen, indem sie keine befriedigenden Leistungen vollbringen und einen übermäßigen Luftverbrauch zeigen, pflegen sie auch von den Arbeitern nur ungern benutzt zu werden. Und dieser Punkt ist — auf die Wirtschaftlichkeit bezogen — vielleicht der wichtigste.

Es ist hier die beste Gelegenheit, durchblicken zu lassen, daß die Arbeiter nicht immer unparteiisch und objektiv urteilen. Vielfach fehlt ihnen — namentlich wenn es sich um die Einführung einer neuen Werkzeugmarke handelt — die richtige Urteilsfähigkeit. Es muß auch damit gerechnet werden, daß dann und wann ein Arbeiter ein neues Werkzeug ablehnt oder schlecht macht, aus Gründen, die einer gewissenhaften Prüfung nicht standhalten könnten. Es ist ferner zu berücksichtigen, daß es einem unehrlichen Vorführer nicht schwer

Abb. 22. Schlagen versenkter Niete.
(Phot. b. Deutsche Werke, A.-G., Werft Friedrichsort.)

fällt, selbst den erfahrenen Beobachter über die wahre Leistung oder allgemein über die Arbeitsweise usw. eines Preßlufthammers zu täuschen. Schon das unregelmäßige oder unzulängliche Betätigen des Drückers genügt, um das Werkzeug an der Entfaltung seiner vollen Leistung zu hindern und ein ganz falsches Bild von seiner Brauchbarkeit abzugeben. Ist z. B. der Handgriff zu lose aufgeschraubt, so arbeitet der Hammer unregelmäßig und der Luftverbrauch übersteigt das normale Maß. Im übrigen kann der Zuschauer niemals beurteilen, ob der Arbeiter den Preßlufthammer wirklich mit aller Kraft gegen den Niet oder gegen das Werkstück andrückt. Es kann den Anschein haben, als wenn der Mann sich fürchterlich an strenge und in Wahrheit nutzt er die dem Hammer innewohnende Kraft doch nicht genügend aus. Gewiß kann ein Hammer von jedem ungeübten Mann gehandhabt werden. Das schließt aber nicht aus, daß das Werkzeug in der Hand eines geübten, mit seinen Eigenheiten vertrauten Arbeiters bedeutend mehr leistet! Derartige Unterschiede sind ja ebenso bei der Handnietung zu beobachten, und es wird wohl immer so bleiben, daß von zweien einer immer der Tüchtigere ist. Daran kann schließlich auch die Einführung der Preßluftwerkzeuge nicht viel ändern.

Wenn beim Meißeln nicht ordentlich gegengedrückt wird, so kommt naturgemäß kein anständiger Span zustande. Und wenn die Preßluftbohrmaschine zu wenig oder auch zu stark angespannt wird, so wird man von der Leistung enttäuscht sein oder die Maschine bleibt fortwährend stecken.

Deshalb sei wiederholt, daß man sich nicht immer auf die Aussagen der Arbeiter in bezug auf die Leistungsfähigkeit und Wirkung der ihnen übergebenen Werkzeuge verlassen darf, obwohl man im allgemeinen auf ihre praktischen Urteile angewiesen ist. Zuweilen ist es empfehlenswert, daß der Betriebsleiter selbst einmal das Preßluftwerkzeug in die Hand nimmt, wenn es nämlich darauf ankommt, die Nutzbarkeit des pneumatischen Betriebes sinngemäß festzustellen, bzw. zu verbessern. Wie es ja auch seine Sache sein soll, die Anlage immer weiter auszubauen, d. h. die Preßluftwerkzeuge mehr und mehr für alle einschlägigen Arbeiten heranzuziehen. Denn es steht fest, daß sich der pneumatische Betrieb um so besser rentiert, je mehr die Anlage ausgenutzt wird. Sapienti sat!

Handhabung und Behandlung der Preßluftwerkzeuge.

Der Wert der Preßluftwerkzeuge fußt nicht zum mindesten in dem Umstand, daß ihre Handhabung ungemein einfach ist. Die Arbeiter brauchen nicht besonders angelernt zu werden. Wenige Stunden genügen, um aus einem Tagelöhner, der vordem von Nieterei so gut wie nichts verstand, mit Hilfe des Preßlufthammers einen geübten Nieter zu machen, dessen Leistungen die eines eingearbeiteten Handnieters bei weitem übertreffen. Zudem werden bei der pneumatischen Nietung bei jeder Nietkolonne im Vergleich zur Handnietung 1 bis 2 Zuschläger überflüssig. Daß auch beim pneumatischen Nietverfahren eine geübte Nietkolonne beträchtlich mehr zu leisten vermag als eine ungeübte, ist schon an anderer Stelle erwähnt worden. Beim Gebrauch des Preßlufthammers lassen sich verschiedene Kunstkniffe beobachten, die sich aus der Praxis ergeben, und die sich die Arbeiter nicht von heute auf morgen aneignen können. Man kann vielfach die Wahrnehmung machen, daß bei Neuanlagen sich in der ersten Zeit allerlei Schwierigkeiten ergeben, aus denen man keine falschen Schlüsse auf die Qualität der Werkzeuge oder gar auf die Nutzbarkeit des Druckluftbetriebes ziehen darf. Ungeübte Leute pressen in der Regel den Drucklufthammer nicht fest genug und nicht gleichmäßig gegen das Werkstück an. Es entstehen sog. Prellschläge, die oftmals die Ursache von Döpper- und Meißelbrüchen sind. Das Formen des Nietkopfes mit dem Preßlufthammer ist mehr oder weniger Sache des Gefühls und der Geschicklichkeit. Es läßt sich begreifen, daß Arbeiter, die mit dem Gebrauch pneumatischer Werkzeuge vertraut sind, besonders Hämmer mit leichtem Anschlag und vollendeter Regulierfähigkeit bevorzugen. Bei einem erstklassigen Hammer läßt sich vermittelst des Daumenhebels die Schlagzahl

Abb. 23.

und damit die Schlagstärke in gewissen Grenzen regulieren. Der Hammer muß sanft anschlagen, sobald der Drücker sich zu bewegen beginnt. Beim Meißelhammer, namentlich für feinere Arbeiten, ist dies von größter Bedeutung! In der Hand eines ungeübten Mannes wird der Preßluftmeißelhammer kaum seine volle Leistungsfähigkeit entfalten können; für gewöhnlich rutscht der Meißel ab. Aber ein einigermaßen intelligenter Arbeiter kommt sehr rasch dahinter und macht sich in kürzester Zeit mit der Handhabung der Preßlufthämmer vertraut.

Die Preßluftstampfer, Siebmaschinen, Hebezeuge, Abklopfer, Bohrhämmer, Nietmaschinen stellen noch geringere Ansprüche an die Intelligenz der sie bedienenden Arbeiter. Ihre Handhabung ist so einfach, daß es keiner Erläuterung bedarf.

Viel, viel schwerer ist es, die Arbeiterschaft davon zu überzeugen, daß Preßluftwerkzeuge zu den Präzisionswerkzeugen gehören und dementsprechend zu behandeln sind! Wie zuweilen mit den Werkzeugen umgegangen wird, das spottet jeder Beschreibung. Da treiben sich in der Gießerei die Stampfer in Sand und Staub herum, beim Brückenbau werden Hämmer und Bohrmaschinen nach Feierabend hoch oben von den Gerüsten heruntergeworfen, in den Werkstätten werden die Hämmer nach Beendigung der Schicht einfach auf einen Haufen gelegt, auf den Montagestellen liegen sie stundenlang in Schmutz und Regen den Witterungsunbilden ausgesetzt. Und am anderen Tag werden sie vielfach gar nicht oder oberflächlich gereinigt an die Schläuche neu angekuppelt. Hernach wundert man sich, wenn die Werkzeuge übermäßig rasch verschleißen, wenn sie unregelmäßig arbeiten, mitten in der Arbeit stecken bleiben und fortwährend versagen. Die Arbeiter wissen sich immer frei von Schuld. Es ist ja auch so einfach, den Lieferanten verantwortlich zu machen, zumal wenn die Werkzeuge noch unter Garantie stehen!

Der pneumatische Betrieb würde zweifelsohne, allgemein betrachtet, sich als noch nutzbringender erweisen, wenn man allenthalben darauf dringen wollte, daß die Werkzeuge dem Genauigkeitsgrad ihrer Herstellung entsprechend behandelt würden. Ein guter Preßlufthammer behält Jahre hindurch seine volle Leistungsfähigkeit, und sein Reparaturbedürfnis ist an und für sich gering. Wenn man es aber stillschweigend duldet, daß er seitens der Arbeiterschaft nicht viel besser behandelt wird wie ein gewöhnlicher Vorschlaghammer, so erweist man damit nicht allein dem eigenen Betrieb, sondern auch der gesamten Preßluftindustrie einen schlechten Dienst.

Wenn man sieht, in welchem miserablen Zustande Preßluftwerkzeuge zwecks Instandsetzung den Fabriken eingeschickt werden, so kann man sich nur wundern, daß die Werkzeuge eine solche Behandlung überhaupt ausgehalten haben. Außen verbeult und zerkratzt, innen total verschmutzt und verrostet, so daß es bisweilen Mühe macht, die einzelnen, ursprünglich haargenau eingeschliffenen Teile voneinander loszulösen! An den Bohrmaschinen findet man die Siebe am Einlaß gewaltsam durchstoßen oder auch mit hartgebackenem Schmutz derart angefüllt, daß man sich das angebliche Versagen der Maschine sehr wohl erklären kann. Wird doch durch ein übermäßig verstopftes Sieb der Lufteinlaß gedrosselt, so daß ein Druckabfall stattfindet, der die Leistung der Maschine in hohem Grade beeinträchtigt!

Ein gutes Preßluftwerkzeug macht sich in kürzester Zeit bezahlt, aber nur bei richtiger Handhabung und bei guter Behandlung! Im anderen Falle hingegen wird man die Wahrnehmung machen müssen, daß die Wirtschaftlichkeit des Druckluftbetriebes durch Betriebsstörungen an den Werkzeugen und durch übermäßige Inanspruchnahme der Reparatur- und Ersatzteilkonti den Erwartungen keineswegs entspricht.

Um die Preßluftwerkzeuge, ganz gleich welcher Art, auf der Höhe ihrer Leistungsfähigkeit zu erhalten, ihre Lebensdauer zu erhöhen und den Luftverbrauch auf ein bestimmtes Maß herabzusetzen, ist es notwendig, die Werkzeuge stets rein und sauber zu halten und sie vor allem ständig hinreichend zu schmieren. Es ist nicht richtig, erst dann an eine gründliche Säuberung heranzugehen, wenn die Werkzeuge anfangen zu versagen.

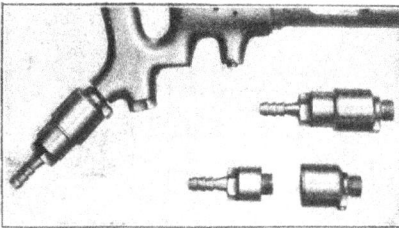

Abb. 24. Selbsttätige Schmierapparate.

Preßlufthämmer soll man jeden Abend bzw. nach Beendigung der Arbeit in ein Gefäß mit Petroleum stellen, und zwar muß dieses bis oben angefüllt sein, so daß alle Teile der Hämmer vom Petroleum durchspült werden. Bevor die Hämmer wieder in Benutzung genommen werden, müssen sie durch Druckluft gründlich ausgeblasen werden, worauf man ein Quantum dünnflüssigen, leichten Schmieröls in die Schlauchtülle einführt und vorsichtig mit Hilfe der Druckluft im Innern zerstäubt. Während der Arbeit muß der Hammer auf gleiche Weise zwei- bis dreistündlich reichlich geölt werden, wenn man es nicht vorzieht, jeden Hammer mit einem selbsttätigen, vor die Schlauchtülle geschalteten Schmierapparat auszurüsten, wie es die Abb. 24 zeigt. Auf vorbeschriebene Weise sauber behandelte und stets gut geölte Hämmer brauchen nicht etwa tagtäglich auseinandergenommen zu werden. Wohl aber ist es zweckmäßig, dies alle 3 oder 4 Tage zu tun. Man reibt dann alle Einzelteile mit einem sauberen, mit Petroleum getränkten Lappen gut ab und säubert auch die Kanäle durch Eingießen von Petroleum. Nach dem Zusammensetzen empfiehlt es sich, den Hammer mit Druckluft auszublasen, bevor man ihn gründlich von neuem einölt und dem Betrieb übergibt. Bei der Reinigung vergesse man nicht die Gewinde an Griff und Zylinder, die vor der Montage etwas einzuschmieren sind.

Es darf nicht unerwähnt bleiben, daß in jetziger Zeit vielfach Petroleum von schlechter Beschaffenheit gehandelt wird. Man erkennt dies daran, daß die Werkzeuge, wenn man sie längere Zeit darin läßt, namentlich innen total verrosten! Deshalb Vorsicht!

Werkzeuge, die längere Zeit unbenutzt gestanden haben, müssen ganz gründlich gereinigt werden, bevor man sie wieder in Benutzung nimmt. Das oben Gesagte gilt nicht allein für Hämmer, sondern ebensogut für Stampfer, Gegenhalter, Spantennieter und für alle übrigen Schlagwerkzeuge, mit Ausnahme der Nietmaschinen, die naturgemäß etwas anders zu behandeln sind, und bei denen es durchaus notwendig erscheint, einen selbsttätigen Schmierapparat vorzusehen.

Preßlufthebezeuge sind nicht so der Verschmutzung ausgesetzt wie andere Preßluftwerkzeuge. Sie können ebensowenig wie die Nietmaschinen in Petroleum gelegt werden. Aber ab und zu müssen sie sorgfältig und gründlich gereinigt werden, und eine regelmäßige Schmierung des Lufteinlaßventils ist unerläßlich.

Ganz besondere Sorgfalt erheischen die Bohrmaschinen, da bei ihnen die Triebteile in außerordentlich hohem Maße beansprucht werden. Auch sie sind mit Hilfe von Petroleum vor Beginn der Arbeit durchzublasen und hernach reichlich zu ölen. Mit dem Einfüllen von Öl durch den Hahnkonus und an sonstigen, zumeist kenntlich gemachten Stellen darf nicht gespart werden. Außerdem aber muß die Kurbelwelle ständig in Fett laufen! Es darf nur erstklassiges, konsistentes Fett genommen werden, mit dem der Kurbelkasten angefüllt wird. Je nachdem die Maschine beansprucht wird, muß bei neuen Maschinen in bestimmten Zeiträumen Fett nachgefüllt werden. Bei Bohrmaschinen mit Räderkasten muß auch dieser mit Fett angefüllt sein.

Das Auseinandernehmen von Bohrmaschinen ist zuweilen nicht einfach. Bei etwas komplizierten Konstruktionen soll man es tunlichst vermeiden. Bei anderen Modellen ist die Demontage ziemlich leicht: In letzterem Falle kann man es unternehmen, die inneren Teile vielleicht in Zwischenräumen von 8 bis 14 Tagen einzeln, wie bei den Hämmern, zu reinigen. Sonst aber ist es ratsam, von einer Demontage abzusehen und sich lieber mit einer oftmaligen Säuberung von außen, durch Einfüllen und Durchblasen von Petroleum, zu begnügen, wobei man niemals vergessen darf, nachher in ergiebigem Maße neu zu ölen und zu schmieren. Mit Öl und Fett darf bei den Bohrmaschinen nicht gespart werden.

Es dauert eine gewisse Zeit, bis sich die Triebteile einer neuen Preßluftbohrmaschine eingearbeitet haben. Im Anfang ergeben sich aus diesem Grunde öfters Anstände beim Betriebe, die aber bald verschwinden. Man muß es vermeiden, bei neuen Maschinen durch Leerlauf ein Erhitzen der Triebteile herbeizuführen. Beim Auseinandernehmen und Zusammensetzen der Bohrmaschinenteile ist darauf zu achten, daß alle Teile wieder richtig passend zusammengefügt werden.

Zum Ölen von Preßluftwerkzeugen muß unbedingt dünnflüssiges, säurefreies Mineralöl bester Qualität verwandt werden, wie solches im

Handel (z. B. bei der Deutschen Vacuum-Öl-A.-G., Hamburg) als »Spezialöl für Preßluftwerkzeuge« zu haben ist.

Von Wichtigkeit ist das Ausblasen der Anschlußschläuche vor jeder neuen Arbeitsschicht. Die Schläuche kommen vielfach mit dem Boden in Berührung, sie werden durch Sand und Schmutz geschleift, und es kommt nicht selten vor, daß sich von der Innenwand Gummipartikelchen lösen oder daß Rostteilchen und Schmutz aus den Rohrleitungen in die Schläuche gelangen. Kurzum, wenn man das Ausblasen unterläßt, ehe man die Werkzeuge ankuppelt, so kann man den größten Schaden anrichten, indem Fremdkörperchen aus den Schläuchen in die Werkzeuge gelangen können, um dann die alte Regel von den kleinen Ursachen und großen Wirkungen in erschreckender Weise zur Geltung zu bringen!

Größere Betriebe, die ständig Preßluftwerkzeuge in Benutzung haben, tun gut, sich einen zuverlässigen Schlosser zu halten, dessen Obhut die Werkzeuge unterstellt sind und der darauf zu achten hat, daß dieselben ordnungsgemäß behandelt werden. Er hat periodisch alle Werkzeuge zu reinigen und zu ölen, kleinere Reparaturen vorzunehmen, die Ersatzteillager zu verwalten und vielleicht auch den Kompressor zu beaufsichtigen. Eine solche Kontrolle macht sich glänzend bezahlt, zumal in solchen Betrieben, in denen — wie z. B. in Gießereien — die Werkzeuge der Verschmutzung sehr ausgesetzt sind. Bei richtiger Einteilung wird für den Werkzeugwächter Arbeit stets in Hülle und Fülle vorhanden sein! Auf der anderen Seite wird die Dauerhaftigkeit der Preßluftwerkzeuge verdoppelt oder verdreifacht, das Reparaturkonto schrumpft sichtlich zusammen, die einzelnen Werkzeuge arbeiten immer gleichmäßig und zufriedenstellend und die Wirtschaftlichkeit der ganzen Anlage steigt zusehends. Denn es ist unleugbar, daß die Wirtschaftlichkeit mehr oder weniger von der Behandlung der Preßluftwerkzeuge abhängig ist!

Schließlich müssen an dieser Stelle auch die Hilfswerkzeuge, in erster Linie die Meißel und Döpper, erwähnt werden, von deren Beschaffenheit viel mehr abhängt, als für gewöhnlich angenommen wird. Wie für den Wert der Preßluftwerkzeuge die Qualität der für die einzelnen Teile verwandten Rohstoffe, hauptsächlich also der Stahlsorten, bestimmend ist, so auch für Döpper, Meißel und dergleichen. Und wie für Zylinder, Ventile und Schlagkolben erst durch langjährige Erfahrungen die geeigneten Stahlsorten herausgefunden worden sind — die großen Stahlwerke liefern heute für diesen Zweck vorzügliche Spezialedelstähle —, so bewährt sich durchaus nicht jeder x-beliebige Stahl für die Hilfswerkzeuge. Es rächt sich bitter, wenn man dieser Frage nicht die genügende Beachtung schenkt, in dem Glauben, daß diese scheinbar nebensächlichen Hilfsgeräte nicht viel Aufhebens verdienen. Wenn immerfort Döpperbrüche vorkommen, so entsteht nicht allein ein unerfreulicher Materialschaden, sondern — was wichtiger ist — die Betriebsstörungen beeinträchtigen die Leistungen der Arbeiter in empfindlichem Maße und setzen die Arbeitsfreudigkeit herab. Ebenso verhält es sich bei den Meißelhämmern, besonders wenn es sich um ausgefallene Arbeiten auf Montagen usw. handelt.

Deshalb muß bei Verwendung von Preßlufthämmern a priori die Regel
gelten: Nur bestgeeigneten Spezial-Döpper- und Meißelstahl gebrauchen!
Ebenso bedeutungsvoll sind die Abmessungen dieser Hilfswerkzeuge. Be-
dauerlich ist es, daß die Preßluftwerkzeugfabriken es bisher nicht übers Herz
bringen konnten, Einheitsmaße zu wählen. Bei den großen Mengen, die an
Döppern und Meißeln fortgesetzt gebraucht werden, wäre es höchst wünschenswert, daß den berechtigten Wünschen nach Normalisierung entgegengekommen
wird, zum Nutzen der ganzen Industrie. Aber bisher arbeitete fast jede Fabrik
nach ihrem eigenen Stiefel. Dadurch sollen wahrscheinlich dem Verbraucher,
nachdem er sich auf eine bestimmte Marke eingerichtet hat, Schwierigkeiten
bereitet werden, falls es ihn hernach gelüsten sollte, ein anderes Fabrikat
einzuführen. Von diesem kleinlichen Standpunkt sollten wenigstens die
großen deutschen Preßluftfabriken abgehen, in dem stolzen Bestreben, einzig
und allein durch die Qualität ihrer Werkzeuge den Kundenkreis zu erweitern.

Die gebräuchlichsten Abmessungen und Schaftformen von Döppern und
Meißeln sind in Abb. 25 dargestellt. Für Meißel- und Behauarbeiten kommt
nur der Sechskantschaft in Betracht, da hierbei das Werkzeug einen festen
Halt haben muß und sich nicht drehen darf. Eine runde Buchse erhält der
Hammer, wenn er zum Nieten oder zum Verstemmen gebraucht werden soll.
Will man den Hammer sowohl zum Meißeln, als auch zum Verstemmen oder

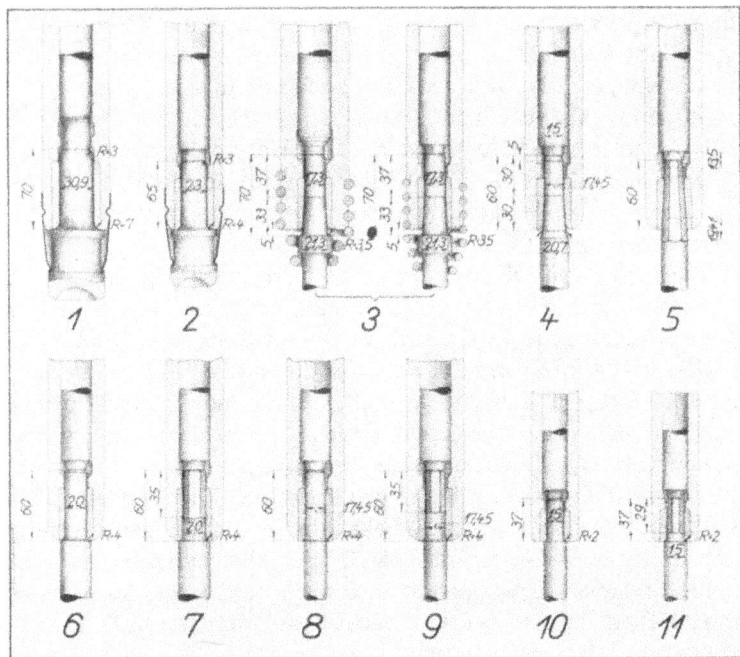

Abb. 25.

zeitweise auch zum Nieten verwenden, so ist eine konische Buchse vorteilhaft am Platze. Für diesen Fall kann man auch eine sog. abgesetzte Schaftform wählen, bei der das obere Stück des zylindrischen Schaftes etwas stärker ist als das untere. In Stahlwerken benutzt man häufig verstärkte Meißel in konisch sechskantiger Form. Es ist streng darauf zu achten, daß die Maße im Durchmesser und in der Länge ganz genau eingehalten werden! Bei zu kurzen Werkzeugen kann es vorkommen, daß die Einschnürung im unteren Teil des Zylinders, die bei vielen Hämmern vorhanden ist und als »Brücke« bezeichnet wird, durch den Schlag des Kolbens beschädigt oder sogar vollständig zerstört wird. Es kann sogar so weit kommen, daß auch die in den Zylinder — wenigstens bei den meisten Hämmern — eingepaßte Buchse in Mitleidenschaft gezogen wird. Es tritt hier dasselbe ein, was oben schon mit Bezug auf unrichtige Handhabung eines Hammers gesagt worden ist. Ist eine Brücke demoliert, so kann dies gewissermaßen als Beweis dafür angesehen werden, daß der betreffende Hammer entweder falsch gehandhabt worden ist, und zwar nicht etwa nur zeitweise, sondern dauernd, oder aber, daß unrichtig dimensionierte, zu kurze Werkzeuge gebraucht worden sind. In solchen Fällen pflegen die Lieferanten Schadenersatz auf Grund der sonst üblichen einjährigen Garantie mit gutem Recht abzulehnen. Es kommt hinzu, daß ein Hammer nicht gleichmäßig arbeiten und umsteuern kann, wenn an dem falsch dimensionierten Meißel oder Döpper vorbei fortwährend Luft ins Freie entweichen kann. Obendrein steigt natürlich dadurch der Luftverbrauch.

Von größter Wichtigkeit ist sodann die Härtung der Hilfswerkzeuge. Eine Norm läßt sich hierfür nicht gut aufstellen, weil nicht nur die Stahlsorten wechseln, sondern auch die Härteverfahren in den einzelnen Betrieben verschieden sind. Als vorteilhaft hat es sich erwiesen, den Döpper im Gasofen (falls ein solcher nicht vorhanden ist, in Holzkohlenfeuer) vorsichtig auf 700⁰ C zu erwärmen und dann in Wasser von 20⁰ abzukühlen. Zu beachten ist dabei, daß der Döpper über dem Feuer abgetrocknet wird, um die Spannung herauszubringen. Verwendet man einen zähen Stahl mittlerer Preislage, so kann man den Döpper, fertig bearbeitet, in seiner ganzen Länge in Holzkohlenfeuer gut rotwarm erhitzen und dann nur mit seiner unteren Ringfläche (Kopfform) in Öl eintauchen, worauf das ganze Stück in nicht zu kaltem Wasser abgekühlt wird, so daß also die untere Ringfläche zähe bleibt, während der übrige Teil härter ausfällt. Auf diese Art gehärtete Döpper haben sich in der Praxis als recht dauerhaft bewährt, wogegen weichere Döpper sich anstauchen, härtere leicht zerspringen.

Für die Meißel gilt im allgemeinen dasselbe. Das Härten der Meißelschneide dürfte im übrigen allgemein bekannt sein und weniger Schwierigkeiten verursachen. Zu bedenken ist, daß der Döpper mehr auszuhalten hat als der Meißel oder Stemmer. Erwähnt soll auch noch werden, daß es notwendig ist, die Schlagflächen der Döpper und Meißel, auf die der Kolben aufschlägt, genau eben und glatt zu machen.

Welche Werkzeuge sind die besten?

Es wird gut sein, von vornherein zu erklären, daß diese Frage eigentlich unbeantwortet bleiben muß. Aus dem einfachen Grunde, weil meines Erachtens keiner bestehenden Marke eine absolute Überlegenheit zugestanden werden kann! Erstens sprechen bei der Wertschätzung eines Preßluftwerkzeuges viele Faktoren mit, die sich nach den jeweiligen Betriebsverhältnissen richten, und zweitens darf man wohl behaupten, daß die pneumatischen Werkzeuge der Jetztzeit ohne Ausnahme die Periode der technischen Unvollkommenheit überstanden haben. Damit soll nicht gesagt sein, daß nun sämtliche Fabrikate qualitativ auf ein und derselben Stufe stehen! Unterschiede sind schon vorhanden, doch wird ein gewisser Ausgleich durch die mannigfachen Verwendungsarten von selbst geschaffen. Der eine Betrieb verlangt in erster Linie leichte Hämmer, wogegen in einem anderen das Augenmerk hauptsächlich auf schwere, wuchtige Schläge gerichtet ist. Für diese Arbeit wird z. B. eine handliche, schnellaufende und leichte Bohrmaschine verlangt, für jene Zwecke dagegen kommt mehr eine Maschine mit langsamem Gang in Betracht, und ein Mehrgewicht von etlichen hundert Gramm spielt keine Rolle. Mal wird äußerlich auf peinlich saubere Ausführung des Hammers geachtet, wo anders wird darauf kein Gewicht gelegt. Auch für Preßluftwerkzeuge

Abb. 26. Kniehebel-Nietmaschine und Bohrmaschine bei der Fertigstellung einer Drehscheibe von 12000 mm ⌀. (Phot. b. J. ten Horn, Veendam.)

gilt also der Spruch: »Was dem einen sin Uhl, ist dem andern sin Nachtigall!«
So ist es zu verstehen, daß ein und dasselbe Werkzeug bisweilen auf der einen
Seite als mustergültig hingestellt wird, während auf der anderen Seite Be-
denken gegen seine Brauchbarkeit erhoben werden.

Jedenfalls kommt es einer Überschätzung gleich, wenn irgendein Werk
seine Werkzeuge öffentlich als »die besten« anpreist, sobald es nicht gleichzeitig den unumstößlichen Beweis zu liefern vermag, daß kein anderes Fabrikat
ihnen an Leistung, Wirtschaftlichkeit; Betriebssicherheit, Haltbarkeit gleichkommt! Und um derartige Beweisgründe dürfte man wohl verlegen sein.
Will man der Wahrheit die Ehre geben, so wären, wie übrigens
auf allen Industriegebieten, gute und weniger gute Fabrikate

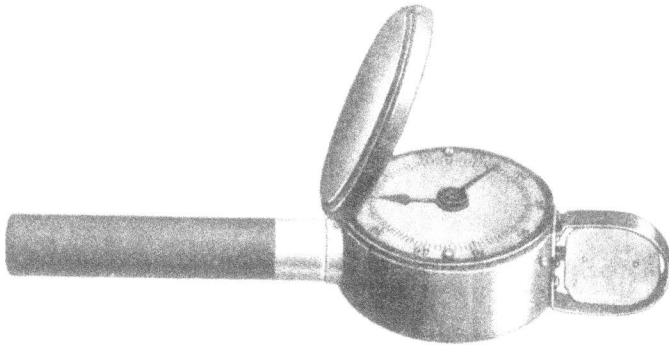

Abb. 27. Meßapparat für die Schlagzahl von Preßlufthämmern;
die Auspuffluft wird gegen die bewegliche Zunge am Kopf des Apparates geleitet.

zu unterscheiden. Daß die deutschen Produzenten im allgemeinen auf
Qualitätsware sehen, das muß selbst der ausländische Neid zugestehen. Und
deshalb darf man annehmen, daß selbst die zurzeit noch als »weniger gut«
zu bezeichnenden Marken nach Vollkommenheit streben. Je mehr aber alle
dem einen Ziele, der höchsten Vollendung, zusteuern, um so weniger berechtigt
erscheint dann das Prädikat »das Beste!« Dieses sollte vielmehr ausschließlich dem Sportbereich überlassen bleiben, wo es mit Fug und Recht für
körperliche Überlegenheit angewandt werden kann.

Vielleicht ist an dieser Stelle ein Hinblick auf die Blütezeit der Fahrrad-
industrie gestattet. In fast allen Ankündigungen der damaligen Zeit, und das
waren gewiß nicht wenige, vermißte man den Hinweis auf ein »gutes deutsches
Fahrrad«. Dagegen wurden in aufdringlicher Weise Dutzende von Marken
unterschiedslos als »die besten« angepriesen. Auf diese Weise ging die richtige
Wertschätzung unter. Ein ungetrübtes Urteil schien schließlich unmöglich.
Und so konnte man erleben, daß es am Ende überhaupt nur »beste« Fahrrad-
marken gab. Selbst die ausgesprochen billigen und entschieden minderwertigen
Marken segelten unangefochten unter dieser Flagge, was sich zu guter Letzt
für die ganze Industrie als wenig segensreich erwies.

Auf die Preßluftwerkzeuge zurückkommend, sei dem Konsumenten geraten, weniger nach den »besten Werkzeugen« zu fahnden, als nach »guten« und für seine Zwecke wirklich brauchbaren!

Den Begriff »gut« nämlich kann man formulieren. Unter einem guten Preßlufthammer kann man einen solchen verstehen, der in allen seinen Einzelheiten peinlich sauber hergestellt ist, eine befriedigende Schlagstärke besitzt, ohne daß der Rückschlag sich im Übermaß bemerkbar macht, und der bei nicht zu großem Luftverbrauch eine gleichmäßige und befriedigende Arbeitsweise erkennen läßt. Die verschiedenen Teile müssen aus bestbewährten Materialien bestehen, welche gut zueinander passen sollen. Die richtigen Stahlsorten für die am meisten beanspruchten Stücke herauszufinden, ist Sache der Praxis und beruht auf jahrelangen Erfahrungen und Beobachtungen. Aus ungeeignetem Material fabrizierte Teile verschleißen beim Preßluftwerkzeug rasch, und damit ist auch eine Steigerung des Luftverbrauchs verbunden.

Bei einem guten Preßluftwerkzeug müssen alle Ersatzteile, wenn solche schon einmal notwendig werden, ohne weiteres passen, was der Fall sein wird, wenn bei der Fabrikation getreu den Grundsätzen der Präzision Kaliber und Toleranzlehren bestimmend gewesen sind. Gerade in diesem Punkte waren die amerikanischen Werkzeuge, was nicht abgeleugnet werden kann, tonangebend! Dafür waren die Ersatzteile entsprechend kostspielig! Aber man muß sich darüber klar sein, daß ein gutes und dementsprechend auch teures Werkzeug im praktischen Gebrauch immer das billigste bleiben wird! Zudem spielen die Anschaffungskosten gegenüber der Nutzbarkeit der Preßluftwerkzeuge keine Rolle. Ein zweitklassiger Hammer wird wahrscheinlich im ersten Betriebsjahr, d. h. während der üblichen Garantiedauer, dem besseren Werkzeug in bezug auf Betriebssicherheit, Haltbarkeit, Leistung und Luftverbrauch nicht sonderlich nachstehen. Erst dann wird sich der raschere Verschleiß fühlbar machen; Betriebsstörungen treten auf, der Hammer fängt an, unregelmäßig zu arbeiten, die verschiedenen Teile müssen hintereinander durch neue ersetzt werden, dabei wird der Luftverbrauch immer ungünstiger, und schließlich hat der »billige« Hammer, wenn man nach ungefähr 2jährigem Betriebe eine vernünftige Bilanz zieht, in dieser Zeit das Doppelte gekostet wie der »teurere« Hammer. Hierbei ist die effektiv geringere Leistung des »billigen« Werkzeuges, gemessen an den häufigen Betriebsstörungen, noch nicht berücksichtigt, und der durch den höheren Luftverbrauch entstandene Schaden wird in der Regel vielfach auch nicht richtig eingeschätzt.

Bei einem guten Preßlufthammer soll insbesondere das Steuerventil nahezu unverwüstlich sein, weil von ihm mehr oder weniger die ganze Arbeitsweise abhängig ist. Es genügt nicht, daß es aus denkbar bestem Stahlmaterial besteht, auch seine Form soll so einfach wie möglich sein, denn darin liegt die Betriebssicherheit des Hammers begründet. Eine Norm läßt sich jedoch hierfür nicht aufstellen. Das amerikanische Boyer-Ventil zum Beispiel ist durchaus nicht einfach und hat sich doch in der Praxis als haltbar und zuverlässig erwiesen.

Für gewöhnlich kann man aber dabei bleiben, daß, je einfacher das Steuerventil in der Form, um so sicherer und zweckmäßiger auch der Steuervorgang ist. Von größter Wichtigkeit für viele Teile eines Preßluftwerkzeuges ist die Härtung. Von allen Defekten sind Härterisse am häufigsten, aber auch am ehesten entschuldbar. Daß man in dieser Hinsicht des Guten zu viel tun kann, beweist die Tatsache, daß die ersten deutschen Hämmer durchweg gehärtet wurden, wodurch man einem Verschleiß am besten vorbeugen zu können geglaubt hatte. Statt dessen zersprang das Material unter der Hammerwirkung wie Glas. Namentlich rissen fortwährend die Zylinderkanäle. Es blieb nichts weiter übrig, als schleunigst diese, anfangs vielgerühmte Methode der vollständigen Härtung fallen zu lassen. Jetzt werden u. a. die Zylinder nur noch in ihrem unteren Teil gehärtet.

Abb. 28. Bohrmaschine beim Aufreiben.
(Phot. b. Deutsche Werke, A.-G., Werft Kiel.)

Was für die Hämmer als maßgebend angeführt worden ist, gilt im allgemeinen für alle Schlagwerkzeuge. Bei Preßluft-Bohrmaschinen ist natürlich ebenfalls auf höchste Genauigkeit und Auswechselbarkeit aller Einzelteile zu achten. Kugellager an den Kurbelwellen und an anderen Triebteilen kommen immer mehr in Aufnahme, obgleich sie nicht unbedingt erforderlich sind; es gibt Modelle, die sich in jahrelanger Praxis auch ohne Kugellagerung bewährt haben. Naturgemäß machen solche Maschinen weniger Touren. Für manche Arbeiten ist dies aber auch kein Nachteil, sondern man kann im Gegenteil vielfach beobachten, daß die schnellaufenden Maschinen sich praktisch kaum richtig ausnutzen lassen. Offenbar ist eine langsam laufende, kräftige und gleichmäßig durchziehende Bohrmaschine bei Bohrarbeiten im Vorteil. Durch Versuche ist festgestellt worden, daß eine zu rasch laufende Maschine mit geringer Steigung der Zuspannung unter Umständen viel Kraft unnütz vergeudet. Jedenfalls kommt es immer wieder darauf an, für was für Arbeiten die Bohrmaschine verwendet werden soll. Um die größte Bohrleistung zu erzielen, soll das Zuspannen gerade so schnell erfolgen, daß die Maschine möglichst die gleiche Tourenzahl beibehält und gerade noch ein Festklemmen vermieden wird. Dies erfordert natürlich Aufmerksamkeit und ist Sache der Erfahrung.

Ein Arbeiter, der mechanisch an der Zuspannschraube dreht, für kurze Augenblicke den Bohrer ohne Kraft arbeiten läßt und dann wieder durch Festklemmen fortwährend Zeit verliert, wird sich vielleicht bewogen fühlen, über eine wirklich kraftvolle und leistungsfähige Maschine ein vernichtendes Urteil zu fällen. Von der zweckmäßigen, wohlbedachten Zuspannung hängt eben außerordentlich viel ab.

So wünschenswert es zuweilen erscheinen mag, bei Bohrmaschinen auf leichtes Gewicht zu sehen, so darf man doch nicht vergessen, daß die Triebteile sehr stark beansprucht werden, also nicht zu schwach ausgeführt werden dürfen, wenn man das Reparaturbedürfnis auf ein annehmbares Maß beschränkt sehen will. Eine Gewichtsersparnis kann also höchstens an den Gehäuseteilen erzielt werden, aber auch hier wird durch die Betriebssicherheit eine bestimmte Grenze festgelegt. Die in den Katalogen angegebenen Zahlen für Leerlauf und Belastung pflegen zumeist nicht genau zu stimmen. Es hat auch wenig Zweck, sich darauf zu versteifen; die Hauptsache sind die praktischen Ergebnisse.

Die Preßluftbohrmaschinen sind fast alle Luftfresser. Es läßt sich auch in dieser Beziehung nicht viel ersparen, wenn man bei den in heutiger Zeit bevorzugten Bohrmaschinen mit 2 bis 4 Zylindern wirklich befriedigende Leistungen erreichen will. Einfacher in der Konstruktion sind die Turbinenbohrmaschinen, aber ihr Luftverbrauch ist noch größer!

Von praktischem Wert sind die Bohrmaschinen für Rechts- und Linkslauf, wobei es unwesentlich ist, ob die Umsteuerung gleich durch den Einlaßkonus bewirkt werden kann, oder ob ein besonderer Hebel oder Knopf oder sonst eine Vorrichtung betätigt werden muß. Im Interesse der Arbeiterschaft soll man die Forderung erheben, daß bei den Bohrmaschinen die auspuffende Luft nicht durch den Hahnkonus oder an dessen Seite entweicht, sondern aus dem Gehäuse nach unten hin!

Nicht immer, wenn schlechte Betriebsergebnisse zu beobachten sind, liegt die Schuld auf Seite der Werkzeuge. Bevor man diese verdammt und verwirft, soll man erst prüfen, ob Kompressor und Rohrleitung in Ordnung sind, ob vor allem der Kompressor nicht überanstrengt ist, indem man ihn zu viele Werkzeuge speisen läßt, und ob Rohrleitungen, Schläuche und Kupplungen richtig dimensioniert und zweckmäßig ausgeführt sind. Die pneumatischen Werkzeuge sind zumeist für 6 bis 7 Atm. Betriebsdruck konstruiert, also bei diesem Druck auch am leistungsfähigsten. Wie oft kommt es aber vor, daß für Niethämmer Schläuche von 13 mm anstatt 16 mm Durchm. benutzt werden, und daß die Zuführungsschläuche zu den Bohrmaschinen und Nietmaschinen nicht die richtige Lichtweite aufweisen. Zuweilen kann man beobachten, daß die Kupplungen mit Draht am Schlauch befestigt sind, und zwar so, daß der letztere eingeschnürt wird. Es kommt vor, daß Durchgangs- und Anschlußhähne angeordnet sind, die ihrer Größe oder Konstruktion nach der Luft keinen ungehinderten Durchlaß gewähren.

Mit Recht wird behauptet, daß in recht vielen mit Preßluft arbeitenden Betrieben beinahe ebensoviel Luft nebenbei verlorengeht, also durch undichte Leitungen, Schläuche und mangelhafte Schlauchverbindungen nutzlos entweicht, wie die Preßluftwerkzeuge verbrauchen. Wenn man annimmt, daß in der Zuleitung zu einem Hammer eine an und für sich geringfügige Undichtigkeit vorhanden ist, die einem Loch von etwa ein Zehntel der Fläche des Schlauchdurchmessers gleichkommt, so können minutlich bei 7 Atm. Druck mehr als 420 l freier Luft entweichen. Also mehr als ein gewöhnlicher Meißelhammer bei der Arbeit nötig hat. Zur Kompression von 420 l freier Luft auf den genannten Druck sind ca. 3 PS erforderlich! Deshalb sollte eigentlich in jedem Betrieb ein Luftmeßapparat vorhanden sein, mit dem von Zeit zu Zeit gewissenhaft Stichproben gemacht werden.

Abb. 29. Feststellung der Leistung eines Hammers und zugleich des Luftverbrauchs mittels Stoppuhr und Luftmesser.

Solche sind auch erforderlich, um festzustellen, ob die einzelnen Werkzeuge vielleicht durch Verschleiß in ihrer Wirtschaftlichkeit nachgelassen haben. Ein Werkzeug mit übermäßigem Luftverbrauch muß schleunigst repariert werden. Die Erzeugung der Druckluft ist, wenn auch die neuzeitlichen Kompressoren ökonomisch arbeiten, ziemlich kostspielig, so daß eine Vergeudung der Luft durch Undichtigkeiten oder schlechte resp. abgenutzte Werkzeuge sich bitter rächt und den Nutzen des pneumatischen Betriebes recht ungünstig beeinflussen kann.

Die Kosten für die Erzeugung von 1 cbm angesaugter Luft bei rd. 7 Atm. Betriebsdruck stellen sich auf ungefähr 0,8 Pf., wenn man einen Preis von etwa 5 Pf. pro 1 PS/Std. unter Berücksichtigung der erforderlichen Verzinsung und Abschreibung des Anlagekapitals annimmt. Der durchschnittliche Luftverbrauch eines mittelgroßen Meißelhammers kann minutlich mit 400 l angenommen werden. Daraus würden sich für zehnstündige Arbeitszeit folgende Betriebskosten ergeben, wenn — der Hammer unausgesetzt im Betrieb wäre, was allerdings in der Praxis nicht der Fall ist.

Pro Tag 0,8 · 0,4 · 60 · 10 · 0,5 . . . . 0,96 M.
Pro Jahr in 300 Arbeitstagen 0,96 · 300 . . . . 288,00 »

Nimmt man nun an, daß der obengenannte Luftverbrauch durch Verschleiß der Hammerteile oder aber durch Undichtigkeiten in der Rohr- oder Schlauchleitung um rd. 25% überschritten wird, so ergeben sich aus dem Mehrverbrauch an Druckluft bei einem einzigen Hammer im Jahr 72,00 M. Mehrkosten! Hieraus resultiert die Notwendigkeit, Werkzeuge zu wählen, deren Luftverbrauch an und für sich gering ist, aber nicht etwa auf Kosten der Schlagkraft, denn in solchem Falle würde der Schaden durch verminderte Leistungen viel größer sein. Und zum andern kann man aus dem oben angeführten Beispiel erkennen, wie wichtig es ist, in regelmäßigen Zeitabständen den Luftverbrauch in seinem Betriebe zu kontrollieren und die Zahlen miteinander zu vergleichen.

Bei den Preßluftmeßapparaten unterscheidet man 2 Typen: Scheibenluftmesser für Messungen bis 450 l Preßluft i. d. Min., und Kolbenluftmesser, die bis zu 170 cbm Luftdurchgang i. d. Stunde registrieren. Durch Zusammenschalten mehrerer Apparate kann man nötigenfalls die Leistungen vervielfachen. Namentlich die Scheibenluftmesser, die auf einfachste Weise mit Hilfe von Momentkupplungen in die Schlauchleitung eingesetzt werden, haben sich gut eingeführt. Sie werden meist zur Kontrolle des

Abb. 30. Scheiben-Luftmesser.

Luftverbrauchs einzelner Werkzeuge gebraucht. Man muß aber aufpassen, daß man den Meßapparat nicht überanstrengt, indem man größere Luftmengen hindurchströmen läßt, als seine Höchstleistung gestattet. In solchem Falle erhält man nicht allein völlig wertlose und irreführende Daten, sondern man riskiert das völlige Unbrauchbarwerden des Apparates.

Mit dem Scheibenluftmesser wird die durchfließende Preßluft unmittelbar nach ihrem Volumen gemessen, während ein hinter dem Apparat angebrachtes Manometer gleichzeitig den Überdruck, unter welchem die Preßluft den Messer passiert hat, anzeigt. Zu beachten ist, daß das Zählwerk jeweils das durchflossene Luftquantum in komprimierter Luft anzeigt, so daß eine Umrechnung in frei angesaugte Luft vonnöten wird. Es ist nämlich zur Gewohnheit geworden, bei den Preßluftwerkzeugen die Luftverbrauchsdaten stets für frei angesaugte Luft anzugeben. Die kleinste von dem Zifferblatt des Scheibenluftmessers abzulesende Menge Preßluft beträgt 1 l. Nach Durchfluß der größten Menge von 1000 cbm beginnt der Apparat von vorn neu zu zählen. Bei richtiger Handhabung sind die Meßapparate ziemlich unempfindlich und zuverlässig. Die Kolbenluftmesser sind ebenfalls Volumenmeßapparate. Für beide Typs kann ein mittlerer Genauigkeitsgrad von plus-minus 2,25% angenommen werden, wie u. a. eingehende Versuche auf der Technischen Hochschule in Dresden bewiesen haben.

Einen Luftmeßapparat anderer Art zeigt Abb. 31. Derselbe ist nach dem Schwimmerprinzip gebaut, indem ein Ventilkegel durch den Druck der durchströmenden Preßluft so hoch gehoben wird, daß der erforderliche Durchgangsquerschnitt frei wird. Der Meßkegel ist konisch und der Sitz, auf dem er in Ruhestellung liegt, genau zylindrisch. Je nach der Menge der den Apparat durchfließenden Luft hebt sich der Meßkegel hoch. Die Kegelstellung wird sichtbar gemacht durch eine Hebelübertragung, indem die verlängerte Kegelachse auf einen Hebel wirkt, der auf einem präzis eingeschliffenen und sich selbst entlastenden Zapfen befestigt ist. Ein zweiter Hebelarm trägt einen Schreibstift, der in bekannter Weise die Kegelstellung auf einer durch Uhrwerk angetriebenen Trommel in Schaulinie aufzeichnet. Die in Kurvenform sich darbietenden Luftmengen werden sodann unter Berücksichtigung eines bestimmten oder eines mittleren Drucks und einer gewissen Temperatur auf Grund einer jedem Apparat beigegebenen Koeffiziententabelle durch Planimetrieren ausgewertet. Das Resultat ist dann die verbrauchte Preßluft in

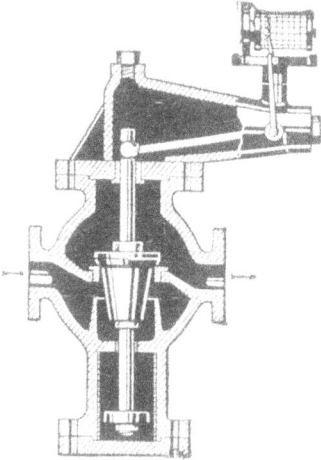

Abb. 31. Registrierapparat für Dauer-Luftverbrauch. (Fabr. Feodor Stabe; Berlin SO. 26.

cbm. Es wird für eine dauernde, stets gleichmäßige Genauigkeit von — +3% garantiert; die Handhabung ist einfach und kann von jedem gewissenhaften, wenn auch technisch ungeschulten Betriebsbeamten leicht vorgenommen werden. In der Hauptsache handelt es sich nur um das Auflegen und Abnehmen des Diagrammstreifens. Das Planimetrieren ist ebenfalls leicht zu erlernen. Was den Apparat besonders wertvoll macht, ist die Tatsache, daß mit ihm nicht nur der Luftverbrauch gemessen wird, und zwar dauernd, sondern daß man an der Form des Diagrammstreifens auch gleich erkennen kann, ob außergewöhnliche Schwankungen und Unregelmäßigkeiten — vielleicht in bestimmten Zeiträumen — in der Entnahme der Druckluft resp. im Betrieb vorkommen. Man kann gewissermaßen die Arbeitspausen kontrollieren und feststellen, zu welchen Zeiten scharf gearbeitet oder gefaulenzt wird! Diese Apparate sind zu hunderten über und unter Tage im Gebrauch und haben einem wirklichen Bedürfnis abgeholfen, nachdem die Arbeitslöhne gewaltig gestiegen und die Betriebskosten ungeheuer angewachsen sind, so daß jede Arbeitsminute und jeder Liter Luftverbrauch von Bedeutung geworden sind!

Der Luftkompressor.

Die modernen Preßluftwerkzeuge arbeiten am vorteilhaftesten bei einem Betriebsdruck von 6 bis 7 Atm. Etliche Typs, u. a. Bohrhämmer, Abklopfer, Vibratoren, Sandsiebmaschinen u. a. m. können allerdings auch mit einem niedrigeren Druck betrieben werden. Naturgemäß ist der Kompressor für die Wirtschaftlichkeit der ganzen Anlage von ausschlaggebender Bedeutung. Da der Preßluftbetrieb anfangs fast ausschließlich im Bergbau zu finden war, so muß man, um den Entwicklungsgang des Luftkompressors zu verfolgen, sich auf dieses Gebiet zurückbegeben. Schon 1875 und die Jahre danach waren vielfach im Bergbau Druckluftbohrmaschinen im Gebrauch, aber sie wurden durchgängig durch primitiv gebaute, billige Kompressoren gespeist. Auf guten Wirkungsgrad und Ausnutzung der ursprünglichen Energie wurde damals noch nicht gesehen. Die Anlagen waren zumeist nur vorübergehend im Betrieb, und die Kompressoren fand man in der Regel in irgendeinem entlegenen Winkel des Maschinenhauses aufgestellt, wo sie, wie A. Riedler in einer seiner Abhandlungen treffend andeutete, ohne merkliche Aufsicht ein beschauliches Dasein führten und durch ihr Schnarchen sich kilometerweit ankündigten. Die Bestrebungen, durch rasch laufende Maschinen die Anlagekosten zu vermindern, fanden noch keinen fruchtbaren Boden, weil man, wie gesagt, die wirtschaftliche Frage hintenanstellte. Wie die Verhältnisse zur damaligen Zeit lagen, geht nach Riedler aus folgendem hervor:

Im Bergbau sowohl wie im Tunnelbau war man lange Zeit auf die »Wassersäulen-Kompressoren« angewiesen, die aus gewöhnlichen Kolbenmaschinen bestanden, mit Wasserfüllung in den Zylindern. Sie leisteten bei langsamem Lauf Zufriedenstellendes, wogegen die raschlaufenden »Trockenkompressoren«, namentlich hinsichtlich der Schmierung, viel zu wünschen übrigließen und wenig beliebt waren. An der Aufgabe, diese schwerfälligen Kompressoren zur Erhöhung der Wirtschaftlichkeit zu rascherem Gang zu bringen, waren damals die Maschinenfabrik Dánek in Prag und deren Ingenieur Stanek mit Erfolg beteiligt, was sich bei dem Tunnelbetriebe am Arlberg zuerst bemerkbar machte. Bemerkenswert waren dann die Kolladenkompressoren am Gotthardtunnel, die zum Zweck der Wärmeentziehung während der Luftverdichtung schon mit allem möglichen versehen waren: Wassereinspritzung während des Ansaugens und unter Hochdruck während der Verdichtung. Außer gekühlten Zylindermänteln fanden sich sogar gekühlte Kolben und hohle Kolbenstangen

5*

vor. Aber der gewünschte Erfolg blieb dennoch aus. Die Druckluft wurde nur durch das viele überschüssige Kühlwasser verschlechtert und mußte, um verwendbar zu werden, erst wieder vom Wasser befreit werden. Man erkannte damals schon, daß nur durch mehrstufige Verdichtung und durch Kühlung in den Zwischenstufen wirksame Wärmeableitung erreichbar ist. Riedler erhielt ein Patent auf mehrstufige Kompression als »Verfahren«, das sehr weitgehende Rechte in sich barg, aber nicht ausgebeutet wurde, in der Annahme, daß diese Idee höchstwahrscheinlich schon vorher von irgend jemand ausgeführt oder veröffentlicht worden sein müsse. Riedler trat hauptsächlich für die Wärmezuführung während der Expansion der Druckluft ein, während dieses Gebiet, obwohl alle Grundlagen längst Gemeingut waren und identisch sind mit denen der Kompressoren, im allgemeinen arg vernachlässigt worden war.

Riedler wurde, wie schon in einem der ersten Kapitel dieses Buches erwähnt, in den 90er Jahren von der Pariser Druckluftzentrale engagiert, und zwar schloß man mit ihm, wie er selbst erzählt, einen der merkwürdigsten Verträge: Im Verlauf einer Besprechung von einigen Minuten wurde vereinbart, daß er 8000-Nutzpferde-Luftkompressionsmaschinen zu entwerfen habe, die für 1 PS nur die Hälfte dessen kosten dürften, was man für die bestehenden alten Maschinen gezahlt hatte, und sie dürften auch nur halb so

Abb. 32. Schlagnietmaschine im Gasbehälterbau.
(Ausgef. durch Maschinenfabrik Augsburg-Nürnberg.)

viel verbrauchen wie die alten. Honorar war ausgeschlossen, alle Ingenieur-
kosten gingen zu Riedlers Lasten, dem aber dafür als Prämie die Hälfte dessen
zugesichert wurde, was die ganze Anlage weniger kosten würde, als vereinbart
worden war.

Außerdem sollte er während dreier Jahre die Hälfte der Summe erhalten,
die man durch Minderverbrauch an Kraft gegenüber den alten Maschinen
ersparen würde. Für Konstruktion und Ausführung usw. hatte Riedler
völlig freie Hand. Er baute dann vier Maschinen stehender Ausführung, jede
mit drei Kurbeln, dreistufiger Expansion in den Dampfmaschinen und zwei-
stufiger Verdichtung in den Kompressorzylindern, die von Schneider, Creuzot,
angefertigt wurden. Man erzielte im Bau eine Ersparnis von mehr als 400000
Francs, wovon beinahe die Hälfte an Riedler fiel. Die Hälfte der ersparten
Betriebskosten ergab aber eine so ungeheure Summe während dreier Jahre,
daß Riedler auf Erfüllung dieses Punktes des Vertrages verzichtete.

Ich habe diese etwas langatmige Einführung in das vorliegende Kapitel
für notwendig gehalten, um zu zeigen, wie von berufenen Fachleuten schon
seit langem die Haupteigenschaften, die ein wirtschaftlich arbeitender Luftkompressor unbedingt besitzen muß, erkannt und gekennzeichnet worden sind.
Jede Kompression ist mit Wärmeentwicklung verbunden, die um so größer
wird, je höher der Druck anwächst. Da aber auch jede Wärmeentwicklung
gleichbedeutend mit Kraftverlust ist, so muß bei allen Kompressionen in
erster Linie für eine ausreichende Kühlung gesorgt werden.

Bei einstufigen Kompressoren, namentlich bei größeren Modellen, läßt
sich dies aber nur in beschränktem Umfange bewerkstelligen.

Auch muß man berücksichtigen, daß, je höher der Enddruck anwächst,
desto geringer der volumetrische Wirkungsgrad der Maschine wird, und daß
die höheren Temperaturen der Druckluft ungünstig auf den Zylinder ein
wirken, indem sie seine Schmierung und Wartung erschweren.

Genügte die Bauart des einstufig arbeitenden Schieberkompressors mit
seiner der alten Dampfmaschine ähnlichen Steuerung für die im Anfangs-
stadium der Druckluftverwertung gebräuchliche geringe Spannung von $3\frac{1}{2}$
bis 4 Atm., zumal damals, wie schon gesagt, wenig Wert auf die Wirtschaftlichkeit gelegt wurde, so mußte mit der Vervollkommnung der Preßluftwerkzeuge auch der Kompressor Hand in Hand gehen. So kam man denn
darauf, die Luft in 2 Stufen auf die erforderliche Spannung zu drücken,
d. h. also zur Konstruktion der zweistufigen (Compound- oder Verbund-) Kompressoren. Anfangs wurde die zweistufige Kompression immer in zwei Zylindern von verschiedenem Durchmesser bewirkt, die neben- oder hintereinander angeordnet sind (Tandemkonstruktion). Als Steuerorgane dienten
teils Schieber, teils Ventile.

Auch heute noch werden Luftkompressoren sowohl nach dem Schiebersystem als auch mit Ventilsteuerung gebaut. Objektiv betrachtet haben beide
Konstruktionen ihre Vorzüge, obwohl nicht abzuleugnen ist, daß die Fabrikation von Ventilkompressoren eine überragende ist. Es mag dies zum Teil

dárauf zurückzuführen sein, daß der Ventilkompressor in der Herstellung etwas billiger wird. Seitens der Konstrukteure der Ventilkompressoren wird allerdings behauptet, daß die Ventilkonstruktion dem Schiebersystem nicht nur in bezug auf Einfachheit der Bauart, sondern vornehmlich auch in puncto Wirtschaftlichkeit überlegen sei!

Die Gegenseite stellt sich auf den Standpunkt, daß der Schieber als Saugorgan den Vorteil biete, daß die Luft ohne Widerstand in den Zylinder eintreten kann und sich am Ende des Saughubes auch tatsächlich Luft von atmosphärischer Spannung im Zylinder befindet. Wogegen ein selbsttätiges, federbelastetes Ventil stets Widerstand biete, da die eintretende Luft die Federspannung überwinden und die Ventilmasse beschleunigen muß. Die

Abb. 33. Saug- und Druckventile zu einem neuzeitlichen Ventilkompressor.

Folge sei, daß bei Kompressoren mit freigängigen Ventilen immer ein mehr oder weniger großer Unterdruck bei Beginn der Kompression im Zylinder vorzufinden sei!

Die bekannteste Schieberkonstruktion ist die von Köster; sie besteht aus einem mit Rückschlagventil kombinierten Kolbenschieber. Das Rückschlagventil soll nur dazu dienen, das Zurückfluten von Druckluft aus Druckleitung und Druckraum in den Zylinder zu vermeiden, wodurch der Kompressionsvorgang ungünstig beeinflußt werden würde.

Von den Anhängern der Schieberkonstruktion wird geltend gemacht, daß beim Ventilkompressor häufig genug Ventilbrüche vorkämen. Es ist nämlich erforderlich, daß das Ventil momentan im Totpunkt schließt, und diese Schlußzeit ist erklärlicherweise sehr kurz, so daß das Ventil immerfort mit Vehemenz auf seinen Sitz geschleudert wird. Tatsache ist aber, daß Ventilbrüche verhältnismäßig selten vorkommen. Allerdings muß darauf gesehen werden, daß die Saug- und Druckventile aus vorzüglichem Material bestehen, weil sonst die oft nur einige Millimeter starke Ventilplatte die hohe Beanspruchung nicht aushält. Dieselbe muß auch möglichst reibungslos geführt sein, damit sie nicht während des Betriebes eckt und hängenbleiben kann.

Die Steuerungsorgane selbst sind bei den Ventilkompressoren in Form und Wirkung sehr verschieden. Es gibt gesteuerte und ungesteuerte Ventile,

Kegel-, Ring-, Klappen-, Plattenventile usw. In Abb. 33 sind ein Paar selbsttätig arbeitende Saug- und Druckventile dargestellt, wie sie in dieser Ausführung oder mit unwesentlichen Formänderungen am meisten gebräuchlich sind. Deren wichtigster Teil ist die Platte, bei der auf großen Durchgangsquerschnitt bei geringem Hub Wert gelegt wird. Die Platte wird durch Spiralfedern auf ihren Sitz gedrückt.

Als sehr zuverlässig sind auch die federnden Lenkerventile, System Hörbiger-Rogler, bekannt. Auch bei Kompressoren dieses Systems liegen die Saug- und Druckventile der Niederdruckstufen axial im Zylinderdeckel, während diejenigen der Hochdruckstufe radial am Zylinder angeordnet sind.

Bei der Gegenüberstellung der Schieber- und Ventilkonstruktion wird zumeist übersehen, daß Druckventile in beiden Fällen vorhanden sind. An

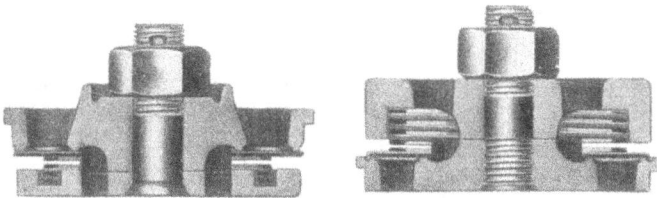

Abb. 34. Komplettes Saug- und Druckventil (in Abb. 33 photogr. dargestellt) im Schnitt.

Stelle der Saugventile beim Ventilkompressor treten beim Schieberkompressor ein oder mehrere Schieber mit den erforderlichen Stopfbüchsen und Packungen, den Schieberstangenführungen, den Exzenterstangen, den Exzentern, den verschiedenen Zapfen und Lagerschalen dazu und häufig noch mit einer Schwinge von der Exzenter- zur Schieberstange. Da alle diese Teile bei der Ventilkonstruktion wegfallen, so wird behauptet, daß diese einfacher und damit auch betriebsicherer ist. Ferner soll eine Ersparnis an Schmiermaterial zu beobachten sein. Man muß damit rechnen, daß jeder Schieber, insbesondere der Kolbenschieber, mit der Länge der Zeit undicht wird, und zwar um so schneller, je höher die Tourenzahl ist. Dagegen schleifen Ventile sich für gewöhnlich auf ihrem Sitz auf und werden nach längerem Betriebe nur um so dichter.

Da alle die vorgenannten Teile, die bei der Schieberkonstruktion nicht zu vermeiden sind, Kraft verbrauchen, so ergibt sich aus ihrem Wegfall bei der Ventilkonstruktion, bei der nur die leichten Ventilplatten in Bewegung sind, eine gewisse Ersparnis an Kraft. Und da so viele zum Teil hoch beanspruchte Teile bei dem Ventilkompressor fehlen, so kann dieser schließlich als betriebsicherer angesehen werden. Man hat festgestellt, daß der mechanische Wirkungsgrad des Ventilkompressors höher ist als der des Schieberkompressors. Der Beginn der Saugperiode erfolgt bei Ventilen selbsttätig fast ohne merkbaren Unterdruck, und die Steuerung läßt sich ohne weiteres auch für jeden niederen oder höheren Druck verwenden.

Bei Schieberkompressoren ist es von vornherein fast unmöglich, diesen Zeitpunkt richtig anzugeben, weil verschiedene Umstände auf die Gestaltung der Rückexpansionslinie von Einfluß sind. Ist aber dieser Beginn für einen bestimmten Druck richtig gewählt, so verschiebt sich derselbe sofort, wenn der Druck steigt oder fällt. Aus diesem Grunde kann man viele Schiebersteuerungen antreffen, bei denen entweder die Rückexpansionslinie von einem gewissen Punkte an zu steil verläuft oder aber unter der Ansauglinie einen sackartigen Verlauf nimmt. Beides bedeutet gleichfalls einen Verlust. Sodann sind bei der Ventilkonstruktion die Saug- und Druckorgane völlig voneinander getrennt, was entschieden einen Vorteil bedeutet. Die eintretende Saugluft kommt nämlich nicht mit den durch die Druckluft erwärmten Austrittorganen in Berührung, wodurch eine Erwärmung und Verschlechterung der Saugluft, wie man es angeblich bei der Schieberkonstruktion beobachten kann, vermieden wird.

Für den Betrieb von Preßluftwerkzeugen kommen sowohl einstufige wie zweistufige Kompressoren in Frage. Die ersteren jedoch nur für geringe Leistungen resp. für solche Werkzeuge, die auch bei geringem Betriebsdruck von 4 bis 5 Atm. noch befriedigend arbeiten.

In solchen Fällen, wo ein Betriebsdruck von 4 Atm. genügt, ist der einstufige Kompressor die geeignete Maschine. Man findet unter diesen Typs die stehende Bauart vorherrschend. Die besseren einstufigen Kompressoren lassen sich übrigens auch recht gut zur Erzeugung eines Betriebsdrucks von etwa 6 Atm. Spannung verwenden, sind also zum Betriebe von Preßluftwerkzeugen aller Art nicht etwa ungeeignet, nur arbeiten sie nicht so wirtschaftlich als die zweistufigen Maschinen!

Gegenüber dem einstufigen Kompressor besitzt die zweistufige Kompression folgende Vorteile: Die Erwärmung der Kompressionsluft gestaltet sich günstiger, der Stufenkompressor ist betriebssicherer, die gepreßte Luft ist qualitativ besser! Bei dem modernen Zweistufenkompressor, der heute meist in höchst zweckdienlicher Weise einzylindrig ausgeführt wird, wird die angesaugte Luft zunächst in dem Niederdruckraum auf etwa 2 Atm. komprimiert, durchströmt dann einen sog. Zwischenkühler, in dem sie rückgekühlt wird, und gelangt dann erst in den Hochdruckraum, wo sie auf den Enddruck von 6 bis 7 Atm. gepreßt wird. Durch diese Zwischenkühlung der Luft wird eine tatsächliche Kraftersparnis erzielt; der bei der Kompression stattfindende Arbeitsprozeß wird günstiger insofern, als sich die wirkliche Kompressionskurve dem theoretisch am vorteilhaftesten, isothermischen Prozesse nähert. Zum besseren Verständnis sind hier ein Niederdruckdiagramm in Abb. 35 und ein Hochdruckdiagramm in Abb. 36 dargestellt, die, rankinisiert, das Diagramm der Abb. 37 ergeben. Die Fläche zwischen Isotherme und Adiabate als Punkt A stellt diejenige Arbeit dar, die im günstigsten Falle infolge der Kühlung theoretisch erspart werden kann. In Wirklichkeit verläuft die Kompressionskurve zwischen den beiden erwähnten Kurven, und es muß das Bestreben jedes Konstrukteurs sein, die dunklen Flächen möglichst klein zu gestalten. Mit der Kraftersparnis Hand in Hand geht auch die Verbesserung der Druckluft in bezug auf Qualität und Quantität. Bei der Abkühlung im Zwischenkühler scheidet sich nämlich Wasser ab, und die zweistufig komprimierte Luft ist deshalb im allgemeinen trockener als die einstufig komprimierte. Der volumetrische Wirkungsgrad des Zwischenstufenkompressors ist schließlich höher als bei dem Einstufenkompressor, so daß man

Abb. 35. Niederdruckdiagramm eines
Einzylinder-Zweistufenkompressors
von 4 cbm Leistg. Feder 1 at = 15 mm.

Abb. 36. Hochdruckdiagramm eines
zweistufigen Ventilkompressors von
4 cbm Leist. (180 Kolbenhub). 6½ at
Manom.-Ables. Feder 1 at = 6 mm.

von einer günstigeren Ausnutzung der ganzen Maschine sprechen kann. Infolge der geringen Temperatur der Druckluft und des Zylinders wird sodann die Zylinderschmierung und die Wartung des Stufenkompressors zuverlässiger, und es sind Explosionen von Ölrückständen infolge zu hoher Lufttemperatur ausgeschlossen, was einer Erhöhung der Betriebssicherheit gleichkommt.

Alles zusammengefaßt, ergibt die Forderung, eine zweckdienliche, durchgreifende Kühlung herbeizuführen, deren Endzweck es ist, die Temperatur der Luft bei der Kompression aus wirtschaftlichen Gründen und aus Betriebsrücksichten so niedrig wie möglich zu halten. In erster Linie dient dem eine

Abb. 37.

gute Mantelkühlung, wie sie ja auch der einstufige Kompressor besitzt. Bei der großen Geschwindigkeit, mit der die angesaugte Luft den Zylinder passiert, kann aber selbst die beste Mantelkühlung nur eine verhältnismäßig geringe Abkühlung der Luft hervorbringen. Deshalb ist eine ausgiebige Zwischenkühlung, wie schon erwähnt, von ausschlaggebender Bedeutung. Der sog. Zwischenkühler muß eine so große Kühlfläche haben, daß unter günstigen Verhältnissen die Luft in ihm bis fast auf die Ansaugetemperatur zurückgekühlt wird. Der Zwischenkühler liegt bei den meisten Fabrikaten wage-

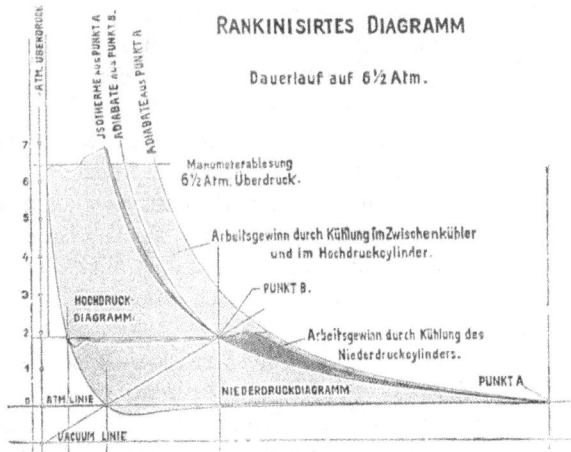

recht über dem Zylinder, er kann aber auch senkrecht aufgestellt werden. Ebenso hat sich eine Bauart bewährt, bei der die Rohrbündel des Kühlers im Mantelkühlraum rings um den Luftzylinder herum gelagert sind. Nach dem Gegenstromprinzip strömt das Kühlwasser durch eine Anzahl von Röhren hindurch, während die gepreßte Luft diese Rohre umkreist und durch besondere Zwischenwände gezwungen wird, einen möglichst großen Weg längs der Rohre zurückzulegen. Damit man den Kühler von Ölrückständen bequem reinigen kann, ist das Rohrsystem meist ausziehbar.

Kompressoren für kleinere und mittlere Leistungen werden vorwiegend in liegender Bauart und einfach wirkend ausgeführt. Vorteilhaft ist die Wahl eines nach vorn offenen Differentialkolbens, weil bei diesem durch die umgebende Außenluft die Kühlung des Zylinders noch begünstigt wird.

Aus alledem geht hervor, daß zum Betriebe von Preßluftwerkzeugen hauptsächlich der zweistufige Kompressor, und zwar für minutliche Ansaugeleistungen bis zu 20 cbm aus praktischen Gründen einzylindrig, in Betracht kommt.

Turbokompressoren sind den Kolbenkompressoren nur überlegen und vorzuziehen, wenn es sich um größere Ansaugeleistungen von mehr als 150 bis 200 cbm in der Minute handelt. Der Turbokompressor ist dann schon deswegen von Vorteil, weil er weniger Raum einnimmt. Er kann ebensogut mit einem Elektromotor, wie mit einer Dampfturbine direkt gekuppelt werden.

Bei Saugleistungen von etwa 30 cbm minutlich aufwärts sind Tandem-Verbundkompressoren bestens am Platze. Die Kompression erfolgt hier nicht mehr in 1 Zylinder, sondern getrennt in Niederdruck- und Hochdruckzylindern. Es ist einleuchtend, daß diese Kompressionsart bei höheren Leistungen als betriebssicherer und auch wirtschaftlicher anzusprechen ist.

Es folgen dann noch die eigentlichen Großkompressoren mit sehr hohen Leistungen, wie sie vorwiegend im Bergbau Verwendung finden. Diese Kompressoren werden zumeist durch eine direkt gekuppelte Dampfmaschine betrieben.

Bei den Dampfkompressoren der Maschinenbauanstalt Humboldt wird der Stufenkolben durch die verlängerte Kolbenstange der Dampfmaschine direkt angetrieben. Der Kompressorzylinder ist zur Aufnahme der Gestängedrücke mit dem Dampfmaschinenrahmen durch Distanzstangen verbunden, die aus je einer durchgehenden Schraube nebst zugehörigem Distanzrohr besteht, so daß es möglich ist, zwischen beiden Teilen eine Spannungsverbindung herzustellen. Die Einzylinder-Heißdampfmaschine ist mit zwangläufiger Ventilsteuerung System Proell-Schwabe ausgerüstet. Bemerkenswert ist, daß der Achsenregler der Dampfmaschine als Leistungsregulator ausgebildet ist, dessen Tourenverstellung in den Grenzen von 45 bis 180 automatisch durch den Preßluftdruck erfolgt. Bei diesen Kompressoren wird der Stufenkolben aus zwei Teilen gefertigt, wofür folgende Gründe sprechen: Der Einbau eines Stufenkolbens in den Zylinder bietet besondere Schwierigkeiten, weil die Kolbenringe des Hochdruckkolbens infolge absoluter

Unzugänglichkeit nicht vorgespannt werden können und die Einführung des Kolbens in den Hochdruckzylinder dadurch verhindert wird. Jedenfalls sind dabei enorme Schwierigkeiten zu überwinden, die mit großem Zeitverlust verknüpft sind. Die geteilte Ausführung des Stufenkolbens hingegen erleichtert die Arbeiten ungemein. Es wird hierbei zunächst der Hochdruckkolben in die Bohrung des Hochdruckzylinders eingeschoben, was keine Schwierigkeiten verursacht, weil die Kolbenringe in diesem Falle gut zugängig sind, und dann wird der Niederdruckkolben in den Zylinder eingeführt und schließlich werden beide Teile miteinander verbunden.

Abb. 38. Fahrbarer, einstufiger Elektrokompressor mit unter dem Wagen befindlichem Luftbehälter. Leistung 0,5 cbm die Minute. (Fabr. Zwickauer Maschinenfabrik.)

Bei allen Kompressoren muß auf hinreichende und sorgfältige Schmierung geachtet werden, sonst wird die Betriebssicherheit und Zuverlässigkeit auch der besten Konstruktion in Frage gestellt. Das Augenmerk muß namentlich auch auf die Beschaffenheit der Schmiermaterialien gelenkt werden! Ungeeignetes Öl verharzt oder verbrennt leicht bei den im Kompressor auftretenden verhältnismäßig hohen Temperaturen. Deshalb muß ein Spezialöl (sog. Kompressoröl) von hohem Flammpunkt benutzt werden. Für die Dampfzylinder nimmt man gutes Zylinderöl, für die sonstigen Teile ein gutes, bewährtes Maschinenöl. So manche Kompressoranlage läßt — namentlich im Anfang — hinsichtlich ihrer Leistung und Wirtschaftlichkeit viel zu wünschen übrig; man schimpft weidlich auf die Fabrikanten und Konstrukteure, und hernach stellt es sich heraus, daß die Übelstände einzig und allein in ungenügender Schmierung oder in der Verwendung ungeeigneter Ölsorten ihren Ursprung hatten!

Einstufige, einfach wirkende Kompressoren sind für einen geringeren Druck, bis etwa 5 Atm., sehr schätzenswert. Sie können also unter gewissen Umständen ohne weiteres zum Betriebe von Preßluft-

werkzeugen verwendet werden. Zumal ein gut durchkonstruierter Kompressor
dieser Art auch 6 Atm. Betriebsdruck anstandslos fördert. Bei größeren
Leistungen und bei einem Druck von mehr als 4 Atm. arbeiten sie jedoch
unstreitbar gegenüber dem Stufenkompressor unwirtschaftlich. Die zweistufige
Kompression hat, wie rechnerisch festgestellt worden ist, bei 5 Atm. Überdruck
etwa 8%, bei 6 Atm. 12%, bei 8 Atm. schon 18% Kraftersparnis gegenüber
der einstufigen Kompression im Gefolge. Einstufige Kompressoren sind also
nur da am Platze, wo man sich mit einem Betriebsdruck von 4 bis 5 Atm. begnügen kann, und wo keine großen Leistungen erwartet werden. Sie sind geeignet zum Betriebe von Preßluftabklopfern, Rohrreinigern, Ausblasepistolen,

Abb. 39. Sehr kräftiger Fahrkompressor mit geräumigem Windkessel, Brennstoffmotor mit
Kompressor gekuppelt; 1¹/₂ cbm minutl. Ansaugeleistung (Fabr. Maschinenfabrik Eßlingen).

Spritzapparaten, Sandstrahlgebläsen u. dgl. Bevorzugt wird der stehende,
einfach gebaute und betriebssichere Einstufenkompressor dann, wenn es
darauf ankommt, Raum zu sparen, wie bei fahrbaren Anlagen. Hierbei
muß eben die Wirtschaftlichkeit ein wenig hintenangesetzt werden. Praktisch
kann man, wie gesagt, mit dem Einstufenkompressor einen Betriebsdruck von
6 Atm. dauernd erreichen. Es muß aber auf reichliche Wasserkühlung geachtet werden.

Fahrbare Kompressoren erfreuen sich mit Recht steigender Beliebtheit. Sie werden nicht allein für Montagezwecke beim Bau von Brücken,
Eisenkonstruktionen aller Art, Gasbehältern u. dgl. viel benutzt, sondern
leisten auch in weitverzweigten und ausgedehnten Industriebetrieben hervorragende Dienste, weil man mit ihrer Hilfe die pneumatischen Werkzeuge überall
anwenden kann, ohne an kostspielige und umfangreiche Rohrleitungen gebunden zu sein. Naturgemäß kann man einen Fahrkompressor in vielen Fällen

nicht an die Wasserleitung anschließen, wie es bei dem stationären Kompressor als selbstverständlich angesehen wird. Man kann sich aber helfen, indem man entweder die fahrbare Anlage mit einem hinlänglich großen Kühlwassergefäß ausrüstet oder aber ein geräumiges Faß bzw. einen Behälter daneben aufstellt und durch eine an die Kompressorwelle des Kompressors angeschlossene Kühlwasserpumpe für die nötige Wasserzufuhr sorgt. Je nach der Größe des Gefäßes muß das Wasser dann periodisch mehrmals am Tage erneuert werden.

Der Antrieb eines Kompressors kann sowohl durch Riemen von der Transmission oder von einem Motor aus, als auch durch Zahnradantrieb bewerkstelligt werden. Riemenantrieb ist empfehlenswerter, wenn nicht Raumverhältnisse bestimmend sind, wie es zuweilen bei Fahrkompressoren der Fall ist. Bei fahrbaren Anlagen wird oftmals der Fehler gemacht, daß sie

Abb. 40. Halbstationäre Anlage.

zu leicht gebaut werden. Der Unterbau muß im Gegenteil sehr stabil sein, um die Stöße und Erschütterungen aufnehmen zu können.

Wo die Kompressoranlage an einem Ort nur zeitweise gebraucht wird, um dann weiter versetzt zu werden, wie z. B. beim Bau von Hoch- und Untergrundbahnen, im Behälterbau usw., wählt man am besten eine sog. halbstationäre Anlage (s. Abb. 40), für die man entweder ein gemeinsames schmiedeeisernes Untergestell vorsieht oder bei der man nötigenfalls die Aggregate auf ein provisorisches, im Boden verankertes Fundament aus Schienen oder Holzbalken postiert. Natürlich ist die Leistung einer halbstationären oder fahrbaren Anlage begrenzt. Kompressoren von mehr als 3 bis 4 cbm minutlicher Ansaugeleistung können kaum in Frage kommen, weil die Anlage sonst zu schwer und zu teuer ausfallen und zudem die nötige Betriebssicherheit vermissen lassen würde.

Bei fast jeder Preßluftanlage wird der Betrieb mit Unterbrechungen durchgeführt, weil die Entnahme von Preßluft niemals regelmäßig ist. Da nun aber ein Kompressor mit gleichmäßiger Umlaufzahl bei geringerer Preßluftentnahme dauernd dieselbe Preßluftmenge erzeugt, so würde bald ein

Überschuß an Preßluft vorhanden sein, wenn nicht der Förderung Einhalt geboten würde. Es gibt nun verschiedene Vorrichtungen, welche diese Regelung, allerdings nur teilweise, vornehmen.

Bei den Schieberkompressoren wird in der Regel bei Erreichung des Höchstdruckes das Saugventil geschlossen. Der Kompressor kann nicht mehr ansaugen, mithin auch nicht mehr komprimieren. Die Ventilkompressoren werden mit automatischen Druckreglern ausgestattet, die nach Erreichung einer bestimmten, leicht einstellbaren Druckhöhe die angesaugte Luft nicht mehr weiter komprimiert, sondern wieder in die Saugleitung zurückdrückt. Es geschieht dies dadurch, daß die Saugventile offen bleiben. Ein solcher praktischer, selbsttätiger Druckregler ist in Abb. 41 dargestellt. Der Druck kann mit Hilfe der Gewichte a, die auf die Regulierspindel aufgesteckt werden, beliebig eingestellt werden. Sobald etwas Druckluft aus dem Röhrchen b in das Röhrchen c eintritt, beginnt der Regler seine Tätigkeit. Das Röhrchen b wird zweckmäßig direkt in den Druckwindkessel geleitet, vorausgesetzt, daß dieser in der Nähe des Kompressors Aufstellung gefunden hat, sonst muß es mit dem Druckrohr verbunden werden. Die vom Röhrchen b nach c übertretende Luft wird hinter das Kölbchen d geführt. Dadurch wird dieses und infolgedessen auch die Stifte e gegen die Ventilplatte f gedrückt, die vom Ventilsitz abgehoben wird. Von diesem Augenblick an läuft der Kompressor leer, d. h. die angesaugte Luft wird durch die Saugventile hindurch wieder in die Saugleitung zurückgedrückt, und zwar solange, bis der Druck im Luftbehälter um etwa ½ bis 1 Atm. gesunken ist. Sobald dieser Zustand erreicht ist, senkt sich infolge des Übergewichts die Regulierspindel und sperrt die Verbindung des Röhrchens b mit dem Röhrchen c ab. Die in letzterem befindliche Druckluft entweicht durch die Öffnung g ins Freie, und das Saugventil nimmt, da das Kölbchen d nunmehr in seine ursprüngliche Lage zurückgedrängt wird, seine normale Tätigkeit wieder auf.

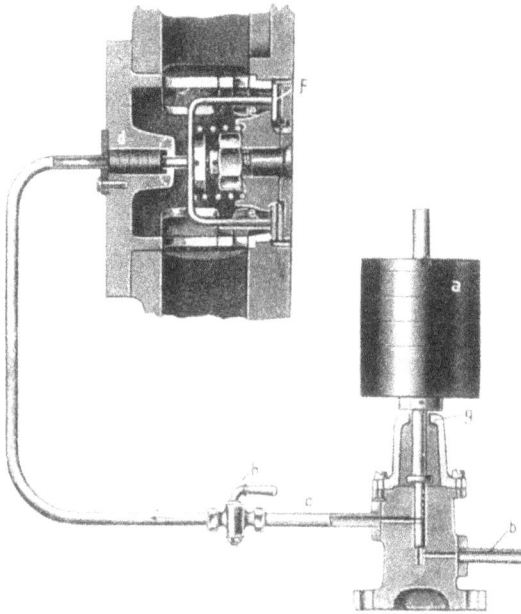

Abb. 41. Automatischer Druckregler für einen Ventilkompressor.

Der Druckunterschied von ½ bis 1 Atm. wird durch einen am Ende der Regulierspindel angeordneten Konus erreicht. Es ist nicht ratsam, die Druckdifferenz größer oder kleiner einzustellen, um ein zu häufiges Ein- und Ausschalten der Maschine zu vermeiden, was auf den Kompressor sowohl wie eventuell auf den Antriebsmotor nachteilig einwirkt. Die Regulierspindel und das Kölbchen *d* müssen von Zeit zu Zeit eingefettet und von Schmutz und Ölrückständen gesäubert werden, weil sie sich sonst festklemmen und ein einwandfreies Arbeiten des Reglers verhindern.

Man kann in bestimmter Anordnung in die Leitung *c* auch einen oder mehrere Hähne *h* einschalten, mit deren Hilfe es möglich ist, den Kompressor stufenweise auszuschalten. Ein Druckregler der beschriebenen Art hat den

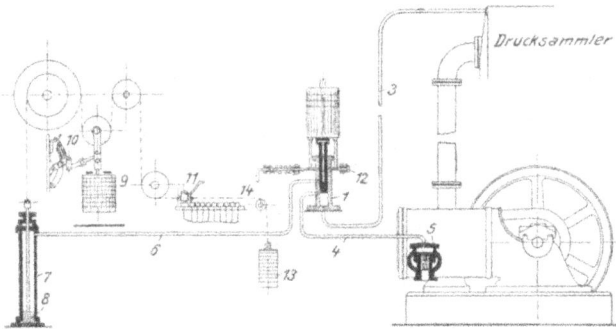

Abb. 42. Selbsttätige Leerlauf-Anlaßvorrichtung für elektrisch angetriebene Kompressoren etc.

Vorteil, daß beim Leerlauf lediglich die Leerlaufarbeit zu überwinden ist. Die Reguliervorrichtung ist für die Wirtschaftlichkeit und Betriebssicherheit eines Kompressors von der größten Bedeutung, sie vereinfacht die Wartung der Maschine und darf mithin bei einer neuzeitlichen Kompressoranlage keineswegs fehlen.

Objektiv betrachtet, erfüllen aber diese Vorrichtungen nicht vollkommen den gedachten Zweck, denn natürlich wird bei der Leerlaufarbeit des Kolbens dem Antriebsmotor, sofern elektrischer Antrieb vorhanden ist, dauernd nutzlos Strom zugeführt.

Diese Leerlaufarbeit muß vermieden werden, wenn Stromkosten gespart werden sollen. Es bleibt also nichts anderes übrig, als den Motor während der Unterbrechungen bzw. Leerlaufarbeit auszuschalten, also den Kompressor mit dem Motor stillzusetzen. Diese Arbeit verrichtet eine selbsttätige Leerlaufanlaßvorrichtung System Ibach, welche durch Patente geschützt ist und von der Firma Hundt & Weber, Geisweid, hergestellt wird. Die Wirkungsweise der in Abb. 42 dargestellten Vorrichtung ist die folgende:

Ist die Preßluft im Windkessel *2* auf einen bestimmten Höchstdruck gebracht, so tritt sie durch die Rohrleitung *3* in den Druckregler *1* und drückt dessen Kolben hoch. Zuerst wird hierdurch die Rohrleitung *4* geöffnet, und die Preßluft drückt nach der Zeichnung z. B. das Saugventil 5 zu oder öffnet bei anderen Bauausführungen die Saugventile. Damit wird also die weitere Luftzufuhr abgeschaltet. Nunmehr tritt die Preßluft durch die Leitung 6 in den Zylinder 7 und drückt dessen Kolben 8 nach unten. Dabei wird durch die angedeutete Rollenübersetzung zuerst das Gewicht 9 plötzlich hochgehoben und durch eine Hebelübersetzung der Netzschalter 10 ausgeschaltet. Sodann wird die Kontaktbürste 11 über die Widerstände von rechts nach links gezogen. Motor und Kompressor stehen jetzt still. Wird nun Preßluft an irgendeiner Stelle entnommen, so sinkt der Kolben des Druckreglers 1, und zwar bei einem beliebigen Mindestdruck plötzlich und fällt in die gezeichnete Lage. Die beiden Stützen, welche an dem Belastungsgewicht befestigt sind, setzen sich auf die Führungsstange 12. Der Kolben des Druckreglers 1, der zwei Bohrungen hat, gibt dabei die Leitung 6 in die Atmosphäre frei. Die Luft über dem Kolben 8 entweicht, das Gewicht 9, welches schwerer ist als das Gewicht 13, fällt plötzlich und der Netzschalter 10 wird eingeschaltet. Erst dann zieht das Gewicht 13 die Kontaktbürste 11 von links nach rechts und schaltet die Widerstände allmählich ab.

Die Bewegung der Bürstenbrücke auf der Kontaktbahn wird durch eine Ölbremse, die unter dem Gewicht 13 sitzt, beliebig eingestellt. Diese Einschaltung des Kompressors geschieht vollständig im Leerlauf, weil die Rohrleitung 4 noch geöffnet ist und das Saugventil geschlossen, oder bei anderen Konstruktionen geöffnet hält. Kommt nun die Kontaktbürste 11 auf die letzte Lamelle 14 rechts, wo der Motor inzwischen seine höchste Umdrehungszahl erreicht hat, so wird die Führungsstange 12 durch die Verlängerung an der Bürstenbrücke weggedrückt; der Regler fällt in seine tiefste Lage. Dabei wird dann auch die Leitung 4 in die Atmosphäre freigegeben, so daß das Saugventil 5 durch die Feder geöffnet wird. Der Kompressor arbeitet jetzt erst wieder in den Behälter, also gegen Druck.

Wie hoch die Ersparnisse allein an Strom sind, zeigen folgende Beispiele,

1. Kompressorenanlage Gewerkschaft Neue Haardt, Weidenau-Sieg:

Minutliche Ansaugleistung = 80 cbm,

Höchstdruck = 6,8 Atm.,

Mindestdruck = 5 Atm.,

Elektromotor = 610 PS = 450 KW,

Gesamtleistung des Kompressors und Motors während zehnstündiger Arbeitszeit = 6 Std. 50 Min., Stromverbrauch also 3070 KW/Std.,

Stillstand des Kompressors und Motors während zehnstündiger Arbeitszeit = 3 Std. 10 Min.,

Belastungsgrad des Kompressors bei Leerlauf = etwa $33\frac{1}{3}\%$ = 150 KW/Std.,   am Tag   = 475 KW/Std.,

im Monat = 11875 »

im Jahr = 142500 »

Mithin Ersparnis allein an Strom im Jahr 142500 KW/St.

2. Kompressorenanlage Eisenbahn-Werkstättenamt b,
   Magdeburg-Buckau:

Minutliche Ansaugleistung = 30 cbm,
Höchstdruck = 7,5 Atm.,
Mindestdruck = 5 Atm.,
Elektromotor = 240 PS = 180 KW,
Gesamtleistung des Kompressors und Motors während 15 stündiger
   Arbeitszeit = 5 Std., Stromverbrauch = 900 KW/Std.,
Stillstand des Kompressors und Motors während 15 stündiger Arbeits-
   zeit = 10 Std.,
Belastungsgrad des Kompressors bei Leerlauf = etwa 33⅓% =
   60 KW/Std.,

$$\text{am Tag} \quad 10 \cdot \quad 60 = \quad 600 \text{ KW-Std.,}$$
$$\text{im Monat} \quad 25 \cdot \quad 600 = \quad 15000 \quad »$$
$$\text{im Jahr} \quad 12 \cdot 15000 = 180000 \quad »$$

Mithin Ersparnis allein an Strom im Jahr 180000 KW/St.

Außer für Kompressoren und Hochdruckkompressoren kann diese
Anlaßvorrichtung besonders verwendet werden für Preßwasserpumpen
zu Akkumulatorenbetrieben und zu selbsttätigen Wasserwerken, wobei die
eigenartige Ausführung der Regler und auch der Luftzylinder fortfällt. Besonders für automatische Wasserwerke und Wasserhaltungen für Grubenbetriebe ist diese Neuerung — es ist eine Verbindung mit der Sicherheitsvorrichtung für Pumpen — unentbehrlich.

Wenn die Pumpen durch irgendwelchen Umstand, z. B. durch übermäßig
große Saughöhe, entstehend durch zu tiefes Absenken des Wasserspiegels
oder aber durch Einsaugen von Luft usw., das Wasser fallen lassen, die
Pumpen also ohne Wasser laufen, so werden letztere nebst Elektromotore
selbsttätig stillgesetzt, so daß die Pumpen nicht wieder angelassen werden
können, bevor sie mit Wasser gefüllt sind. Daß dieses von außerordentlicher
Wichtigkeit besonders bei Zentrifugalpumpen ist, braucht wohl nicht weiter
erwähnt zu werden, da eine Zentrifugalpumpe nicht ohne Wasser laufen darf.
Es ist also ein selbsttätiges Wasserwerk ohne diese Sicherheitsvorrichtung
beinahe undenkbar.

Des weiteren werden die Anlasser auf Wunsch mit einer Minimalauslösung
versehen, die in der Weise wirkt, daß, wenn der Strom plötzlich ausbleiben
sollte, sich der Anlasser vollständig ausschaltet und in die Nullstellung zurückgeht. Kommt der Strom wieder, so schaltet der Anlasser sich wieder selbsttätig ein. Die Anlage braucht also nicht wieder von Hand aus angelassen zu
werden, und die sonst bei Wiederkehr des Stromes sehr leicht vorkommenden
Betriebsstörungen, Durchschlagen des Motors, Verbrennen der Sicherungen
usw. werden vollständig vermieden. Wenn man berücksichtigt, daß eine derartige Anlaßvorrichtung neben der bedeutenden Stromersparnis auch noch
Öl und Kühlwasser spart, daß ein mit diesem Anlasser ausgerüsteter Kom-

pressor keine Wartung nötig hat, und daß schließlich durch das völlige Ausschalten während der sog. Leerlaufperioden, in denen eine Luftförderung
nicht notwendig ist, der Verschleiß der Maschinen herabgemindert wird,
so muß man zugeben, daß für elektrisch angetriebene Kompressoren eine
Leerlauf-Anlaßvorrichtung dieser Art von höchstem Wert ist.

Im nachstehenden seien nunmehr einige Hauptdaten für zweistufige
Einzylinderkompressoren genannt, die für Neuanlagen wissenswert erscheinen:

Minutl. Ansaugeleistung	1,5	2	3	4	6	8,5	12	16	20	cbm
Kraftbedarf in PS eff. an der Kurbelwelle . . .	11,5	15	22	27	41	58	80	107	132	bei 7 at Spanng.
Ungefährer Kühlwasser- bedarf	7	10	15	18	25	35	45	60	72	lit/min
L. W. der Druckleitung normaler Länge . . .	40	50	60	70	80	100	110	125	150	mm
L. W. der Saugleitung .	60	80	100	110	125	175	200	225	250	mm

Obige Angaben über den Kraftverbrauch gelten unter Berücksichtigung der
Druckschwankungen in der Rohrleitung und des Riemenverlustes. Bei direktem Antrieb durch einen Motor ist letzterer etwa 5 vH größer zu nehmen.

Ein großer Vorzug des zweistufigen Einzylinderkompressors ist seine
gedrängte Bauart. Aus den nachstehenden Skizzen und der dazugehörigen
Tabelle geht der geringe Raumbedarf deutlich hervor:

Ungefähre Raumbedarfsmaße in Millimetern.

Normales Riemenscheiben- schwungrad in mm	Durchmesser d	850	1000	1100	1200	1500	1650	1750	2000	2250
	Breite c	120	140	160	200	250	300	380	470	525
Breitenmaße für die Kompressoren in mm	ohne Außenlager u. Losscheibe b	750	850	900	1050	1300	1400	—	—	—
	ohne Außenlager m. Losscheibe b₁	875	1000	1050	1250	1550	—	—	—	—
	mit Außenlager oh. Losscheibe B	1000	1150	1225	1400	1675	1800	2100	2600	2750
	mit Außenlager u. Losscheibe B	1125	1300	1375	1600	1925	2100	2480	3070	3275
Raummaße für die Kompressoren in mm	Gesamtlänge a	1300	1600	1750	2050	2450	2850	3150	3500	3750
	Höhe bis Zyl.-Mitte e	500	590	650	700	800	800	800	700	700
	Gesamthöhe f	1150	1350	1450	1650	1800	1900	2000	2000	2050
	Fundament- tiefe g	640	800	800	1000	1020	1200	1350	1500	1700
Gewicht des Kompressors kom- plett mit Verankerung, Röhren- kühler und Druckregulierung ohne Losscheibe . . . . . kg		770	1125	1375	1925	3000	3520	5000	6600	8200

Kompressoren bis zu 4 cbm Leistung können ohne Gefahr mit fliegendem
Schwungrad ausgeführt werden. Größere Modelle erfordern natürlich ein
Außenlager.

Der Vollständigkeit halber muß an dieser Stelle noch auf eine Neukonstruktion hingewiesen werden, die von der Firma Flottmann & Comp.

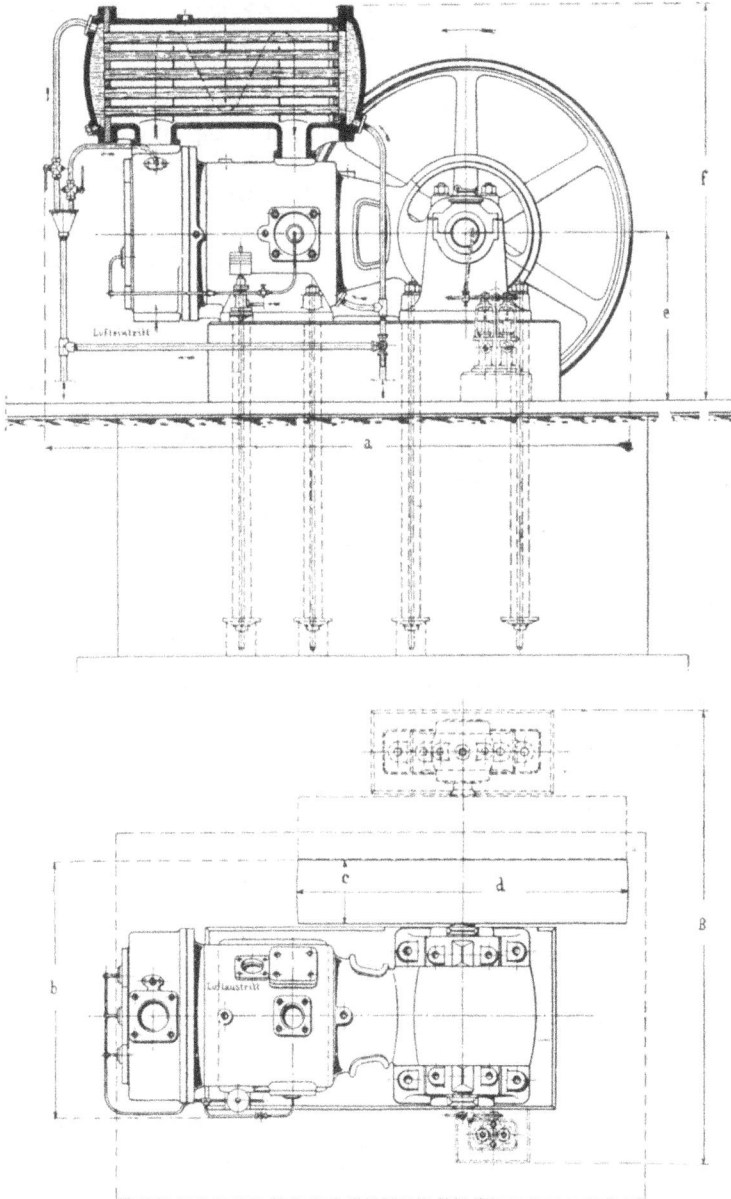

Abb. 43.

ausgeführt wird. Die Stufenkompressoren erfordern bei den größeren Modellen ziemlich schwere Kolben, die unter Umständen zu einer einseitigen Abnutzung der Zylinderlaufbahn nach längerem Gebrauch führen. Deshalb bringt die vorgenannte Firma Gabelrahmen-Kompressoren auf den Markt, die die Vorteile der zweistufigen Kompression in einem Zylinder verbinden mit den Vorzügen der Kompressoren mit Kreuzkopfführung!

Das Schnittbild zeigt einen derartigen Kompressor, der für Leistungen bis 2100 cbm stündlich angesaugte Luft gebaut wird. Auch hier wird die Kompression, wie erwähnt, in einem Zylinder durchgeführt; durch die Anordnung der Kolbenstange wurde es ermöglicht, den Niederdruckteil des Kompressors gewissermaßen doppelwirkend auszubilden. Die Luft wird

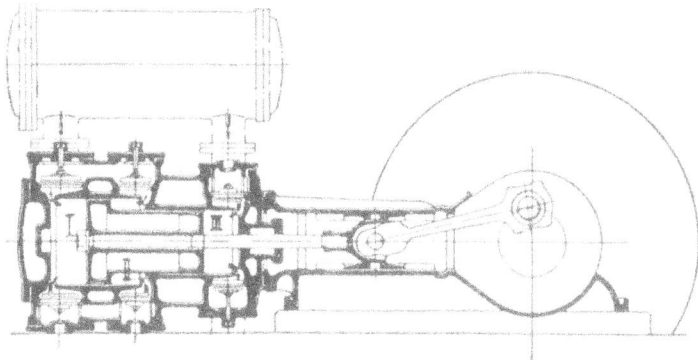

Abb. 44. Gabelrahmenkompressor.

aus der Atmosphäre in den Räumen I und II angesaugt und in dem Raume III auf den gewünschten Enddruck gebracht. Hierdurch erhält der Kolben bei gleicher Leistung und gleichem Hub einen geringeren Durchmesser als bei einem Kompressor gewöhnlicher Bauart. Das Gewicht des Kolbens wird von der Kolbenstange getragen, weshalb auch die Abnutzung gering ist. Abnahmeversuche zeigten, daß infolge der eigenartigen Bauart der Kraftbedarf günstiger ist als bei anderen Modellen.

Zu jeder Preßluftanlage gehört ein Druckwindkessel. Dieser dient einesteils dazu, die Luftstöße des Kompressors aufzunehmen und gleichsam Luftwirbel in den Rohrleitungen zu vermeiden, andernteils bildet er einen zweckdienlichen Sammler für die gepreßte Luft. Sein Wert ist um so höher einzuschätzen, je ungleichmäßiger die Luftentnahme analog der wechselnden Verwendung der angeschlossenen Werkzeuge ist. Hieraus ergibt sich die Formel, insbesondere bei einer kleinen Kompressoranlage den Windkessel als Luftreservoir möglichst groß zu wählen. Im allgemeinen pflegt man den Inhalt resp. die Größe des Kessels wie folgt zu berechnen:

$$I = \sqrt{10 \times \text{Saugleistung i. d. Min. in cbm.}}$$

Bei mittelgroßen Anlagen kann man den Inhalt des Windkessels der minutlichen Ansaugeleistung des Kompressors gleichstellen. Bei kleinen Anlagen muß der Kessel etwas größer genommen werden. Bei sehr großen

Anlagen müssen mehrere Kessel aufgestellt werden, von denen einer unmittelbar am Kompressor zu stehen kommt, während man die übrigen im Rohrleitungsnetz verteilt.

Aus dem anfangs genannten Grunde ist es empfehlenswert, den Windkessel, wenn nur ein einziger erforderlich ist, möglichst nahe am Kompressor aufzustellen. In dem Kessel findet schon eine Abkühlung der komprimierten Luft und damit auch eine Abscheidung des vom Kompressor mitgerissenen Öles und des in der angesaugten Luft enthaltenen Wassers statt.

Deshalb ist es ratsam, den Windkessel möglichst an einem kühlen, aber frostfreien Ort aufzustellen. Wo dies auf Schwierigkeiten stößt, darf man nicht versäumen, Öl- und Wasserabscheider hinter dem Kessel in die Hauptleitung einzuschalten. Auf jeden Fall muß der Windkessel an seiner tiefsten Stelle einen Wasserablaßhahn aufweisen, der je nach dem Feuchtigkeitsgehalt der angesaugten Luft täglich ein- bis zweimal geöffnet werden sollte. Als Windkessel können ebensogut alte, ausrangierte Dampfkessel und sonstige Behälter benutzt werden, sofern sie einem ständigen Betriebsdruck von 7 Atm. gewachsen sind. Sie müssen mit einem Probedruck von 10 bis 12 Atm. abgepreßt werden. In manchen Gegenden werden staatliche Abnahmeatteste für Windkessel gefordert. Außer dem schon erwähnten Ablaßhahn muß jeder Kessel mit einem Mannloch (kleinere mit einem Handloch) versehen sein, ferner mit einem zuverlässigen Sicherheitsventil und Manometer. Die Flanschen für Lufteintritt und Luftaustritt sollen voneinander entfernt, tunlichst an verschiedenen Seiten angebracht sein; Eintritt unten, Austritt oben. Es ist zweckmäßig, das Druckrohr für den Luftaustritt mit einem Bogen ein Stück in den Kessel hineinragen zu lassen. Neue Kessel werden zumeist aus Siemens-Martin-Flußeisen hergestellt. Die Deckel- resp. Bodenbleche müssen etwas stärker gehalten werden. Die Längsnähte sollen zweireihig genietet und überlappt sein. Für fahrbare Kompressoranlagen müssen besonders kräftig ausgeführte Kessel gewählt werden, wenn — wie es nicht selten geschieht — die Aggregate oben auf dem liegend angeordneten und mit Rädern ausgestatteten Windkessel aufgesetzt werden (s. Abb. 45). In diesem Falle ist auf eine sehr sorgfältige Vernietung zu achten, damit sich nicht infolge der Erschütterungen und der Stöße beim Gebrauch und beim Transport nach und nach die Nietbolzen lockern. Im übrigen wird das Entweichen von Druckluft bald empfunden, weil meist es mit Geräusch verbunden. Bei Fahrkompressoren muß man sich in der Regel mit einem kleineren Windkessel, als eigentlich notwendig ist, begnügen.

Es ist nicht erforderlich, zwischen Kompressor und Windkessel ein Absperrventil zu setzen. Tut man dies, so darf nicht vergessen werden, ein Sicherheitsventil davor zu schalten, weil man sonst Gefahr läuft, daß der Druck der komprimierten Luft das Verbindungsrohr sprengt, wenn es einmal übersehen werden sollte, vor Anlauf des Kompressors das Absperrventil zum Kessel zu öffnen. Schaltet man Absperrventil und Sicherheitsventil in die zum Kessel führende Leitung ein, so hat dies nur den Zweck, eine Kontrolle über den

Leistungsregler des Kompressors auszuüben. Das Sicherheitsventil wird in diesem Falle etwa ½ Atm. über den vom Kompressor verlangten Druck eingestellt und es tritt dann in Tätigkeit, wenn der Druckregler aus irgendeiner Ursache versagen sollte. Notwendig ist diese Anordnung, wie gesagt, nicht, zumal ja der Windkessel außerdem noch mit einem Sicherheitsventil

Abb. 45.

ausgerüstet sein muß. Bei einem neuzeitlichen Ventilstufenkompressor ist es aber nicht erforderlich, in die Verbindungsleitung zum Windkessel ein Absperrventil etwa aus dem Grunde vorzusehen, damit die im Kessel aufgespeicherte und nicht verbrauchte Luft nach Stillsetzen des Kompressors nicht ihren Weg durch das Leitungsrohr und den Kompressor hindurch ins Freie finde und sich verflüchte, wie dies allerdings bei älteren, primitiv konstruierten Kompressoren zu beobachten war. F. A. Schmitz berichtete, daß er diesbezügliche Versuche an einem Ventilkompressor mit frei fallenden Plattenventilen angestellt habe, die ein recht befriedigendes Ergebnis zeitigten. Der Kompressor hatte eine minutliche Ansaugeleistung von rd. 16 cbm.

Der Druckverlust in dem Windkessel von 6 cbm Inhalt belief sich nach einer gewöhnlichen Ruhepause von 6 Uhr abends bis 7 Uhr morgens, also nach 13 Stunden, auf knapp ½ Atm. Bei Gelegenheit eines Feiertags pausierte dann derselbe Kompressor von Sonnabend nachmittag bis Dienstag morgen 7 Uhr, also 63 Stunden. Danach konnte ein Spannungsabfall von wenig mehr als 1 Atm. gemessen werden, was wahrscheinlich zum großen Teil noch auf die Kondensation des in der Luft enthaltenen Wassers zurückzuführen sein dürfte. Man kann also sagen, daß die Plattenventile absolut dicht halten.

Wie schon erwähnt, ist es empfehlenswert, hinter dem Druckwindkessel einen Öl- und Wasserabscheider anzubringen. Ein solcher trägt entschieden zur Wirtschaftlichkeit der ganzen Anlage bei, denn man muß sich vergegenwärtigen, daß beim Fehlen eines Abscheiders das Öl- und Wasserkondensat der geförderten Druckluft sich in den Rohrleitungen und in den Anschlußschläuchen niederläßt und wohl auch in die Preßluftwerkzeuge gelangt. Werden durch die Ölteilchen hauptsächlich die Gummischläuche ruiniert, so führt das Wasser zu Rostbildungen im Leitungsnetz und — was noch schlimmer ist — in den Werkzeugen. Je besser dafür gesorgt wird, daß durch die Rohrleitungen möglichst ölfreie und trockene Druckluft zu den Werkzeugen gelangt, um so weniger werden Betriebsstörungen und Reparaturen auftreten. Es liegt deshalb auf der Hand, daß sich ein Öl- und Wasserabscheider in der Tat in kürzester Zeit bezahlt machen muß.

Es gibt sehr verschiedene Systeme von Öl- und Wasserabscheidern. Bei dem einen sind Phosphorbronze-Gazeschläuche senkrecht im Gehäuse angeordnet und die Wirkungsweise beruht auf dem Prinzip der Bildung eines mehrfachen Öl- und Wasserschleiers auf den Maschen und einzelnen Wicklungen. Bei anderen Modellen wird die Abscheidung durch ein leicht auswechselbares Stabsystem erzielt oder auch durch Winkelflächen, Spiralen, Winkeleisenstäbe, U-Eisenstäbe, Hohlstäbe, besenartige Drahtbüschel und durch ähnliche Mittel. Ein neuartiges System ist in Abb. 46 zu sehen. Die Wirkung dieses Ölabscheiders wird erzielt, indem die eintretende Luft in viele schmale, senkrechte Streifen eingeteilt wird, welche zusammen einen mehrfach größeren Gesamt-

Abb. 46. Öl- und Wasserabscheider.
(Fabr. C. F. Scheer & Co, Feuerbach.)

querschnitt darstellen als derjenige der Anschlußrohre. Ein stauender Widerstand ist daher gänzlich ausgeschlossen. — Innerhalb dieser Streifen wird die Luft einer fortwährenden, leichten, aber außerordentlich wirksamen Richtungsänderung unterworfen, wie die langgestreckten Pfeile andeuten. — Hierbei muß die Luft die gesamte, sehr große und wirksame Abscheidefläche berühren, wobei der Ölgehalt sich absetzt. — Infolge der Strömungseinwirkung wird das an den Abscheideflächen abgesetzte Öl stets

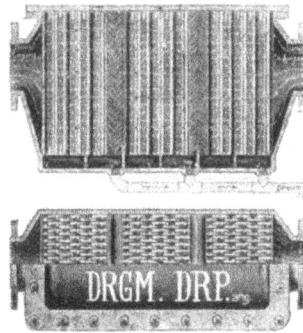

nach hinten geschoben, aber ohne von der Abscheidefläche abspringen zu müssen, so daß es sicher und vollständig in die vorne ganz offenen Ölabfangekammern hineingetrieben wird. — In diesen Ölabfangekammern fließt das Öl ganz ungehindert nach unten ab, ohne mit dem Luftstrom wieder in Berührung zu kommen. — Die Luft ändert dagegen kurz vor jeder Ölabfangekammer ihre Richtung und stößt, durch die Öffnungen in Pfeilrichtung strömend, auf die gegenüberliegende Abscheidefläche auf. Nach jeweiliger Richtungsveränderung muß die Luft an den Abflußrinnen vorbeistreichen, um auch hier noch einen Teil des Ölgehalts zu verlieren. Kurz vor der nächsten Richtungsveränderung erhöht sich die Strömungsgeschwindigkeit infolge der vorteilhaften Gestaltung der Luftdurchgänge, wobei infolge einer Art Zentrifugalkraft die Ausschleuderung des Öles ganz wesentlich erhöht wird.

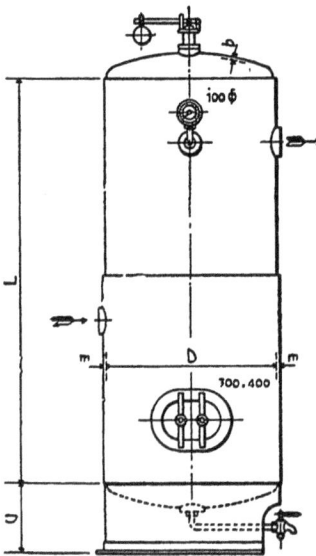

Zwischen je zwei Abteilungen senkrechter Abscheideflächen mit Ölabfangekammern liegt jedesmal eine Lage horizontaler, winkelförmig gebogener Richtungs- resp. Verteilungsbleche, welche die Luft innerhalb des Apparates auf das vorteilhafteste verteilen, so daß sämtliche Abscheideflächen ohne jede Wirbelung gleichmäßig bestrichen und ausgenutzt werden. Auf welche Weise die Öl- und Wasserabscheidung vonstatten geht, das bleibt sich im Grunde genommen gleich. Die Hauptsache ist, daß die Druckluft zweckmäßig gereinigt und entwässert wird. Wenn obendrein ein Quantum Öl wiedergewonnen wird, so ist dies eine angenehme Zugabe.

Abb. 47.

Im nachstehenden sind im Anschluß an Abb. 47 die Hauptabmessungen der am meisten gebräuchlichen Windkesselgrößen angeführt: Der Windkessel kann liegend oder stehend angeordnet werden. Es hängt dies ganz von den örtlichen Verhältnissen ab.

Inhalt cbm	D mm	L mm	U mm	m mm	b mm	Luft-Eintritt ϕ	Austritt ϕ	Ablaß-hahn ϕ	Sicherh.-Ventil ϕ	Gewicht liegend kg	stehend kg
1,00	900	1450	300	6	7	50	50	20	25	400	440
1,25	900	1850	300	6	7	50	50	20	25	460	500
1,50	1000	1750	350	7	8	60	60	20	25	550	600
2,00	1000	2400	350	7	8	60	60	20	25	690	740
2,50	1000	3050	350	7	8	70	70	20	25	800	850
3,00	1200	2450	350	8	10	70	70	20	30	980	1045
4,00	1200	3350	350	8	10	80	80	20	30	1210	1275
5,00	1400	3000	400	9	11	90	90	20	30	1490	1580
6,00	1400	3650	400	9	11	100	100	20	30	1700	1790
8,00	1500	4250	400	9½	11	125	125	25	40	2170	2275
10,00	1600	4700	450	10½	12	150	150	25	40	2800	2930

Die Einrichtung der Preßluftanlage.

Die Größe des Kompressors richtet sich nach der Art und Zahl der zu gleicher Zeit zu betreibenden Preßluftwerkzeuge, d. h. nach deren Luftverbrauch. Dieser wird für die einzelnen Werkzeuge gewohnheitsmäßig in atmosphärischer Spannung angegeben. Wenn also gesagt wird, daß ein mittlerer Meißelhammer minutlich etwa 400 l·Luft verbrauche, so bezieht sich dieser Wert auf angesaugte Luft von atmosphärischer Spannung und würde demnach, wenn der Kompressor 6 Atm. Betriebsdruck ergibt, durch 7 zu dividieren sein, um auf den Verbrauch an Preßluft zu kommen.

Dieser Gewohnheit entsprechend pflegt man die Leistung der Kompressoren ebenfalls auf atmosphärische Luft zu beziehen. Spricht man also von einem Kompressor von 4 cbm Leistung, so heißt dies, die Maschine saugt in der Minute 4 cbm Luft an und komprimiert sie auf den erforderlichen Betriebsdruck. Letzterer wird für die gebräuchlichsten Preßluftwerkzeuge mit 6 bis 7 Atm. angenommen. Die meisten Metallbearbeitungswerkzeuge arbeiten am besten bei 6 Atm. Betriebsdruck; für diese Spannung sind sie konstruiert. Neuzeitliche Systeme leisten allerdings auch bei etwas niedrigerem Druck noch Zufriedenstellendes. Dagegen ist es für gewöhnlich nicht ratsam, einen

höheren Betriebsdruck als 7 Atm. anzuwenden, weil in diesem Falle eine unnötige Beanspruchung der Innenteile stattfindet, ohne daß eine effektive Mehrleistung zu erwarten wäre. Bei zu hohem Druck tritt auch vielfach eine Erhöhung des Rückschlags ein, der die Arbeitsleistung der Leute auf die Dauer ungünstig beeinflussen kann.

Bei einer größeren Anlage werden kaum jemals sämtliche angeschlossenen Werkzeuge zu gleicher Zeit ununterbrochen arbeiten. Es

Abb. 48. Fahrkompressor mit Rohölmotor.
Kessel 3 m lang. 2 cbm Leistung pro Minute.

treten periodische Arbeitspausen und Unterbrechungen auf, wogegen der Kompressor unausgesetzt Luft fördert. Auch die Reserve im Windkessel und im Rohrleitungsnetz ist bei kleinen Anlagen mit zu berücksichtigen, während dieser Punkt bei großen Anlagen außer acht zu lassen ist. In Anbetracht der kurzen Arbeitsunterbrechungen, die beispielsweise durch das Heranschaffen der Niete, durch das Anholen der Bleche usw. entstehen und in ähnlicher Weise für die meisten anderen Werkzeugarten anzusetzen sind, kann man bei der Größenbestimmung des Kompressors mit entsprechend niedrigeren Verbrauchswerten rechnen. Es genügt, beispielsweise für Meißel- und Stemmhämmer einen minutlichen Verbrauch von 0,50 cbm, für Niethämmer 0,60 anzunehmen. Die Bohrmaschinen haben einen größeren Luftverbrauch, der je nach dem Modell mit mindestens 1 bis 2 cbm angesetzt werden muß. Bei kleineren Anlagen kann man sich bei der großen Leistungsfähigkeit der Preßluftwerkzeuge helfen, indem man eine systematische Arbeitseinteilung für die ver-

Abb. 49. Niethämmer, Meißelhämmer, Bohrmaschinen im Kranbau.

schiedenen Werkzeuge schafft, um einen rationellen Ausgleich herbeizuführen. Der Luftverbrauch der Gegenhalter, Abklopfer und Nietfeuer ist recht gering; 0,20 cbm pro Werkzeug genügen hierfür.

Auf alle Fälle tut man gut daran, bei einer Neuanlage den Kompressor nebst Windkessel und Rohrleitungsnetz ziemlich reichlich zu bemessen. Zumal die modernen Kompressoren fast ausnahmslos mit zuverlässigen Leistungsreglern ausgestattet sind. Es ist entschieden anzuraten, lieber von vornherein einen etwas zu großen Kompressor zu wählen. Man kann gegebenenfalls ohne nennenswerte wirtschaftliche Nachteile den Kompressor anfangs langsamer laufen lassen, um dadurch eine geringere Förderung herbeizuführen. Der Kraftbedarf sinkt nämlich mit dem Leistungsrückgang.

Die außerordentliche Nutzbarkeit des Preßluftbetriebes pflegt nach einer gewissen Zeit den Wunsch nach Inbetriebnahme von einigen weiteren Werkzeugen aufkommen zu lassen. Hat man die Kompressoranlage im Anfang zu knapp bemessen, so bietet eine Erweiterung erhebliche Schwierigkeiten. Es genügt nicht, einen größeren Kompressor aufzustellen, sondern man muß auch Luftfilter, Windkessel, Ölabscheider und fast alle sonstigen Aggregate auswechseln und vor allen Dingen ein neues Rohrleitungsnetz legen!

Hat man im Voranschlag, beim Vergleich mit der augenblicklichen Produktion bei Handarbeit, Anzahl und Arten der Preßluftwerkzeuge zusammengestellt und deren Luftverbrauch in der Minute zusammengerechnet, so ist es aus den oben genannten Gründen zweckmäßig, wenigstens bei kleinen Anlagen, den Kompressor womöglich doppelt so groß zu nehmen, wie es die augenblicklichen Bedürfnisse erheischen. Z. B. anstatt 2 cbm getrost 4 cbm Leistung! Beim Vergleich mit der Handarbeit vergegenwärtige man sich aber zunächst die enorme Mehrleistung bei Verwendung der Preßluftwerkzeuge. Ein Stemm- oder Meißelhammer leistet das Vier- bis Fünffache der Handarbeit. Eine mit Preßluftwerkzeugen arbeitende Nietkolonne leistet zwei- bis dreimal so viel als eine mit Handwerkzeugen ausgerüstete. Die Leistung der Preßluftstampfer ist der Handarbeit um das Sechs- bis Achtfache überlegen. Die außerordentliche Mehrleistung bei der mechanischen, d. h. pneumatischen Bohrarbeit gegenüber dem veralteten Arbeiten mit der Bohrknarre ist mit dem Fünfzehn- bis Zwanzigfachen nicht zu hoch geschätzt.

Dabei sei immer wieder darauf hingewiesen, daß sich der Preßluftbetrieb um so besser rentiert, je mehr die Anlage ausgenutzt wird, d. h. je mehr man pneumatische Werkzeuge für alle erdenklichen Arbeiten heranzieht.

Nimmt man als Beispiel an, daß eine kleine Kesselschmiede den Preßluftbetrieb einführen will, so kann man die Größe der benötigten Anlage etwa wie folgt herausrechnen:

2 Niethämmer, je 0,60 cbm Luftverbrauch, gleich .	1,20 cbm
2 Gegenhalter, je 0,20 cbm, gleich	0,40 »
2 Nietfeuer, je 0,20 cbm, gleich	0,40 »
2 Stemm- und Meißelhämmer, je 0,50 cbm, gleich .	1,00 »
1 Kniehebelpresse	0,80 »
1 Bohrmaschine mittlerer Größe	1,25 »
	5.05 cbm

Hierbei ist der Druckverlust im Rohrleitungsnetz bereits berücksichtigt. Dieser ist nämlich bei Rohrnetzen bis etwa 100 m Ausdehnung bedeutungslos; dagegen sind Druckverlust und Druckabfall bei großen Anlagen schwerwiegende Faktoren, die man unbedingt mit in die Rechnung hineinbeziehen muß, um nicht zu einem falschen Resultat zu gelangen.

Bei der obigen Aufstellung ist zu bedenken, daß die Bohrmaschine wohl kaum unausgesetzt benutzt werden wird. Während der Zeit, wo sie außer Betrieb ist, können noch 2 Hämmer gespeist werden. Mehr als 60 bis 75% aller Werkzeuge arbeiten erfahrungsgemäß nicht unausgesetzt zu gleicher Zeit, so daß immer noch eine gewisse Reserve vorhanden ist und im obigen Falle in der Tat ein 5 cbm-Kompressor vollauf genügen würde, wenn keine Rücksicht auf eine etwaige Erweiterung des pneumatischen Betriebes genommen wird!

Bei Preßluftwerkzeugen, die ihrer Arbeitsweise nach eine stärkere Beanspruchung des Kompressors im Gefolge haben, muß man natürlich ein wenig anders rechnen. Hierzu gehören beispielsweise die Bohrhämmer und Gesteinsbohrmaschinen, die ja längere Zeit hintereinander ohne Unterbrechung in Tätigkeit sind!

Von dem Druckwindkessel war bereits im vorigen Kapitel die Rede. Er dient einesteils als Reservoir,. anderseits zur Ausscheidung des Wassers in der vom Kompressor kommenden Druckluft in gewissem Grade. Außerdem hat er noch eine andere Funktion zu erfüllen, die ebenso wichtig ist. Er soll nämlich zum Druckausgleich dienen! Aus diesem Grunde soll darauf gesehen werden, daß der Kessel möglichst nahe am Kompressor zu stehen kommt. Bei einer Entfernung von mehr als 6 m ist es ratsam, unmittelbar am Kompressorzylinder noch einen kleinen Kessel als Stoßfänger aufzustellen. Die Kolbenkompressoren befördern die gepreßte Luft nicht gleichmäßig, sondern stoßweise. Diese Stöße können, wenn sie eben nicht von dem Windkessel aufgefangen werden, sondern nahezu ungehindert sich in die Rohrleitungen hinein fortpflanzen, zu recht unliebsamen Störungen Anlaß geben und die gleichmäßige Arbeitsweise der Werkzeuge merklich beeinflussen. Auf die Dauer führen die fortwährenden Stöße sogar zu Undichtigkeiten im Rohrleitungsnetz! Diese spielen eine um so größere Rolle für die Wirtschaftlichkeit der ganzen Anlage, je größer letztere, d. h. um so umfangreicher das Rohrleitungsnetz ist.

Von Wichtigkeit ist die richtige Bemessung der Leitungsquerschnitte. Hierbei sei gleich darauf hingewiesen, daß scharfe Krümmungen und Bogenstücke tunlichst zu vermeiden sind. Man muß aus praktischen Gründen der geförderten Luft einen möglichst glatten, ungehinderten Weg zu schaffen suchen! Wie oft kommt es vor, daß ein Kompressor nach kurzem Gebrauch schlägt und klopft infolge Überanstrengung, hervorgerufen durch zu enge Rohrquerschnitte. Der Kompressor arbeitet sich in solchem Falle zu Tode. Und nicht selten ergeben sich unliebsame Reklamationen bei Inbetriebnahme einer neu eingerichteten Anlage aus dem Umstand, daß die Werkzeuge an den Abnahmestellen unbefriedigende Leistungen vollbringen, Warum? Weil die Rohrleitungen nicht groß genug dimensioniert sind. Für die zweistufigen Einzylinderkompressoren hat man folgende Rohrquerschnitte errechnet:

Minutl. Ansaugeleistung	1,5	2	3	4	6	8,5	12	16	20 cbm
Saugleitung: Durchm.	60	80	100	110	125	175	200	225	250 mm
Durchm. d. Druckleitung	40	50	60	70	80	100	110	125	150 ,,
Kühlwasserverbr. min. ca.	7	10	15	18	25	35	45	60	72 l

Obige Ziffern gelten für die Hauptrohrstränge in einem Netz normaler Ausdehnung. Natürlich kann es nichts schaden, den Rohrdurchmesser noch etwas größer zu wählen. Für die Verteilungsstränge in den Werkstätten genügt 40 bis 50 mm l. W., bei Längen von nicht mehr als 50 m. Die Abzweigleitungen, die von den zumeist an den Deckenträgern in den Werkstätten entlanglaufenden Haupt- und Verteilungssträngen nach unten zu den Entnahme-

und Arbeitsstellen der Werkzeuge führen, können bei einer Länge von 5 bis 6 m aus einzölligem, gewöhnlichen Gasrohr gestellt werden. Als Endstücke verwendet man einfache oder doppelte Anschlußhähne mit angegossenen oder aufgeschraubten Kupplungshälften, an welche dann die Verbindungsschläuche, die zu den einzelnen Werkzeugen führen, angekuppelt werden.

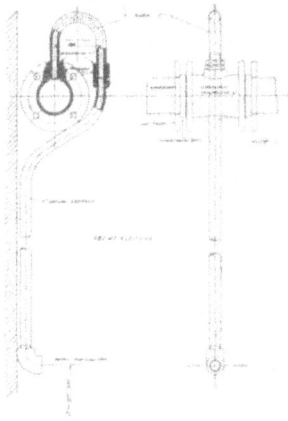

Besonders zu beachtende Vorschriften, wie bei Dampf- oder Hochdruckleitungen, bestehen für Preßluftrohrleitungen nicht. Die Rohrstränge müssen mit Rücksicht auf das Niederschlagwasser mit Gefälle von 1 : 200 bis 1 : 400 in der Durchströmrichtung verlegt werden. Innengeteerte oder asphaltierte Rohre dürfen nicht benutzt werden, weil sich der Überzug unter dem Einfluß des von der Druckluft mitgeführten Öls und Wassers mit der Zeit zersetzt und abbröckelt. Für die Hauptstränge nimmt man in der Regel schmiedeeiserne, entweder rohe oder besser verzinkte Flanschenrohre, weil diese eine leichtere Montage ermöglichen. Werden auch für die Verteilungsleitungen Flanschenrohre verwendet, so empfiehlt sich die Montage derselben nach Abb. 50. Am Ende einer jeden Abzweigleitung bringt man zweckmäßig Wasserablaßrohre an, verschlossen durch einen Hahn, ähnlich Abb. 51. Auch bei unterirdisch verlegten Leitungen müssen die Rohre — möglichst innen und außen verzinkt — Gefälle haben, und am Ende einer jeden Leitung ist ein Einsteigschacht vorzusehen, der es gestattet, das angesammelte Wasser von Zeit zu Zeit abzulassen. Bei unterirdischen Leitungen werden an den Abzweigstellen für die Anschlußschläuche zweckmäßig Schutzkästen vorgesehen. Die Hauptstränge bis ca. 50 mm Durchm. können, wenn Muffenverbindung gewählt wird, bei kleinen Anlagen auch aus nahtlos gezogenem Gasrohr bestehen. Bei Flanschenverbindung bewähren sich nahtlos gezogene, schmiedeeiserne Rohre mit aufgeschweißten oder aufgelöteten Bunden und dahinter sitzenden losen Flanschen. Da die pneumatischen Werkzeuge durchgängig mit 6 bis höchstens 7 Atm. Betriebsdruck arbeiten, so können aus Gründen der Billigkeit die Rohre nach Siederohrnormalien genommen werden. Gußnormalien sind schwerer und teurer. Es ist schon gesagt worden, daß, um den Widerstand zu mindern, nach Möglichkeit Bogenstücke zu verwenden sind.

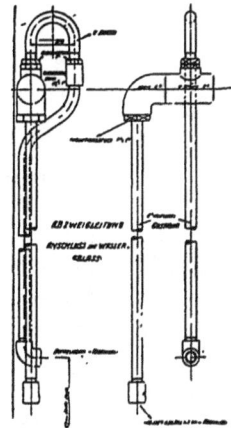

Recht zweckmäßig zur selbsttätigen Entwässerung der Rohrleitungen sind Ableitungstöpfe nach Abb. 52. Ein solcher kann auch an den Wasser-

Abb. 50.

Abb. 51.

ablaßhahn des Druckwindkessels angeschlossen werden, und ebenso an die schon besprochenen Öl- und Wasserabscheider. Beim Aufstellen der Töpfe ist zu beachten, daß das Abflußrohr mindestens so hoch steigen muß, wie der Topf selbst hoch ist, damit sich ein Wassersack bilden kann.

Am Ende der Werkplatzleitungen kann man vor dem Anschlußhahn noch ein Gazeluftfilter anbringen (s. Abb. 53), um etwaige. Schmutzteilchen u. dgl. aus den Rohrleitungen abzufangen, bevor sie in die Schläuche und womöglich in die Werkzeuge gelangen. Diese kleinen, billigen und praktischen Filter haben auf der einen Seite 1 Zoll Gasinnengewinde zum Aufschrauben auf das Leitungsrohr und an der anderen Seite ein eingeschraubtes Nippel-

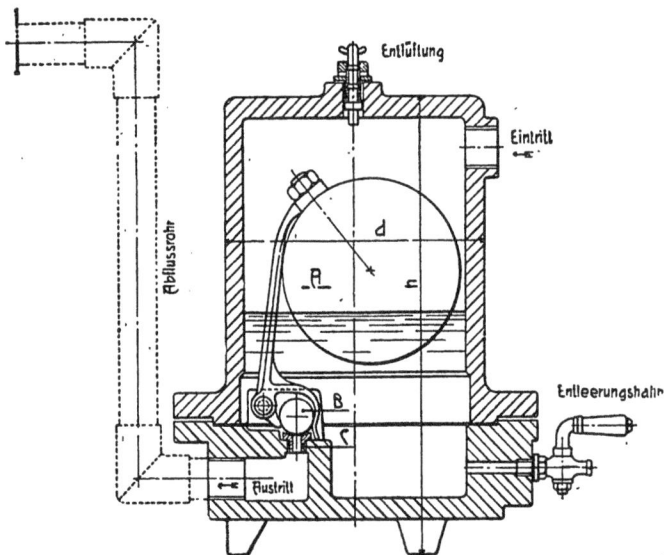

Abb. 52. Ableitungstopf. (Fabr. Max L. Froning, Dortmund.)

stück mit 1 Zoll Gasaußengewinde zum Anschluß des Lufthahns. Zwischen den beiden Flanschen sitzt eine feinmaschige, nicht rostende Bronzegazescheibe. Natürlich muß das Filter ab und zu gesäubert werden, was mühelos und rasch vor sich geht.

Es kann jedenfalls gar nicht genug getan werden, um den Preßluftwerkzeugen möglichst reine und trockene Luft zuzuführen. Die Betriebssicherheit und Dauerhaftigkeit der Werkzeuge wird dadurch wesentlich gefördert, und alle darauf hinzielenden Apparate und Vorrichtungen machen sich unbedingt bezahlt. Sehr viel gesündigt wird bei den Anschlußschläuchen! Es ist bei weitem nicht jeder Schlauch geeignet. Billige und qualitativ minderwertige Schläuche sind an und für sich schon nicht sehr dauerhaft, und man muß berücksichtigen, daß mit den Schläuchen auf den Werkplätzen, auf Schiffswerften, in der Gießerei, beim Brückenbau usw. nicht sehr sorgsam umgegangen wird. Sie werden über scharfkantige und eckige Werkstücke hinweggezogen, sie sind oftmals der Nässe ebenso wie der Sonne ausgesetzt, schwere Arbeitsstücke fallen darauf, und anderes mehr. So ist es klar, daß überhaupt nur ein aus hochwertigen Materialien zusammengesetzter, widerstandsfähiger Schlauch diesen Strapazen gewachsen sein kann. Mehrfache Einlagen aus Leinen, Baumwolle und Klöppelgeflecht sollen dem Schlauch die nötige Widerstandskraft verleihen, und die Wandstärke darf nicht zu gering sein. In der Hauptsache aber muß die Forderung aufgestellt werden, daß die Preßluftschläuche eine ölbeständige Innenplatte besitzen. Andernfalls wird die Innenwand in verhältnismäßig kurzer Zeit durch das der Druckluft anhaftende Öl zersetzt, die sich lösenden Gummiteilchen gelangen in die

Abb. 53.

Werkzeuge, wo sie entweder das vorgelagerte Sieb verstopfen, den Luftzutritt drosselnd und die Leistung des Werkzeuges herabsetzend, oder aber sie geraten beim Fehlen des Siebes mit Schmutzteilchen zusammen in das Werkzeuginnere und bilden dann unter Umständen die Ursache schwerwiegender Betriebsstörungen und kostspieliger Reparaturen.

Die Preßluftschläuche werden vielfach, um sie gegen äußere Einflüsse zu schützen, mit flacher, halbrunder oder runder Stahldrahtspirale umwunden. Recht haltbar sind die Schläuche mit aufvulkanisierter Teerkordelumwicklung oder Umklöppelung, zumal dieselben den mit Metall umsponnenen gegenüber den Vorteil haben, daß sie bei Quetschungen usw. meist ihre ursprüngliche runde Form behalten.

In den letzten Jahren wurden auch Metallschläuche oftmals bevorzugt, seitdem während des Krieges infolge des Rohstoffmangels ihre Brauchbarkeit unter gewissen Verhältnissen sich erwiesen hat. Für Preßluftwerkzeuge

96

erfüllt allerdings der Metallschlauch nur dann seinen Zweck, wenn er sich als hinreichend biegsam erweist, weil andernfalls die Handlichkeit des Werkzeuges darunter leidet. Viele Metallschläuche sind zu starr.

Allerdings können die für die Gummischläuche passenden Moment-kupplungen nicht ohne weiteres an einem Metallschlauch angebracht werden. Vielmehr müssen geeignete Anschlußstücke gleich mitbezogen werden.

Auf jeden Fall empfehlenswert — nicht etwa bloß bei Verwendung von Metallschläuchen — ist es, den Anschlußschlauch nicht unmittelbar in das Preßluftwerkzeug einmünden zu lassen, sondern einen ½ bis 1 m langen Gummischlauch ohne jede Umwicklung zwischenzuschalten, wodurch die Handlichkeit erhöht wird. Daß Metallschläuche an sich haltbarer sind als Gummischläuche, bedarf eigentlich kaum der Erwähnung. Die letzteren sind empfindlich gegen Öl, Fett, Benzin, Petroleum usw., sie werden auch durch die Einwirkung der Sonnenstrahlen nicht besser. Werden sie nicht in weiten Rollen aufbewahrt, sondern, wie man es häufig sehen kann, auf Haken, Stäben u. dgl. aufgehängt, so knicken sie und werden bald brüchig. Alles dies ist namentlich bei Lagerschläuchen zu beachten, die ebenso gegen die Sonne und Hitze, wie gegen den Frost geschützt aufbewahrt werden müssen, wenn man Freude an ihnen erleben will.

Englische Zoll = Millimeter.

Engl. Zoll	0	1/16	1/8	3/16	1/4	5/16	3/8	7/16	1/2	9/16	5/8	11/16	3/4	13/16	7/8	15/16
0	0,00	1,59	3,18	4,76	6,35	7,94	9,53	11,11	12,70	14,29	15,88	17,46	19,05	20,64	22,23	23,81
1	25,40	26,99	28,57	30,16	31,75	33,34	34,92	36,51	38,10	39,69	41,27	42,86	44,45	46,04	47,62	49,21
2	50,80	52,39	53,97	55,56	57,15	58,74	60,32	60,91	63,50	65,09	66,67	68,26	69,85	71,44	73,02	74,61
3	76,20	77,79	79,37	80,96	82,55	84,14	85,72	87,31	88,90	90,49	92,07	93,66	95,25	96,84	98,42	100,0
4	101,6	103,2	104,8	106,4	108,0	109,5	111,1	112,7	114,3	115,9	117,5	119,1	120,7	122,2	123,8	125,4
5	127,0	128,6	130,2	131,8	133,4	134,9	136,5	138,1	139,7	141,3	142,9	144,5	146,1	147,6	149,2	150,8
6	152,4	154,0	155,6	157,2	158,8	160,3	161,9	163,5	165,1	166,7	168,3	169,9	171,5	173,0	174,6	176,2
7	177,8	179,4	181,0	182,6	184,2	185,7	187,3	188,9	190,5	192,1	193,7	195,3	196,9	198,4	200,0	201,6
8	203,2	204,8	206,4	208,0	209,6	211,1	212,7	214,3	215,9	217,5	219,1	220,7	222,3	223,8	225,4	227,0
9	228,6	230,2	231,8	233,4	235,0	236,5	238,1	239,7	241,3	242,9	244,5	246,1	247,7	249,2	250,8	252,4
10	254,0	255,6	257,2	258,8	260,4	261,9	263,5	265,1	266,7	268,3	269,9	271,5	273,1	274,6	276,2	277,8

Von seiten der Besteller wird vielfach gewünscht, daß die Firma, die den Kompressor nebst Windkessel und Filter sowie die Preßluftwerkzeuge und ev. die Armaturen und Schläuche liefert, zugleich auch die Beschaffung und Verlegung der Rohrleitung mit übernimmt. Aus Gründen der Bequemlichkeit erscheint dies verständlich. Aber richtiger ist es wohl, mit der Lieferung der Rohrleitungsteile irgendeine auf diesem Gebiet bekannte Spezialfirma zu betrauen. Erstens stehen dieser auf jeden Fall weitreichende praktische Erfahrungen zur Seite, und zweitens verfügt sie über fachkundige Monteure, die sich die Fabrik für Preßluftwerkzeuge in den seltensten Fällen halten dürfte. Nun bestehen zwar für kleine und mittlere Preßluftanlagen bestimmte, einfache Grundregeln für das Rohrleitungsnetz, und es kommt hinzu, daß die Verlegung der Rohrleitung, wie auch die Aufstellung des Luftkompressors für gewöhnlich keinerlei Schwierigkeiten verursacht. Dennoch erscheint es ratsamer, die Ausführung des Leitungsnetzes einer Rohrleitungsfirma zu überlassen. Um ein ersprießliches Zusammenarbeiten herbeizuführen und die Preßluftfirma an ihre Verantwortungspflicht zu erinnern, lasse man den Rohrleitungsplan von dieser ausführen. Es ist sodann notwendig, daß die Fabrik, die die Kompressoranlage und die Werkzeuge liefert, sich der Rohrleitung wegen mit der mit der Ausführung der letzteren beauftragten Spezialfirma ins Einvernehmen setzt. Und es ist empfehlenswert, darauf zu dringen, daß beim Probelauf des Kompressors, d. h. bei der endgültigen Abnahme der Gesamtanlage, Beauftragte oder Monteure beider Firmen zugegen sind. Dies

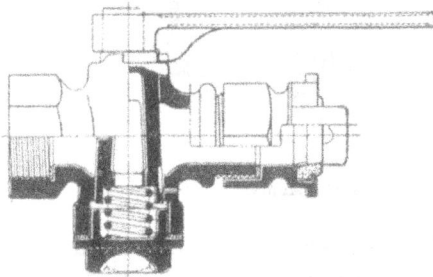

Abb. 54. Anschlußhahn mit selbsttätiger Entlüftung.

sollte aus Sicherheitsgründen auch dann gefordert werden, wenn die Montage des Kompressors und Windkessels durch den Käufer selbst, also nicht durch einen Monteur der Kompressorenfabrik bewerkstelligt wurde, was aus Sparsamkeitsrücksichten wohl möglich ist und auch oft gemacht wird. Aber

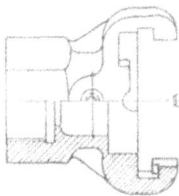

Abb. 55. Kuppelungshälfte mit Metalldichtung.

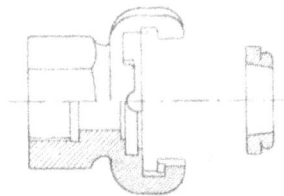

Abb. 56. Kuppelungshälfte mit Gummidichtungsring.

zur Inbetriebnahme und Abnahme der Anlage sollten stets sachverständige Monteure herangezogen werden, schon aus dem einfachen Grunde, damit bei etwaigen, sich erst später ergebenden Anständen an der einjährigen Garantie, die für Kompressoren und Werkzeuge üblich ist, von keiner Seite gerüttelt werden kann.

Eigenartig ist es, zu beobachten, wie in vielen Betrieben mit Argusaugen darüber gewacht wird, daß nur solche Preßluftwerkzeuge verwendet werden, von denen man weiß, daß sie bei möglichst großer Kraftleistung recht wenig Luft verbrauchen. Man läßt die einzelnen Werkzeuge daraufhin mit Hilfe eines Luftmeßapparates kontrollieren und stellt Vergleichsproben an, um die am wirtschaftlichsten arbeitenden Typs herauszufinden. Daß aber durch Undichtigkeiten in den Rohrleitungen — vielfach infolge unzweckmäßigen Dichtungsmaterials! —, durch miserable Beschaffenheit der Anschlußschläuche, unüberlegtes Hantieren der Arbeiter an den Hähnen und Werkzeugen usw. auf der andern Seite nicht selten die kostspielige Druckluft geradezu vergeudet wird, das sieht niemand! Es wird nicht darauf geachtet, daß in den Kupplungen beschädigte Gummiringe sich befinden, so daß sie nicht mehr dicht halten! Da werden die Schläuche nur unvollkommen befestigt, indem man anstatt einer gut schließenden Schelle einfach ein Stück Draht umlegt. Aufgerissene Schläuche werden mit Lappen bewickelt, durch die natürlich keine richtige Abdichtung zu erzielen ist! Kleine Löcher in den Schläuchen, aus denen die Luft dauernd auszischt, werden kaum beachtet. Preß-

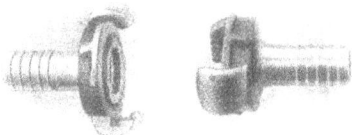

Abb. 57. Moment-Schlauchkuppelung.

luftwerkzeuge, bei denen fälschlicherweise schon Luft abbläst, bevor sie praktisch betätigt werden, benutzt man getrost weiter, anstatt sie sofort aus-

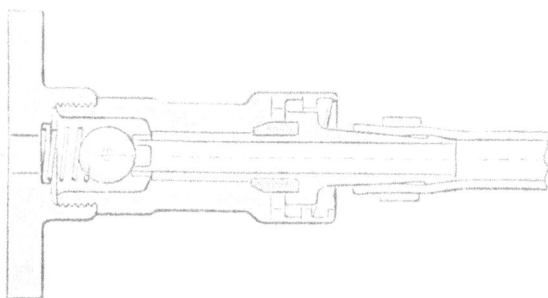

Abb. 58. Neuer Kuppelungshahn mit Kugelventil, offen. (Ausführung mit Flansch.)

zurangieren oder instandsetzen zu lassen. Ja, es gibt sogar Werkstätten, wo man an heißen Tagen zeitweise die Lufthähne öffnet, um Kühlung zu schaffen! Kurzum, man geht vielfach mit der Druckluft um, als ob sie nichts

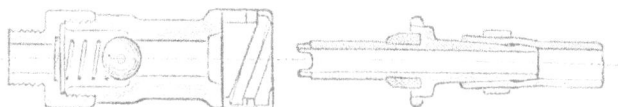

Abb. 59. Kuppelungshahn mit Kugelventil, geschlossen. (Ausführung mit Gewindezapfen.)

koste. Hätte man in den Leitungen und Schläuchen Wasser anstatt der Luft, dann würde man erklärlicherweise viel aufmerksamer sein. Aber bei der Luft hat der Schlendrian eben nicht so unangenehme Begleiterscheinungen! Er kostet nur Geld! Sonst nichts!

Eine beachtenswerte Neuerung hat jetzt die Maschinenfabrik Sürth auf den Markt gebracht: Einen Preßluftabsperrhahn, der kein Küken, keine Gummidichtung und auch keinen Leder- oder Metallring als Abschlußmittel aufweist, sondern ein einfaches Kugelventil. Es ist einleuchtend, daß dieses System einem Druckverlust wenigstens an dieser Stelle erfolgreich vorbeugt, denn das so gut wie keinem Verschleiß unterworfene Kugelventil hält unvergleichlich dicht. (S. Abb. 6o.)

Luftfilter.

Ganz gleich, ob der Kompressor in der Werkstatt selbst oder im Maschinenhaus aufgestellt ist, ob er — bei Montagearbeiten usw. — im Freien steht, vielleicht durch ein provisorisches Holzhaus gegen die Unbilden des Wetters notdürftig geschützt, oder ob er als wichtigster Teil einer fahrbaren Anlage sich darbietet, stets wird die angesaugte Luft verunreinigt sein durch Staub, Sand, Schmutz, beim Arbeiten im Freien auch eventuell durch Blätter, Insekten und allerlei Fremdkörper. Es ist einleuchtend, daß diese unreine Luft, wenn sie in den Kompressor gelangt, für dessen Triebteile ungemein schädlich sein muß. Gewisse Fremdkörperchen, zum Beispiel winzige Sandkörnchen, können auch durch den Kompressor hindurchgehen und in die Rohrleitungen oder schließlich in die Preßluftwerkzeuge gelangen, wo sie Anlaß zu Betriebsstörungen bieten. Deshalb ist es unbedingt anzuraten, dem Luftkompressor — ob klein oder groß — ein Luftfilter vorzuschalten. Daß ein solches in Gießereien, Steinbrüchen, im Grubenbetriebe unter keinen Umständen fehlen darf, liegt auf der Hand.

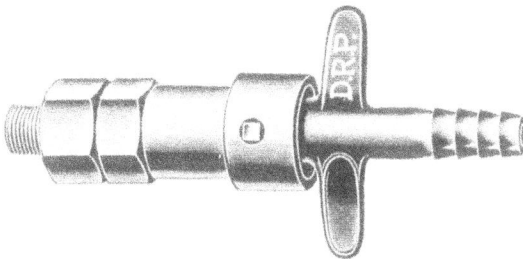

Abb. 60. Neuer Kuppelungshahn (s. Abb. 58 u. 59) in der Ansicht.

Die Aufstellung eines Luftfilters erweist sich in allen Fällen als lohnend, weil durch die Säuberung der angesaugten Luft der Kompressor und eventuell auch die Werkzeuge geschont werden. Durch die Tätigkeit des Filters wird die Wirkungsweise des Kompressors begünstigt; Lebensdauer, Betriebssicherheit, Wirtschaftlichkeit werden gesteigert! Die ungereinigte atmosphärische Luft enthält je Kubikmeter 3 bis 10 mg, und unter Umständen noch mehr Verunreinigungen organischen und anorganischen Ursprungs.

Bis vor kurzem waren die sog. Taschen-Luftfilter allgemein üblich. Dieselben werden auch heute noch vielfach angewendet; sie bestehen aus einem Rahmengestell mit dazwischen gespannten Filtertüchern, die in einem Stück zusammenhängen und einen gemeinschaftlichen Kragen haben. Im

Gegensatz zu den früheren Systemen bevorzugt man in neuerer Zeit die Einzeltaschenfilter. Bei dieser Konstruktion findet je eine Filtertasche zwischen rostartig angebrachten Profilstäben Raum. Sämtliche Filtertaschen sind einzeln herausnehmbar, so daß jede Tasche für sich bequem gereinigt werden kann. Eigenartig geformte Spannfedern machen es möglich, die Einzeltasche mit einem einzigen Griff richtig einzusetzen. Diese Art der Befestigung begünstigt vor allem ein rasches Ein- und Ausbauen der Filtertaschen, falls eine Reinigung erforderlich wird. Das Filtertuch besteht in der Regel aus besonders präpariertem Baumwollgewebe, das einerseits dicht genug sein muß, um alle in der durchgehenden Luft enthaltenen

Abb. 61.

Schmutzteilchen, Ruß, Staub, Sand usw. restlos abzufangen, ohne aber andererseits dem Luftstrom einen ungünstigen Widerstand entgegenzusetzen. Bei guten Filtern beträgt der Widerstand nur etwa 1 mm Wassersäule, womit so gut wie gar kein Kraftverlust verknüpft ist. Allerdings steigt der Widerstand mit dem Grad der Verschmutzung des Filtertuches bis auf etwa 10 bis 20 mm WS.

Abb. 62. Viscin-Metall-Luftfilter. (Staubluftseite—Reinluftseite—Ersatzrahmen.)

Größere Luftfilter pflegt man bei Neuanlagen gleich in das Mauerwerk des Kompressorraumes mit einzubauen. Man kann aber auch — je nach den örtlichen Verhältnissen — Filter bis zu den größten Abmessungen in einem besonderen Häuschen unterbringen, wie es die Abb. 61 erkennen läßt. Für kleine und mittlere Preßluftanlagen haben sich die Filter in einem kastenförmigen Gehäuse vortrefflich bewährt. Diese Kastenluftfilter lassen sich überall gut anwenden, sie können auf dem Dach oder an der Gebäudewand angebracht werden.

Eigenartige Luftfilter werden jetzt von der Deutschen Luftfilter-Bau-
gesellschaft, Berlin, auf den Markt gebracht. Man ist hier von dem Grund-
gedanken ausgegangen, daß loser Staub am allerbesten durch viskose Flüssigkeiten, wie Öl usw. festgehalten und gebunden wird. Aber diese Erkenntnis
allein genügte bei weitem nicht zur Konstruktion eines auf diesem Prinzip
beruhenden Filters. Erst die Art und Weise, wie die Berührung zwischen
Luft und viskoser Wand durchgebildet wurde, um bei geringer Schichttiefe,
bei einem Minimum von Widerstand und bei einer Mindestmenge von Kon-
struktionsmaterial ein ideales Filter zu schaffen, gab den Ausschlag. Während
ein Quadratmeter Tuchfilter
durchschnittlich 100 bis 120 cbm
Kühlluft zu reinigen imstande
ist, gestattet das Delbag-Viscin-
filter eine Belastung von normal
4000 cbm je Stunde und qm bei
noch wesentlich besserem Wir-
kungsgrade. Dabei ist der Widerstand des Tuchfilters anfänglich
wohl nur 1 bis 2 mm WS, allein
er steigt mit der zunehmenden
Verschmutzung sehr rasch und
wechselt je nach dem Feuchtig-
keitsgehalte der durchtretenden
Rohluft und der Natur des in
dem Tuch gebundenen Staubes
außerordentlich stark.

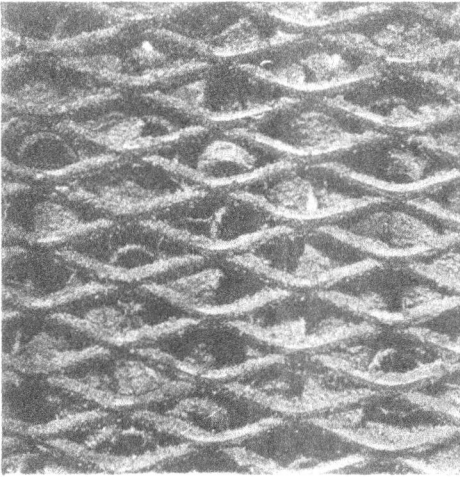

Abb. 63. Staubluftseit e eines Viscinfilters nach längerem
Gebrauch.

Das Metallfilter hingegen
beginnt mit ca. 5 mm WS-Wider-
stand und steigt je nach dem Grade der Verschmutzung etwa bis 10 mm an,
bleibt dabei aber völlig unabhängig von dem Feuchtigkeitsgehalt und der besonderen Eigentümlichkeit des Staubes. Dadurch, daß man während des Betriebes das Delbag-Filter zellenweise auswechseln und reinigen kann, läßt sich
ohne weiteres ein fast gleichbleibender Dauerwiderstand erreichen, der zweckmäßig zwischen 8 und 10 mm gehalten wird. Alle die Bedenken, die gegen
einen Filterwiderstand von etwa 8 bis 10 mm geltend gemacht werden, sind für
den sachkundigen Betriebsleiter gegenstandslos unter der Voraussetzung, daß
dieser höhere Widerstand eben eine Grundbedingung für die wesentlich bessere
Reinigung der Betriebsluft bildet.

Ein Verschleiß an dem Metallfilter tritt praktisch nicht ein, im Gegensatz
zur häufigen Erneuerung der heute teueren Tuchbezüge in den Taschenfiltern.
Der Ölverbrauch bei dem Delbag-Zellenfilter ist infolge sparsamster Benetzung
gering. Als mittlere Erfahrungszahl kann man etwa 4 g Viscinol je Stunden-
kubikmeter und Jahr zugrunde legen, so daß also eine 100000 Std./cbm-
Anlage im Jahre etwa 400 kg Öl verbraucht. Man hat Anstoß daran genommen,

daß die Delbag ihre Füllkörper regellos zwischen luftdurchlässigen Wandungen einschüttet und versuchte mit dem Schlagwort den Unkundigen zu beeinflussen, »daß überall in der Technik das Regelrechte dem Regellosen überlegen sein muß«. Dabei übersieht man aber, daß bei dem Delbag-Viscin-Filter der Füllkörper an und für sich schon ein Ideal in der Regelmäßigkeit darstellt, nämlich einen Hohlzylinder von gleicher Durchmessung und Höhe aus einem außerordentlich dünnen, gezogenen Stahlrohr (0,3 mm) mit zugeschärften Ein- und Austrittskanten und mit einem vorzüglichen allseitigen Kupferschutz gegen etwaige Witterungseinflüsse auf das Material. Auch dem Laien ist klar, daß sich durch regellose Lagerung des regelmäßigsten Körpers eine ganz bestimmte und für die Filterwirkung entscheidende Gesetzmäßigkeit in der Schicht mit einem

Abb. 64. Viscin-Zellenfilteranlage (für Turbogenerator) mit 48 000 cbm stündl. Kühlluftbedarf.

Mindestaufwand von Mühe erreichen läßt, und daß die Möglichkeit einer regellosen Einschüttung des Füllgutes in der Praxis dem sorgfältigen, umständlichen und zeitraubenden Einlegen von einzelnen Füllwänden irgendwelcher noch so regelmäßigen Bauart weit überlegen ist.

Für die Praxis ist nun nicht damit gedient, daß der Staub möglichst sicher und fest in einer Füllkörperschicht gebunden wird, sondern der Betrieb erfordert auch eine gewisse Leichtigkeit in der Reinigung und Wiederinstandsetzung der Filterschicht für eine neue Staubbindeperiode. In dieser Hinsicht ist die räumliche Ausgestaltung und Bauart des Delbag-Viscin-Zellenfilters durch die Zerlegung einer gesamten Filterwand in eine Vielzahl von vollständig gleichen Normalelementen von Zellen und Rahmen ebenfalls bahnbrechend und vorbildlich geworden. Jede verschmutzte Zelle ist im Gewicht so bemessen, daß sie von dem Bedienungspersonal rasch und bequem durch eine bereitgehaltene reine Zelle ausgetauscht werden kann. Die Reinigung der Zellen geschieht durch kräftiges Durchspülen in einem besonderen Apparat mittels heißen Wassers und eines geringen Zusatzes an Soda. Selbstredend lassen sich nicht alle Staubsorten gleichmäßig gut und leicht auswaschen. In besonders schwierigen Fällen ist die Auswaschung mittels Dampf erforderlich.

Natürlich ist eine der schwerwiegendsten Fragen bei der Verwendung viskoser Metallfilter die Wahl eines geeigneten Staubbindeöles, das dem besonderen Charakter des Staubes und den gesamten Betriebsverhältnissen nur durch eine jahrelange Erfahrung ohne weiteres angepaßt werden kann. Alle Neuerungen in der Verwendung besonderer Öle müssen so lange kritisch genauestens untersucht werden, bis durch lange Betriebserfahrungen ihre Verwendbarkeit und Unschädlichkeit wirklich erwiesen ist.

Niet- und Meißelhämmer.

Von allen pneumatischen Werkzeugen sind die Hämmer die am meisten gebräuchlichen. Sie stellen — wenn man von den Gesteinsbohrmaschinen absieht — die eigentliche Grundlage für die Entwicklung der Preßluftindustrie dar, auf der sich nach und nach für die verschiedenartigsten Verwendungszwecke die Stampfer, Abklopfer, Spantennieter usw. aufbauten, kurzum alle die Werkzeuge, die eine ausgesprochene Schlagwirkung entfalten. Ursprünglich waren die Hämmer ventillos. In einem der vorangegangenen Kapitel ist bereits gesagt worden, weshalb diese Konstruktion von den ventilgesteuerten Werkzeugen mittlerweile vollkommen verdrängt worden ist, soweit es sich um Niet- und Meißelhämmer handelt.

Im Anfang wiesen alle deutschen Hämmer ein sog. Vollventil auf. Es war dies ein mehr oder weniger zylindrischer Körper mit einigen Abstufungen (Differentialventil), der sich in einem besonderen Steuergehäuse bewegte, welch letzteres die Kanäle, Nuten, Löcher usw. für die Umsteuerung des Ventils nach erfolgtem Vorgang und Aufschlag des Kolbens enthielt. Diese Vollventile waren eigentlich recht betriebssicher und dauerhaft; sie hatten überall eine gleichmäßige Wandstärke, so daß sich bei der Härtung keine unliebsamen Spannungen bildeten, sie besaßen keine scharfen Einschnitte und vorspringenden Kanten, und der ganze Steuerungsvorgang entwickelte sich in einfacher und logischer Reihenfolge. Betrachtet man z. B. das einfache, formvollende Vollventil des Nileshammers, so kann man es begreiflich finden, daß die Fabrik über zehn Jahre lang an diesem Steuerkörper festgehalten hat und keine konstruktive Änderung an den Hämmern vornahm. Dieses Zweiflächenventil wurde einerseits umgesteuert durch den auf der kleinen Fläche ständig lastenden konstanten Druck und anderseits durch den durch Kompression im hinteren Zylinderteil entstehenden Überdruck. Die vordere Endkante steuerte den Einlaß für die hintere Kolbenseite und die in dem Ventilkörper sich befindliche Ringnute steuerte die vordere Kolbenseite (System Böhmer). Das dazu gehörende Steuergehäuse, in welchem der Ventilkörper seinen verhältnismäßig geringen Hub vollbrachte, besaß drei Ringnuten, die durch Kanäle einesteils mit der eindringenden Frischluft, anderseits mit dem Zylinderraum vor dem Kolben und schließlich mit dem Auspuff in Verbindung standen, so daß sich die Umsteuerung des Ventils durch wechselweises Aufdecken der Ringnuten und Öffnen der Kanalmündungen leicht und sicher vollzog.

Ursprünglich gab es mannigfache Ausführungen von Vollventilen in Verbindung mit dem unvermeidlichen Steuergehäuse: Die Konstruktion mit senkrecht zur Kolbenachse sich bewegendem Ventil (Standard Pneumatic Tool Co.) bewährte sich offenbar nicht. Dagegen entsprach das Steuersystem von Chas. G. Eckstein (D. R. P. 119041) mit der Bewegung des Steuerkörpers in der Richtung der Kolbenachse am besten den Anforderungen der Praxis und begann seinen Werdegang in den Hämmern der Internationalen Preßluft-Gesellschaft, zeigte sich in den Ajax-Hämmern, die von Franz Anton Schmitz in Düsseldorf vertrieben wurden, ferner in den Modellen von Pokorny & Wittekind, in dem wieder entschlafenen Tildenhammer usw.

Der Hammer der Firma De Fries & Co. hingegen zeigte die Anordnung von zwei getrennten Steuerventilen mit parallel und senkrecht zur Kolbenachse gehender Bewegung. Damals brachte auch die Ingersoll Sergeant Drill Co. ein eigenartiges Modell, den Haeseler-Hammer, auf den Markt, bei dem sich das Steuerventil um seine Längsachse drehte. Neben diesen Ausführungen aber bestand das Patent der Chicago Pneumatic Tool Co., bei welchem ein sog. Rohrschieber in einem an sich ziemlich komplizierten Ventilgehäuse angeordnet war, so daß der Schlagkolben des Hammers bei seinem Rückhub durch das hohle Steuerventil hindurchlief. Diese Konstruktion nun wurde gewissermaßen bahnbrechend für die Entwicklung der heutigen Niet- und Meißelhämmer, die jetzt so ziemlich bei allen Fabriken nach dem Rohrschiebersystem ausgebildet sind und einander recht ähnlich sehen. Nur daß bei dem einen die Umsteuerung durch zwei oder drei, bei dem anderen durch vier oder noch mehr Abstufungen oder Flächen im Zusammenhang mit den entsprechenden Umsteuerkanälen im Zylinder herbeigeführt wird!

Abb. 65 veranschaulicht einen neuzeitlichen, als Produkt jahrelanger Beobachtungen und praktischer Erfahrungen konstruierten Rohrschieber-Meißelhammer, der von den Deutschen Werken, A.-G., Amberg, fabriziert wird. Die Steuerungsweise des Vierflächenventils ist patentiert (System Rehfeld); und zwar ist die Eigenart darin zu suchen, daß das Ventil in jeder seiner beiden Endlagen durch Druckbelastung gesichert wird und beim Rückhub des Kolbens infolge starker Zusammenpressung der Zylinderluft rasch und folgsam umgesteuert wird. Im großen und ganzen lehnt sich auch diese Steuerungsweise an die bekannten Rohrschieberkonstruktionen an. Das Charakteristische ist daran, daß von vier Steuerflächen zwei gleichgerichtete für die am Ende des Arbeitshubes zu erfolgende Umsteuerung dadurch nutzbar gemacht werden, daß sie Anschluß an die Zylinderluft erhalten, und daß sie bei der Umsteuerung des Ventils voneinander getrennt werden. Die eine Fläche erhält hierauf Anschluß an die Frischluft und dient somit als Sicherungsfläche für die Ventilstellung, während die andere entlastet wird, so daß sie kein Hindernis für die nächste Umsteuerung des Ventils bieten kann, welch letztere ebenfalls durch Belastung zweier entgegengesetzt gerichteten Flächen vor sich geht.

Durch diese Steuerungsweise ist mancherlei erreicht worden: Die sog. schädlichen Räume sind nahezu völlig beseitigt, die Frischluft wirkt durch eine im richtigen Moment einsetzende Freigabe der Zuführungsstellen mit Vehemenz und verleiht dem den Arbeitshub wirksam ausnutzenden Kolben eine außerordentliche Schlagstärke. Der Luftverbrauch ist eingedämmt, weil der auspuffenden Luft nicht eher der Weg freigegeben wird, als bis das Luftquantum restlos seine Arbeit getan hat. So ist es erklärlich, daß diesem Hammersystem eine überragende Leistungsfähigkeit und wirtschaftliche Vorzüge nachgesagt werden. Im nachstehenden sei kurz die Arbeitsweise eines solchen Hammers an Hand der Fig. 1 und 2 von Abb. 65 erläutert:

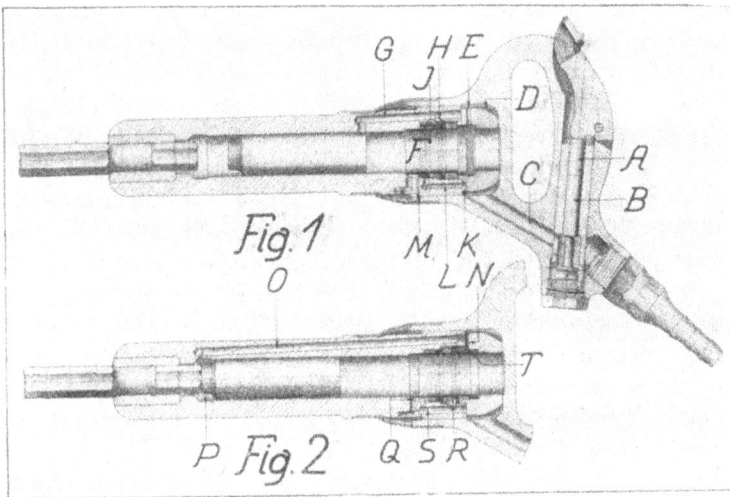

Abb. 65. Moderner Rohrschieber-Meißelhammer.

Wird der Drücker am Handgriff heruntergedrückt, so wirkt dessen Nase durch Vermittlung des Zwischenstücks *A* auf den Einlaßschieber *B*, der sonst durch eine in die Verschlußschraube eingebettete Feder nach oben gehalten wird. Die durch die Schlauchtülle eindringende Frischluft passiert in mehr oder minder großer Fülle (je nachdem wieweit der Drücker heruntergedrückt wird) den Kanal *C* und gelangt zunächst in den Füllraum *D*, der den Zylinderdeckel umgibt. Dann nimmt die Luft ihren Weg durch den Kanal *E* und kommt dadurch in den Zylinderraum oberhalb des Schlagkolbens. Fig. 1 setzt voraus, daß das Steuerventil sich in der unteren Lage befindet. Der Kolben wird also nun durch die eindringende Frischluft mit voller Kraft nach unten geschleudert. Auf seinem Weg durch den Zylinder passiert er die in der Zylinderwand liegende Öffnung des Kanals *G*, und die dem Kolben folgende Luft nimmt natürlich ihren Lauf sofort in diesen Kanal hinein, sobald die Öffnung frei liegt. Sie saust durch einen schräg gebohrten Kanal *H* und durch einen engen Schlitz resp. eine Ringnute unter die Steuerfläche J und füllt gleichzeitig die darunter liegende große Ringnute und den Raum unterhalb der Steuerfläche M an. Durch diesen starken Überdruck wird der Steuerkörper im Moment nach oben geschoben und die Umsteuerung vollzogen. Sitzt das Ventil in seiner oberen Lage, so tritt auch noch Frischluft durch einige Aussparungen K und den Kanal L unter die Ringfläche M und unterstützt wirksam das Bestreben der schon vorerwähnten Luftmenge, den Ventilkörper bis zum entscheidenden Moment der abermaligen Umsteuerung oben zu halten!

In demselben Augenblick nun, wo das Ventil oben angekommen ist, wird der ständig den Füllraum um den Zylinderdeckel anfüllenden Frischluft Gelegenheit gegeben, wie Fig. 2 veranschaulicht, durch einen kleinen Kanal N und dann durch O in den Raum P unterhalb des Schlagkolbens zu gelangen. Diese ungeschwächte Luft befördert natürlich den Kolben mit großer Schnelligkeit nach oben, weil die obere Kolbenseite inzwischen dadurch entlastet wurde, daß die ihre Arbeit ausgeführt habende überflüssige Luft durch Q ungehindert auspuffen konnte. Zugleich aber kann die Luft, die bisher unter der Ventilfläche J und in der darunterliegenden Ringnute stand, durch Freigabe der Öffnung R und des Kanals S entweichen. Währenddessen hat der Kolben seinen Weg nach oben zurückgelegt und ein Quantum Luft, das sich noch im Zylinder vorfand, oben im Zylinderdeckel zusammengepreßt. Dieses Luftpolster verhindert übrigens auch das Anprallen des Kolbens gegen den Deckel! Die eintretende starke Kompression der erwähnten Zylinderluft nun steuert mit Sicherheit das Ventil um und wirft es nach unten infolge des Überdrucks auf die Ringfläche T. In demselben Moment liegt der Einströmkanal E für die Frischluft frei und der Arbeitsvorgang nach Abb. 65 Fig. 1 wiederholt sich.

In Abb. 66 sehen wir die Einzelteile desselben Hammers abgebildet. Je weniger Teile ein Preßlufthammer besitzt, um so leichter ist seine Demontage, um so einfacher sind die Reparaturen, und um so größer ist in der Regel seine Betriebssicherheit. Als Kuriosum sei erwähnt, daß man zuweilen in Inseraten und Prospekten auf Preßlufthämmer stößt, die aus scheinbar nur drei oder vier Teilen bestehen, nämlich aus dem Griff, dem Steuerventil, dem Zylinder und vielleicht noch einem Hilfswerkzeug, wie Döpper, Schelle o. dgl. Dadurch soll in dem Beschauer des Bildes der Eindruck erweckt werden, als sei dieser Hammer das Non-plus-ultra der Einfachheit mit seinen wenigen Einzelteilen. In Wahrheit aber hat man unterlassen, die Innenteile des Griffs und des Zylinders mit aufzulegen!

Bei den modernen Rohrschieberhämmern läßt man vielfach das besondere Steuergehäuse fort, das bei den Vollventilen unumgänglich notwendig erschien. Bei einigen Fabrikaten findet man jedoch auch beim Rohrschiebersystem noch ein Steuergehäuse, in welchem das Hohlventil seinen Hub macht, entweder lose in den Zylinder eingesetzt oder aber fest eingepreßt. Die Chicago Pneumatic Tool Co. hat bei dem Boyer-Hammer, dessen Konstruktion als Urbild des Rohrschieberhammers gelten muß, das Steuergehäuse beibehalten. Als erste deutsche Firma nahm 1907 die Frankfurter Maschinenbau-Gesellschaft den Bau von Rohrschieberhämmern auf. Es gelang ihrem Chef-konstrukteur W. Kühn nach langwierigen Versuchen, die Boyer-Patente zu umgehen und eine anders wirkende Hohlventilsteuerung mit einem Drei-

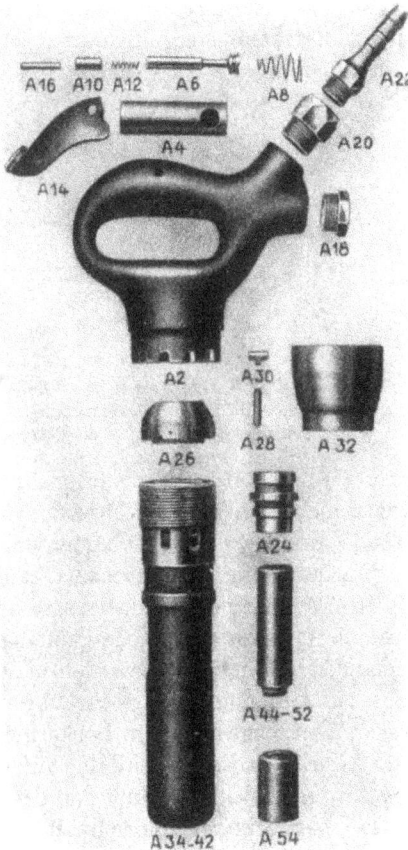

Einzelteile:

A 2 Griff
A 4 Ventilbüchse
A 6 Einlaßventil
A 8 Feder dazu
A 10 Druckstift
A 12 Feder dazu
A 14 Drücker
A 16 Drückerstift
A 18 Verschlußmutter
A 20 Anschlußmutter
A 22 Schlauchtülle
A 24 Rohrschieber
A 26 Zylinderdeckel
A 28 Arretierstift
A 30 Sicherungsstift
A 32 Auspuffschelle
A 34—42 Zylinder
A 44—52 Schlagkolben
A 54 Meißelbüchse.

Die Einzelteile sind mit Ausnahme der verschieden langen Zylinder und Schlagkolben bei allen Hammer-größen gleich!

Abb. 66.

flächenventil zu schaffen. An dem auf dieser Erfindung sich stützenden deut-schen Patent 212 600, dessen Ansprüche außerordentlich geschickt abgefaßt sind und seine Schutzrechte sehr weit ausspannt, zerbrachen sich viele deutsche Konstrukteure die Köpfe. Die Frankfurter paßten gut auf, und sobald eine andere Firma mit einem neuen Hammer auf den Markt kam, hatte sie zu-meist einen Patentprozeß auf dem Hals! Wenn trotzdem fast sämtliche deutschen Firmen heute mit gut funktionierenden Rohrschieberhämmern auf dem Markte zu finden sind, so liegt darin zweifellos ein Beweis für die

110

Tüchtigkeit unserer Preßluftfachleute. Übrigens ist das ausschlaggebende amerikanische Ursprungspatent nunmehr abgelaufen. Das Boyer-Modell glatt nachzubauen, ist indessen nicht so einfach, weil Ventilgehäuse und Steuerkörper ziemlich kompliziert sind. Geht man die deutschen Konstruktionen durch, so kommt man jedoch zu der Überzeugung, daß auch mit einfacheren Mitteln dasselbe erreicht werden kann. Fast durchweg sind die deutschen Hämmer einfacher gebaut. Die an sich zwar mustergültige, aber kostspielige

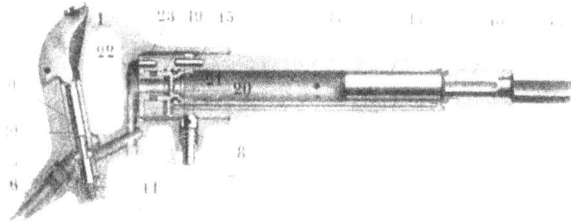

Abb. 67. Schnitt durch einen Voll-
ventil-Gleichstrom-Meißelhämmer.
(Fabr. Deutsche Nileswerke, Berlin-Weißensee.)

Griffbefestigung des Boyer-Hammers ist nur von wenigen nachgeahmt worden, und zwar auch erst nach Ablauf verschiedener Boyer-Patente. Von einer zweckmäßigen Befestigung des Griffs auf dem Zylinder hängt viel ab! Ein Hammer, bei welchem sich der Griff während der Arbeit lockert, taugt nichts.

Abb. 68. Regullervorrichtung für die Schlagstärke.

Die Innenteile eines Hammers sind zumeist so konstruiert, daß sie haargenau aufeinander und ineinander passen, und sie werden in der Hauptsache durch den fest aufgeschraubten Griff in der richtigen Lage gehalten. Lockert sich dieser, so treten hier und da Spielräume auf, die Steuerung wird merklich beeinflußt und der betreffende Hammer arbeitet unregelmäßig bei ungenügender Leistung!

Bei den Vollventilhämmern wird, wie es die Abb. 67 erkennen läßt, zwischen Zylinder und Ventilgehäuse ein mit Sperrzähnen ringsherum versehener Deckel eingesetzt. Ist der Griff fest genug aufgezogen, so bringt man einen in einem besonderen Nocken am Griff sitzenden Sperrbolzen (Nr. 7) mit seinen kräftigen Zähnen zum Einschnappen in die Zähne des erwähnten Sperrades. Der Griff ist dadurch unverrückbar fest arretiert. In ähnlicher Weise wird der Griff bei den Boyer-Hämmern und einigen anderen Fabrikaten festgehalten, nur daß von unten her über den Zylinder ein gezahnter Ring nach oben geschoben wird, der in den unten gezahnten Rand des Griffes sich einfügt. Griff und Sperring werden durch eine Ringfeder zusammengehalten und ein in den Zylinder eingesteckter Bolzen verhindert ein Verdrehen der Sperrteile während der Arbeit des Hammers. Am gebräuchlichsten ist — wenigstens bei den deutschen Rohrschieberhämmern — die Griffbefestigung nach der Art des in Abb. 66 gezeigten Modells. Hierbei hat der Griff am unteren Rande regelmäßige Aussparungen, durch deren eine nach dem Festziehen des Griffs ein Arretierstift hindurchgesteckt wird, der in ein Loch des Zylinders eingreift. Das Herausfallen des Bolzens wird einfach durch die gebräuchliche Auspuffkappe verhindert, von der nachher noch die Rede sein wird. Der einzige Nachteil wäre vielleicht darin zu erblicken, daß der kleine Arretierbolzen leicht verlorengehen kann und überhaupt nicht festsitzt, sobald man einmal die Auspuffschelle fehlen läßt. Auf jeden Fall muß sehr darauf geachtet werden, daß niemals mit einem Griff gearbeitet wird, der nicht ganz fest aufgezogen ist.

Nicht nur, daß ein solcher Hammer schlecht funktioniert, läßt er auch unbenutzte Luft auspuffen, so daß die Wirtschaftlichkeit leidet! Wie schon angedeutet wurde, scheinen die Vollventilhämmer allmählich von dem Rohrschiebersystem völlig verdrängt zu werden. Der Hauptgrund ist darin zu suchen, daß

Abb. 69. Hämmer und Bohrmaschinen bei der Herstellung von Kohlenbunkern. (Phot. b. Karl Spaeter, Hamburg.)

beim Rohrschieberhammer der Schlagkolben durch das hohle Steuerventil beim Arbeitshub hindurchläuft. Das Vollventil dagegen befand sich meist in einem 5 bis 6 cm hohen Gehäuse, welches dem Zylinder aufgesetzt wurde. Um diesen Raum nun baut sich der Hohlventilhammer kürzer! Dadurch aber wird gleichzeitig das Gewicht entsprechend verringert! Für viele Arbeiten spielt vielleicht der Längenunterschied von etlichen Zentimetern praktisch gar keine Rolle. Aber anderseits gibt es Fälle, z. B. im Schiffbau beim Arbeiten an der Außenhaut, oder im Waggonbau an beschränkten Stellen, wo die Vorliebe für einen möglichst gedrungenen Hammer vollauf berechtigt ist. Dagegen ist es offenbar nicht richtig, dem Rohrschieberhammer eine Überlegenheit in der Schlagstärke gegenüber dem gleichgroßen Modell des Vollventilhammers zuzusprechen. Ebenso arbeitet der letztere an und für sich nicht unwirtschaftlicher. Es wird zuweilen auch angeführt, daß beim Hohlventilhammer die Zahl der durch Aufschrauben des Griffs aufeinander zu pressenden und abzudichtenden Flächen sich ver-

ringert, doch dürften sich aus dem gegenteiligen Umstand bei der Vollventil-
konstruktion wohl kaum merkliche Unzuträglichkeiten herausgestellt haben.
Wenn beim Vollventilhammer Sperrad, Zylinderdeckel, Ventilgehäuse geschliffen und gehärtet sind, so dichten ihre Flächen auch tadellos ab.

Daß aber der Rohrschieberhammer aus weniger Teilen besteht, daß er
kürzer und leichter an Gewicht ist, das sind Tatsachen, die ihm unstreitig
eine Überlegenheit sichern. Die Chicago Pneumatic Tool Co. vertrieb jahre-
lang neben dem Boyer- Rohrschieberhammer auch noch den Keller-Hammer
mit geschlossenem Griff und Vollventil. Hauptsächlich deshalb, weil der als
Langhub-Hammer anzusprechende Boyer-Hammer für leichte Arbeiten, z. B.
für feine Gußputz-
arbeiten usw., nicht
recht geeignet schien.
Es kann aber be-
hauptet werden, daß
es den deutschen Kon-
strukteuren gelungen
ist, das Rohrschieber-
system so zu vervoll-
kommnen, daß auch
die Meißel- und
Stemmhämmer in der
Tat allen Anforde-
rungen, auch nach
der vorerwähnten
Seite hin, vollkom-
men gewachsen sind!

Abb. 70. Niet- und Stemmhämmer in der Kesselschmiede.
(Phot. b. Berl. A.-G. f. Eisengießerei u. Maschinenfabrikation,
vorm. J. C. Freund & Co., Charlottenburg.)

Einen neuen Weg
hat die Firma Friedr.
Krupp A.-G. beschritten, indem sie das Steuerventil (Rohrschieber) um
den Zylinder herumgelegt hat. Bei dem Krupphammer läuft also der
Schlagkolben nicht durch das Steuerventil hindurch, sondern die bis oben
hin an die Griff-Unterseite reichende Zylinderwand bietet dem Kolben vom
Beginn bis zur Beendigung seines Hubs einen ungehemmten, glatten Weg,
und das Steuerventil wird nicht durch den hin- und herlaufenden Kolben
mitbeansprucht!

Eine Vorbedingung für die Verwendbarkeit des Preßlufthammers für
leichte Meißel- und Stemmarbeiten ist ein leichter Anschlag! Beim Nieten
ist es egal oder sogar erwünscht, wenn der Hammer beim Herunterdrücken
des Drückers gewissermaßen mit einem Ruck anspringt und sofort mit voller
Gewalt zu arbeiten beginnt. Vom Meißelhammer jedoch wird verlangt,
daß man mit dem Drücker sozusagen jeden einzelnen Schlag regulieren und
einstellen kann. Je feinfühliger der Anschlag ist, um so sauberer steuert
das Ventil um, um so gediegener ist die Konstruktion. Neben der Art der

Ventilsteuerung ist die Ausführung des Einlaßschiebers für den Anschlag bedeutungsvoll. Der Schieber muß so geformt sein, daß der von der Schlauchtülle her eindringenden hochgespannten Druckluft ganz allmählich der Weg geebnet wird, wie dies z. B. mit einem konisch geformten Stück folgerichtig herbeigeführt werden kann. Dasselbe wird erreicht, wenn man dem Lufteinlaß ein regelrechtes Kugelventil vorschiebt, wie es beim Hammer der Maschinenfabrik Sürth der Fall ist. Aber auch der Hammer der Deutschen Werke, A.-G., hat einen unvergleichlich leichten Anschlag durch eine eigenartige Form des unteren Teils des Einlaßschiebers. Eine abgeschrägte Fläche sorgt dafür, daß die Luft nur allmählich durchfließt; bei geringer Drückerbewegung, womöglich gerade nur soviel, wie für einen einzigen Schlag des Kolbens notwendig ist!

Auf verschiedene Weise hindert man den Schlagkolben am Herausfliegen aus dem Zylinder, für den Fall, daß mal mit einem betriebsfertigen Werkzeug fahrlässig umgegangen wird. Der Boyer-Hammer hatte den Nachteil, daß bei ihm der Kolben nicht entsprechend gesichert war. Bei den deutschen Hämmern hilft man sich, indem man z. B. unten im Zylinder einen Ring einsetzt. Diese Ausführung kann aber nicht als vollkommen bezeichnet werden, weil bei einer Demontage die Arbeiter leicht vergessen den Ring wieder einzusetzen, zumal es nicht so ganz einfach ist, ihn richtig zu plazieren. Besser ist es, beim Ausdrehen des Zylinders unten unmittelbar über der Meißel- und Döpperbuchse eine Verengung, eine sog. Brücke, stehen zu lassen. Neuerdings findet man diese Ausführung am häufigsten, obgleich natürlich bei der Fabrikation des Zylinders dadurch erhebliche Unkosten entstehen, die beim glatten Durchbohren und nachherigen Einsetzen eines Ringes vermieden werden.

Es ist üblich, den Niethämmern eine sog. Döpperschelle mitzugeben, die mit dem oberen Rand in eine Vertiefung des Zylinders eingreift und unten den Nietdöpper umfaßt, damit er beim fahrlässigen Arbeiten mit dem Hammer und beim Transport nicht herausfliegen kann.

Die Amerikaner sind vor längerer Zeit schon mit einem sog. Druckgriff herausgekommen, der auch vereinzelt in Deutschland nachgebaut worden ist. Bei diesem Griff fehlt der Drücker. Der Hammer beginnt zu schlagen, sobald er fest genug gegen das Arbeitsstück angepreßt wird. Es mag sein, daß für gewisse Nietarbeiten ein solches Werkzeug praktisch oder richtiger gesagt bequem sein kann. Ein geübter und tüchtiger Arbeiter wird sich aber nicht mit ihm befreunden wollen. Erstens geht der leichte Anschlag, von dem schon vorhin die Rede war, vollkommen verloren, weshalb der Druckgriffhammer natürlich für Meißel- und Stemmarbeiten überhaupt nicht zu gebrauchen ist. Aber auch beim Nieten hat der Arbeiter das richtige Gefühl verloren, wenn er den Druckgriff benutzt.

Um Unfällen durch Herausfliegen des Döppers oder gar des Kolbens vorzubeugen, hatte man schon die verschiedenartigsten Vorrichtungen ersonnen. So z. B. eine sog. Drucksicherung, aus einem Knopf auf dem Griffrücken bestehend, der zunächst einmal herabgedrückt werden mußte, ehe man mit dem Hammer arbeiten wollte. Sonst konnte man den Drücker nicht betätigen. Aber natürlich ist dies den Arbeitern viel zu unbequem. Man weiß ja, wie diese sich auch in anderen Dingen wohlgemeinten Schutzvorrichtungen gegenüber zu verhalten pflegen!

Übrigens sollen sich die Arbeiter daran gewöhnen, den Niethammer fest auf den Niet zu drücken und dann erst den Drücker — nicht mit einem Ruck — zu betätigen. Und bei Beendigung der Nietung darf der Hammer nicht früher abgehoben werden, ehe nicht der Drücker losgelassen, das Einlaßventil also geschlossen worden ist.

Ein wichtiges Kapitel ist der Auspuff. Bei den älteren Hämmern ließ man die Auspufflöcher aus dem Zylinder unmittelbar ins Freie münden. So praktisch dies vom theoretischen Standpunkt aus betrachtet sein mochte, so unpraktisch war es auf der anderen Seite, weil nämlich Schmutz und Sand usw. leicht in das Zylinderinnere eindrangen, welcher Umstand zu Betriebsstörungen Anlaß gab und die Werkzeuge frühzeitig ruinierte. Man leitete deshalb die auspuffende Luft durch in die Zylinderwand gebohrte Kanäle bis in den Griff und ordnete die Auspufflöcher an dessen

Abb. 71. Niethämmer bei der Arbeit.
(Phot. b. Brückenbau Flender, A.-G., Benrath.)

Seite an. Abgesehen von einigen Nörgeleien empfindlicher Arbeitsleute, die sich durch die an dieser Stelle auspuffende Luft belästigt fühlten, kann man wohl sagen, daß sich aus der Mündung der Auspuffkanäle am Griff keinerlei Nachteile ergaben. Immerhin ist es einleuchtend, daß es vorteilhaft sein muß, die abgekühlte, eisige Auspuffluft so wenig wie möglich mit der neu in den Hammer eintretenden Druckluft in Verbindung zu bringen. Aus diesem Grunde pflegt man neuerdings, vorwiegend bei Hohlventilhämmern, den Auspuff nicht mehr in den Griff zu verlegen, vielmehr bringt man die Auspufflöcher unter demselben an und verschließt sie durch eine Kappe, die sich drehen läßt, um dem austretenden Luftstrom eine beliebige Richtung geben zu können. Man darf aber hierbei nicht in den alten Fehler verfallen, die Auspufflöcher, unter Verzicht auf Längskanäle, unmittelbar in das Hammerinnere einmünden zu lassen, weil dadurch wiederum Staub, Sand und Schmutz direkt in den Zylinder geraten können.

Bei den Niethämmern kommt es auf schwere, wuchtige Schläge an; ihre minutliche Schlagzahl schwankt zwischen 750 und 1200. Die Stemm- und Meißelhämmer müssen leichter und dementsprechend rascher schlagen; sie machen bis zu 2000 Schläge in der Minute. Die ganz kleinen Hämmer, wie sie für Bildhauerarbeiten u. dgl. verwendet werden, entwickeln schätzungsweise 5000 Schläge in der Minute. Die Schlagkraft hängt mit der Hublänge und mit dem Kolbendurchmesser eng zusammen. Deshalb sind die Niethämmer allgemein länger und schwerer, sie haben einen Kolben von durchschnittlich 30 mm, wogegen der Kolben der Meißelhämmer je nach Größe nur 22 bis 27,5 mm stark ist. In neuerer Zeit bringen jedoch speziell die deutschen Fabriken Niethämmer auf den Markt, bei denen das Bestreben, möglichst kurze Baulängen zu erzielen, zu einer Verstärkung des Schlagkolbens bis auf ca. 40 mm geführt hat. Diese Hämmer haben nur etwa 60 mm Hub und machen annähernd 2000 Schläge. Sie sollen vornehmlich dem Waggonbau dienen. Es ist anzunehmen, daß diese Abarten im Laufe der Zeit wieder verschwinden werden, ebenso wie die besonders starken Niethämmer, die bei normaler Hublänge auch ca. 40 mm Kolbendurchmesser aufweisen und Niete bis 45 mm Durchmesser schlagen sollen. Natürlich kann niemand mit einem solchen Monstrum längere Zeit hindurch arbeiten. Für so starke Niete muß man schon zu einer Nietmaschine

Abb. 72. Arbeiten an einem Rad für einen Artilleriekraftschlepper. (Phot. b. Karl Kahr, Maschinenfabrik, Parchim i. Meckl.)

greifen, um Freude an der Arbeit und an dem Werkzeug zu haben!

Je größer der Kolbendurchmesser, um so gewaltiger im allgemeinen der Rückschlag! Schon aus diesem Grunde werden sich die Abnormitäten nicht lange erhalten. Bei außergewöhnlich kurzen Hämmern läßt sich allerdings der Rückschlag noch ertragen, weil er durch den geringen Hub des Kolbens gemindert wird.

Der Rückschlag eines Preßlufthammers ist höchst beachtenswert! Hämmer, die einen starken Rückschlag haben, leisten in der Regel viel. Aber was nutzt die effektive Kraftleistung, wenn der Arbeiter sich nach jeder halben Stunde erst einmal zehn Minuten lang verschnaufen muß, weil ihn der übermäßige Rückschlag zu sehr mitnimmt!

Über den Ursprung des Rückschlags sind sich eigentlich die Fachleute noch immer nicht ganz einig. Der eine vertritt die Meinung, der Rückschlag entstehe durch den wuchtigen Aufprall des Kolbens auf den Nietdöpper resp. auf den Meißel. Der andere glaubt, daß er durch den Rückprall des Kolbens gegen den Griff hervorgerufen werde. Wieder andere machen die Kom-

pression beim Rückhub des Kolbens im oberen Zylinderraum dafür verantwortlich. Ich stehe auf dem Standpunkt, daß der Rückstoß — nicht
Schlag — dadurch hervorgerufen wird, daß beim Vorwärtsschnellen des
Kolbens unter dem Druck der hochgespannten Frischluft sich unten ein Kompressionspolster bildet, welches die Tendenz hat, den ganzen Hammer zurück-
zustoßen resp. von dem Arbeitsstück oder besser gesagt von dem Nietdöpper
oder dem Meißel abzuheben. Diese starke und plötzliche Rückstoßbewegung
empfindet der Arbeiter als Schlag, weil ja im Moment darauf schon wieder die
Ventilumsteuerung vor sich geht. Das erwähnte Kompressionspolster ist um
so umfangreicher, je größer der Kolbendurchmesser ist. Die kleinen Meißelhämmer mit nur 22 mm Kolbendurchmesser und kleinem Hub haben deshalb
so gut wie keinen Rückstoß, und dieser ist auch bei einem etwas stärkeren

Kolben um so gerin-
ger, je kleiner der Hub
ist, denn dann sind
Polster und Kompres-
sionsdruck schwach.
Der Rückstoß kann
gemindert werden
durch eine zweck-
mäßige Ventilsteue-
rung, die im Verein
mit sehr reichlich di-
mensionierten und
zahlreichen, gut ver-
teilten Kanälen der

Abb. 73. Entfernen des Walzgrats an Eisenbahnbandagen.
(Phot. b. Oberschles. Eisenbahnbedarfs-A.-G., Gleiwitz.)

sich unter dem Kol-
ben ansammelnden Kompressionsluft Gelegenheit gibt, sich so rasch als
möglich zu verflüchten. Das beste wäre es vielleicht, ihr im unteren Zylinderteil, unmittelbar über der Meißelbüchse, einen bequemen Weg ins Freie
zu bahnen. Wahrscheinlich hätte ein solcher Hammer überhaupt keinen
Rückstoß, dagegen aber eine außerordentliche Schlagwirkung, weil der Vor-
wärtsgang des Kolbens unter dem Druck der oben eintretenden Frischluft
nicht durch das Luftpolster unten gehemmt wird. Aber die Sache hat einen
Haken deshalb, weil bei der bisher bekannten Steuerungsart auch Frischluft
unter den Kolben geleitet werden muß, um diesen zur gegebenen Zeit nach
aufwärts zu befördern. Und diese Frischluft würde dann natürlich auch den
vorerwähnten Weg ins Freie lieber nehmen, als ihre Kraft der Aufwärts-
bewegung des Kolbens zu widmen! Ein Ausweg wäre möglich, indem man
am unteren Zylinderteil noch ein zweites Steuerventil anordnet, welches nur
die eine Funktion hat, beim Herunterkommen der Arbeitsluft, die zum Hoch-
heben des Kolbens dienen soll, die unmittelbar ins Freie führenden Kanäle
oder Öffnungen zu verschließen, um dieselben beim Herunterkommen des
Kolbens erneut zu öffnen! Es soll sein, daß die Anbringung einer solchen

Regulierung unten am Zylinder auf technische Schwierigkeiten und praktische Hindernisse stößt, aber unüberwindlich dürften diese keinesfalls sein.

Solange dieses Problem nicht gelöst ist, muß eben mit dem unangenehmen Rückstoß gerechnet werden, und man kann nur immer wieder versuchen, den Übelstand abzuschwächen, indem man die Kompressionsluft unter dem Kolben (schädliche Luft) in beschleunigtem Tempo wegzubefördern sich bemüht. Dies bezweckt z. B. auch das Einsetzen von Saugdüsen in die Umsteuerkanäle (Patentanmeldung Kroening-Bergau). Da die bezüglichen Versuche aber noch nicht zum Abschluß gelangt sind, so läßt sich über die Wirkung noch nichts Bestimmtes sagen. Eine andere Lösung könnte darin bestehen, daß man den Rohrschieber soweit verlängert, daß er durch den ganzen Zylinder hindurchgeht, also gewissermaßen in seiner ganzen Länge eine Scheide für den Kolben bildet. Dieser lange Rohrschieber könnte sowohl die obere wie die untere Kolbenseite in der gedachten Weise steuern, und bewirken, daß der Schieber selbst beim Rückstoß ruhig auf dem Döpper oder Meißel verbleibt, während der Zylinder sich abhebt, oder auch umgekehrt. Einen solchen verlängerten Rohrschieber, jedoch offenbar zu einem anderen Zweck, läßt bereits die Patentschrift 345659 erkennen. Bei dieser Erfindung führt sich auch der lange Rohrschieber in dem Zylinder und umfängt unten in verstärkter Form als Buchse den Döpper- oder Meißelschaft. Auf jeden Fall ist das Problem der Rückstoßaufhebung des Schweißes der Edlen wert, und wenn auch die gegebenen Anregungen nicht zum Ziele führen sollten, so darf man doch wohl annehmen, daß schließlich der geeignete Weg zur Vervollkommnung des Preßlufthammers in diesem Punkte im Laufe der Zeit — sei es durch theoretische Gedankenarbeit, sei es durch wissenschaftliche Untersuchungen oder durch praktische Versuche — sicher gefunden werden wird!

In Abweichung von den amerikanischen Vorläufern konstruierten Pokorny & Wittekind ihre Rohrschieberhämmer nach dem von der Dampfmaschinensteuerung System Stumpf her bekannten Gleichstromprinzip, wobei die Bewegung der Preßluft immer in derselben Richtung ohne Umkehr erfolgt. Der Auspuff der verbrauchten Luft geschieht nicht in der Nähe des Lufteintritts, d. h. Einlaß und Auspuff sind soweit wie möglich getrennt, und wenn der Kolben seinen Arbeitshub beendet hat, so wird der Auspuff freigegeben. Die Luft braucht also nicht mehr zurückzuströmen, wie bei Hämmern, bei denen der Auspuff durchs Ventilgehäuse — wenigstens zum Teil — erfolgt. Nach dem Gleichstromprinzip arbeiten übrigens auch noch etliche andere deutsche Fabrikate!

Die Amerikaner bevorzugen die offene Griffform, die bei den deutschen Hämmern nur bei den ganz kleinen Typs angewandt wird. Versuche, auch in Deutschland die großen Hammergriffe offenzulassen, sind fehlgeschlagen, weil man offenbar nicht das richtige Material benutzte und die amerikanische Arbeitsmethode nicht genau kennt. So findet man bei allen deutschen Hämmern den geschlossenen Griff, an den sich die Arbeiter mittlerweile auch gewöhnt haben. Irgendeinen besonderen Vorzug besitzt die offene

Form wohl kaum; vielleicht bringt sie eine geringfügige Gewichtsverminderung mit sich, jedoch sind die amerikanischen Hämmer im großen und ganzen eher schwerer als die deutschen Modelle.

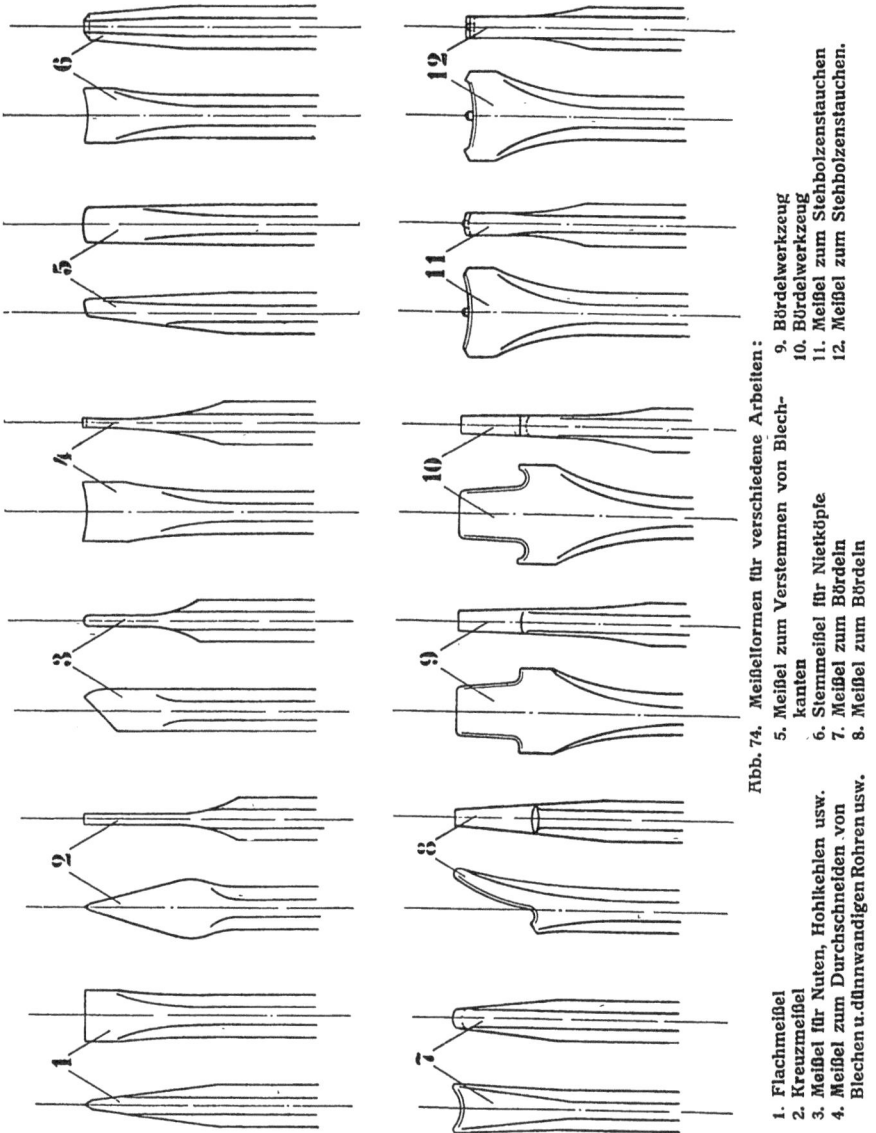

Abb. 74. Meißelformen für verschiedene Arbeiten:

1. Flachmeißel
2. Kreuzmeißel
3. Meißel für Nuten, Hohlkehlen usw.
4. Meißel zum Durchschneiden. von Blechen u. dünnwandigen Rohren usw.
5. Meißel zum Verstemmen von Blechkanten
6. Stemmeißel für Nietköpfe
7. Meißel zum Bördeln
8. Meißel zum Bördeln
9. Bördelwerkzeug
10. Bördelwerkzeug
11. Meißel zum Stehbolzenstauchen
12. Meißel zum Stehbolzenstauchen.

Das eine muß man dem offenen Boyer-Griff nachsagen: Er liegt vortrefflich in der Hand. Aber die meisten deutschen Grifformen sind ebenso handlich. Im übrigen ist die Grifform keineswegs von untergeordneter Be-

deutung! Ein verbauter Griff, ein zu langer oder zu kurzer Drücker, ein zu gewölbter Griffrücken oder eine zu schmale Form, alle diese Fehler neben manchen anderen bewirken eine übermäßige Inanspruchnahme der Handmuskeln, deren Ermüdung sich auf die Nervenstränge des Armes überträgt und die Leistung des Arbeiters im Dauerbetriebe wesentlich beeinträchtigt! Dasselbe kann eintreten, wenn z. B. mit einem Hammer in wagerechter Lage gearbeitet wird und die Schlauchtülle in einem falschen Neigungswinkel schräg nach oben absteht, so daß durch den verhältnismäßig starren Anschlußschlauch ein ungünstiger Zug ausgeübt wird, den die Handmuskeln überwinden müssen. Fast alle Hämmer besitzen den bekannten Außendrücker, doch gibt es auch welche mit Innendrücker, d. h. der Drücker zur Betätigung des Lufteintritts liegt nicht außen am Griff, sondern an der Innenseite. Er wird beim Umfassen des letzteren durch die Finger gleich mitgegriffen und betätigt. Durch die Anbringung des Drückers an der Innenseite soll in erster Linie wieder Unglücksfällen vorgebeugt werden, die entstehen können, wenn der Außendrücker einmal unabsichtlich betätigt wird, wenn also jemand ungewollt dagegen stößt usw. Bei den deutschen Hämmern, bei denen das Herausfliegen des Schlagkolbens, wie schon erläutert wurde, nicht möglich ist, ist dieser Punkt

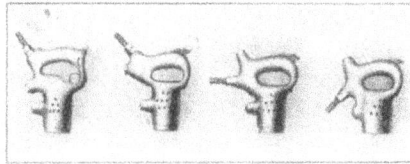

Abb. 75. Griffformen.

aber von untergeordneter Bedeutung. Als Nachteil des Innendrückers dagegen muß angeführt werden, daß der Arbeiter — beim Anschlag oder bei der Regulierung der Schlagstärke — bei weitem nicht so gefühlvoll zu arbeiten vermag, als wenn er den Drücker mit dem Daumen betätigt. Es kann aber dennoch vorkommen, daß ein Hammer mit einem Innenhebel, wie er in der Abb. 75 links gezeigt ist, vorzuziehen ist. Dies ist z. B. der Fall, wenn Reihen-Kaltnietungen im Waggonbau usw. zu bewältigen sind, oder wenn der Hammer für Abbrucharbeiten u. dgl. — womöglich schräg nach oben — benutzt wird. Indem der Arbeiter den Griff packt, zieht er mit dem Zeigefinger den Ringhebel hoch, und der Lufteinlaß bleibt dann solange geöffnet, bis der Mann den Hammer wieder absetzt und den Griff losläßt. Der Vorteil dieser Konstruktion für bestimmte Arbeiten ist also klar. Auch der Kohlen-Pickhammer sollte deshalb immer mit diesem Griff ausgerüstet sein. Die Abb. 75 veranschaulicht drei weitere Griffe mit Außendrücker, bei denen die Schlauchtülle einmal schräg nach oben, das andere Mal wagerecht und schließlich schräg nach unten gerichtet ist. Die mittlere Form ist die gebräuchlichste. Ohne Bedeutung ist die Richtung der Schlauchtülle keineswegs, nämlich mit Rücksicht auf den Anschlußschlauch. Wird beispielsweise ein Hammer mit nach oben gerichteter Tülle dauernd in senkrechter Lage — vielleicht für Bodennietungen — gebraucht, so wird der Schlauch leicht knicken und der Hammer wird unhandlich. Der Mittelweg ist offenbar auch hier der beste! Originell ist ein Hammer-

griff nach Abb. 76 (System Bergau), bei dem auf der Innenseite Rillen angebracht sind, in die sich die den Griff umfassenden Finger legen sollen, um zu
verhüten, daß die Hand, wenn sie einmal etwas schweißig und der Griff blank
ist, hin und her rutscht. Ob dieser Griff große Verbreitung gefunden hat
entzieht sich meiner Kenntnis. Die Idee ist jedenfalls gut, denn es ist wirklich anzustreben, daß der Hammergriff dem Arbeiter möglichst vorteilhaft und fest in der Hand liegt. Es gibt
Griffe, die an und für sich so unpraktisch geformt sind, daß die Hand fortwährend über den Drücker hinweg-
rutschen will. Neuerdings kommt man
übrigens mit Recht davon ab, Griff
und Zylinder zu polieren. Erstens hält
die Politur doch nie lange vor, zweitens
begünstigt sie den Rostansatz, drittens
ist sie aus dem vorgenannten Grunde
unpraktisch. Die mittels Sandstrahlgebläse matt geputzten Hämmer sehen
zwar in ungebrauchtem Zustande nicht
so schön aus wie die blank polierten,
aber mit Bezug auf die letzteren kann
man auch sagen: Ach wie bald schwin-

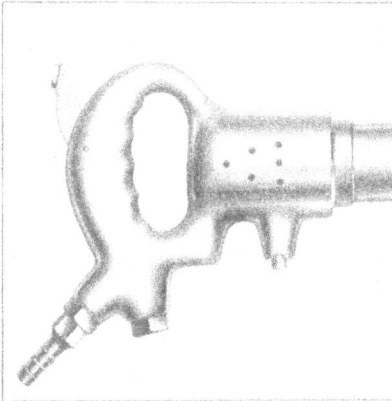

Abb. 76.

den Schönheit und Gestalt. Und schließlich sollen Preßluftwerkzeuge ja
keine Augenweide bilden.

Bei dem in Abb. 65 dargestellten Hammer ist im Hinblick auf das Vor-
gesagte noch folgende Neuerung erwähnenswert: Die Griffe der Niethämmer
und der Meißelhämmer sind so aus-
gebildet, daß fast sämtliche Innenteile
die gleichen sind und miteinander ausgetauscht werden können. Außerdem
aber sind die Einlaßorgane beider
Griffe derart angeordnet, daß man
die Schlauchtülle mit der Verschlußmutter austauschen kann, so daß

Abb. 77. Reguliervorrichtung zur Schlagstärke
von Stemmhämmern (Vollventilhämmer der
deutschen Nileswerke).

man es in der Hand hat, die Richtung der Tülle und des Anschlußschlauches
nach Belieben schräg nach oben oder wagerecht zu gestalten. Noch besser
ist eine nach allen Richtungen hin bewegliche Schlauchtülle nach Abb. 80
(Patent Bergau).

Gut bewährt für leichte Meißelarbeiten und zum Stemmen haben sich die
kleinen Hammermodelle mit 20 bis 22 mm Kolbendurchmesser und offenem
Griff.

Ich glaube dieses Kapitel nicht abschließen zu dürfen, ohne nochmals die
Grundzüge hervorzuheben, die die Qualität und Brauchbarkeit eines Preßlufthammers ausmachen. Dieselben ergeben sich aus der Verwendung best-

geeigneter Stahlsorten, die nicht schematisch für die verschiedenen Einzelteile, welche doch sehr verschieden beansprucht sind, ausgewählt werden
dürfen. Um völlige Übereinstimmung aller Teile behufs leichter Auswechslung
auf Montageplätzen usw. herbeizuführen, muß die Fabrikation mit peinlichster

Genauigkeit unter Benut-
zung von Toleranzlehren
und Kalibern, tunlichst auf
Spezialmaschinen und aus-
schließlich durch geschulte
Arbeitskräfte, erfolgen. Es
ist grundfalsch, zu denken,
man könne mit Lehrlingen
und ungeschulten Hilfs-
kräften eine billige Massen-
fabrikation von Preßluft-
werkzeugen herbeiführen.
Mit Billigkeit kann man vor
allem die amerikanische
Konkurrenz niemals aus
dem Felde schlagen. Die
deutsche Preßluftindustrie

Abb. 78. Aufreiben und Nieten an der Schiffswand
(Phot. b. Deutsche Werke, Kiel).

kann, wie auf vielen anderen Gebieten, nur durch Lieferung von Qualitätsware den Markt beherrschen wollen. Preßluftwerkzeuge müssen in
jeder Beziehung einwandsfrei gearbeitet sein. Ein schlecht geschliffenes
Ventil, ein mangelhaft ausgebohrter Zylinder, ein unsauberer Kolben kann
zum Verlust der Kundschaft führen. Wobei man nicht vergessen darf, daß
Preßluftwerkzeuge zu den Artikeln gehören, die laufend gebraucht werden.
Es hat deshalb auch keinen Zweck, ein Geschäft durch Preisunterbietung

gemacht zu haben,
um den Kunden her-
nach doch an die
Konkurrenz abtreten
zu müssen, wenn
nämlich die Werk-
zeuge ihn nicht be-
friedigen. Die Erzeu-
gung von Preßluft-
werkzeugen ist nicht
leicht, und es genügt
keineswegs, sich ein-

Abb. 79. Putzen von Stahlguß.
(Phot. b. Stahlwerk Oeking, A.-G., Düsseldorf.)

fach einen Hammer zu kaufen, um diesen skrupellos nachzubauen; damit ist
vor allem der deutschen Preßluftindustrie nicht gedient. Um die Produktion
zu verbilligen, müssen Vorrichtungen und wieder Vorrichtungen geschaffen
werden. So ist es z. B. ein schwieriges Stück, die vielen Kanäle in die Zy-

linder zubohren bzw. dieselben nach der Innenwand hin durchzubohren. Manche Fabriken helfen sich auf einfache Weise, indem sie die Zylinder von außen durchbohren und die Löcher dann an den betreffenden Stellen wieder zuschweißen.

Allerdings wird dadurch die Fabrikation verbilligt, denn es werden kostspielige Bohrvorrichtungen, Zeit und Arbeitslöhne gespart. Aber es ist einleuchtend, daß ein Hammer, dessen Außenwand nicht auf solche Art beschädigt wird, in geringerem Grade zum Bruch neigen wird.

Für die Konsumenten aber steigt aus alledem die Forderung auf, ihrerseits zur Erstarkung der deutschen Preßluftindustrie und zur praktischen Vervollkommnung der deutschen Werkzeuge beizutragen, indem sie anerkennen, daß ein gutes Werkzeug auch einen guten Preis bedingt, eingedenk der alten Regel, daß das teuerste Werkzeug im Gebrauch meist das billigste ist!

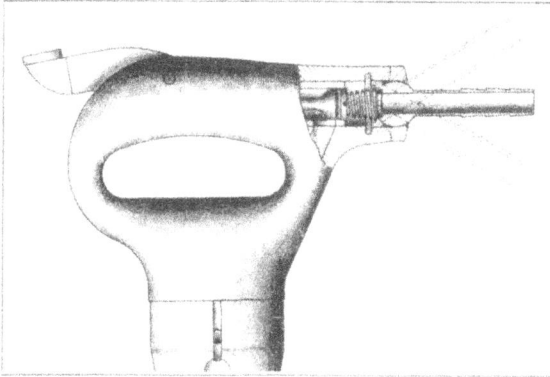

Abb. 80. Bewegliche Schlauchtülle.

In der Konstruktion unterscheiden sich die verschiedenen Marken nicht wesentlich; sie sehen sich ziemlich ähnlich. Man darf wohl von einer Vollkommenheit der Preßlufthämmer in der Jetztzeit reden, aber dennoch möchte ich der Meinung hervorragender Fachleute, daß die Entwicklung der Hämmer nahezu abgeschlossen und an umwälzende Änderungen nicht mehr zu denken sei, nicht beipflichten. Wenn nicht alles trügt, so hat die Preßluft nur eben erst ihren Siegeslauf begonnen! Wohin er führt und über welche Gebiete er sich erstrecken wird, das läßt sich noch gar nicht voraussehen! Deshalb ist es wohl denkbar, daß auch die Schlagwerkzeuge eines Tages in einer völlig neuen Gestalt sich aus den jetzigen Formen herausbilden können. Das ganze Gebiet ist noch zu jung, um von einer Abgeschlossenheit im Ernst sprechen zu können!

Preßluftwerkzeuge für besondere Zwecke.

Mit der Benutzung der Preßlufthämmer für gewöhnliche Niet-, Stemm-
und Meißelarbeiten sind ihre Dienste bei weitem nicht erschöpft. Vielmehr hat
gerade ihre äußerst vielseitige Verwendbarkeit mit Recht die Ansicht von der
Unentbehrlichkeit des pneumatischen Betriebes für alle fortschrittlich ge-
sinnten Werke auf den verschiedensten Industriegebieten emporwachsen
lassen.

Über die Nutzbarkeit mancher Arbeiten mit Hilfe pneumatischer Hämmer
gehen allerdings die Meinungen noch auseinander. So z. B. wird das Ent-
nieten von Kesseln allgemein als nicht sehr rentabel
betrachtet. Nach gesammelten Betriebsergebnissen vermögen zwei Mann mit Handschrothämmern in zehn Stunden
800 bis 1000 Niete von 15 bis 20 mm Durchmesser abzu-
schlagen, wenn die Arbeit im Akkord verrichtet wird.
Darin ist auch das Durchschlagen der Nietschäfte mit
einbegriffen.

Eingehende praktische Versuche, namentlich beim Eisen-
bahnwerkstättenamt Dortmund, haben erwiesen, daß es
nicht vorteilhaft ist, mit einem Preßlufthammer und einem
entsprechend breiten Meißel den Nietkopf einfach abzu-
schlagen. Hingegen wurden befriedigende Resultate erzielt

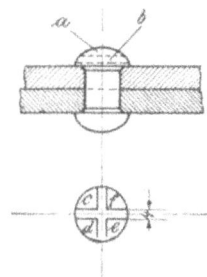

Abb 81.

mit einem 4 mm breiten Meißel, indem man den Nietkopf in zwei Absätzen
(a und b der Abb. 81) durchkreuzte, um dies dann noch einmal im Winkel von
90 Grad durchzuführen. Erst dann geht man daran, die noch stehengebliebenen
Ecken c, d, e und f mit Hilfe eines Flachmeißels zu entfernen, was natürlich
geringe Mühe verursacht. Sodann wird der Nietbolzen mit Hilfe eines
Durchschlags — selbstverständlich auch mit dem Preßlufthammer — herausgeschlagen. Das Werkstättenamt benutzte zu den Versuchen einen Meißelhammer mittlerer Größe mit verstärktem Kolben. Bei diesem Arbeitsverfahren
werden sich natürlich kaum der Handarbeit gegenüber günstigere Zeiten
herausrechnen lassen, aber den Behörden ist es offenbar darum zu tun, Unfälle zu verhüten, die beim Abschlagen der Nietköpfe mit dem Schrotthammer
durch das Abprallen und Umherfliegen der Köpfe leicht entstehen können.

An anderer Stelle ist beobachtet worden, daß man vorteilhaft zum Ziele
kommt, wenn man mit dem Preßlufthammer mit Flachmeißel den Nietkopf
einfach mit einigen entsprechenden Spänen abmeißelt. Bei 6 Atm. Betriebs-

Abb. 82. Kleine Hämmer mit offenem Griff beim Herausmeißeln des Grats, der sich bei der Schweißung von Radfelgen bildet. (Phot. b. Metallzieherei, A.-G., Köln-Ehrenfeld.)

druck brauchte man für einen Eisenkonstruktionsnietkopf von $^5/_8''$ durchschnittlich 50 Sekunden, für einen $^3/_4''$ Niet aber 1 Minute und 30 Sekunden.

Mannigfache Verwendung finden die kleineren Hammertyps, die in Abb. 82 veranschaulicht sind. Diese leichten, handlichen Hämmer werden von allen Arbeitern mit Vorliebe gebraucht, weil bei ihnen der Rückschlag infolge des geringen Kolbendurchmessers kaum noch fühlbar ist und sie auch zu ganz feinen Arbeiten herangezogen werden können, für die sich die größeren Hämmer keinesfalls eignen. Abb. 82 demonstriert das Ausmeißeln resp. Glätten der Schweißstellen an der inneren und äußeren Seite von Autofelgen. Zum Behauen und Bearbeiten von Kleinguß, außerdem aber auch für Aluminiumnietungen im Apparatebau usw. haben sie sich bewährt. Eine originelle Methode läßt Abb. 83 erkennen, indem man einen der kleinen Hämmer, an Stelle des Griffs mit einer Kappe ausgerüstet, in einen Bügel eingespannt und mit einem Fußhebel verbunden hat, so daß der Arbeiter beide Hände frei hat. Die Vorrichtung dient zum Hämmern der Lötstellen an Messinglampenbrennern. Auch zum Glätten der Nähte bei der Herstellung von Schuhzeug sind ähnliche Apparate im Gebrauch. Ebenso zeigt Abb. 84 einen zu einer kleinen Nietmaschine umgewandelten Hammer, der, gleichfalls mit Fußhebel versehen, ausschließlich und mit gutem Erfolg zum Nieten von Reitsätteln usw. verwendet wird.

Abb. 83. Hammermaschine.

Zum Abhämmern des Zunders an rotwarmen Rohren (bei der Herstellung derselben) dient ein in eine zweckmäßige Vorrichtung eingespannter, in Abb. 85 dargestellter größerer Hammer. Der den Hammer tragende Hebel, der beweglich gelagert ist, läßt sich auf einfache Weise verstellen, um Rohre von 100 bis 500 mm Durchm. bearbeiten zu können. Zum Abdämpfen der Schläge sind rechts und links vom Zylinder zwei starke Federn vorgesehen, die auch gleich eine Schelle zur Befestigung des Döppers halten. Der Hammer wird nicht wie gewöhnlich durch den Daumenhebel, sondern durch ein an der Haltestange des Apparates bequem angebrachtes drehbares Einlaßventil betätigt, das beliebig lange offen gelassen werden kann.

In Amerika verwendet man Preßlufthämmer zum Zerteilen von Schlachtvieh, das heißt in erster Linie zum Durchmeißeln der Wirbelsäule der Länge nach, um also Schweine, Kälber, Rinder usw. zu halbieren, nachdem sie geschlachtet und aufgehängt sind. Wenn man bedenkt, daß Tag für Tag viele Tausende von Tierkadavern in den großen Schlachthäusern zu zerteilen sind, so wird man einsehen, daß der Preßlufthammer auch

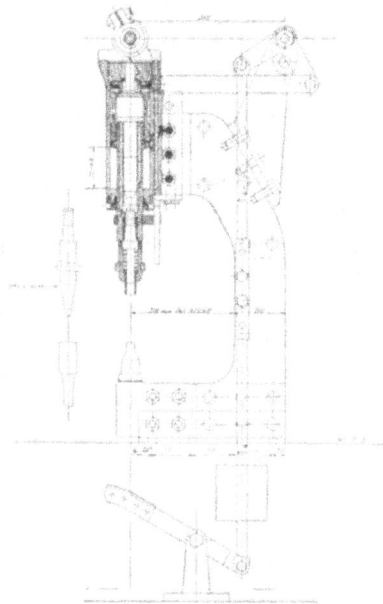

Abb. 84. Kleine Nietmaschine.
(Fabr. Deutsche Nileswerke, Weißensee.)

hier sehr gut am Platze ist. Das Durchschlagen der Wirbelsäule von oben bis unten mit einem Handbeil ist sehr anstrengend und kann auch nur von geübten Leuten nutzbringend vorgenommen werden. Der Preßlufthammer

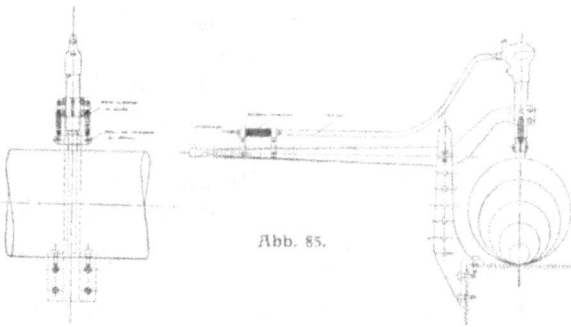

Abb. 85.

bewältigt dieselbe Arbeit spielend. Es wird vorn in den Zylinder ein breites Messer eingesetzt, das mit Hilfe einer Schelle und zweier Federn mit dem Zylinder untrennbar verbunden ist. Die Schneide des Messers kann leicht ausgewechselt werden, wenn ein Nachschärfen erforderlich wird. Wahrscheinlich könnte sich dieses Verfahren auch für die deutschen Schlachthäuser als zweckmäßig erweisen, zumal wenn gleichzeitig auch pneumatische Hebezeuge angewandt werden. Die letzteren können eventuell zu mehreren durch eine Fernsteuerung gemeinsam betätigt werden; sie sind nahezu unempfindlich und dabei unbedingt betriebssicher.

Es gibt natürlich noch mannigfache andere Gebiete, auf denen gerade die Preßlufthämmer für allerlei Spezialarbeiten mit Erfolg benutzt werden. Unmöglich erscheint es, gerade dieses Kapitel nur einigermaßen erschöpfend zu behandeln. Die gegebenen Beispiele lassen erkennen, daß die pneumatischen Hämmer zu fast allen Arbeiten herangezogen werden können, für die man bislang schlagender oder klopfender Handwerkzeuge sich bediente. In den weitaus meisten Fällen gesellt sich zu den Vorteilen der Zeit- und Lohnersparnisse noch der Umstand, daß man sich unabhängiger macht von geschulten Leuten, deren Ansprüche immer höher gehen. So kann man Facharbeiter ersparen und die Arbeiten fast immer mit Hilfe billigerer Arbeitskräfte rascher und qualitativ hochwertiger verrichten als vorher.

Erwähnt sei an dieser Stelle noch das Tonstechen mittels Preßlufthämmern. Hierbei kommt es weniger darauf an, tiefe Einschnitte zu machen, als vielmehr mit Unterstützung des Preßluftwerkzeugs saubere und gleichmäßige Tafeln aus den Tonfeldern herauszuschneiden. Zu diesem Zwecke wird ein eigenartig geformtes Messer in den Hammer eingesetzt, welches am Kopf mit vier breiten Rollen ausgestattet ist. Diese laufen auf der Oberfläche entlang und verhindern das Einsinken des Messers. Das Verfahren ist in Deutschland noch neu (Patent Buß). Ob die Sache rentabel ist, muß sich angesichts der heutigen enormen Anschaffungskosten für eine pneumatische Anlage, die entweder fahrbar sein oder ein umfangreiches Rohrnetz aufweisen muß, erst in der Praxis zeigen.

Um das Verstemmen der Nietköpfe mit dem Preßlufthammer zu erleichtern, hat J. Pätzold, Gera, einen eigenartigen Apparat herausgebracht (Patent 335336), der aber wohl seine volle Wirkung nur an einem Hammer mit selbsttätiger Drehvorrichtung entfalten kann (Stehbolzen-Spezialhammer). Die Vorrichtung selbst läßt sich an einem solchen Hammer leicht anbringen. Sie setzt sich aus folgenden Teilen zusammen: 1. Den drei eigentlichen Stemmern, bestehend wie die übrigen Teile aus geeignetem Stahl, 2. dem konischen Hammer, 3. dem Haltring, 4. der Haltefeder. Die drei eigentlichen Stemmer sind an der Nietkopfberührungsstelle ähnlich den gebräuchlichen Handstemmern ausgebildet und haben im mittleren Teile eine Einbuchtung zur Aufnahme des Halteringes. Oben sind sie kreisringdrittelartig geformt mit je einer Nut, in die je eine Knagge des Hammers zur Übertragung der umlaufenden Bewegung eingreift. Letzterer ist im mittleren Teile zylindrisch und unten kegelförmig. Der Haltering kann verschiedenen Querschnitt haben und liegt in der erwähnten Einbuchtung der Stemmer. Eine gebogene Stahlblechfeder bezweckt das Halten der Vorrichtung am Preßluftrevolver.

Die Arbeitsweise ist folgende: Beim Aufsetzen auf den Nietkopf legen sich die sonst infolge der Feder gespreizten Stemmer durch die Schwere des Hammers oder durch geringen Druck gegen den Nietumfang. Beim Schlag des Hammers drängt der Kegel die hebelartig um den Ring drehbaren Stemmer oben auseinander, wodurch die Stemmerfinnen in unter kleinem Winkel geneigter radialer Richtung gegen den Nietkopfumfang geschlagen werden.

Ein Abrutschen vom Nietkopf verhindert der gleichzeitig auch in axialer Nietrichtung ausgeführte Schlag. Da die Vorrichtung, wie oben beschrieben, umläuft, wird, infolge der hohen Schlagzahl des Hammers von etwa 1500 pro Minute und mehr, der Niet am ganzen Umfange in wenigen Sekunden verstemmt, während sonst ein guter Arbeiter für mittelgroße Niete dazu etwa 1—2 Minuten braucht. Die hohe Arbeits- und mithin auch Kostenersparnis durch Anwendung der beschriebenen Vorrichtung ist besonders ersichtlich, wenn man bedenkt, daß ein mittlerer Dampfkessel mehrere, 1000 Niete hat, die nach den neuen Vorschriften am innern und am äußern Kopf zu ver-

stemmen sind. Die Vorrichtung kann den Nieten entsprechend in verschiedenen Größen ausgeführt werden, jedoch eignet sich infolge der selbsttätigen Verstellung eine Größe für verschiedene Nietstärken und mithin auch für ungleich große Köpfe.

Im Hinblick auf die vorerwähnte Spezialvorrichtung muß zugegeben werden, daß gerade das Verstemmen der Nietköpfe mit einem gewöhnlichen Preßlufthammer (also ohne Drehvorrichtung) eine ziemlich schwierige Arbeit ist, die nicht von jedermann vorgenommen werden kann und Übung verlangt. Man kann sie nur von

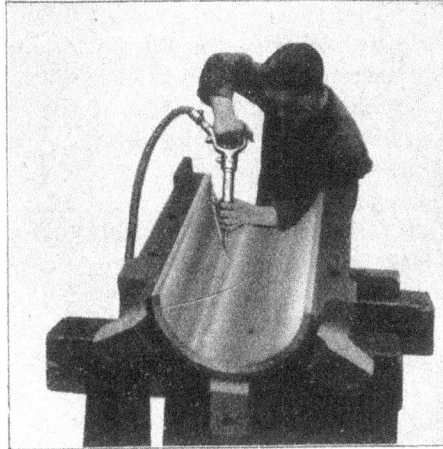

Abb. 86. Einmeißeln von Schmiernuten.
(Phot. b. Brown, Boveri & Co., Baden.)

Leuten ausführen lassen, die das richtige Gefühl dafür haben und Geschicklichkeit entfalten. Die »Werkstattstechnik« brachte jüngst eine ganz ausführliche Anleitung, die an dieser Stelle wiedergegeben sein möge:

Es werden im allgemeinen außer einem Sondermeißel oder Entgrater zum Entfernen des etwa noch vorhandenen Grates drei verschiedene Stemmer gebraucht, die sämtlich mit einem runden Führungsschaft zum Einstecken in den Hammer versehen sind. Als Hammer ist ein kurzer, nicht zu kräftig schlagender, gut regulierbarer Preßlufthammer zu wählen. Hammer und Meißel zusammen sollen möglichst nicht über 350 mm lang sein, damit der mit der rechten Hand zu beschreibende Kreis nicht zu groß ausfällt und die rechte Hand auch nicht in zu großer Entfernung vom Nietkopf arbeiten muß. Aus dem gleichen Grunde, und damit die Federung und die Prellung möglichst gering bleiben, wird auch der Meißelschaft nur etwa 80 mm lang ausgeführt. Die Rundschäfte der Meißel müssen sich gut und sicher in dem Hammer führen, dabei aber leicht drehen lassen; bei einem

nicht gut geführten Schaft sind die Prellungen so, daß ein Führen am Nietkopf unmöglich wird.

Der linke Unterarm ist fest gegen das Kesselblech zu legen, die ganzen
Bewegungen der linken Hand sind mit dem Handgelenk und den Fingern
auszuführen. Mit den Fingern wird der Meißel um den Nietkopf geführt und
je nach seiner Lage gegen den Nietkopf gezogen oder gedrückt, während die
rechte Hand den Hammergriff in einem Kreise bewegt, so daß die Achse von
Meißel und Hammer einen Kegel beschreibt.

Sämtliche Meißel sind zur Führung an dem Nietkopf auf ihrer einen
Seite dem Radius des Nietkopfes entsprechend ausgearbeitet, während die
andere Fläche der Schneidenkante gewölbt ist, damit der Meißel nicht mit
einer Kante ins Blech eindringen und sich festhaken kann. Die große, der
Kegelachse zugekehrte Seite des Meißelschaftes wird flach gehalten, die ent-
gegengesetzte Seite gewölbt mit gut gerundeten Kanten, damit der Arbeiter
ohne weiteres fühlt, daß er den Meißel richtig in der Hand hat.

Nach dem Entgraten wird zunächst mit dem Vorstemmer gearbeitet,
der mit einer Neigung von etwa 20° um den Nietkopf geführt wird. Dieser
Stemmeißel wird besonders kräftig mit der linken Hand gegen die Achse des
Nietes gedrückt, so daß der Stemmer stets das Bestreben hat, von dem Kesselblech etwas entfernt zu bleiben, und das Material des Nietkopfes durch die
Schläge des Hammers nach dem Blech hin gestemmt wird. Der Stemmer ist
nach der Kesselblechseite zu mit einer breit gehaltenen, schwach gewölbten
Fläche zu versehen, die bei nicht genügenden Gegendrücken gegen das Niet
ein Eindringen in das Blech verhindert.

Als zweite Stemmarbeit kommt das Nachstemmen. Der Nachstemmer
wird meist mit einer etwas breiteren Führungsfläche für den Nietkopf versehen. Er wird mit einer etwas größeren Neigung (etwa 30°) um den Nietkopf
geführt, damit das mit dem ersten Stemmer heruntergeholte Material nach
der Achse zu gestaucht wird und sich fest gegen das Kesselblech keilt.

Zum Schluß wird mit einem Fertigstemmer wieder unter etwa 20° Neigung
die Kante zwischen Nietkopf und Blech nochmals sauber nachgezogen. Dieser
Stemmer wird nach der Blechseite zu mit einer schmalen Fläche versehen,
um ihn von den anderen Stemmern besser unterscheiden zu können, und weil
man auch ein geringes Eindringen den bei größerer Fläche leichter auftretenden
Prellungen vorzieht. Verschiedentlich wird auch der erste Stemmer zum
Fertigstemmen gebraucht, oder dort, wo weniger Gewicht auf sauberes Aus-
sehen gelegt wird, der Fertigstemmer ganz gespart und bei kleinen Nieten
überhaupt nur mit dem zweiten Stemmer gearbeitet.

Die angegebenen Anstellwinkel sind mittlere Winkel. Da das gute Arbeiten zum großen Teil von der richtigen und sicheren Führung mit der linken
Hand abhängig ist, so werden Anfänger leicht etwas größere Winkel vorziehen,
geübte Leute jedoch mit möglichst kleinen Neigungswinkeln auszukommen
suchen. Der Anschlußschlauch für die Preßluft darf die Bewegung nicht zu
sehr hindern, es muß ein genügend langer, nicht zu steifer Anschlußschlauch

gewählt werden. Bei Anfängern ist es ratsam, den Hammer mit einer einstellbaren Regelung zu versehen, damit der Arbeiter sich weniger um die Regelung des Einlaßhebels zu bekümmern hat, keine zu starken Schläge gibt und also sein ganzes Augenmerk auf die richtige Führung des Stemmeißels richten kann.

Ein neuer, vielversprechender Hand-Werkzeugumsetzer zur Unterstützung des Preßlufthammers wird soeben vom Rheinwerk, Langerfeld, auf den Markt gebracht.

Die drehende Bewegung des Döppers beim Stauchen von Stehbolzen, Börteln und Verstemmen von Siederohren und ähnlichen Arbeiten erfolgte bisher von Hand, indem man entweder den Döpper so lang machte, daß man ihn mit der Hand umfassen konnte, oder indem man ihn in primitivster Weise mittels eines angeschraubten Handgriffs drehte, sodann aber auch, indem man mit selbsttätiger Werkzeugumsetzung arbeitete.

In den ersten beiden Fällen wird die Führung des Hammers beeinträchtigt und der Arbeiter stark ermüdet, weil seine Hand die Schläge des Hammers aufnehmen muß. Bei der selbsttätigen Umsetzvorrichtung dagegen kann das Werkzeug nicht der beabsichtigten Arbeitswirkung entsprechend gedreht werden, und es dreht sich ohne Rücksicht hierauf gleichmäßig. Diese Vorrichtung hat zudem den Nachteil, daß sie einen erheblichen Luftverbrauch hat und den Hammer schwer macht.

Abb. 87 zeigt einen Hammer mit dem vorerwähnten Hand-Werkzeugumsetzer. Das Werkzeug wird durch die prismatische Öffnung einer über den Hammerschaft gelegenen Hülse geführt, welche mit der den Hammer unterstützenden Hand geführt und leicht je nach Bedarf gedreht wird. Die Hand des Arbeiters nimmt hierbei nicht die Schläge des Hammers auf, und das Gewicht desselben wird nur unwesentlich durch diese Vorrichtung erhöht. Die Hülse

Abb. 87.

kann leicht von dem Hammer abgenommen werden, so daß dieser natürlich auch für gewöhnliche Arbeiten Verwendung finden kann.

In Amerika wird eine Preßluft-Schabemaschine fabriziert (Anderson Bros. Mfg. Co.), für die vielleicht auch in Deutschland Interesse vorhanden sein könnte. Dieselbe soll sehr genau arbeiten und hauptsächlich den Arbeiter nicht so stark ermüden, als wenn er von Hand schabt.

Das Schabewerkzeug ist am Ende einer langen Stange angebracht, an deren anderem Ende sich Preßluftzylinder, Kolben und die übrigen Teile des Antriebsmechanismus anschließen. Preßluftzylinder und zugehöriger Mechanismus sind in einem Universalgelenk an einer Laufkatze aufgehängt, die sich auf einer Laufschiene leicht hin und her verschieben läßt. Die Handhabung des Schabers ist die gleiche wie die des gewöhnlichen Schabewerkzeuges; mit der rechten Hand betätigt der Arbeiter eine gekordelte Hülse, die mit der Ventilsteuerung im Luftzylinder in Verbindung steht.

Während des Arbeitshubes des Schabewerkzeugs bleibt die Laufkatze selbsttätig an der Laufschiene festgeklemmt. Beim Öffnen des Ventils tritt auch etwas Preßluft der Reihe nach durch eine Öffnung und verschiedene Kanäle an eine Membran, die die Laufkatze an der Schiene so lange festklemmt, wie die Preßluft zum Antrieb des Schabewerkzeugs Zutritt hat. Nach erfolgtem Abschluß des Ventils im Preßluftzylinder und Beendigung des Arbeitshubes des Schabewerkzeuges hört der Luftdruck auf die Membran auf, so daß sich die Laufkatze auf der Schiene bewegen kann.

Die Geschwindigkeit des Arbeitshubes läßt sich durch einen Ölbremser regeln. Die Maschine verbraucht etwa 0,216 cbm freie Luft in der Minute. Die den Schaber aufnehmende Stange gleitet in Kugellagern und läßt sich um ihre Achse drehen, so daß der Schaber von beiden Seiten benutzt und jede beliebig geneigte Fläche bequem bearbeitet werden kann. Die Laufschiene läßt sich entweder an der Werkstattdecke oder auf einem besonderen Ständer anbringen.

Zur Bearbeitung kleinerer Werkstücke ist ein Drehtisch mit T-Schlitzen zum Einspannen des Werkstückes vorgesehen. Dieser läuft in Kugellagern und läßt sich mittels eines Fußtrittgestänges in jeder gewünschten Lage einstellen.

Da wir nun einmal von allerlei Spezialarbeiten sprechen, die mittels Preßluft ausgeführt werden, so sei auch noch des sog. Staubstreuers gedacht, der für den Grubenbetrieb konstruiert worden ist. Derselbe dient dazu, Gesteinstaub (Tonschieferstaub z. B. und nicht stark hygroskopische Flugasche) zur Verhütung von Kohlenstaubexplosionen und zur Löschung von Grubenbränden auszustreuen. Er ist u. a. auf den Schachtanlagen der Gewerkschaft Ver. Konstantin der Große in Bochum zur Anwendung gelangt und soll sich gut bewährt haben. Der Staubstreuer hat die Form eines etwa 16 l fassenden Zinkbehälters von 5,5 kg Gewicht, der an einem Tragbügel bequem von einem Mann getragen und bedient werden kann. Am Boden des Behälters ist, wie »Glückauf« in Nr. 21, Jahrgang 1921, zu berichten weiß, eine Druckluftdüse angebracht, die den Staub aus dem Behälter ansaugt und durch ein 0,6 m langes Ablaßrohr herausspritzt. Der Mann bewegt sich beim Streuen rückwärts, mit dem Wetterstrom im Rücken. Der Staub wird hölzernen, in den Abbaustrecken aufgestellten Vorratskästen entnommen.

Der auf der Zimmerung, den Stößen und Sohlen abgelagerte Kohlenstaub wird in der ersten Hälfte der Nachtschicht von den Wetterleuten so stark mit Gesteinstaub bestreut, bis etwa gleiche Mengen von Gestein- und Kohlenstaub vorhanden sind. Dann ist beim Aufwirbeln das Gemisch nicht entzündbar.

Der Bedarf an Gesteinstaub beträgt für eine tägliche Förderung von 1000 t etwa 3½ t in der Woche. Durch die regelmäßige Gesteinstaubstreuung werden die Nachteile der Berieselung vermieden, und man ist nicht von der Zuverlässigkeit eingebauter Gesteinstaubschranken abhängig.

Ein in Brand geratener Bläser in einem Stapel wurde nach vergeblichem Bemühen, mit Wasser zu dämpfen, innerhalb von 15 Minuten durch zweimalige Anwendung des Gesteinstaubstreuers gelöscht.

Ein nützliches Arbeitsverfahren, bei dem ebenfalls pneumatische Schlagwerkzeuge, und zwar die normalen Stampfapparate, Verwendung finden, hat sich die Firma Pokorny & Wittekind schützen lassen. Es handelt sich um das Beschicken von Zellstoffkochern mit Kochgut, insbesondere mit Holz. Diese Arbeit wurde vordem in ziemlich mühsamer Weise von Hand ausgeführt. Zuweilen waren dabei 10 bis 15 Arbeiter zu gleicher Zeit im Innern des vielfach von der vorigen Kochperiode her noch stark erhitzten Kochers tätig! Das Charakteristische ist, daß mehrere Preßluftstampfer an einem kreuzförmigen Verteilungsstück mit Hilfe von einzelnen Anschlußschläuchen angeordnet sind. Dem Verteilungskörper wird die Druckluft durch einen entsprechend weiten, durch den Hals des Kochers hindurchgeleiteten Hauptschlauch zugeführt. Wird der Absperrhahn geöffnet, so fangen alle die angeschlossenen Stampfer an zu arbeiten. Mit einem Gegengewicht, das an einem Ende einer über eine feste Rolle geführten Kette befestigt ist, während deren anderes Ende mit einem an das kreuzförmige Verteilungsstück sich anschließenden Zuführungsstutzen verbunden ist, wird das Gewicht der erwähnten Teile ohne die Stampfer so ausgeglichen, daß sich das Mittelstück entsprechend der Zunahme der Höhe der Kocherfüllung bequem nach oben verschieben läßt (D.R.P. 261986). Neben der Ersparnis an Dampf, Lauge und Löhnen wird durch das Verfahren erklärlicherweise eine Verkürzung der Beschickungszeit und eine vorteilhaftere Ausnutzung der Kochanlage erzielt.

Wenn im Rahmen dieses Kapitels das Verstemmen der Nietköpfe ausführlich erläutert worden ist, so soll auch noch an das Bearbeiten der Siederohre in Lokomotivkesseln gedacht werden, weil auch dies eine Arbeit ist, die bei großer Sorgfalt mit zweckdienlichen Spezialwerkzeugen unter weitgehender Benutzung des Preßlufthammers vorgenommen werden kann.

Hat man das Einfassen des Brandrings besorgt und das Siederohr eingesetzt, so müssen die Feuerbuchsrohrenden mit einem Werkzeug nach Abb. 88 außen umgebördelt werden. Hierauf wird das Rohr von innen angestaucht, gemäß Abb. 89. Dann werden die vorderen Rohrenden mit dem Preßlufthammer und einem in Abb. 90 dargestellten Hilfswerkzeug vollständig umgebördelt, wobei zuguterletzt ein Werkzeug der in Abb. 91 gezeigten Art herangezogen wird. Zum Bördeln und Bearbeiten der Siederohre kommen mittelstarke Niet- und Meißelhämmer in Betracht, die einen leichten Anschlag haben müssen.

Eine wichtige Neuerung läßt Abb. 92 erkennen. Es ist dies eine kleine, auf dem Tisch aufzustellende Niet- und Hammermaschine, mit der man

z. B. kleine kalte Niete bis zu 4 mm ⊖ in vortrefflicher Manier zu schlagen vermag. Nicht allein, daß die Köpfe dieser Niete viel sauberer ausfallen, als von Hand, ist es auch jeder ungeübten Hilfskraft ohne weiteres möglich, bei Massenarbeit eine bedeutend größere Leistung zu erzielen. Kaltniete von 3 bis 4 mm ⊖ werden in ca. 1 Sekunde fertiggestellt. Diese kleine Maschine ist für Metallwarenfabriken usw. von sehr großem Wert; sie läßt sich für alle erdenklichen Arbeiten benutzen, um eine schlagende oder hämmernde Wirkung zu erzielen. Dabei ist es wichtig, daß der einzelne Schlag, den der Kolben ausführt, sehr schwach ist, so daß Beschädigungen der zu bearbeitenden Materialien niemals zu befürchten sind. Die außerordentliche Leistung resultiert aus der hohen Schlagzahl. Der Kolben vollführt in der Minute ca. 5000 Schläge! Die Maschine ist so einfach konstruiert, daß Betriebsstörungen und Reparaturen kaum auftreten können. Ein Steuerventil ist nicht vorhanden, Der Schlagkolben steuert sich wie beim Preßluftabklopfer selbst. Der Mechanismus besteht aus ganz wenigen Teilen. Die Maschine arbeitet sehr wirtschaftlich, denn der Luftverbrauch ist gering, und es ist außerdem ein schwacher Betriebsdruck notwendig. Für feinmechanische Arbeiten darf sogar keinesfalls mit

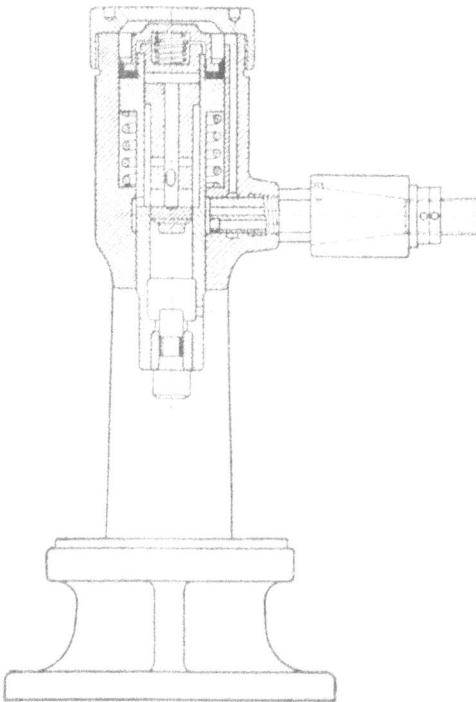

Abb. 92. Tischniet- und Hammermaschine für feinmechanische Arbeiten.

hohem Druck gearbeitet werden, Für Kaltniete von 3 bis 4 mm ⊖ genügen 3 Atm. Durch den relativ schwachen Einzelschlag ist es z. B. möglich, Maßstäbe zusammenzunieten, ohne daß die Glieder ihre Beweglichkeit verlieren. Oder die Holzgriffe auf den Kurbeln von Kaffeemühlen etc. so aufzunieten, daß der lange weiche Bolzen, der in diesem Falle als Nietkörper benutzt wird, nicht zusammengestaucht bzw. verbogen wird, wodurch der Holzgriff platzen oder unbeweglich werden würde. In einem anderen Falle hat sich die kleine Maschine beispielsweise bewährt beim Annieten der dünnen Blechansätze an Elektroden von Grubenlampen, Auch in diesem Falle durfte das Material keinesfalls deformiert werden, weshalb man nur mit 1,5 Atm. Druck arbeitet. Mit Hilfe einer geeigneten Vorrichtung wird es — wie bei den Elektroden — leicht möglich gemacht, zwei oder drei Niete gleichzeitig in ca. $^1/_2$ Sekunde fertigzustellen! Um beide Hände frei zu haben, kann die Maschine ohne weiteres durch einen Fußhebel betätigt werden. Ihre Nutzbarkeit in feinmechanischen Betrieben erweist sich namentlich bei Massenarbeiten, wenn zehn oder mehr Maschinen in Tätigkeit sind. Dann tritt die enorme Mehrleistung gegenüber der Hand-arbeit so recht in Erscheinung. Ihre Handhabung ist, wie gesagt, unge-

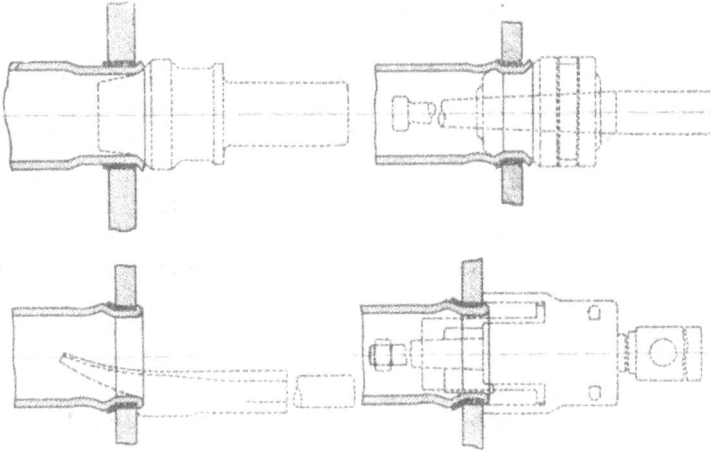

Abb. 88, 89, 90, 91.

mein einfach. Ein billiger, einstufiger Kompressor von 1 cbm minutlicher Leistung reicht zum Betriebe von fünf Maschinen aus! Die deutschen Werke, A.-G., Amberg, die mit dieser kleinen Spezialmaschine zum ersten Male auf der Leipziger Frühjahrsmesse 1922 erschien und erklärlicherweise einen großen Erfolg damit erzielte, baut jetzt noch ein stärkeres Modell für Kaltniete bis zu 8 mm ⊖. Hierdurch ist die Nutzbarkeit der Druck-luft abermals auf viele neue Gebiete ausgedehnt worden!

Preßluft-Nietfeuer.

Die Dienste des pneumatischen Nietfeuers werden vielfach unterschätzt. Von der gleichmäßigen und raschen Erwärmung der Niete hängt jedoch beim Nieten mit Preßluftwerkzeugen sehr viel ab. Die für Handnietung ausreichende alte Feldschmiede ist unmöglich imstande, die Erfordernisse des Preßluftnieters zu erfüllen, und ihre Leistungsfähigkeit reicht bei weitem nicht aus, um mit der rasch fortschreitenden pneumatischen Nietung Schritt zu halten. Unzulänglich erwärmte Niete können sich unter den schnellen Schlägen des Preßluftapparates nicht formgerecht bilden; es kommt wohl unter dem Zwang der Döpperform ein Nietkopf zustande, aber die Struktur des Nietbolzens bleibt unfertig, wodurch unter Umständen die Haltbarkeit der Nietung in Frage gestellt wird. Nicht allein bei Preßlufthämmern, sondern noch mehr bei pneumatischen Nietmaschinen spielt also die richtige, gleichmäßige Erwärmung der Nietbolzen eine entscheidende Rolle, und so mancher Mißerfolg dürfte auf diesen Umstand zurückzuführen sein.

Wenn man berücksichtigt, daß eine mit einem Preßlufthammer arbeitende Nietkolonne stündlich 100 bis 120 Niete von 20 mm Durchm. zu schlagen vermag, so muß man ohne weiteres zu der Einsicht gelangen, daß die einfache Feldschmiede hierfür nicht ausreichen kann Für die entsprechend rasche Erwärmung der Niete kann nur ein Preßluft-Nietfeuer in Frage kommen, bei dem die Druckluft durch Vermittlung einer Düse und eines sternförmigen Eßeisens das Feuer gleichmäßig und intensiv anfacht. Für den Werkstättenbetrieb genügt für gewöhnlich ein einfaches, feststehendes Nietfeuer für Kohlenheizung mit einer gewöhnlichen Blechpfanne, in die die Preßluftdüse seitlich einmündet. Für Montagezwecke u. dgl. eignet sich besser ein fahrbares Preßluftnietfeuer nach Abb. 93. Es ist dies ein entsprechend kräftig gebautes Schalenfeuer für Koksheizung, mit einem Düsengebläse ausgestattet, bei dem die Druckluft aus einer Öffnung von 1 mm Durchm. in den Düsenkörper tritt, dabei die Außenluft ansaugend und sie durch ein sternförmiges Eßeisen zur Feuerstätte drückend. Dieses für das Schalennietfeuer charakteristische Eßeisen, das nur für Koksfeuerung verwendet werden kann, erzeugt eine gleichmäßige und intensive Flamme. Der Luftverbrauch der Düsennietfeuer, die den Gebläsefeuern gegenüber wesentliche Vorteile besitzen, ist sehr gering, so daß die Nietfeuer überall mit angeschlossen werden können, ohne die Kompressoranlage merklich zu belasten. Die erforderliche Luftmenge für die Düse beträgt minutlich etwa 0,075 cbm Ansaugluft, was bei 6 Atm. Druck einem Kraftverbrauch von etwa 0,4 PS gleichkommt und bei 6 Pf. pro 1 PS-Std. 2,4 Pf. pro Std. an Betriebskosten verursacht. Das Mundstück der Düse ist abschraubbar, um Unreinigkeiten leicht entfernen zu können. Neben dem Hauptabstellhahn besitzt das Düsengebläse für gewöhnlich noch einen Rundschieber zum Regeln der angesaugten Luftmenge. Das Schalennietfeuer wiegt etwa 35 kg. Es ist ein Anschlußschlauch von 10 mm l. W. erforderlich. In zehnstündiger Arbeitsschicht können 1200 bis 1500 Niete damit einwandfrei erwärmt werden. Das anfangs erwähnte einfachere Nietfeuer bleibt, weil es kein sternförmiges Eßeisen aufweist, in der Leistung dagegen erheblich zurück, ist aber natürlich immer noch bedeutend leistungsfähiger als ein gewöhnliches Schmiedefeuer ohne Preßluftzuführung.

Es gibt sodann Preßluftnietfeuer, ebenfalls mit Düse und Eßeisen ausgerüstet, bei denen die von dem Feuerherd ausgestrahlte Hitze benutzt wird,

Abb. 93.

um die Druckluft anzuwärmen, die durch eine Rohrschlange um den Herd geleitet und insbesondere zum Betrieb von Niethämmern angewendet wird. Deshalb ist am Ende der Rohrschlange ein Doppelanschlußhahn vorhanden. Durch eine Blindkupplung kann eventuell die eine Austrittsöffnung verschlossen werden. Die Druckluft wird mit Hilfe dieses Nietfeuers um 50 bis 75 °C erwärmt, wodurch eine Luftersparnis von 15 bis 20 vH erzielt werden soll. Außerdem wird der Wasserniederschlag der Luft vermindert und dadurch die Lebensdauer der Hammerteile erhöht.

Ein solches Nietfeuer vermag stündlich etwa 180 Niete von 20 mm Durchm. zu erhitzen. Ein Hammer wenigstens muß immer angeschlossen sein, damit die heiße Luft aus den Röhren entweichen kann. Da gerade von der Erwärmung der Druckluft die Rede ist, so soll dieser nicht unwichtige Punkt etwas näher erläutert werden. Vor Jahren, als die Preßlufthämmer noch nicht so gut durchkonstruiert waren, trat die Vereisung beim Arbeiten im Freien während der kalten Jahreszeit in ganz unangenehmer Weise in Erscheinung. Die Leute mußten ständig mit dicken Lederhandschuhen arbeiten, was die

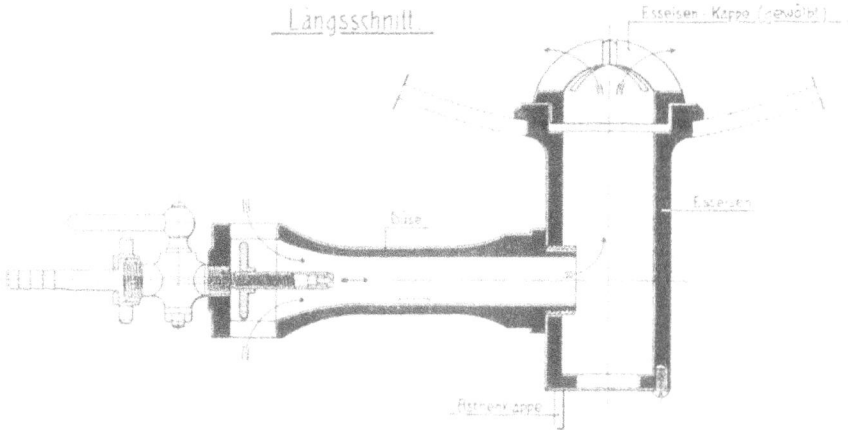

Abb. 94. Düse zum Preßluft-Nietfeuer mit Hahn und Eßeisen.

Handlichkeit der Werkzeuge nicht gerade begünstigte. Die Firmen, die damals die amerikanischen Werkzeuge zu teuren Preisen verkauften, machten nebenbei ein glänzendes Geschäft in Lederhandschuhen! Mittlerweile sind die Hämmer so vervollkommnet worden, daß die Vereisung kaum noch als Übelstand empfunden wird. Bei etlichen Bohrmaschinensystemen allerdings vereist der Hahnkonus mit den umliegenden Teilen noch ziemlich stark.

Abb. 95.

Die Erwärmung der Preßluft hat zugleich erhebliche wirtschaftliche Vorteile im Gefolge! Um aber diesen Umstand richtig ausnutzen zu können, muß naturgemäß die Luft möglichst nahe der Verbrauchsstelle, also am besten unmittelbar am Werkzeug vor sich gehen. Ja, ein bemerkenswerter wirtschaftlicher Erfolg ist eigentlich nur zu erzielen, indem man das Werkzeug selbst, beim Hammer also in erster Linie den Zylinder, gründlich erwärmt! Im anderen Falle nämlich wird die Luft bei ihrem raschen Lauf durch den mehr, oder minder langen Anschlußschlauch und außerdem noch durch die Drosselung in den Kanälen beim

Steuervorgang so stark abgekühlt, daß die Erwärmung viel von ihrem guten Zweck einbüßt.

Für noch größere Leistungen, wenn beispielsweise mehrere pneumatische Nietmaschinen arbeiten und vorwiegend Reihennietungen hergestellt werden, reichen auch die vorbeschriebenen Nietfeuer nicht mehr aus. Es müssen in diesem Fall Nietwärmöfen für Koks- oder auch Ölfeuerung benutzt werden. Einen leicht transportablen Nietwärmofen mit Düsengebläse und Stern-eßeisen zeigt die Abb. 95. Er besitzt einen drehbaren Ofen-schacht, der mit Schamotte ausgestampft und durch einen abnehmbaren Deckel geschlos-sen ist. Als Auflage für die Niete sind vier Schamottesteine vorgesehen, die in den vier Ein-führungsöffnungen liegen. Der Schacht läuft auf Kugeln und ist mit einem Handreifen zum leichteren Drehen ausgerüstet. Die Auskleidung des Schachtes muß von Zeit zu Zeit erneuert werden. Dieser Ofen hat einen minutlichen Luftverbrauch von etwa 0,1 cbm, er erhitzt stünd-lich etwa 200 Niete von 20 mm Durchmesser.

Einen sehr leistungsfähigen, ebenfalls noch transportablen Nietwärmofen mit Druckluft-betrieb, aber mit Ölheizung, stellt die Abb. 96 dar. Dieser Ofen wird nicht zum Anwärmen

Abb. 96. Nietwärmofen mit Ölfeuerung.
(Fabr. Brüder Boye, Berlin.)

der Nietschäfte, wie die vorigen, gebraucht, sondern zum Anwärmen der ganzen Niete einschließlich Kopf und ist deshalb vorwiegend für den Kessel-bau bestimmt. Die Niete werden mit der Schaufel eingeworfen. Der Ofen mit dem vollständigen Zubehör, Ölbehälter, Druckregler, Füllvorrichtung, Luft-hahn usw. ist auf einem praktisch geformten Fahrgestell untergebracht. Er hat zwei gegenüberliegende Schiebetüren, vor welchen sich zwei Windschleier-rohre befinden, die durch ein Preßluftdüsengebläse mit Luft versorgt werden. Allerdings hat der Ofen etwa 1,5 cbm minutlichen Luftverbrauch, kommt also nur für solche Betriebe in Frage, die eine genügend leistungsfähige Preßluftanlage besitzen. Die Stundenleistung beträgt etwa 400 Niete. Der Ofen wiegt annähernd 400 kg.

138

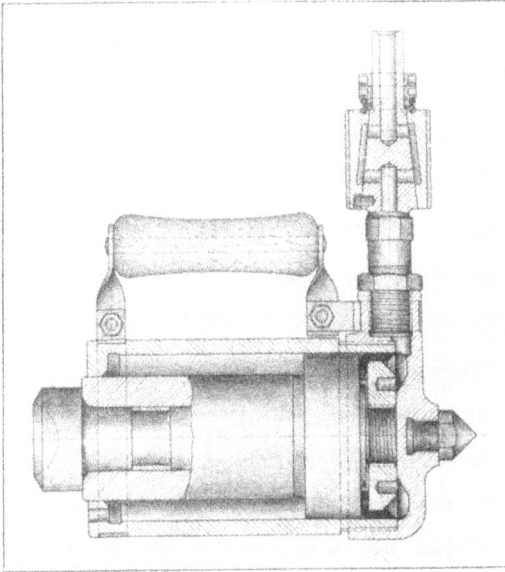

Abb. 97. Preßluft-Gegenhalter.
(Fabr. Deutsche Werke, A.-G., Amberg.)

Gegenhalter.

Wie bei der Handnietung, müssen auch beim Arbeiten mit Preßlufthämmern die Nietbolzen von der einen Seite fest gegengedrückt werden. Vorteilhaft ist es, sich an Stelle der veralteten Nietwinden, Schraubböcke, Setzhämmer usw. eines pneumatischen Gegenhalters zu bedienen, wodurch das Nietverfahren unter Umständen beschleunigt, auf alle Fälle aber die Qualität der Nietung verbessert wird. In Konstruktion und Wirkungsweise gehören die Preßluftgegenhalter zu den einfachsten Apparaten, wie aus der Abb. 97 deutlich hervorgeht.

Beim Aufdrehen des Einlaßventils strömt die Luft hinter den kräftigen Kolben, der infolgedessen mit Vehemenz den vorn eingesetzten Döpper gegen den Nietbolzen anpreßt. Beim Zudrehen des Ventils entweicht die Druckluft durch den Hahnkonus, und der Kolben wird dadurch zu gleicher Zeit zurückgezogen.

Allerdings muß der Gegenhalter auf der anderen Seite einen starren Stützpunkt finden. Er wird deshalb mit einer Körnerspitze ausgestattet. Bei einigen Modellen wird statt ihrer ein Ansatz mit Innengewinde vorgesehen, in den man beliebig lange Stützstangen aus Gasrohr einschraubt, um so den Apparat den örtlichen Verhältnissen anpassen zu können. Der Döpper kann eventuell auch exzentrisch angeordnet werden. — In Fällen, wo sich kein Stützpunkt schaffen läßt, behilft man sich mit einem sog. Federgegenhalter,

Abb. 98. Niethammer und Gegenhalter.

der nicht mit Preßluft arbeitet, aber als Hilfswerkzeug für Niethämmer doch erwähnt werden muß. Er besteht aus einem einfachen Zylinder mit Griff. In dem ersteren wird ein Kolben mit eingesetztem Döpper durch eine Feder betätigt resp. nach vorn gehalten.

Abb. 99. Gegenhalter bei der Arbeit.
(Phot. b. Karl Kälble, Backnang.)

Abb. 100. Feder-Gegenhalter.
(Vorn Nietfeuer mit Wärmschlange.)

In Amerika werden ab und zu auch schlagende Gegenhalter verwendet, die die Tätigkeit des Niethammers durch eigene, durch Druckluft hervorgebrachte Schläge unterstützen und hauptsächlich für den Kesselbau empfohlen werden. Auch bei versetzten Nietlöchern sollen sie gute Resultate ergeben. Eine große Verbreitung scheinen jedoch diese schlagenden Gegenhalter nicht gefunden zu haben. Wahrscheinlich läßt ihre Wirkungsweise mangels eines eigenen

Abb. 101. Preßluft-Gegenhalter mit Verlängerungsstange.

Steuerventils manches zu wünschen übrig. Auch erhöhen sie unnötigerweise den Luftverbrauch.

Bohrmaschinen.

Nächst den Hämmern sind es die pneumatischen Bohrmaschinen, die am meisten gebraucht werden. Unstreitig bringt ihre Anwendung für Kesselschmieden, Lokomotivwerkstätten, Eisenbahnwerkstätten, Waggonfabriken usw. erhebliche Vorteile mit sich, wiewohl ihr Hauptarbeitsfeld der Schiffbau ist. Sehr nützlich sind sie aber außerdem im allgemeinen Maschinenbau und in Montagewerkstätten, wo man sie eigentlich noch viel zu wenig vorfindet. Wie praktisch ist es, Kessel, Maschinenkörper und Eisenkonstruktionsteile usw. nicht erst mit vieler Mühe und mit großem Zeitaufwand unter die Radial- oder Ständerbohrmaschine transportieren zu müssen, sondern statt dessen alle Bohrungen, das Aufreiben und Gewindeschneiden gleich an Ort und Stelle mit Hilfe der leichten, handlichen Preßlufthandbohrmaschinen vornehmen zu können! Außerdem haben sich diese bewährt zum Einwalzen von Siederöhren und zum Einschrauben von Stehbolzen in die Feuerbüchsen der Lokomotiven. Daß sie nebenbei für alle möglichen Sonderarbeiten herangezogen werden, ist selbstverständlich.

Preßluftbohrmaschinen werden in den verschiedensten Größen gebaut, unter denen fünf Haupttyps zum Bohren von Löchern bis 20, 26, 32, 50 und 75 mm Durchm. hervorstechen. Die Bohrmaschinen können ihrer ganzen Art nach eigentlich als Druckluftmotoren bezeichnet werden. Allerdings ist die Kraftübertragung nicht bedeutend; bei den vorerwähnten 5 Normalgrößen beträgt sie nicht mehr als etwa ¾ PS für die kleinste und 3 PS für die größte Maschine. Das Gewicht liegt zwischen 9 und 30 kg. Der Luftverbrauch ist ziemlich groß: 1 bis 2 cbm Ansaugeluft in der Minute.

Die pneumatische Bohrmaschine kann sehr wohl mit der elektrisch betriebenen in Wettbewerb treten, wenngleich die letztere, sofern man den bloßen Kraftbedarf betrachtet, ökonomischer arbeitet. Dafür können aber die Preßluftmaschinen mehr strapaziert werden, sie sind unempfindlicher und deshalb zuverlässiger und betriebssicherer. Aus diesen Gründen werden sie namentlich auf offenen Werkplätzen und für schwere Aufreibearbeiten mit Recht bevorzugt.

Die Preßluftbohrmaschine hat sich erst viel später entwickelt als der Hammer. Anfangs hatte man besonders über das große Reparaturbedürfnis zu klagen. Erst die jahrelange Praxis hat die früheren Fehler nach und nach zum Schwinden gebracht, und heute darf man wohl sagen, daß die Preßluftbohrmaschine hinsichtlich Betriebssicherheit und Haltbarkeit nichts mehr zu wünschen übrig läßt.

Eines der ältesten Modelle ist die Turbinenradbohrmaschine, Bauart Duntley, die als sehr einfach in der Konstruktion zu bezeichnen ist, aber leider infolge ihrer Wirkungsweise einen zu großen Luftverbrauch aufweist. Die Maschine besitzt ein Turbinenrad, das nach Art der Peltonräder gebaut und koaxial mit dem Bohrer angeordnet ist. Die Druckluft tritt durch Düsen in Funktion, um — wenn sie aus den Schaufeln des Laufrades heraustritt — im Leitapparat umgeleitet und nochmals dem Laufrad zugeführt zu werden, ähnlich wie der Dampf bei der Riedler-Stumpf-Turbine. Dieser Vorgang wiederholt sich mehrere Male; die Druckluft arbeitet mehrstufig. Durch Zahnräder wird die hohe Tourenzahl verlangsamt, und mit diesem Triebwerk ist eine einseitig wirkende Kupplung verbunden, welche sich bei plötzlichem Steckenbleiben des Bohrers löst, so daß das Laufrad leer weiterläuft. Neben dieser amerikanischen Maschine behauptete sich anfangs erfolgreich das Kellersystem mit Rotationsflügeln. Hierbei ist eine Zusammenstellung von Flügeln um einen gemeinsamen, zum Gehäuse exzentrisch angeordneten Bolzen drehbar angeordnet, den die einzelnen Flügel scharnierartig umfassen. Durch die eintretende Druckluft werden die Flügel in Bewegung gesetzt und nehmen den Bolzen mit, in dessen Wand sie verschiebbar gelagert sind. Der Bolzen überträgt dann seine Bewegung durch ein Planetengetriebe auf die Bohrspindel. Nach dem gleichen System werden auch heute noch pneumatische Bohrmaschinen gebaut, allerdings vorwiegend kleine Modelle.

Abb. 102. · Vierzylinder-Bohrmaschine. (Globe).

Neuerdings werden die Kolbenbohrmaschinen allgemein bevorzugt, obgleich man zugeben muß, daß sie ziemlich kompliziert gebaut werden müssen und dementsprechend teuer ausfallen. Man kann zwei Hauptgruppen unterscheiden: 1. Maschinen mit feststehenden Zylindern, 2. solche mit schwingenden Zylindern. Es gibt Modelle mit 2 (zumeist Eckbohrmaschinen), 3 und 4 Zylindern, mit 1 und 2 Steuerschiebern und mit 1 und 2 Kurbelwellen. Eine der ältesten Zylinderbohrmaschinen, die amerikanische Boyermaschine, die auch heute noch gehandelt wird, besitzt drei auf einem um die Vertikalachse drehbar gelagerten Gestell montierte Zylinder. Die Kolben greifen an einer feststehenden Kurbelwelle an. Das rotierende Gestell überträgt seine Bewegung durch seinen hohlen Drehzapfen mittels Planetengetriebes auf die Bohrspindel.

Abb. 103. (Phot. b. Dinglersche Maschinenfabrik, A.-G., Zweibrücken.)

Maschinen mit schwingenden Zylindern bauten früher in Deutschland de Fries, Düsseldorf; der Luftverteilungsschieber wurde von der Kurbelwelle aus bewegt. Ferner hatten die älteren Modelle von Pokorny & Wittekind drei schwingende Zylinder.

Die Erfahrung hat gelehrt, daß 4 feststehende Zylinder und 1 oder 2 Kurbelwellen, die mit großer Übersetzung auf das Zahnrad der Bohrspindel arbeiten, den Anforderungen der Praxis am besten ent-

sprechen. So findet man denn, daß fast alle Fabriken schließlich zu diesem System sich bekennen, das in Deutschland zuerst von der Firma Herm. Hartung Nachf. in Düsseldorf (Fabrikation inzwischen aufgegeben) aufgenommen worden war.

Als Vorbild für die mit Recht bevorzugte Vierzylinder-Kolbenbohrmaschine diente ursprünglich die amerikanische Little-Giant-Maschine. Deren Nachahmung in den hauptsächlichsten Teilen war aber infolge deutscher Patente lange

Abb. 104. Aufreibemaschinen i. Lokomotivbau (Phot. b. A. Borsig, Tegel).

Zeit nicht möglich. Namentlich war die Anordnung der Zylinder im Winkel gegeneinander in Verbindung mit der Lage der Bohrspindel zwischen den

Zylindern geschützt. Nachdem nun jetzt die betreffenden Patente abgelaufen sind, haben erklärlicherweise mehrere deutsche Fabriken die betreffende Bauart sich zu eigen gemacht. Das neue System der Frankfurter Maschinenbau-A.-G. zeigt je zwei unter 90^0 gegeneinander liegende einfachwirkende Zylinder, die in zwei Ebenen übereinander gelagert sind und mit 180^0 Kurbelversetzung auf zwei Zapfen der Hauptwelle wirken. In Abb. 105 sehen wir die nach dem gleichen Prinzip konstruierte Bohrmaschine der Maschinenfabrik Rheinwerk-A.-G. Die verhältnismäßig einfache Bauart dieser Maschinen ermöglicht nötigenfalls das Auseinandernehmen in wenigen Minuten selbst von ungeübten Arbeitern! Die Pleuelstangen und Kolben sind mit der Kurbelwelle ohne jede Verschraubung verbunden; diese Teile können sich also während des Betriebes nicht lockern. Auf der zweifach gekröpften Kurbelwelle sind nach allen Seiten sich einstellende Kugellager eingepreßt. Die vier einander völlig gleichen Pleuelstangen sind nicht gekröpft, am unteren Ende sind sie kugelförmig ausgebildet. Die Kugel liegt in einer reichlich dimensionierten Lagerpfanne des Kolbens und wird durch Umbördeln derselben festgehalten. Das Kurbelwellenritzel ist aus bestem Chromnickelstahl hergestellt und sorgfältig gehärtet. Die Kurbelwelle ist reichlich stark, damit selbst bei starker Beanspruchung kein Bruch vorkommt. Infolge der kugeligen Lagerung und der einstellbaren Kugellager können sich die Pleuelstangen im

Abb. 105. Moderne deutsche Vierzylinder-Bohrmaschine mit Luftregler. (Rheinwerk-A.-G.)

Kolben sowohl wie auf der Kurbelwelle nach allen Richtungen einstellen. Nach Lösen des vorderen Deckels kann die Kurbelwelle mit den vier Kolben leicht herausgenommen werden.

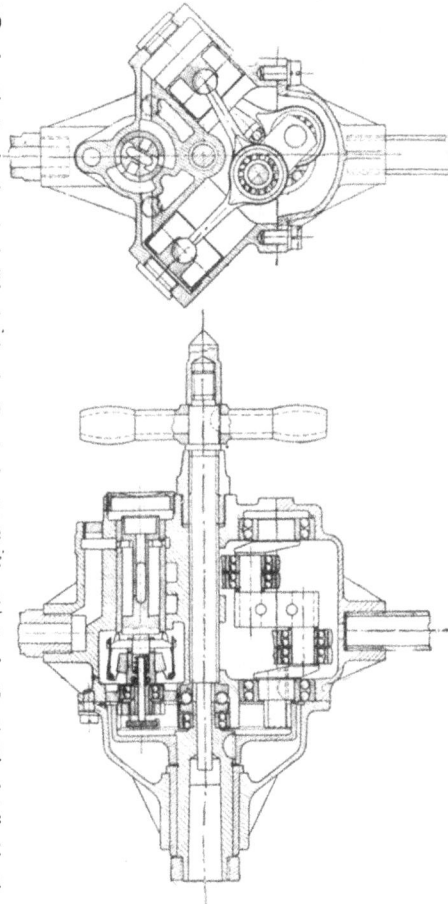

In ungefähr derselben Weise arbeiten auch die neuesten Systeme der übrigen Fabriken. Es wird überhaupt auf diesem Gebiete in absehbarer Zeit schwerlich eine umwälzende Änderung geschaffen werden. Kleine Unterschiede liegen hauptsächlich in der Steuerung. Die Frankfurter Firma bevorzugt auch hier wieder das sog. Gleichstromprinzip, d. h. Luft-Ein- und

-Austritt sind so weit als möglich voneinander entfernt. Der Lufteintritt wird in einfachster Weise durch einen Drehschieber gesteuert, während der Luftaustritt am Hubende des Kolbens durch Öffnungen in der Zylinderwand erfolgt. Als Vorzug wird erwähnt, daß durch diese Bauart namentlich die Drehzahl beim Leerlauf gegenüber anderen Systemen von rd. 70 auf rd. 140 % erhöht würde, wodurch es möglich sei, die Drehzahl den wechselnden Bohrdurchmessern vortrefflich anzupassen.

Bei der im großen und ganzen von der beschriebenen Vierzylinderkonstruktion nicht weit abweichenden Maschine der Preßluft-Werkzeug- und Maschinenbau-A.-G. erfolgt die Steuerung durch Drehschieber, welche sowohl für die Einströmung als auch für die Ausströmung je zwei diametral gegenüberliegende Steuernuten besitzen, die einerseits in eine Ringnut münden und anderseits durch Bohrungen verbunden sind, so daß eine völlige Entlastung der Schieber stattfindet. In neuester Zeit machen die sog. Druckregler bei Bohrmaschinen viel von sich reden. Die Frankfurter Maschinenbau-A.-G. war die erste, die damit herauskam. Bei Leerlauf wird deren Maschine durch einen Fliehkraftregler im Innern des Drehzylinders derart abgedrosselt, daß die Einströmschlitze durch bewegliche Gleitstücke verdeckt werden. Der Regler hat den Zweck, durch die Abdrosselung der Lufteinströmung bei Leerlauf eine Luftersparnis herbeizuführen, die mit annähernd 50 % vielleicht reichlich hoch geschätzt wird. Vor allem aber wird durch den Regler einer Überschreitung der Tourenzahl und damit einer übermäßigen Beanspruchung der Triebteile vorgebeugt. Immerhin darf man nicht übersehen, daß die Bohrmaschinen in der Praxis selten und immer nur kurze Zeit leerlaufen. Anderseits ist der durch den Einbau des Reglers eingetretene technische Fortschritt nicht zu verkennen.

Auch die schon beschriebene Bohrmaschine des Rheinwerks ist mit einem Luftregler ausgerüstet. Die Steuerung der Maschine geschieht durch einen Drehschieber, der mit dem Regler verbunden ist. Der letztere liegt nicht im Luftstrom. Seine Lage und Funktion sind aus dem beigegebenen Bild einigermaßen erkennbar. Der Antrieb des Drehschiebers und des Reglers erfolgt von der Kurbelwelle aus durch ein Innenzahnrad, das zu gleicher Zeit auf die Bohrspindel einwirkt. Die Umsteuerung der Maschine von Rechts- auf Linkslauf geschieht durch Verdrehen der konischen Steuerbüchse, ohne daß dabei der Luftstrom abgesperrt zu werden braucht. Der Vorschub wird durch eine Bohrspindel mit Trapezgewinde bewerkstelligt.

Von den früheren Systemen unterscheiden sich die modernen Bohrmaschinen hauptsächlich dadurch, daß überall an den beanspruchten Stellen Kugellager eingebaut worden sind. Die Abmessungen der Maschinen sind immer weiter herabgedrückt worden, wodurch dieselben leichter und handlicher werden. Eine wesentliche Vereinfachung ist auch darin zu erblicken, daß neuerdings nur wenige Bohrmaschinen- resp. Motor-Größen gebaut werden; die verschiedenen Leistungen werden durch leicht anzusetzende Rädervorgelege herbeigeführt.

Wie schon angedeutet, werden die neueren Bohrmaschinen der verschiedenen deutschen Firmen fast ausnahmslos nach ein und demselben Schema gebaut. Daß das Vierzylindersystem das richtige ist, läßt auch die Umkehr der Frankfurter Firma erkennen, die bislang im Bohrmaschinenbau ihre eigenen Wege gewandelt war. Die frühere Dreizylinder-Bohrmaschine mit doppelt wirkenden schwingenden Zylindern, wobei die Steuerung so vor sich ging, daß der Schwingzapfen eines Zylinders als Expansionsschieber für den Nachbarzylinder wirkte, war nicht schlecht. Aber die Maschinen waren trotz der Verwendung von Aluminiumguß für das Gehäuse zu schwer.

Die neuerdings bevorzugte Steuerung durch Drehschieber, welche ihren Antrieb durch Zahnräder erhalten, unterscheidet sich vorteilhaft von dem System, wo die Kolbenschieber durch besondere Exzenterstangen bewegt wurden. Im letzteren Falle nämlich war eine wirksame Expansion der Preßluft nicht möglich; und die betreffenden Maschinen mußten daher nahezu mit voller Füllung arbeiten.

Von den vier feststehenden Zylindern wird man also wohl nicht mehr abgehen. Es fragt sich nun bloß, ob es ratsamer ist, eine oder zwei Kurbelwellen anzubringen. Da ist eigentlich guter Rat teuer! Zwei Kurbelwellen werden naturgemäß weniger stark beansprucht; auch das Getriebe wird weniger belastet. Mithin ist anzunehmen, daß solche Maschinen betriebssicherer und dauerhafter sind. Bei einer Kurbelwelle dagegen hat man den Vorteil, daß die Maschine leichter ausfällt, was wiederum für bestimmte Anwendungszwecke, z. B. für den Schiffbau, ausschlaggebend sein kann. Hat man sich für die eine oder andere Ausführung entschieden, so bleibt nur noch die Art der Steuerung zu betrachten und zu erwägen, ob Kolbenschieber oder Drehschieber vorteilhafter ist. Auch hierüber gehen die Meinungen auseinander. Die Amerikaner schwören auf den ersteren, wogegen die meisten deutschen Systeme mit Drehschieber ausgestattet sind. Bei der Kolbenschiebersteuerung werden je ein Paar Zylinder bzw. Kolben von einem Schieber gesteuert. Die Schieber erhalten ihre Bewegung mittels Exzenterstangen durch auf der Kurbelwelle sitzende Exzenter. Für den Drehschieber spricht der Umstand, daß man durch zweckmäßige Anordnung der Steuernuten den Arbeitsvorgang in den Zylindern auf das vorteilhafteste gestalten und durch die Lage der Steuerkanten im Prinzip die Wirkung von Expansionssteuerungen erreichen kann. Dadurch läßt sich eine bessere Ausnutzung der Druckluft herbeiführen. Die meisten Bohrmaschinen arbeiten, wenigstens bei Rechtslauf, mit Expansion, die sich jedoch in gewissen Grenzen halten soll, weil andernfalls Eisbildung eintritt, die Kanäle dadurch verstopft werden und die betreffende Maschine nicht einwandsfrei zu arbeiten vermag.

Aus der Mannigfaltigkeit der bestehenden Konstruktionen geht schon hervor, daß es nicht leicht ist, bestimmte Formeln für die Gestaltung der Preßluftbohrmaschine aufzustellen. Das eine System kann so gut sein wie das andere. Es kommt schließlich ganz darauf an, was für Arbeiten man ausführen will. Jedenfalls kommt eine langsam laufende, in allen Teilen kräftig ausgeführte Maschine mit vier feststehenden Zylindern, zwei Kurbelwellen und einem Drehschieber offenbar dem Ideal eines betriebssicheren und dauerhaften Preßluftmotors — und einen solchen stellt doch jede Bohrmaschine eigentlich dar — am nächsten. Bedenkt man, daß die pneumatische Bohrmaschine in den Triebteilen außerordentlich stark beansprucht wird, und daß die Arbeiter auf den offenen Werksplätzen wahrhaftig nicht zart mit ihr umzugehen pflegen, so kommt man zu der Überzeugung, daß es nicht ratsam ist, auf besonders leichtes Gewicht zu achten. Besser als ein Aluminiumgehäuse ist unbestritten ein kräftiges Stahlgußgehäuse. Und Bedingung ist, daß alle Triebteile, namentlich die Kurbel-

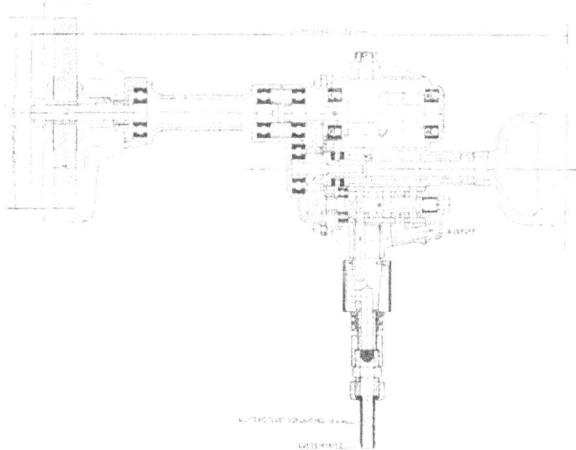

Abb. 106. Leistungsfähige Preßluft-Schleifmaschine.

wellen und die Bohrspindel, stark und kräftig gehalten werden. Was kann eine Leichtgewichtsmaschine nutzen, wenn sie nicht hinreichend durchzieht und wenn vor allem fortgesetzt Brüche vorkommen.

An Stelle des Zuspannkreuzes kann ein Handgriff angebracht werden, wenn nämlich die Maschine nicht zum Bohren, Aufreiben usw., sondern für andere Zwecke, beispielsweise zum Schleifen, benutzt werden soll. Eine zu einer Handschleifmaschine umgewandelte Vierzylinderbohrmaschine zeigt die Abb. 106 im Schnitt. Man erkennt daran, daß die Antriebswelle für diesen Zweck in die Verlängerungsachse der Kurbelwelle gelegt ist. Preßluftschleifmaschinen bürgern sich immer mehr ein; sie finden vielseitige Verwendung und haben sich zweifelsohne gut bewährt. Wie man aus einer Preßluftbohrmaschine eine Radialbohrmaschine (1200 mm Ausladung, 450 mm Vorschub, für Löcher bis 32 mm Durchmesser) gestalten kann, demonstriert die Abb. 107.

Die kleineren Modelle lassen sich auch zum Bohren in Holz nutzbringend verwenden. Eine Brustbohrmaschine für Löcher bis zu 10 mm Durchm. ist in Abb. 108 dargestellt, und zwar entspricht dieselbe in Kon-

struktion und Ausführung vollkommen den großen Modellen. Es sind ebenfalls 4 Zylinder, aber nur 1 Kurbelwelle vorhanden. Mit Kugellagern ist nicht
gespart worden. Die kleine Maschine
wiegt etwa 4 kg, die Gesamtlänge
bei Verwendung einer verlängerten
Brustplatte beträgt 352 mm.

Der Luftverbrauch der Bohrmaschinen schwankt zwischen 1 und
2 cbm/Min. Die gangbarsten Typen
sind für Bohrlöcher von 20 bis 75 mm
Durchmesser oder zum Aufreiben
von 12 bis 40 mm, bzw. zum Gewindeschneiden von $3/_8$ bis $1\frac{1}{2}''$
geeignet. Es existieren aber auch
ganz winzige Bohrmaschinen für
5 und 10 mm Lochdurchmesser.

Große Sorgfalt muß auf die
Schmierung der Bohrmaschinen
gelegt werden. An allen Ölstellen
muß täglich einmal, bei angestreng-
tem Gebrauch der Maschine sogar
zweimal oder noch öfter eine Portion
gutes, säurefreies,
nicht harzendes Mi-
neralöl eingefüllt
werden, das aber
tunlichst nicht so
dünnflüssig sein soll
wie bei den sonsti-
gen Preßluftwerk-
zeugen, damit es
nicht herausge-
schleudert wird.
Nachdem man in
die Ölschrauben das
Öl eingefüllt hat,
soll man nicht ver-
säumen, die Ma-
schine einige Male
langsam um die
beiden Griffrohre zu

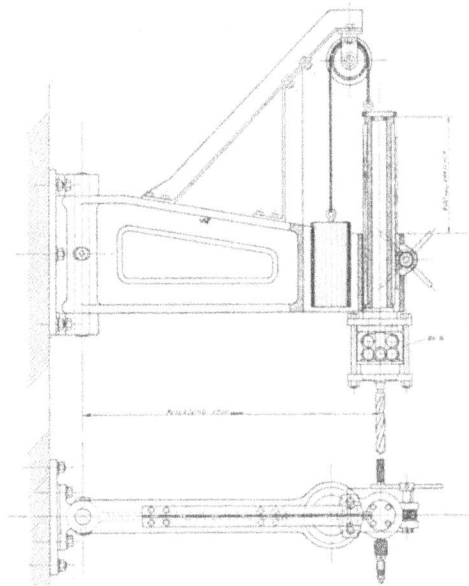

Abb. 107.

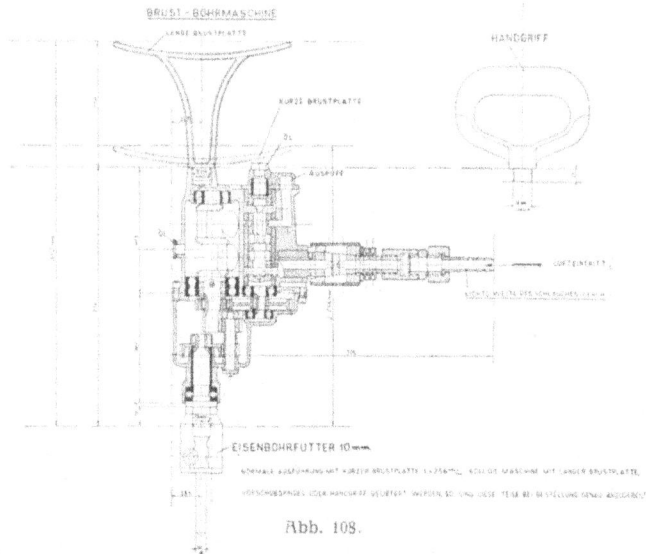

Abb. 108.

schwenken, um dem Öl Gelegenheit zu geben, sich überallhin, also in die
Wellen, Schubstangen, Lager usw. zu verteilen. Bei manchen Maschinen
sind die Kurbelwellen durchbohrt, damit das Öl auch gut in die Kurbel-

wellenlager gelangen kann. Unzweckmäßig ist es jedenfalls, zu diesem Zweck die Lagerdeckel abnehmen zu wollen. Es ist ganz entschieden anzuraten, bei Preßluftbohrmaschinen einen selbsttätigen Öler vor den Hahnkonus einzuschalten. Dieser muß aber, wenn er seinen Zweck erfüllen soll, reichlich groß sein, und es muß nichtsdestoweniger an den Ölstellen regelmäßig geölt werden. Im Hinblick auf die starke Beanspruchung der Triebteile, verbunden mit der hohen Umdrehungszahl, muß immer wieder von neuem auf die Notwendigkeit reichlichster Schmierung hingewiesen werden. Fast alle Betriebsstörungen und Reparaturen an Preßluftbohrmaschinen sind auf mangelnde Schmierung zurückzuführen. Auch die Zahnräder müssen immer

Abb. 109. Zwei gekuppelte Bohrmaschinen.

in Fett laufen, und der Räderkasten muß deshalb nach Abschrauben der unteren Gehäusedeckel ungefähr alle 2 bis 3 Wochen mit konsistentem Fett voll angefüllt werden.

Will man besondere Leistungen vollbringen, so kuppelt man zwei Bohrmaschinen zusammen. Beispiele hierfür finden wir in Abb. 109 und 110. Die doppelmotorige Schleifmaschine hat sich als äußerst praktisch und sehr leistungsfähig erwiesen. Doppelbohrmaschinen, bei denen die beiden zusammengekuppelten Maschinen gemeinsam ein- und auszuschalten sind, während ein Hebel auf der Rückseite die Einschaltung eines langsameren Gangs ermöglicht, sind im Kriege in großer Zahl auf Unterseebooten zum Einziehen des Steuerruders verwendet

Abb. 110. Doppelmotor-Schleifmaschine
(Fabr. Intern. Preßluft- u. Elektr.-Ges. Berlin).

worden (Fabr. Deutsche Niles-Werke). Sie wurden mit einem höheren Druck als gewöhnlich gespeist und entwickelten bei 150 Touren ein Drehmoment von 1250 cm/kg. Ähnliche Doppelbohrmaschinen sind auch im Kohlenbergwerk in Gebrauch; die Maschinen laufen auf einem Schlitten und können für selbsttätigen Vorschub eingerichtet werden.

Zum Bohren und Aufreiben an schlecht zugänglichen Stellen und in Winkeln, wo der Körper der Bohrmaschine im Wege ist, bedient man sich der sog. Winkelbohrapparate. Ein Spezialmodell eines solchen, bestimmt zum Bohren von 32 mm starken Löchern in gußeiserne Tübbings, zeigt die Abb. 112. In gleicher Weise kann man Ausschneideapparate ver-

wenden, die — wie
schon der Name an-
deutet — zum Aus-
schneiden großer Lö-
cher in Blechen u. dgl.
geeignet sind.

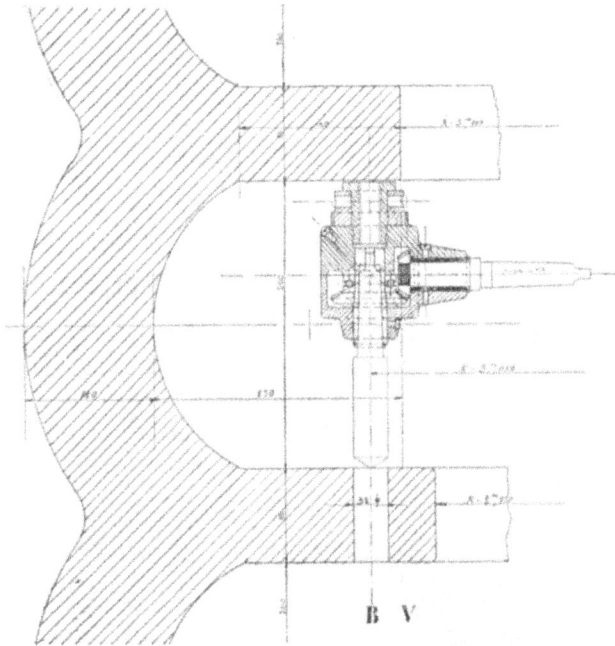

Abb. 112.
Winkelbohrapparat.
(Ergänzung zu Preßluft-
Bohrmaschinen)
für Tübbings.

Abb. 111. Preßluft-Bohrmaschinen im Groß-
werkzeug-Maschinenbau (Phot. b.Deutsche Nileswerke).

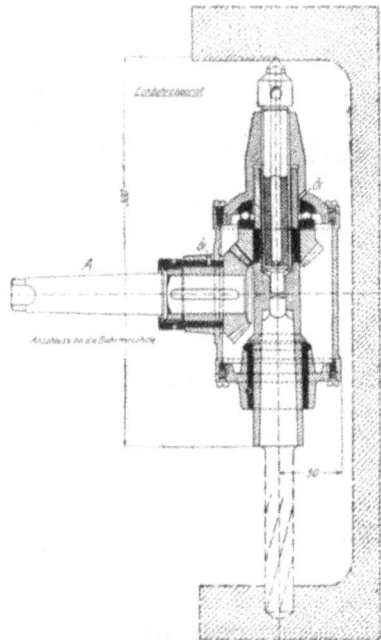

Abb. 113. Ecken- oder Winkelbohrapparat.

Behälterbau.

Es ist erklärlich, daß sich die pneumatischen Werkzeuge für den Bau von Behältern aller Art in hervorragendem Maße eignen. Es bietet sich ihnen hier ein reiches Arbeitsfeld, das ihren Nutzwert so recht erkennen läßt. Benzintanks und ähnliche Behälter werden mit Preßlufthämmern zusammengenietet, nachdem vorher die pneumatische Bohrmaschine zum Aufreiben der Löcher ausgiebige Verwendung gefunden hat. Als besonders nutzbringend hat sich der Druckluftbetrieb beim Bau von Gasometern erwiesen, wobei den Schlagnietmaschinen das Hauptverdienst zukommt. Die Abb. 114 läßt erkennen, auf welche Weise leichte Schlagnietmaschinen

Abb. 114. Schlag-Nietmaschinen als Bodennieter für Gasbehälter- und Schiffbau.

praktisch für Bodennietungen verwendet werden können. Beim Zusammennieten der Blechehängt von der Schaffung zweckdienlicher, die Beweglichkeit der Nietmaschinen erhöhenden Arbeitsvorrichtungen sehr viel ab. Natürlich hat jede Firma hierin ihre eigenen Methoden. Abb. 115 zeigt zwei fahrbare Arbeitsbühnen, wie sie von der Berlin-Anhaltischen Maschinenbau-A.-G. beim Bau großer Gasbehälter angewandt werden. Mit Hilfe großer, fahrbarer Kräne werden die Bleche aufgeschichtet und durch Schrauben provisorisch miteinander verbunden. Dann erhält jede Nietkolonne ein Fahrgerüst, das auf dem Blechrand sich fortbewegt, die bewegliche Nietmaschine und ein Preßluftnietfeuer tragend. Jede Maschine wird von zwei oder drei Leuten bedient, von denen der eine gleichzeitig die Niete anwärmt und einführt, wogegen der auf der anderen Seite der Arbeitsbühne Stehende die Nietmaschine

Abb. 115. Schlag-Nietmaschinen für 36 mm starke Niete (Fabr. Deutsche Niles-Werke).

Abb. 116. Aufreibemaschine und Stemmhammer beim Gasbehälterbau.

betätigt. Auch hier wird das Aufreiben der Nietlöcher durch pneumatische Bohrmaschinen besorgt. Den Nietern auf dem Fuße folgt eine Arbeitskolonne mit Preßlufthämmern, die Nietköpfe und Blechkanten verstemmt.

Hat man genügend Druckluft zur Verfügung, so kann man auch zum Heben und Aufschichten der Bleche sich mit Vorteil einer Druckluftwinde bedienen, von der später noch die Rede sein wird. Für die Eisenkonstruktionsteile an Gasbehältern kommen hauptsächlich Preßlufthämmer in Betracht.

Im Behälterbau finden also pneumatische Werkzeuge in reichem Maße Verwendung, und es bedarf eigentlich kaum der Erwähnung, daß sich der Druckluftbetrieb hierbei als äußerst rentabel erweist. Die Arbeiten schreiten bedeutend rascher fort als von Hand, und die Nietarbeit wird obendrein verbessert. Die Arbeitsweise der Schlagnietmaschine entspricht der des

Abb. 117. Kalt-Nietmaschine für 12 mm Nietstärke.

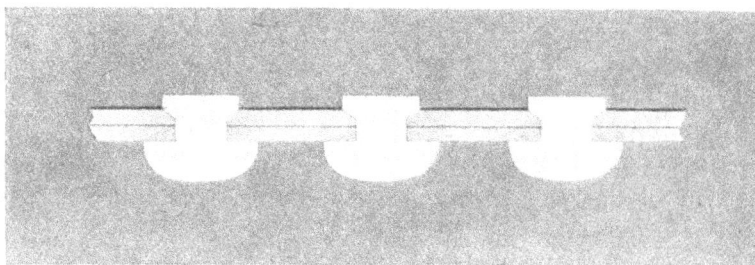

Abb. 118.

Preßluftniethammers. Die Niete werden wie bei diesem durch rasch aufeinander folgende Schläge des Kolbens auf den Döpper zurechtgehämmert. Der eigentliche Schlagapparat wie auch das Gegenhalterstück werden an dem Bügel angeschraubt und können für verschiedene Maulweiten eingestellt werden. Bei der Ausführung des Nietbügels ist darauf zu achten, daß er kräftig und stabil genug ausfällt, damit keine übermäßige Durchfederung resp. kein seitliches Ausweichen während des Nietens zu befürchten ist, wodurch die Nietarbeit qualitativ ungünstig beeinflußt werden würde. Je größer die Ausladung des Bügels ist, um so mehr muß dieser versteift werden. Man verwendet auch Bügel in Blechkonstruktion mit kastenförmigem

Abb. 119. Fahrkompressor für Montagezwecke mit Brennstoffmotor (Fabr. Deutsche Niles-Werke).

Querschnitt. Für ganz kleine Ausladungen genügt ein einfacher, schmiedeeiserner Bügel. Rohrbügel sind weniger empfehlenswert, außer für sog. Kaltnietmaschinen, wobei der Schlagmechanismus viel leichter und zierlicher ausgeführt ist, weil die Maschinen vorwiegend für kleine, kalte Niete von 8 bis 10 mm Durchm., z. B. an den Gasometerglocken, bestimmt sind und keine so große Schlagstärke entwickeln. Die Kaltnietmaschinen sind im übrigen außerordentlich leistungsfähig. Es sind Tagesleistungen von 12000 Nieten von 8 mm Durchm. in zehnstündiger Arbeitsschicht mit 1 Maschine beobachtet worden. Allerdings werden dabei keine runden, sondern versenkte oder auch flache Nietköpfe geschlagen, wie solche in Abb. 118 zu sehen sind. Die Nietlöcher werden aber in vollkommener Weise ausgefüllt, was nicht zum mindesten darauf zurückzuführen ist, daß

Abb. 120. Niethämmer beim Bau von Benzintanks (Nobelshof-Berlin).

die Kaltnietmaschinen meist mit einer Blechschlußvorrichtung ausgerüstet werden. Eine Maschine mit Rohrbügel von 1000 mm Ausladung wiegt ungefähr 120 kg.

Auf die eigentlichen Schlagnietmaschinen zurückkommend, sei erwähnt, daß sie für warme Niete bis zu 26 mm, stärkere Modelle auch für Niete bis zu 36 mm Durchm., gebaut werden. Die Leistung ist an und für sich die gleiche wie beim Niethammer. Man muß jedoch berücksichtigen, daß der Nieter weniger ermüdet, wenn er die Schlagnietmaschine nur zu führen hat, als wenn er das Gewicht-des Niethammers tragen und zudem dessen Rückschlag verspüren muß. Deshalb kann eine Nietkolonne mit einer Schlagnietmaschine im Dauerbetrieb naturgemäß eine bessere Leistung vollbringen. Der Luftverbrauch einer Schlagnietmaschine beträgt pro Niet rd. 0,2 cbm, einer Kaltnietmaschine ungefähr halb so viel.

Die Wirkungsweise veranschaulicht die Abb. 121, aus der zu ersehen ist, daß beim Öffnen des Konushahns die Druckluft erst in den oberhalb des eigentlichen Schlag-apparates gelegenen Raum tritt und den darin gelagerten Kolben vorschiebt, der in eine lange Stange endet und vorn mit einer Schelle den Niethammer umklammert. Durch den Vor-schub wird nun der Niethammer mit dem Döpper fest gegen den zu schlagenden Niet angepreßt, und erst wenn dies geschehen ist, tritt die Druckluft beim weiteren Öffnen des Konushahns in das Ventil des Schlag-apparates ein. Die Niet- resp. Schlagwirkung beginnt also nicht eher, als bis der Döpper den Niet gepackt hat. Durch diese Maß-nahme werden saubere, zentrische Niete zustande gebracht. Beim Zudrehen des Konushahnes hört der Hammer auf zu schlagen, und dann zieht sich der ganze Apparat von dem Niet zurück. Infolge des Vorschubs kann u. a. bei der Schlagnietmaschine, sofern sie nach dem beschriebenen Prinzip gebaut ist, niemals der Döpper herausfliegen, selbst wenn die Maschine unachtsam gehandhabt wird. Der Vorschub wird für gewöhnlich auf 150 mm bemessen.

Schlagnietmaschinen bedingen 20 mm Schlauchweite. Der Mechanismus muß des öfteren mit Hilfe von Petroleum gründlich gesäubert werden. Emp-fehlenswert ist die Anordnung eines selbsttätigen Schmierapparates.

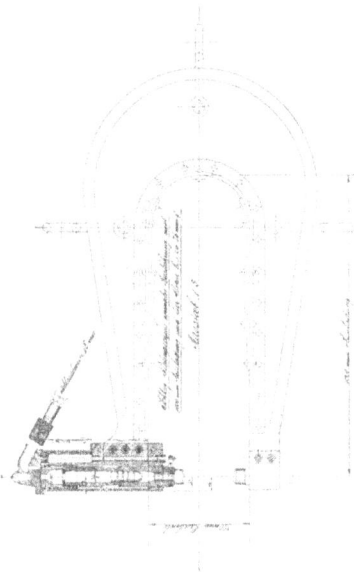

Abb. 121. Schlagnietmaschine.

Kniehebel-Nietmaschinen.

Für .dampfhaltige Nietungen, hauptsächlich für den Kesselbau, sind Preßlufthandhämmer und Schlagnietmaschinen nicht zu gebrauchen. Hierfür kommen pneumatische Kniehebelpressen in Betracht, die — wie schon der Name andeutet — die Niete nicht herunterschlagen, sondern durch Druckwirkung pressen. Schon 1890 sind in Deutschland Kniehebelnietmaschinen für Preßluft gebaut worden, und sie haben sich inzwischen konstruktiv nicht viel verändert. Die Wirkungsweise ist höchst einfach: Der bei Eintritt der Druckluft (7 Atm.) in dem auf dem Bügel aufmontierten Zylinder sich verschiebende Kolben überträgt seine Kraftleistung vermittelst des Kniehebels auf den Nietstempel, resp. der gleichbleibende Druck im Maschinenzylinder wird in einen zunehmenden im Nietstempel umgesetzt. Der allmählich sich steigernde Druck, der erst am Ende des Kolbenhubes seine höchste Stärke erreicht, bringt eine saubere und gleichmäßige Vernietung zustande, die erwiesenermaßen der hydraulischen Nietung nicht nachsteht. Man hat es in der Hand, den vollen Schließdruck beliebig lange auf den Nietkopf einwirken zu lassen, bis der Niet hinreichend abgekühlt ist, wodurch ein dichtes Anschließen der Bleche gewährleistet wird. Dabei arbeitet die pneu-

Abb. 122.

matische Kniehebelpresse stoßfrei und geräuschlos. Der Nietstempel bewegt sich je nach der Öffnung des Einlaßventils mit jeder gewünschten Schnelligkeit, und der Schließdruck steigert sich vom Aufsetzen auf den Niet an ununterbrochen bis zum Schluß, d. h. bis seine höchste Stufe erreicht ist.

Die letztere ist zum Teil mit von dem Grad der Durchfederung des Nietbügels abhängig, weshalb es erforderlich ist, bei Kniehebelpressen den Bügel so starr und stabil wie möglich zu gestalten. Federt der Bügel übermäßig durch, so können infolge der dadurch vergrößerten Bewegung des Nietstempels, d. h. durch vergrößerten Kolbenhub mit erhöhtem Luftverbrauch usw., Verluste bis zu 40 % entstehen. Im übrigen arbeiten aber die Kniehebelpressen höchst ökonomisch, und eine solche Nietanlage macht sich in kurzer Zeit bestens bezahlt. Der Luftverbrauch ist sehr gering; für einen Niet von 26 mm Durchm. (65 t Schließdruck) beträgt er rd. 180 l frei angesaugte Luft, auf

7 Atm. gepreßt. Bei einer Durchschnittsleistung von 2 Nieten in der Minute (1200 in 10 Std.) errechnet man einen minutlichen Luftverbrauch von 180 × 2 = 0,360 cbm. Zur Pressung von 1 cbm Luft werden 7,5 PS am Kompressor gemessen benötigt, was einem Kostenaufwand von 7,5 × 6 Pf. für die Pferdekraftstunde=45 Pf. stündlich oder M. 4,50 in 10 Stund. entspricht. Da die Nietmaschine aber nur 0,360 cbm in der Minute verbraucht, so stellen sich die täglichen Betriebskosten, roh gerechnet, unter Zugrundlegung der Vorkriegsverhältnisse, für das Schließen von 1200 Nieten auf nicht einmal 1,50 M. täglich!

Abb. 123. Kniehebelpresse im Dampfkesselbau.
(Phot. b. J. ten Horn, Veendam.)

Gegenüber der hydraulischen Nietung lassen sich allerlei Vorteile beobachten, unter denen die Beweglichkeit der Preßluftmaschinen nicht an letzter Stelle steht. Dazu kommt die sehr hoch einzuschätzende Möglichkeit, das Betriebsmittel gleich noch für die verschiedenartigsten anderen Werkzeuge, zum Bohren, Meißeln, Verstemmen usw. nutzbringend verwenden zu können. Außerdem sind die Anschaffungskosten der Preßluftanlage geringer als die einer hydraulischen Anlage. Gegenüber dem hohen Preßwasserdruck von rd. 200 Atm. braucht das Leitungsnetz der Preßluftanlage nur für 7 bis 8 Atm. vorgesehen werden. Die Gefahr des Einfrierens fällt weg! Ein wesentlicher praktischer Vorzug der pneumatischen Kniehebelnietmaschine ist auch darin zu erblicken, daß beim Arbeitsgang der Druck allmählich anschwillt und erst am Ende seine Höchststärke erreicht. Mit der Preßluftmaschine

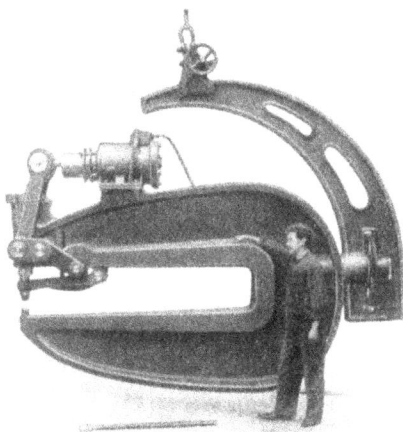

Abb. 124. Nietmaschine mit Blechschluß.

können infolge der einstellbaren Hubbegrenzung des Nietstempels auch kleinere Niete ohne Beschädigung der Bleche usw. gedrückt werden. Der Betrieb ist sauberer als bei hydraulischen Maschinen, in deren Nachbarschaft der Boden meist von Nässe und Schmiere trieft. Es wird vielfach behauptet, daß eine Blechschlußvorrichtung an den pneumatischen Nietmaschinen überflüssig sei und nur hinderlich sein würde. Demgegenüber sei aber auf das Urteil von Nietfachleuten hingewiesen, wonach gerade eine Blechschlußvorrichtung für den einwandfreien Ausfall dampfdichter Nietungen von allergrößter Bedeutung sein soll! Nur scheinen eben die Vorrichtungen älterer Art den Anforderungen der Praxis nicht entsprochen zu haben! Eine Neuerung auf diesem Gebiete bietet die Firma Haniel & Lueg in ihrem Patent Nr. 345727. Die Erfindung umfaßt einen Kniehebel-Nietmechanismus mit einem gemeinsamen

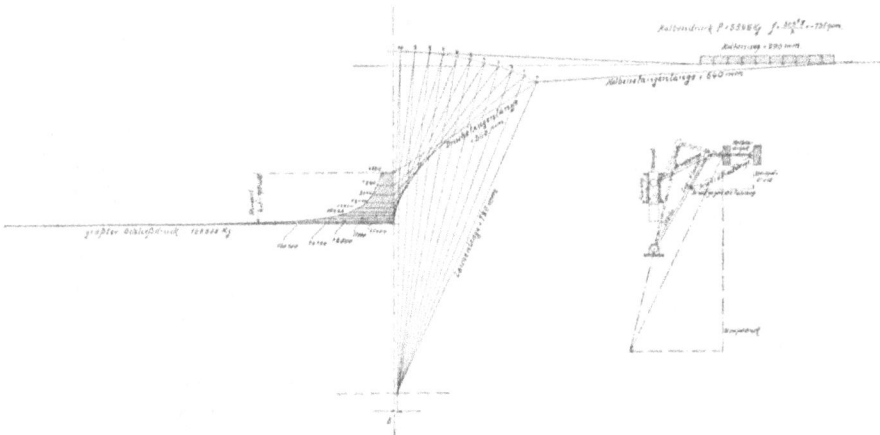

Abb. 125. Diagramm einer Kniehebelpresse für 36 mm Niete.

Treibkolben sowohl für die Erzeugung des Nietdrucks als auch des Blechschließers, und zwar dient zur Bewegung des letzteren ein Hebel, der mit dem einen Arm des Kniehebels in Verbindung steht. Beim Arbeitsgang der Nietmaschine nach diesem System setzt sich zunächst der Blechschließer auf und dann rückt der Nietdöpper vor. Dabei nimmt der Blechschließdruck in dem Maße zu, wie der Nietdruck mit der fortschreitenden Bildung des Nietkopfes anwächst! Der Blechschließer wirkt ununterbrochen während der Nietbildung! Das pneumatische Nietverfahren ist hierdurch wieder um einen Grad vollkommener geworden!

Man hat oftmals Niete, die mit einer Preßluftkniehebelpresse geschlossen worden waren, hernach mit der Kaltsäge in der Längsachse der Nietnaht mittendurchgesägt und gefunden, daß die Trennungsstelle zwischen den Blechen einerseits, sowie zwischen Nietschaft, Nietkopf und Blech anderseits sich nur als ganz feiner, kaum sichtbarer Haarriß zeigte. Selbst bei absichtlich versetzten Löchern hat man feststellen können, daß diese in nicht zu übertreffender Weise tadellos ausgefüllt waren. Es ist oftmals nachgewiesen und auch seitens der Dampfkesselrevisionsvereine wiederholt bestätigt worden, daß sich bei sachgemäßer Handhabung der Kniehebelpressen mit Druck-

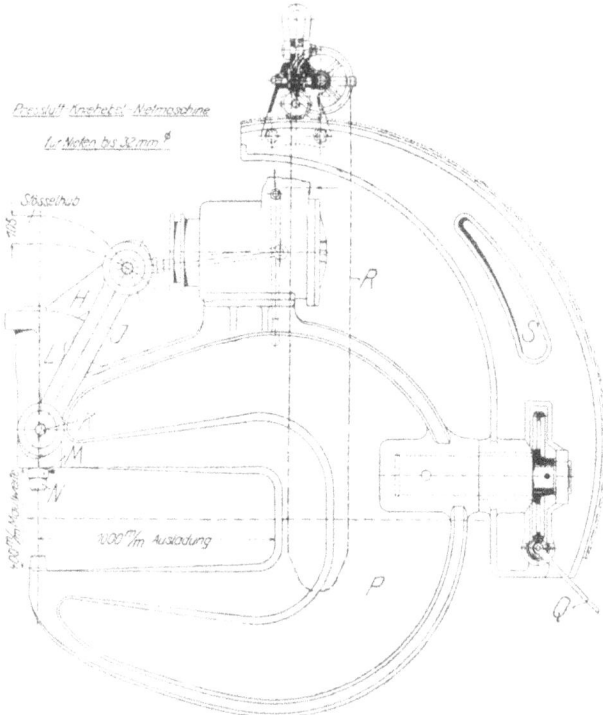

Abb. 126.

luftbetrieb durchaus dampfdichte Niete herstellen lassen, die größtenteils nicht einmal nachgestemmt zu werden brauchen. Allerdings muß darauf geachtet werden, daß der von dem Kompressor erzeugte Druck von 7 Atm. der Nietmaschine ungeschmälert zukommt, resp. daß dieser Druck konstant bleibt. Im anderen Falle wird der festgesetzte Schließdruck nicht erreicht.

Die Nietmaschine muß vor Beginn der Nietung nach der Stärke der zu nietenden Bleche eingestellt werden: Nachdem die letzteren übereinandergelegt auf den unteren Döpper gebracht worden sind, bewegt man den Steuerhebel nach vorn, bis die Zuglaschen des Kniehebels die Anschlagnocken berühren. Sodann ist die Döpperspindel fest gegen die Bleche zu schrauben, worauf man den Steuerhebel wieder zurückbewegt. Ratsam ist es, dann die Döpperspindel noch um 90 bis 180 Grad herunterzudrehen. Beim Nieten soll man den Steuerhebel einen Moment in der Mittellage belassen, wodurch jegliche Kompression der sich etwa noch vor dem Kolben befindlichen Luft

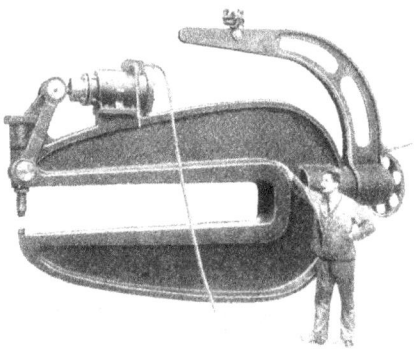

Abb. 127. Kniehebelpresse mit 2500 mm Bügelausladung mit Halbuniversal-Aufhängung.

vermieden wird. Die vorerwähnte Einstellung des Döppers bzw. des Druckkolbens ist für Kesselnietungen sehr wichtig und muß mit genügender Sorgfalt vorgenommen werden, so daß der Kniehebel bei vollem Druck eben über den toten Punkt hinweggleitet. Dadurch ist Gewähr geboten, daß der Druck zu seiner vollen Wirkung kommt, und nur so kann ein vollkommenes Anpressen der Platten und ein gänzliches Ausfüllen des Nietloches erreicht werden. Bei mangelhafter Einstellung wird zwar ein Nietkopf gebildet, aber man hat nicht die Sicherheit, daß auch wirklich eine vollkommene Verbindung zustande gekommen ist, wie sie bei dampfdichten Vernietungen gefordert werden muß. Gerade in dieser Beziehung herrscht vielfach noch eine

Abb. 128. Ortsfeste Nietmaschine.

Abb. 129. Im Kreis schwenkbare Nietmaschine für Spezialnietungen.

gewisse Verständnislosigkeit oder Sorglosigkeit, und es sei betont, daß eine wirklich einwandfreie Vernietung nur erzielt werden kann, wenn die Nietmaschine vor der Inbetriebsetzung jeweils auf vorbeschriebene Weise genau eingestellt wird. Es darf auch nicht übersehen werden, den Enddruck noch einige Sekunden auf den geschlossenen Niet einwirken zu lassen.

Auf die Notwendigkeit, den Bügel so widerstandsfähig als möglich zu gestalten, wurde bereits hingewiesen. Als Material kommt nur Stahlguß in Betracht. Die Lager versieht man für gewöhnlich mit Büchsen aus harter Phosphorbronze. Für die Abdichtung haben sich Ledermanschetten nicht so gut bewährt als Kolbenringe. Kniehebelnietmaschinen werden von verschiedenen Fabriken in drei Normalgrößen hergestellt, und zwar für Niete bis 22, 26 und 32 mm Durchm., einen Enddruck von 45, 60 und 90 t entwickelnd. Die normale Maulweite beträgt 350 mm. Es sind jedoch auch schon bedeutend stärkere Maschinen geliefert worden.

Die Art der Universalaufhängung ist aus Abb. 126 ersichtlich. Der eigentliche Nietbügel P kann mittels des Ratschenhebels Q um seine Längsachse und mittels der Zugkette R mitsamt dem Aufhängebügel S um 90° nach abwärts gedreht werden. Für einfache Arbeiten, z. B. für die Rundnähte an Dampfkesseln, genügt meist eine einfache Aufhängung, doch ist es immer ratsam, gleich bei Bestellung der Maschine darauf zu dringen, daß der Bügel mit einem Auge versehen wird, um später nötigenfalls eine Universalaufhängevorrichtung noch anbringen zu können. Wenn eine Bewegung der Maschine um die Längsachse des Nietbügels als ausreichend angesehen wird, so kann man eine Halb-Universalaufhängung wählen (s. Abb. 127). Auch bei den Kniehebelnietmaschinen muß auf reichliche Schmierung geachtet werden. Alle sich bewegenden Teile müssen hinreichend geölt werden. Vor den Lufteintritt setzt man praktisch einen selbsttätigen Schmierapparat. Für die Maschinen bis 60 t Enddruck genügt ein Zuleitungsschlauch von

Abb. 130. Fahrbare Nietmaschine zum Nieten von Blechtafeln.
(Phot. b. Bleichert & Co., Leipzig.)

25 mm l. W., sofern seine Länge höchstens 12 m beträgt. Für größere Maschinen ist 30 mm Schlauchweite erforderlich, wobei man nicht versäumen darf, Momentkupplungen von 52 mm Nockenabstand (anstatt 42 mm) zu nehmen. Wie schon erwähnt, ist es möglich, mit der Preßluftnietmaschine auch kleinere Niete zu pressen. Hierbei muß der Nietstempel dementsprechend eingestellt werden, so daß er resp. die Döpperspindel nur gerade den nötigen Enddruck abgeben kann. Nötigenfalls kann auch die Luftzufuhr abgedrosselt und hierdurch ein geringerer Schließdruck herbeigeführt werden.

Natürlich können pneumatische Nietmaschinen ebensogut wie hydraulische ortsfest gebaut resp. für senkrechte oder wagerechte Nietarbeit mit einem Fuß ausgestattet werden.

Preßlufthebezeuge.

Wenn man sich den Siegeszug der sonstigen Preßluftwerkzeuge, insbesondere der Hämmer und Bohrmaschinen, vergegenwärtigt, so kommt man zu der Ansicht, daß eigentlich die Einführung der Preßlufthebezeuge ungleichen Schritt damit gehalten hat. Offenbar ist diese Gattung der mit Druckluft gespeisten Hilfswerkzeuge — sehr zu Unrecht — arg vernachlässigt worden. Wahrscheinlich ist dies darauf zurückzuführen, daß in der ersten Zeit, als die Druckluft in Deutschland Anhänger zu werben begonnen hatte, ausländische Preßlufthebezeuge auf dem Markt erschienen waren, mit denen die Empfänger wenig gute Erfahrungen machten. Jene alten, primitiv gebauten Apparate arbeiteten in der Tat ebenso unzuverlässig wie unökonomisch. An ein stoßfreies Heben der Last war nicht zu denken, weil die Hebezylinder nur mit komprimierter Luft unterhalb des Kolbens arbeiteten, während die atmosphärische Luft über dem Kolben durch ein Loch im Zylinderdeckel beim Heben der Last einfach ins Freie entwich. Es liegt auf der Hand, daß hierdurch unangenehme Spannungsunterschiede entstehen mußten, die womöglich zu Stößen Veranlassung gaben. Durch das erwähnte Loch vermochte naturgemäß die über dem Kolben sich befindliche Luft nicht so rasch zu entweichen, wie die von unten gegen den Kolben pressende komprimierte Luft es wollte. Infolgedessen wurde die atmosphärische Luft über dem Kolben in gewissem Grade ebenfalls komprimiert, wodurch der belastete Kolben in bestimmten Zeitgrenzen am gleichmäßigen Ansteigen behindert werden mußte. Dieser Vorgang war in der Tat dazu angetan, die Drucklufthebezeuge zu kompromittieren.

Inzwischen waren dann amerikanische Drucklufthebezeuge aufgetaucht, die die Nachteile jener alten Konstruktion nicht mehr aufwiesen, sondern im allgemeinen schon den Typ eines modernen, vollkommenen Hebemittels repräsentierten. Nicht lange danach nahmen mehrere Preßluftfirmen in Deutschland die Hebezeuge mit in ihr Fabrikationsprogramm auf. Die deutschen Hebezeuge haben sich gut bewährt. Daß sich ihre Einführung trotzdem so langsam vollzieht, kann nur auf das Vorurteil zurückgeführt werden, das man auf Grund der früheren Erfahrungen noch immer gegen die Drucklufthebezeuge zu haben scheint. Sehr zu Unrecht, wie wir aus dem Nachfolgenden entnehmen können:

Die pneumatischen Hebezeuge lassen sich wohl in den meisten mit Druckluft arbeitenden Betrieben nutzbringend verwenden. Ein einfaches

Rohrleitungsnetz genügt, um sie an jedem Ort erfolgreich betätigen zu können. Sie können in Verbindung mit Laufkränen u. dgl. zum völlig gefahrlosen Transport von Gütern aller Art herangezogen werden. Im Auslande spielen pneumatische Hebezeuge auf Verladeplätzen und in Materialschuppen usw. längst eine bedeutende Rolle. Wenn man berücksichtigt, daß Druckluftzylinderhebezeuge Lasten bis zu 10000 kg verhältnismäßig rasch und unbedingt sicher zu heben vermögen, daß die Bedienung jedem Handlanger getrost überlassen werden kann, weil sich die Hebegeschwindigkeit nach Belieben einstellen und arretieren läßt, und daß schließlich der Luftverbrauch und damit die Betriebskosten ungemein niedrig sind, so darf man sich mit Recht

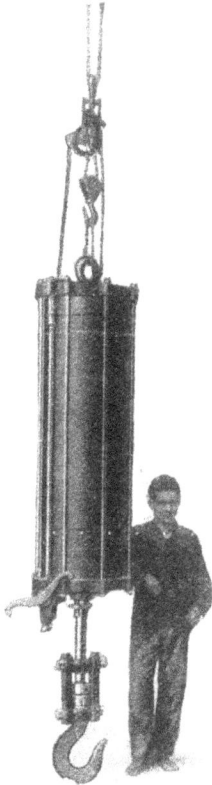

Abb. 131. Hebezeug für 10000 kg Lastschwere.

Abb. 132. Hebezeug im Werkzeugmaschinenbau.

fragen, warum nicht in jedem mit Druckluft ausgerüsteten Betriebe Preßlufthebezeuge zu finden sind. Auch in sozialer Hinsicht kann die Einführung der Drucklufthebezeuge nur begrüßt werden, weil sie eine physische Entlastung der Arbeiter bedeuten und Unglücksfälle nahezu ausschließen. Selbst wenn die Rohrleitung oder der Zuleitungsschlauch plötzlich defekt werden, kann ein Herabstürzen der Last bei den modernen Preßlufthebezeugen nicht erfolgen. Der Sicherheit halber stattet man sie neuerdings noch mit einem Rohrbruchventil aus.

Zu Lastenaufzügen der erdenklichsten Art, an Schwenk-, Dreh-, Laufkränen, in schräger, horizontaler und vertikaler Lage lassen sich die Zylinderhebezeuge gleich vorteilhaft gebrauchen.

Abb. 133 zeigt ein modernes Preßluft-Hebezeug im Schnitt. Die Arbeitsweise ist folgende:

In einem durch die eine Haube und den
unteren Deckel verschlossenen Zylinder befindet
sich der gegen die innere Zylinderwandung ab-
dichtende Kolben. Derselbe sitzt auf der hohlen
Kolbenstange, in welcher wiederum ein in die
obere Luftkammer mündendes Rohr gleitet.
Letzteres dichtet an seinem unteren Ende gegen
die innere Wand des Kolbenstangenrohres ab,

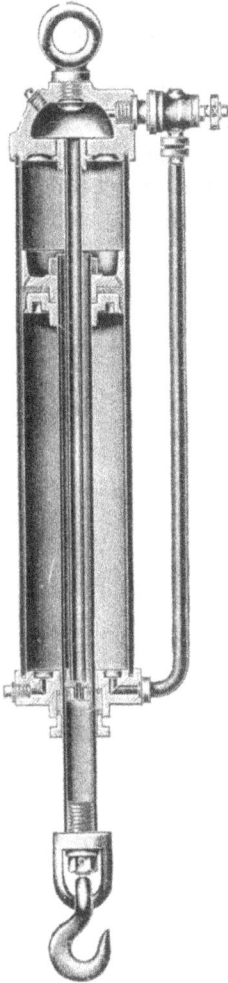

Abb. 133. Preßluftzylinder-Hebezeug
(Fabr. Keuth & Zenner, Saarbrücken).

Abb. 134. Hebezeug im Maschinenbau
(Phot. b. Droop & Rein, Bielefeld).

so daß der oberhalb dieser Dichtung liegende Innenraum des Hebezylinders
mit Preßluft gar nicht in Berührung kommt. In die Luftkammer mündet der
Umsteuerhahn, welcher durch verschiedene Abzweigungen die Verbindung
mit dem unteren Zylinderraum, der Preßluftzuleitung und der äußeren Luft
herstellt.

Soll eine Last gehoben werden, so wird der Umsteuerhahn so gestellt,
daß die Preßluftzuleitung und der untere Zylinderraum einerseits und der

Raum oberhalb dieser Dichtung und die freie Luft anderseits miteinander Verbindung haben. Die Preßluft drückt den Kolben hoch, und die im Rohr und in der Luftkammer befindliche Luft entweicht ins Freie. Soll ein Senken des Kolbens stattfinden, so wird in der Weise umgesteuert, daß die Luftkammer und demzufolge auch das Kolbenstangeninnere mit der Preßluftzuleitung verbunden ist, während der unterhalb des Kolbens befindliche Druck durch die Verbindung mit der freien Luft aufgehoben wird. Die Druckfläche in der Kolbenstange ist reichlich genug bemessen, um auch bei unbelasteter Kolbenstange ein selbsttätiges Sinken des Kolbens zu gewährleisten. Durch diese eigenartige Anordnung wird gegenüber anderen Hebezeugen, wobei der ganze obere Zylinderraum behufs Herunterdrücken des Kolbens mit Preßluft angefüllt werden muß, eine erhebliche Ersparnis erzielt.

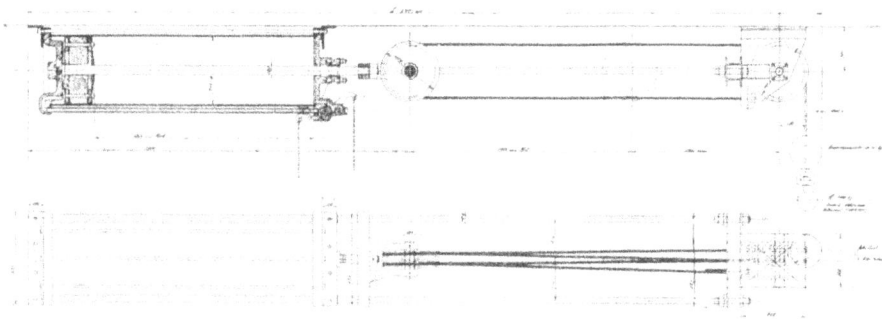

Abb. 135. Horizontales Hebezeug mit Rollenübersetzung (Fabr. Deutsche Nileswerke, Weißensee).

Man hat es in der Hand, Hebe- und Senkgeschwindigkeit ein für allemal oder von Fall zu Fall nach Belieben zu regeln. Heben und Senken erfolgen betriebssicher und stoßfrei.

Bei den erwähnten alten Systemen, bei denen die Luft aus der oberen Kolbenseite direkt durch ein Loch ins Freie entwich, konnte es vorkommen, daß Schmutz, Sand, Staub und alle möglichen Fremdkörper in das Zylinderinnere gelangten. Bei den modernen Hebezeugen ist dies ausgeschlossen. Will man ganz sicher gehen, so muß man den Zuleitungsschlauch vor der ersten Betätigung des Hebezeuges abkuppeln und ausblasen.

Aus alledem geht hervor, daß die pneumatischen Hebezeuge so gut wie keiner Wartung bedürfen und ihre Bedienung dermaßen einfach ist, daß man sie selbst Arbeitsburschen ohne Gefahr überlassen darf.

In der Regel pflegt man die Zylinder aus nahtlos gezogenen Rohren fertigzustellen. Die Erfahrung hat gelehrt, daß die Riefen und kleinen Ungleichheiten im Innern der gezogenen Rohre auf die Wirkungsweise der Hebezeuge ohne schädlichen Einfluß sind. Nur in besonderen Fällen und für ganz schwere Lasten pflegt man ausgebohrte Zylinder zu verwenden, die natürlich den Preis erheblich steigern.

Die gewöhnliche Hubhöhe der pneumatischen Zylinderhebezeuge schwankt zwischen 1200 und 1500 mm. Größere Hubhöhen von 2 und 3 m sind zulässig. Man hilft sich auch, indem man die Hebezeuge horizontal anordnet und eine Rollenübersetzung einschaltet, wie wir es z. B. in der Abb. 135 sehen. Ebenso ist es möglich, die Zylinderhebezeuge nach beiden Seiten wirken zu lassen, das heißt für Zug und Druck auszubilden, in welchem Falle sie sich für allerlei Spezialzwecke gebrauchen lassen.

Für manche Zwecke, beispielsweise in der Gießerei, erweisen sich pneumatische Hebezeuge als besonders wertvoll infolge ihres ruhigen und stoß-freien Arbeitens und ihrer Zuverlässigkeit. Es verdient auch erwähnt zu werden, daß man durch Einschaltung eines Absperrventils in die Rohrleitung einzelne oder auch mehrere Hebezeuge zugleich von einem beliebigen, entfernten Punkte aus in Gang setzen kann. Für Schlachthöfe und in allen Fällen von Massenverladungen kann diese Möglichkeit von größtem Nutzen sein und eine erhebliche Ersparnis an Zeit und Arbeitskräften mit sich bringen.

Was die Ersparnis anbelangt, so sei gleich auf die Wirtschaftlichkeit des pneumatischen Betriebes an sich hingewiesen. Die Drucklufthebezeuge arbeiten vielleicht am ökonomischsten von allen pneumatischen Werkzeugen und Apparaten. Aus diesem Grunde erscheint es durchaus empfehlenswert, selbst solche Be-

Abb. 136. Hebezeug zur Bedienung einer acht-spindligen Bohrmaschine. (Phot. b. A.-G. Brown, Boveri & Co., Baden.)

triebe und Werkstätten mit Preßlufthebezeugen auszurüsten, die sonst nichts mit Druckluftwerkzeugen zu tun haben, von den Industriezweigen, die ohnehin mit Preßluft arbeiten, ganz zu schweigen!

Manche Fabrikate zeichnen sich in dieser Hinsicht besonders aus, weil ihr Luftverbrauch sich nach der jeweilig zu hebenden Last richtet. Wenn also beispielsweise ein für 400 kg Tragkraft bestimmtes kleines Hebezeug zeitweise nur mit 200 kg belastet wird, so bedarf es hierzu auch nur des halben Luftquantums, resp. es hebt schon bei 3 Atm. Druck entgegen den vorgeschriebenen 6 Atm. bei 400 kg. Diese Tatsache läßt die Wirtschaftlichkeit der pneumatischen Zylinderhebezeuge vielleicht am besten im richtigen Licht erscheinen!

Im übrigen ist der Luftverbrauch an sich außerordentlich gering. Ein Hebezeug von 1000 kg Tragkraft bei 6 Atm. und 1175 kg bei 7 Atm. Betriebsdruck benötigt z. B. pro Hub 132 l frei angesaugte Luft von atmosphärischer Spannung. Angenommen, es würden 10 Hebezeuge dieser Größe in Betrieb gesetzt, die sämtlich pro Stunde 5 Hübe machen, so kommt man auf einen Gesamtluftverbrauch von 6600 l pro Stunde, gleich 110 l pro Minute. Es würde mithin ein winziger Luftkompressor mit einem entsprechend großen Windkessel zum Betriebe der 10 Hebezeuge ausreichen, ein Kompressor, der nicht mehr als etwa 0,75 PS Kraft verbraucht. Diese Zahlen sprechen für sich selbst!

Unter diesen Umständen ist es sehr erfreulich, zu hören, daß man auf allen Gebieten mit den pneumatischen Hebezeugen — auch gerade während des Krieges — hervorragend gute Resultate zu verzeichnen gehabt hat. Die Attendorner Kalkwerke bedienen sich z. B. seit Jahren der pneumatischen Hebezeuge, um mit ihnen die Kohlen für die Ringöfen hochzuziehen, und zwar tagtäglich bis zu 60 000 kg. Abgesehen davon, daß die Waggons infolge des schnellen Zuges in verhältnismäßig kurzer Zeit entleert werden, läßt sich gegenüber der Handarbeit eine erhebliche Ersparnis an Arbeitskräften und Löhnen konstatieren, da ein Preßlufthebezeug bequem von 1 Mann bedient werden kann.

Um im Laufe der Kriegsjahre mit dem ungeheuren Verbrauch von hartem Tiegelstahl für Schnellstahlwerkzeuge einigermaßen Schritt halten zu können, mußten die Abmessungen der Schmelztiegel vergrößert werden. Hierdurch gestaltete sich die Handhabung der Tiegel sehr viel schwieriger, so daß die Munitionsbetriebe die größte Mühe hatten, körperlich genügend kräftige Arbeiter für diese Arbeit zu erhalten. In welchem Maße das Gewicht infolge der vergrößerten Abmessungen zunahm, geht beispielsweise daraus hervor, daß vor dem Kriege ein derartiger Tiegel 17 kg wog, heute dagegen bis zu 23 kg ansteigen kann. Gleichzeitig steigerte sich aber auch der Inhalt. Chargen bis zu 40 kg sind keine Seltenheit, während der Friedensschmelzbetrieb maximal 28 kg erforderte. Die Arbeiter, die nach beendigtem Schmelzprozeß aus einem bis zu 1600 Grad erwärmten Ofen etwa 75 kg schwere Tiegel bis zu einer Höhe von 1,20 m heben müssen, haben eine sehr anstrengende Arbeit zu verrichten, die außerordentlich große physische Anforderungen stellt. Ein mittlerer Betrieb erfordert von diesen Leuten, daß in einer Tagesschicht mehr als 250 Tiegel aus den Schmelzöfen herausgenommen werden müssen. Verschiedene Betriebe halfen sich nun, indem sie über den Öfen Preßluft-Hebezeuge anbrachten, um auf diese Weise mit Erfolg die menschliche Kraft zu ersetzen und das Herausnehmen der Tiegel aus den Öfen zu erleichtern.

Viele Werke gebrauchen pneumatische Hebezeuge im Werkzeugmaschinenbau zum Anheben, Transportieren und Aufspannen von Arbeitsstücken usw., wofür sonst zwei bis drei Leute notwendig wären. Es läßt sich auch in diesem Falle eine wesentliche Ersparnis an Zeit und Arbeitslöhnen beobachten.

Der die betreffende Werkzeugmaschine, z. B. eine Horizontalplandrehbank, bedienende Arbeiter, dem ein Preßlufthebezeug zur Verfügung steht, ist unabhängig von Hilfskräften, deren er sich sonst von Fall zu Fall bedienen müßte. Er kann ungestörter und rascher arbeiten. Neuerdings werden auch Arbeitsmaschinen von vornherein in Verbindung mit pneumatischen Hebezeugen geliefert, wie beispielsweise die Radscheibenbearbeitungsmaschinen der Deutschen Niles-Werke, Berlin-Weißensee. Man geht eben sehr richtig von der Voraussetzung aus, daß in einer modernen Werkstatt Druckluft unbedingt vorhanden sein muß, was ja unter anderen in Eisenbahnwerkstätten auch tatsächlich fast ausnahmslos der Fall ist.

Bei der Firma Gebrüder Hardy in Wien sind pneumatische Hebezeuge seit Jahren in Gießereilaufkräne eingebaut, um leere und eingestampfte große Formkästen zu verfahren, ferner die Be- und Entladung der Trockenkammerwagen und deren Ein- und Ausführung in die Trockenkammern zu besorgen, große Gußstücke zu heben und zu transportieren, schwere Formteile zusammenzusetzen u. a. m. Abgesehen von der Zeit- und Lohnersparnis erweist sich hauptsächlich beim Zusammensetzen der Formen die feine Abstufbarkeit der Hebe- und Senkgeschwindigkeit der Preßlufthebezeuge als sehr wertvoll und offensichtlich sogar elektrisch betriebenen Kränen überlegen. Im Anschluß hieran sei übrigens gleich erwähnt, daß sich die Umänderung von Krananlagen mit Handbetrieb in solche mit pneumatischem Betrieb ohne große Schwierigkeiten bewerkstelligen läßt. Die Zylinderhebezeuge lassen sich senkrecht ebensogut anordnen wie wagerecht oder schräg, sie sind leicht zu handhaben und ertragen selbst die staubige, bald feuchte, bald trockene, jetzt kalte, dann heiße Luft in der Gießereihalle ohne Nachteile. Das Reparaturbedürfnis ist außerordentlich gering, der Betrieb billig, der Anschaffungspreis niedrig. Deshalb darf man wohl darauf rechnen, daß die Nachfrage nach pneumatischen Hebevorrichtungen im Hinblick auf den Leutemangel bzw. die ansteigenden Arbeitslöhne künftig sehr groß sein wird.

Auch für den Bergwerksbetrieb kommen Preßlufthebezeuge in Betracht. Die Gotthardschachtanlage bei Orzegow (O.-S.) bedient sich z. B. schon seit mehr als 10 Jahren der pneumatischen Zylinderhebezeuge in Seil- und Kettenförderstrecken, und zwar meist an Zwischenstationen, um Seil bzw. Kette hochzuheben und Wagen anschleppen zu können. Es ist auch ein Hebezeug in einen Kettenautomat eingebaut, wo es zum Anziehen der zeitweise stehenbleibenden Kette mit Vorteil benutzt wird. In anderen Bergwerksbetrieben werden die Preßluftmotorwinden in größerer Zahl verwendet.

Die Anwendungsmöglichkeiten gerade für die pneumatischen Hebevorrichtungen sind nahezu unbegrenzt. Ihre Betriebssicherheit und Zuverlässigkeit bei geringstem Reparaturbedürfnis, namentlich aber auch der geringe Luftverbrauch, lassen sie für alle Betriebsverhältnisse als bestens geeignet bezeichnen, und die Anschaffung einer Druckluftanlage zur Betätigung von Hebezeugen kommt insbesondere auch für solche Verbraucher in Betracht, die sonst keine Verwendung für Preßluftwerkzeuge haben.

In Fällen, wo man Zylinderhebezeuge der beschränkten Hubhöhe wegen nicht anwenden kann, kann man zu den Druckluftmotorwinden und Flaschenzügen greifen.

Die Preßluftwinden bestehen aus einem pneumatischen Motor, der durch eine Schneckenradübersetzung eine Windentrommel oder eine Kettennuß in Umdrehung versetzt. Der Motor hat zwei doppelt wirkende schwingende Zylinder, die auf eine Kurbelwelle wirken und von da durch die Schnecke und das Schneckenrad die Windentrommel antreiben. Die Steuerung ist eine sog. Schlitzsteuerung, bei der sich die Zylinder selbst bei ihrer schwingenden Bewegung steuern. An der einen Seite jedes Zylinders ist eine Lauffläche mit zwei Schlitzen angeordnet, die auf einem Spiegel mit je zwei Schlitzen für den Drucklufteintritt und je zwei Schlitzen für Luftaustritt aufliegt. Die erstgenannten Schlitze kommen je nach der augenblicklichen Lage des Zylinders mit einem der später erwähnten Schlitze

Abb. 137. Hebezeug im Bergwerk.

zur Deckung, und die Druckluft wird abwechselnd auf die eine oder die andere Kolbensetie geleitet, die Abluft aber auf der anderen Seite ins Freie gelassen. Der Konushahn der Winde kann von der Nullstellung nach der einen oder anderen Seite hin gedreht werden, je nachdem Rechts- oder Linkslauf gewünscht wird. Die Winden sind mit einer sicher wirkenden Bremse ausgerüstet und haben sich in der Praxis gut bewährt. Sie werden aber nur in einer Größe für maximal 1500 kg Tragkraft gebaut. Die letztere kann allerdings durch Einschaltung einer Rollenübersetzung gesteigert werden.

Abb. 138. Preßluft-Winde, 1500 kg Tragkraft, im Behälterbau beim Hochwinden der Platten.

Bei normaler Belastung soll eine Winde etwa

2 m Hebegeschwindigkeit in der Minute entwickeln können. Die Größe der Trommel richtet sich nach der gewünschten Hubhöhe.

Seltener·als auf Winden stößt man bei uns auf Preßluftflaschenzüge, obwohl solche in Amerika häufig anzutreffen sind. Der Motor ist im allgemeinen derselbe wie bei den Winden. Der Flaschenzug hebt bei Anwendung von drei Seilen Lasten bis zu 3000 kg Schwere mit einer Geschwindigkeit von etwa 1 m in der Minute; bei Anwendung von zwei Seilen erhöht sich die Geschwindigkeit bis auf etwa 1,5 m, die maximale Tragfähigkeit verringert sich

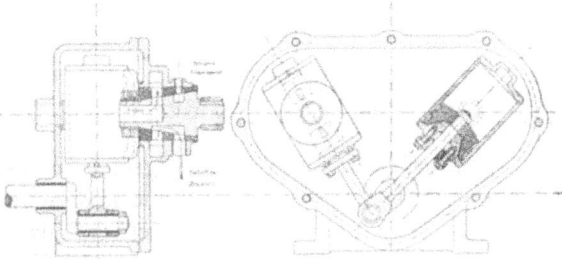

Abb. 139. Motor einer Preßluft-Winde (Fabr. Deutsche Niles-Werke).

aber gleichzeitig auf etwa 2000 kg. Wird nur ein Seil benutzt, so lassen sich Lasten bis 1000 kg Schwere mit einer Geschwindigkeit von etwa 3 m in der Minute heben. Die pneumatischen Flaschenzüge und Winden haben einen ziemlich großen Luftverbrauch: etwa 2 cbm/Min., und dieser Umstand dürfte wohl ihre Einführung erschweren, so gut sie sich auch im praktischen Gebrauch — insbesondere in Bergwerken — bewährt haben. Preßluftwinden und Flaschenzüge können beim Bau von Gasometern, Brücken, Eisenkonstruktionen u. dgl., wo ohnehin pneumatische Werkzeuge zum Nieten, Bohren, Meißeln usw. zur Anwendung kommen, nutzbringend verwertet werden. Auch in Steinbrüchen stößt man ab und zu auf diese Hebemittel, wo sie in Gemeinschaft mit Druckluftstoßbohrmaschinen und Bohrhämmern hervorragende Dienste leisten.

Die gegebenen Ausführungen werden erkennen lassen, daß es wirklich an der Zeit ist, jegliche Vorurteile gegen die pneumatisch betriebenen Hebemittel

Abb. 140. Preßluft-Flaschenzug.

fallen zu lassen, die es in bezug auf Leistung mit jedem anderen Hebewerkzeug aufnehmen, dieses aber hinsichtlich Betriebssicherheit und Unempfindlichkeit unter Umständen weit übertreffen.

Preßluftwerkzeuge im Schiffbau.

Auf keinem anderen Industriegebiete werden so viele Preßluftwerkzeuge gebraucht wie im Schiffbau. Keine andere Industrie hat aber auch einen gleich großen Nutzen durch die Verwendung derselben zu verzeichnen. In den Docks aller Länder arbeiten viele Tausende von Niethämmern und eine große Anzahl von Bohrmaschinen, Meißelhämmern, Nietmaschinen etc. Kaum wäre es möglich, ohne Hilfe der Druckluft die Riesenkörper der modernen Schiffe auch nur annähernd in dem raschen Tempo fertigzustellen, wie man es jetzt gewohnt ist und wie es der in Aussicht stehende Wirtschaftskampf erfordert.

Für den Schiffbau kommen in erster Linie Hohlventil- oder Rohrschieberniethämmer in Betracht. Hier — z. B. bei den Außenhautnietungen — spielen Länge und Gewicht der Werkzeuge in der Tat eine entscheidende Rolle, während anderseits auf den Luftverbrauch nicht so sehr geachtet wird, denn fast alle Schiffswerften verfügen über reichlich große Kompressoranlagen. So werden auch Bohrmaschinen bevorzugt, die bei zufriedenstellenden Bohr- und Aufreibeleistungen vor allem leicht an Gewicht sind. Auf Dauerhaftigkeit der Werkzeuge wird im Schiffbau weniger Gewicht gelegt als in anderen Industriezweigen. Es erklärt sich dies damit, daß sich hier die Werkzeuge so bald bezahlt machen. So werden auch die Erfolge der amerikanischen Preßluftwerkzeuge, mit denen ja vorwiegend die Schiffswerften überschwemmt worden sind, ohne weiteres erklärlich. Und wenn die deutsche Industrie in den Schiffswerften festen Fuß fassen will, so ist es notwendig, daß sie ihre Erzeugnisse in engster Anlehnung an die amerikanischen Vorbilder den Bedürfnissen des Schiffbaues anpaßt! Es gilt, einer neuen Invasion der Ameri-

Abb. 141. Versenkte Niete (Phot. b. Schiffswerft Cäsar Wollheim, Cosel).

kaner entgegenzutreten und nicht locker zu lassen in dem Bestreben, gerade die Werften für die deutschen Preßluftwerkzeuge einzunehmen!

Neben den schon genannten Werkzeugen finden im Schiffbau ferner die Spantennieter (Jam-Nieter) Verwendung, mit denen man an Stellen, wo sich die Niethäm- mer schlecht oder gar nicht gebrauchen las- sen, vorteilhaft zu ar- beiten vermag. Es gibt ganz kurze Span- tennieter mit ca. 210 mm Baulänge und größere Modelle von 400 bis 600 mm Länge. Diese Apparate sind insbesondere für die Nietarbeiten zwi- schen den Schiffs- spanten sehr beliebt,

Abb. 142. Außenhaut-Nietungen.

und sie werden seitens der Arbeiter allen anderen Werkzeugen vorgezogen, weil ihre Handhabung denkbar einfach ist und ihre Anwendung keiner- lei Kraftanstrengung erfordert. Man kann sagen, daß sich die Arbeiter bei der Betätigung der Span- nieter geradezu ausruhen kön- nen, ohne daß die Leistungen sich verringern. Konstruktiv ist der Spantennieter eine Zu- sammensetzung von Nietham- mer und Gegenhalter. Die größeren Modelle werden auch zum Herausschlagen der Niete bei Schiffsreparaturen verwen- det, indem man anstatt des Nietdöppers ein zweckent- sprechendes Werkzeug einsetzt und am anderen Ende des Apparates nötigenfalls ein Ver- längerungsrohr anbringt. Bei

Abb. 143. Preßluftwerkzeuge im Schiffbau (Phot. b. Deutsche Werke, A.G., Werft Kiel).

ganz kurz gebauten Spantennietern nimmt man Döpper ohne Schaft, die nur wenig in den Zylinder hineinragen und durch eine Klemmfeder darin festgehalten werden.

Für Boden- und Decknietungen findet man im Schiffbau einfache Fahrgestelle mit eingebautem Niethammer. Diese Vorrichtungen sind sehr praktisch für Reihennietungen; die Arbeiter ermüden nicht so leicht, als wenn sie das Hammergewicht dauernd zu tragen haben, und die Nietarbeit schreitet infolgedessen besonders rasch fort. Ähnliche Hilfsvorrichtungen sind für Außenhautnietungen usw. im Gebrauch.

Abb. 144. Haltevorrichtungen zum Niethammer beim Schiffbau.

Eine besondere Art von Spantennietern hat sich zum Einbördeln von Wasserröhren in Schiffskesseln gut bewährt. Der Hammer wird in die Öffnung des einzubördelnden Rohres eingesetzt und während der Arbeit langsam ein wenig um seine Längsachse gedreht. In den Kesselschmieden, wo die Schiffskessel erbaut werden, dürfen sodann die pneumatischen Kniehebelnietmaschinen nicht fehlen.

Alles zusammengefaßt, stellt der Schiffbau das Hauptgebiet für die Anwendung der pneumatischen Werkzeuge dar. Schon aus nationalen Beweggründen muß deshalb die deutsche Preßluftindustrie mit allen Mitteln sich bemühen, die dauernde Kundschaft der Schiffswerften und beteiligten Kreise zu gewinnen.

Abb. 145. Haltevorrichtung zur Bohrmaschine.

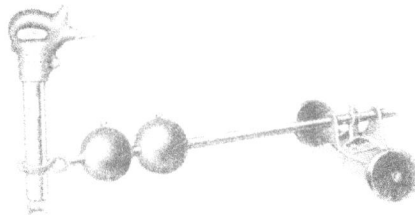

Abb. 146. Decknieter.

Spantennieter.

Wie schon der Name besagt, dienen diese Apparate hauptsächlich im Schiffbau beim Nieten zwischen den Spanten! Aber sie lassen sich natürlich ebensogut beim Bau von Eisenkonstruktionen und Brücken usw. verwenden, sofern ein Stützpunkt im Rücken vorhanden ist. Kurzum, sie sind die best-geeigneten Nietapparate an schwer zugäng-lichen Stellen, wo das Arbeiten mit dem gewöhnlichen Preßlufthammer nicht mög-lich ist. Die Wirkungsweise gleicht der einer Schlagnietmaschine. Der Hammermechanis-mus wird beim Aufdrehen des Hahnkonus zunächst gegen den zu schlagenden Niet vorgeschoben, d. h. der ganze Apparat preßt sich gegen seine Rückenstütze an, und dann erst, beim weiteren Öffnen des Einlaßhahns,

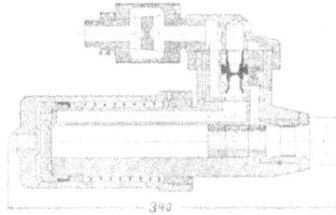

Abb, 147. Einer der ersten deutschen Spantennieter (System Kiecksee).

beginnt der Schlag des Kolbens. Wird der Hahn zugedreht, so hört der Schlag-apparat auf zu arbeiten, und im nächsten Moment zieht sich der Vorschub-mechanismus zurück, was teils durch Druckluft, teils durch Federdruck geschieht.

Alles in allem ist der Spantennieter eine gelungene Kombination des Preßluftniethammers mit einem Gegenhalter. Wie bei letztgenanntem Werkzeug in normaler Ausführung gibt es auch Spantennieter, bei welchen die Gegendruckspitze beliebig verlängert werden kann. Im übrigen sind die Apparate, wie schon gesagt, vornehmlich für beschränkte Raumverhältnisse geschaffen. Deshalb ist es klar, daß sie fast ausnahmslos nach dem Rohr-schiebersystem konstruiert sind, um eine Verkürzung herbeizuführen. Es gibt besonders gedrungene Modelle, die einschließlich Nietdöpper nicht länger als 210 mm sind!

Selbstverständlich bietet auch die Anbringung eines exzentrischen Döppers keine Schwierigkeiten. Die Spantennieter werden überhaupt in allen möglichen ausgefallenen Formen hergestellt.

Ein Spezialmodell zum Zusammennieten von Rohren, konstruiert von den Deutschen Niles-Werken, Weißensee, läßt eine außergewöhnliche Verstell-barkeit in der Länge zu, so daß er gleichgut für Rohrweiten von 500 bis 1200 mm zu gebrauchen ist. Bei einem andern Spezialmodell derselben Firma kann im Brücken- und Konstruktionsbau, sobald Reihennietungen vorkommen, ein Zylinder mit Steuerventil und Kolben aus einem zur Hand liegenden normalen Niethammer zur Vereinigung mit dem Gegenhalterstück herangezogen werden.

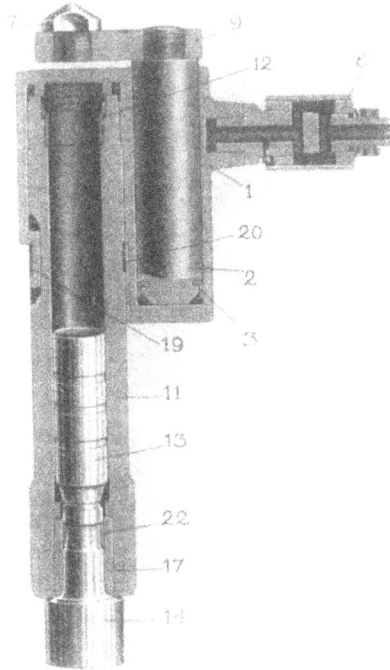

Einzelteile des Spantennieters:

1. Kopfstück bzw. Griffkopfstück
2. Kolben
3. Ledermanschette
4. Scheibe
5. Schraube bzw. Deckelschraube
6. Stellschraube
7. Körner- bzw. Verschlußschraube
8. Kompletter Konushahn
9. Brücke
11. Zylinder
12. Hohlsteuerventil
13. Schlagkolben
14. Döpper
17. Döpperbüchse
19. Sperrstift bzw. Sperrkeil
20. Auspuffkappe bzw. Sperring
22. Klemmring
23. Sprengring
24. Grundring
25. Stopfbüchsenring
26. Stopfbüchse
27. Handgriff
28. Sperrfeder.

Abb. 148. Moderner Spantennieter (Fabr. Rheinwerk, AG., Barmen-Langerfeld).

Daß die Spantennieter — außer im Schiffbau — noch immer keine weitere Verbreitung gefunden haben, liegt wahrscheinlich daran, daß sie nicht in so großen Serien wie die normalen Niethämmer fabriziert werden und deshalb viel teurer sind. Außerdem können sie naturgemäß nur da eine Rolle spielen, wo oftmals Reihennietungen vorzunehmen sind, die überdies so beschaffen sein müssen, daß die Spantennieter stets eine Rückenstütze in möglichst gleichmäßigem Abstand vorfinden. Diese Voraussetzungen aber treffen nicht überall zu. Daß die Spantennieter außerordentlich leistungsfähig sind, ergibt sich schon aus dem Umstand, daß ihre Anwendung den Arbeiter gar nicht ermüdet, denn er hat ja weder den Nietapparat zu tragen, noch den Rückstoß und den Nietschlag auszuhalten!

Abklopfer.

Diese einfachen, außerordentlich weit verbreiteten Apparate gehören
zu der Klasse der ventillosen Hämmer mit selbststeuerndem Kolben. Da
nur verhältnismäßig schwache Schläge von ihnen gefordert werden und die
Schlagwirkung sozusagen durch die große Zahl der sinngemäß eine starke
Vibration auslösenden, sehr rasch aufeinander folgenden Schläge des Kolbens

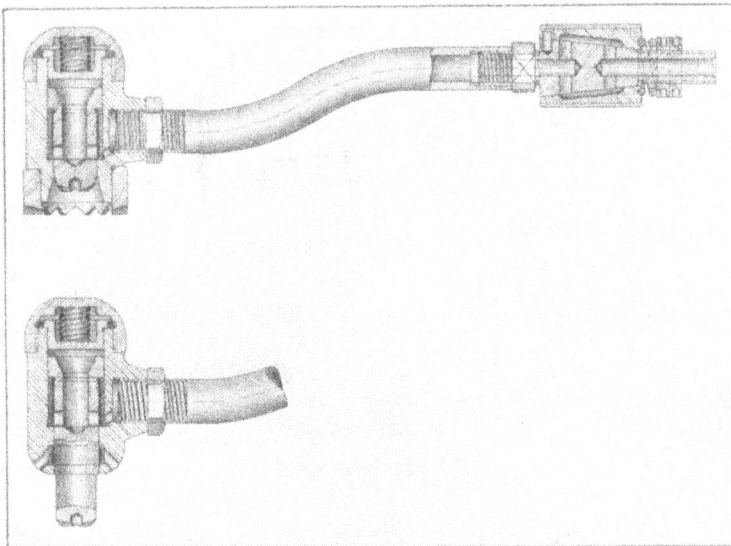

Abb. 149. Abklopfer für Kesselstein, Rost etc. Unten: Spezialmodell mit extra langem Kolben.
(Fabr. Deutsche Werke, AG., Amberg.)

erzielt wird, so ist die erwähnte Art der Steuerung, die an die allerersten
Preßlufthämmer erinnert, hier sehr wohl am Platze. Die Abklopfer haben
einen geringen Luftverbrauch (etwa 180 l i. d. Min.), sind leicht zu handhaben
und leisten das Vielfache der Handarbeit. Da sie auch noch bei 4,5 bis 5 Atm.
Druck befriedigend arbeiten, so genügt — wenn nicht schon Druckluft für
andere Preßluftwerkzeuge zur Verfügung steht — zu ihrem Betriebe ein einstufiger, billiger Luftkompressor.

Vorwiegend werden die Abklopfer zum Reinigen von Dampfkesseln und Röhren von Kesselstein benutzt (s. das bezügliche Sonderkapitel). Dann aber leisten sie auch Hervorragendes in der Gießerei beim Abzundern, ferner beim Abklopfen von Rost, alter Farbe und desgleichen an Eisenkonstruktionen, Lokomotivkörpern, Behältern aller Art, Schiffskörpern, Brückenteilen usw.

Der Schlagkolben macht 5000 bis 6000 Schläge in der Minute. Bei dem sehr geringen Hub kommt dabei eine starke Vibration zustande, und gerade darin liegt der praktische Nutzen des Apparats. Damit der Kolben nicht oben gegen den Deckel schlägt, ist bei einigen Fabrikaten im Zylinderkopf eine starke Feder eingesetzt. Andere suchen die gleiche Wirkung durch ein beim Arbeiten sich bildendes Luftpolster zu erreichen.

Abb. 150.
Abklopfer beim Losschlagen von Rost.

Zur Entfernung von Kesselstein bildet man den Schlagkolben mit einer Kreuzschneide aus; zum Rostabklopfen ist ein eng gezahnter Kolben besser geeignet. Um die Schlagwirkung zu verdoppeln, pflegt man vielfach unten auf den Zylinder einen ebenfalls gezahnten Kranz, die sog. Armierung, aufzuschrauben. Die dadurch herbeigeführte breite Schlagfläche macht aber den Abklopfer ungeeignet zum Abschlagen des Kesselsteins zwischen Nietköpfen usw. Für diesen Zweck nimmt man deshalb Abklopfer ohne die Armierung; zuweilen ist dann der Zylinderrand selbst gezahnt, um die Arbeit des Kolbens zu unterstützen. Speziell zum Arbeiten zwischen Nietköpfen gibt es Abklopfer mit besonders langem Zylinder und mit stark verlängertem Kolben.

Die Handhabung ist ungemein einfach; jeder Arbeitsbursche kann den Abklopfer mit vollem Nutzeffekt bedienen. Es muß nur darauf geachtet werden, daß der Apparat immer fest auf das Werkstück aufgedrückt wird. Geschieht dies nicht, so reicht die an sich geringe Schlagkraft des Kolbens nicht aus, um eine wirklich befriedigende Leistung zu vollbringen.

Die meisten Firmen statten ihre Abklopfer mit einem Hahnkonus für den Lufteinlaß aus. Es gibt aber auch billige Apparate, die statt dessen nur einen gewöhnlichen Lufthahn aufweisen.

Bei den meisten Abklopfern entweicht die verbrauchte Luft nach unten in der Kolbenrichtung, sie bläst demnach zugleich den abgeklopften Staub usw. weg. Nun kommt es zuweilen vor, daß — z. B. bei Kesselstein von besonders trockener Beschaffenheit — der Austritt der Luft am Kolben eine unliebsame

Staubentwicklung hervorruft, was jedoch selten ist. Für diesen Fall hat man Abklopfer mit Staubabsaugung konstruiert. Die Saugvorrichtung verstopft sich jedoch ziemlich leicht, und deshalb haben diese Spezialapparate bis jetzt keine sehr große Verbreitung gefunden. Die Deutsche Maschinenfabrik hat sich ein Modell schützen lassen, bei dem die Auspuffluft durch einen schräg nach oben abgehenden Kanal im Zylinder von der Arbeitsfläche abgelenkt wird.

Preßluft-Abklopfer beim Reinigen einer Schiffswand. (Phot. b. Deutsche Werke A.-G., Kiel.)

Preßluftwerkzeuge in Eisenbahnwerkstätten.

Die Tatsache, daß fast alle größeren Eisenbahnwerkstätten mit Preßluftwerkzeugen ausgerüstet sind und reichlichen Gebrauch davon machen, zeugt von sehr fortschrittlicher Gesinnung der maßgebenden Behörden. Verschiedentlich sind auch schon aus diesen Kreisen unmittelbare Anregungen zur Schaffung neuartiger, für Eisenbahnwerkstätten praktischer Werkzeuge und Vorrichtungen gekommen, die natürlich seitens der Preßluftindustrie mit Freuden aufgegriffen wurden.

So ist beispielsweise vor längerer Zeit die in Abb. 151 dargestellte Spezial-Kniehebelnietmaschine konstruiert worden, die vorwiegend zum Nieten der Feuerloch- und Fußringe an Lokomotivkesseln benutzt wird. Die Maschine wird in zwei Größen, für Niete bis 16 und 26 mm Durchm. gebaut. Der Bügel hat bei dem kleineren Modell 70 mm und bei dem größeren 142 mm Ausladung und 330 mm Maulweite. Neuerdings wird jedoch — den erhöhten Ansprüchen zufolge — noch ein Typ mit 440 mm Maulweite in verstärkter Ausführung hergestellt. Aus der Abbildung geht hervor, daß der eigentliche Nietbügel zunächst in einer Gabel gelagert ist und durch Drehen am Handrad unter Vermittlung eines Kegelrad- und eines Schneckengetriebes um 360° geschwenkt werden kann. Die Gabel wiederum kann durch das Handrad um ihre Längsachse in dem Bügel um 360° gedreht werden. Soll die Nietmaschine zum Vernieten von Flammrohren dienen, muß also der Niet sehr nahe an die Wand gesetzt werden, so kann der Stempel mit exzentrischer abnehmbarer Nietvorrichtung ausgestattet werden. Die Feuerlochnietmaschine

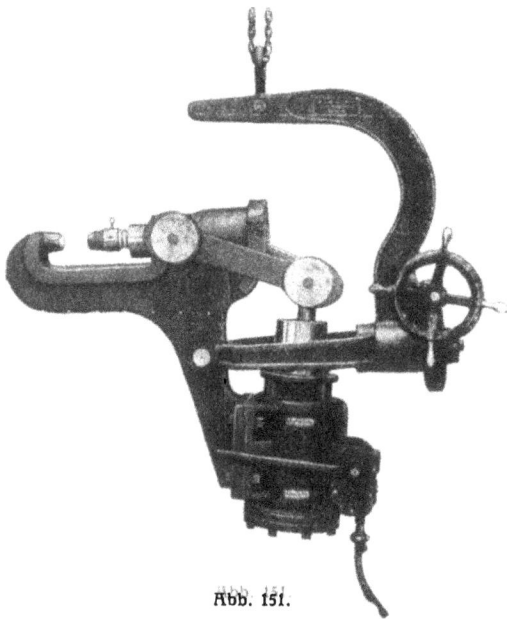

Abb. 151.

kann also in der Tat eine sehr weitgehende Verwendung finden, und sie wird besonders wertvoll durch die vorerwähnte Universalaufhängung, die es möglich macht, mit der Maschine in jeder Lage zu arbeiten.

Kniehebelnietmaschinen werden ferner zum Einnieten der Feuerkastenrahmen, der Schürlochringe, der Rauchkammerrohrwände und der von außen einzunietenden Feuerkastenhinterwände an den Lokomotivkesseln mit Vorteil verwendet.

Am gebräuchlichsten sind die Feuerlochnietmaschinen für 26 mm starke Niete. Sie erzielen einen Enddruck von 65 000 kg, wenn mit 7 Atm. Betriebsdruck gearbeitet wird. Pro Niet werden etwa 190 l Luft verbraucht.

Ein anderes, außerordentlich nützliches Preßluftwerkzeug ist der Entkuppelungshammer, der auf Veranlassung von Regierungsbaurat Bruck konstruiert und erstmalig durch den Eisenbahnwerkmeister Hohenhaus in der Hauptwerkstatt Breslau praktisch angewandt wurde.

Das Entkuppeln von Lokomotive und Tender durch Herausschlagen des Hauptkuppelungsbolzens von unten, mit Aufsatzdorn und Vorschlaghammer, wie es bisher ausgeführt wurde, erfordert unnötig viel Zeit und Mühe;

Abb. 152. Feuerloch-Nietmaschine mit auswechselbarem Einsatz mit exzentrisch sitzendem Döpper zwecks Nietungen an Flammrohren (Deutsche Niles-Werke).

auch sind Unfälle durch Unvorsichtigkeit vorgekommen. Eine Vorrichtung zum Herausziehen des Bolzens von oben hat sich nach dem Urteil der Fachleute nicht sonderlich bewährt, weil nicht immer ein zweiter Bund resp. Kopf an dem Bolzen angebracht ist, sondern dieser meist erst ein Stück herausgeschlagen werden muß. Auch dann halten die Klauen der betreffenden Vorrichtung ohne genügende Sicherung gegen seitliches Abrutschen nicht fest. Ferner ist das Drehen des Mutterschlüssels auf dem Führerstand wegen Raummangels unbequem auszuführen. Es ist auch versucht worden, den Bolzen von oben anzubohren und mit Gewinde zu versehen, zur Aufnahme einer kräftigen Öse, als Angriffspunkt für die Vorrichtung zum Herausziehen des Bolzens. Aber auch dieses Verfahren soll sich nicht bewährt haben, weil der Bolzen dadurch geschwächt wird und zum Bruch neigt.

12*

Der Preßluftbolzen-Entkuppelungshammer hat alle diese Nachteile beseitigt! Ursprünglich sollte der Hammer nur in der Werkstätte gebraucht, d. h. also ständig in der Arbeitsgrube des Einfahrgleises im Schuppen belassen werden. In diesem Falle wird der Hammer meist auf einem aus einem alten Bufferkorb bestehenden Untersatz aufmontiert, und zwar derart, daß Spindel und Teller nachstellbar sind. Die zu entkuppelnde Lokomotive wird darübergefahren, der Hammer an den Bolzen herangebracht und dann der Einlaßhebel desselben heruntergedrückt. Der schwere Schlagkolben

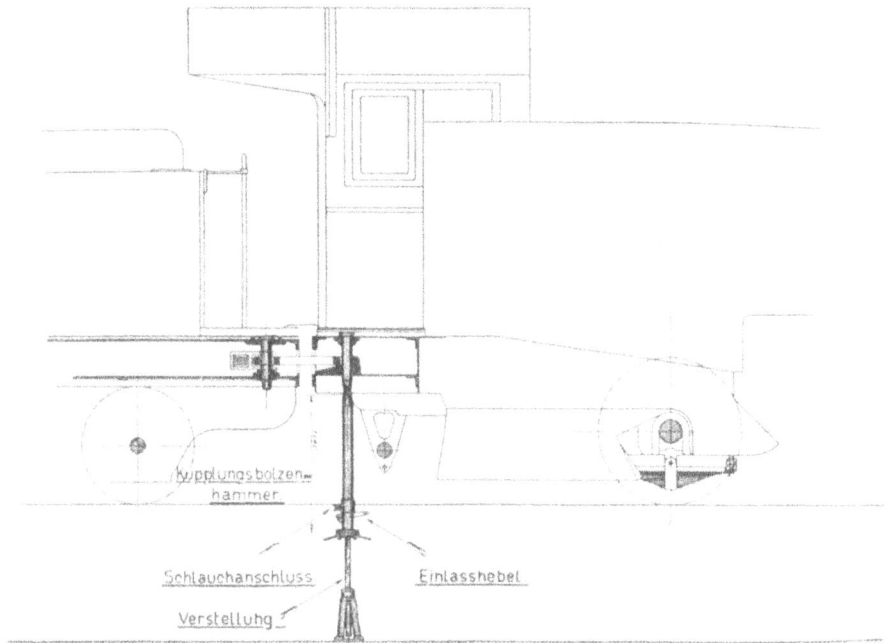

Abb. 153.

des Hammers, der einen Durchmesser von 55 mm hat, vollführt darauf einen starken Schlag gegen den Bolzen. Der Lufteinlaßhahn wird durch den Hebel abwechselnd geöffnet und geschlossen; sobald sich der Bolzen nach den ersten Schlägen gelockert hat, muß die Spindel nachgestellt werden. Dies kann auch während des Schlagens geschehen. Auf jeden Fall muß dafür gesorgt werden, daß der Döpper des Hammers stets den Bolzen berührt, damit der Schlagkolben nicht frei schlägt. Es kann sonst vorkommen, daß sich der Kolben im Hauptzylinder festklemmt.

Meist wird der Bolzen in 2 bis 3 Minuten glatt herausgeschlagen, auch wenn er sehr fest sitzt. Der Zeitgewinn gegenüber den alten Arbeitsverfahren ist also recht groß; dabei arbeitet der Hammer durchaus ökonomisch, denn er verbraucht bei 5 Atm. Betriebsdruck je nach dem Widerstand des Bolzens nur 40 bis 100 l frei angesaugte Luft.

Welche Kraft der Hammer entwickelt, geht daraus hervor, daß er beispielsweise krumme Bolzen, an deren Entfernung 2 Mann sonst einen halben Tag zu tun hatten, in einer knappen Stunde herauszuschlagen vermag. Zu seiner Bedienung ist nur 1 Mann erforderlich, und zwar ist die Handhabung ungemein einfach, so daß jeder ungelernte Arbeiter ihn ohne weiteres betätigen kann. Erfahrungsgemäß wird die Stückzeit um die Hälfte herabgesetzt!

In einer Lokomotivwerkstätte mittlerer Größe, in der in einem Jahre etwa 300 Lokomotiven mit Tender wieder hergestellt werden, beträgt die zu vergütende Stückzahl $300 \times 3 = 900$ Stückzeitstunden oder rd. 450 M. Der wirtschaftliche Vorteil durch Anwendung des Preßlufthammers erfordert $300 \times 1{,}5 = 450$ Stückzeitstunden oder rund gerechnet 250 M. Nimmt man schätzungsweise 25 M. für die Unterhaltung des Hammers an, so sind in einem Jahre 200 M. gespart. Die einmaligen Beschaffungskosten des Hammers sind demnach in kurzer Zeit herausgewirtschaftet. Der Hammer ist zudem so kräftig und solide gearbeitet, daß Reparaturen gar nicht vorkommen können.

Neuerdings soll der Hammer auch auf der Strecke verwandt werden, d. h. bei Entgleisungen u. dgl. Sollte die Lokomotive sich schief gelegt haben, so läßt sich eine Unterlage mittels Bohlen leicht schaffen, oder aber es muß eben eine besondere Einspannvorrichtung für den Entkuppelungshammer mitgeführt werden. Der Hammer wiegt etwa 40 kg, er ist 1050 mm lang und besitzt einen Schlagkolben von 55 mm Durchm.

Die guten Resultate, die man mit dem vorerwähnten Hammer erzielte, haben neuerdings auch zur Schaffung eines neuen Modells »mit selbsttätigem Vorschub« geführt. (Deutsche Niles-Werke.)

Dieser Hammer entspricht im allgemeinen dem schon erwähnten Normalmodell, nur zeigt er sich diesem durch den selbsttätigen Vorschub überlegen, und der Hammer hört auf zu schlagen, sobald der Zylinder den Endpunkt seines Vorschubes erreicht hat.

Im nachstehenden sei die Arbeitsweise des Hammers etwas erläutert: Nachdem man ihn unter den zu entfernenden Kuppelungsbolzen gebracht hat, stellt man ihn annähernd so hoch, daß der Döpper den Bolzen erreicht. Etliche Zentimeter Abstand spielen dabei keine Rolle, weil sich der Hammer hernach von selbst einstellt und den Döpper gegen den Bolzen preßt, sobald der Luftzuführungshahn geöffnet wird. Mithin ist es nicht notwendig, erst passende Unterlagen und Stützen zu suchen, um einen etwaigen kleinen Abstand zwischen Döpper und Bolzen auszugleichen, wie dies bei dem Normalmodell erforderlich ist.

Nachdem der Luftzuführungshahn geöffnet ist, schlägt der Hammer beim jedesmaligen Herunterdrücken des Hebels. Dabei ist zu beachten, daß der einzelne Schlag um so stärker ist, je schneller man den Hebel herunterdrückt! Der Luftzuführungshahn muß aber langsam geöffnet werden!

Der Vorschub erfolgt während des Schlages, also nicht erst nach den einzelnen Schlägen. Durch das andauernde kräftige Andrücken des Döppers gegen den Bolzen infolge des selbsttätigen Vorschubs wird naturgemäß die Schlagwirkung erfolgreich unterstützt; jeder Schlag wird voll ausgenutzt, weil der Bolzen infolge des Vorschubdrucks (etwa 445 kg bei 7 Atm.) nicht »schellen« kann.

Hat der Hammer das Ende des Vorschubs erreicht (145 mm), so hört er von selbst auf zu schlagen. Der Zylinder wird, nachdem der Zuführungshahn geschlossen worden ist, einfach in den Fuß zurückgeschoben und nun der ganze Hammer um die Vorschublänge höher gestellt. In den meisten Fällen reicht jedoch die erste Vorschublänge schon zur Entfernung des Bolzens aus. Ein locker sitzender Bolzen wird unter Umständen schon nach einigen Schlägen mit Unterstützung des kräftigen Vorschubs herausgestoßen.

Der Griff des Steuerhebels dient gleichzeitig als Handhabe beim Transport des Hammers, den im übrigen ein Mann bequem fortschaffen kann. Es sei darauf hingewiesen, daß der Hammer nur dann arbeitet, wenn der Döpper einen Widerstand findet, wenn er also unter dem zu entfernenden Kuppelungsbolzen steht. Andernfalls schlägt er nicht an. Hierdurch ist allen Unglücksfällen, wie solche bei unbeabsichtigtem »Losgehen« eines Hammers durch Herausfliegen des Döppers entstehen könnten, vorgebeugt. Der Hammer hat 55 mm Kolbendurchmesser, er wiegt 35 kg und ist 878 mm lang.

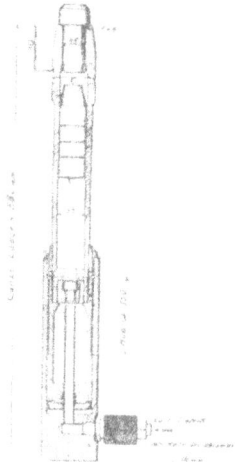

Abb. 154. Kupplungsbolzenhammer (Fabr. Rheinwerk, Langerfeld) vollführt keine Einzelschläge, sondern arbeitet wie ein Niethammer.

Abb. 155.

In Bd. XLVI, Heft II, des »Organs für die Fortschritte des Eisenbahn-wesens« berichtete Regierungs- und Baurat Mayr über neuere Einrichtungen in den Eisenbahnwerkstätten in Köln-Nippes und erwähnt u. a. auch eine eigenartige Einrichtung zum Niederstauchen von Stehbolzen, wie sie in Abb. 156 gezeigt wird.

Nachdem die Stehbolzenzahl bei verschiedenen Lokomotivgattungen über 1200 gestie-gen war, mußten an Stelle der Hand-arbeit andere Ein-richtungen treten. Die vor mehreren Jahren angestell-ten Untersuchun-gen er gaben, daß zum Stauchen der Stehbolzen nur Preßluftniethäm-mer allerschwer-ster Bauart in Fra-ge kommen konn-ten. Es ergab sich aber auch, daß es nicht angängig ist, derartige Hämmer als Handwerkzeu-ge zu verwenden, weil einerseits das

Abb. 156. Stauchen von Stehbolzen.

Gewicht zu groß ist und anderseits der Hammer nicht so fest gehalten werden kann, wie es eine tadellose Kesselarbeit bedingt.

Auch aus diesem Grunde wurde eine Einspannung der Hämmer gebaut, die sowohl das leichte Drehen des Döppers, als auch das Nachstellen des Hammers entsprechend dem Vorschreiten des Niederstauchens gestattet. Wie aus den Abbildungen ersichtlich ist, besteht die Einrichtung aus einem Paar rechtwinklig zueinander stehender Schraubenräder, die auf dem Schlitten eines kleinen Supports gelagert sind, und die die Drehung der den Döpper umfassenden Hülse mittels einer kleinen Handkurbel gestattet.

Der Support selbst ist an Stelle der Bohrmaschine in das als kleiner Wagen ausgebildete Gehäuse der beweglichen Stehbolzen-, Bohr-, Gewinde-schneid- und Eindrehvorrichtung eingesetzt. Hierdurch ist die schnelle und leichte Einstellung nach der Längs-, Höhen- und Winkelstellung erzielt.

Bei der Arbeit des Niederstauchens werden zwei derartige Einrichtungen verwendet, von denen die eine im Innern der Feuerkiste steht. Beide Hämmer arbeiten gleichzeitig auf denselben Stehbolzen, wobei darauf zu achten ist,

daß beide Hämmer gleichzeitig mit dem Schlagen aufhören. Durch den Fort-
fall des Gegenhalters wird außerordentlich an Zeit erspart. Irgendein nach-
teiliger Einfluß des gleichzeitigen Stauchens beider Köpfe hat sich im Laufe
der Jahre nicht bemerkbar gemacht.

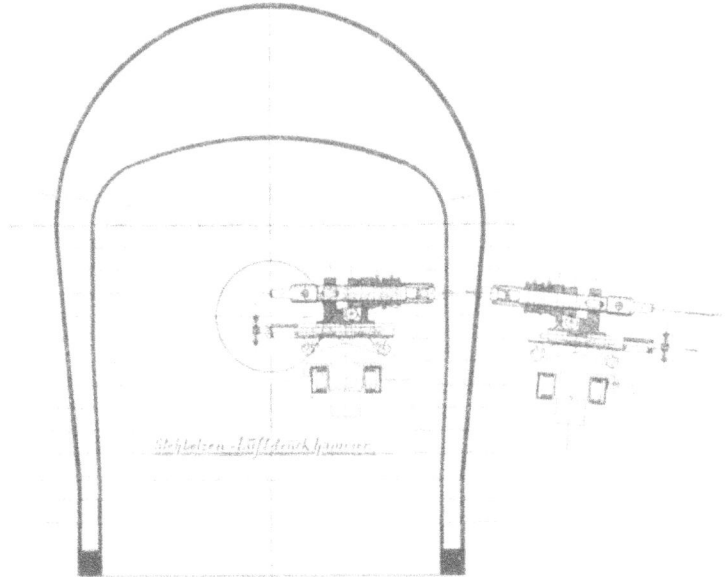

Abb. 157. Stehbolzen-Staucheinrichtung.

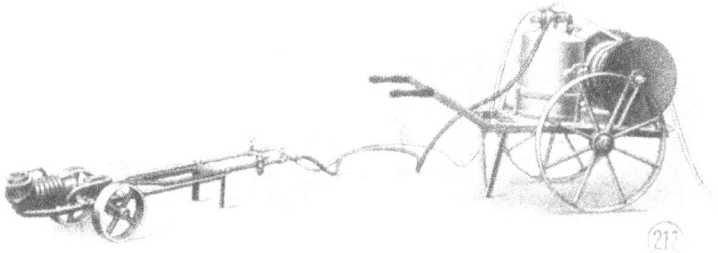

Abb. 158.

Zur Verwendung gelangten früher amerikanische Boyer-Hämmer, seit
einigen Jahren aber ist man mit Erfolg auch hier zu deutschen Fabrikaten
übergegangen.

Zum Stauchen von kupfernen Stehbolzen gebrauchen die Eisenbahnwerkstätten vielfach Hämmer mit selbsttätiger Drehvorrichtung.
Die letztere ist dem Zylinder eines normalen Niethammers aufgesetzt und

bewirkt eine regelmäßige Drehung des eingesteckten Nietwerkzeuges. Das Umnieten eines Stehbolzens nimmt etwa 30 Sekunden in Anspruch. Derartige Hämmer werden auch von verschiedenen deutschen Fabriken auf den Markt gebracht. Man kann jedoch für das Umnieten der Stehbolzen auch normale Hämmer benutzen. In der Tat kann ein intelligenter Arbeiter mit Hilfe eines zweckdienlich geformten Werkzeuges (Stehbolzendöpper) einen gewöhnlichen Preßlufthammer, den er gleichmäßig von Hand dreht, mit Vorteil für den genannten Zweck benutzen. Es zeigt sich darin insofern ein Nutzen, als die gewöhnlichen Hämmer erstens nicht so empfindlich sind, und zweitens lassen sich dieselben ohne weiteres für alle möglichen sonstigen Arbeiten gebrauchen. Daß in den Eisenbahnwerkstätten Preßlufthämmer zum Nieten, Meißeln, Stemmen, Rostabklopfen, ferner Bohrmaschinen zum Bohren, Aufreiben, Gewindeschneiden usw. in weitgehendem Maße Verwendung finden, erscheint selbstverständlich. Vielfach stößt man hier auch auf pneumatische Hebevorrichtungen. Abb. 158

Abb. 159. Normale Preßluft-Stampfer beim Unterschottern.

zeigt ein Muffelfeuer »Bauart Nippes« zum Anwärmen von Lokomotivkesseln für die Wärmprobe.

Dasselbe wird unter den mit Kohle beschickten Rost geschoben und entfacht in etwa 15 Minuten den Brand. Dadurch soll nicht allein eine wesentliche Zeitersparnis gegenüber dem Anheizen mit Holz erzielt, sondern auch zugleich die damit verbundene Rauchbelästigung vermieden werden. Die Muffel ist mit Rädern versehen; die zum Betrieb benutzte Druckluft wird in einer Schlange um die Muffel herumgeführt, wobei sie sich erhitzt. Ein Ölbehälter von etwa 40 l Inhalt befindet sich auf einem Wagengestell, das gleichzeitig als Schlauchventil dient. Das Muffelfeuer verbraucht an Heizöl stündlich etwa 12 l, an Druckluft minutlich etwa 750 l.

Der Gedanke, sich die Druckluft auch außerhalb der Werkstätten, d. h. bei der Unterhaltung und beim Bau der Schienenwege, nutzbar zu machen, liegt nahe und ist auch schon mit Erfolg in die Praxis umgesetzt worden. Die Hauptsache ist für diesen Zweck eine leicht gebaute fahrbare Kompressoranlage, die auf den Schienen fortbewegt wird und an Ort und Stelle abgehoben und neben dem Schienenweg aufgestellt werden kann. Durch Schläuche

wird wie gewöhnlich die Druckluft den Werkzeugen zugeführt, welche hauptsächlich zum Unterstopfen der Schwellen, außerdem aber auch zum

Abb. 160. Bohrmaschinen beim Einziehen
von Schwellenschrauben.

Abb. 161.

Abb. 162. Stehbolzenstauchen mit gewöhnlichen Hämmern
(Phot. b. A. Borsig, Tegel).

Einschrauben der Schrauben in die Laschen usw. benutzt werden. In großzügiger Weise arbeitet man in Amerika, wo die Unterstopfwerkzeuge und die Fahrkompressoren von der Ingersoll Comp. hergestellt werden. So hat z. B. die New York Central and Hudson River Railroad allein 12 vollständige Anlagen dieser Art ständig im Gebrauch. Eine solche besteht aus dem Kompressor von 1,5 cbm minutl. Ansaugeleistung, angetrieben durch eine Gasolindampfmaschine, die auch gleichzeitig den Wagen auf den Schienen mit einer Geschwindigkeit von 12 bis 15 Meilen i. d. Std. antreibt. Der Wagen trägt die ganze Kolonne von 12 Menschen, er ist mit Hilfsrollwagen ausgerüstet, mit deren Hilfe 4 Leute in weniger als ɪ Minute die ganze Anlage vom Gleis wegschaffen können. 2 Preßluftstampfer genügen für jede Kolonne.

Es leuchtet ein, daß die Stampfer auch für diesen Zweck recht gut geeignet sind und das 6- bis 8fache der Handarbeit zu leisten vermögen. Man behauptet, daß sie gleich vorteilhaft für Schotter wie für Kies oder Asche usw. verwendbar seien, daß man mit ihnen um Kreuzungsplatten und Weichen arbeiten könne, wo Handunterstopfung schwierig ist, und die Apparate sollen seitens

Abb. 163/64. Preßluft-Hebezeuge in den Staatswerkstätten Dresden zur Bedienung einer Radsatzbank und einer hydraulischen Presse.

der Arbeiter sehr gern benutzt werden. Die genannte amerikanische Gesellschaft hat während eines Betriebsjahres genaue Kontrolle ausgeübt und festgestellt, daß an Unterstopfungskosten pro Schwelle durchschnittlich 2,6 Cts. ausgegeben werden mußten, gegenüber 10 bis 20 Cts. bei Handarbeit. Aus der Aufstellung ließ sich erkennen, daß zwei Leute mit Preßluftapparaten durchschnittlich 300 Schwellen bearbeiten können.

Es sind auch in Amerika weitgehende Versuche unternommen worden, um festzustellen, ob die Unterstopfung mit pneumatischen Werkzeugen praktische Vorteile in betriebstechnischer Hinsicht zeitigt. Es wurde ein Stück Gleis an der West Shore Railroad in Hackensack Meadows in New Jersey ausgewählt, wo der Grund weich ist und wo es schwerhält, das Gleis in gutem Zustand zu halten. Eine Gleisstrecke von 800 Fuß wurde mit Preßluft unterstopft, und eine gleiche Länge von Hand, wie es bisher üblich gewesen war. Das Ergebnis war sehr zufriedenstellend.

Infolge der gleichmäßigen, ziemlich rasch aufeinander folgenden Schläge, die das Preßluftwerkzeug ausübt, werden die Schwellen sehr sauber und sorgfältig unterstopft, wie es von Hand niemals möglich ist, weil die Handarbeiter ungleichmäßig und außerdem natürlich viel langsamer arbeiten. Mechanische Gleisstopfmaschinen hat es schon vor 25 Jahren gegeben, aber sie haben sich wenig bewährt, weil sie schwer transportabel, nicht sehr viel leistungsfähiger arbeiteten als die Handkolonnen und schließlich zu kostspielig waren. Die mit Druckluft betätigten Unterstopfer hingegen helfen in der Tat einem Bedürfnis ab, ihr Betrieb ist verhältnismäßig — an der hohen Leistung gemessen — sehr billig, und die Kompressoranlagen können zeitweise auch noch für alle möglichen anderen Arbeiten vorteilhaft benutzt werden, d. h. zur Betätigung von pneumatischen Niethämmern, Meißelhämmern, Hebezeugen, Bohrmaschinen usw. An der Rentabilität der Sache ist also nicht zu zweifeln!

Stampfer.

Die Nachfrage nach pneumatischen Stampfapparaten wird immer größer. Längst ist ihre Anwendung nicht mehr auf die Gießerei beschränkt, sondern sie werden höchst nutzbringend auch zum Stampfen von Beton, Zement, Schamotte u. a. m. herangezogen. In der Zementindustrie werden sie bei der Herstellung von Kunststeinen, Zementröhren u. dgl. sehr geschätzt. Beim Bau von Talsperren, Schleusen, Untergrundbahnen und überall da, wo Stampfarbeiten in größerem Maßstabe zu bewältigen sind, werden sie sich mit der fortschreitenden Erhöhung der Arbeitslöhne künftig als unentbehrlich erweisen. In Stahlwerken werden die Stampfer mit Vorteil verwandt zum Einstampfen feuerfester Futter in Schmelzpfannen und Konvertern. Neben den Ersparnissen, die infolge einer weit größeren Arbeitsleistung erzielt werden, und neben der Entlastung des Arbeiters ist vielfach die Gleichmäßigkeit der festgestampften Mischung von größter Bedeutung, denn das Mischungsverhältnis läßt sich dadurch erheblich herunterdrücken. Auch in der Zellulose- und Holzschliffabrikation hat der Preßluftstampfer Eingang gefunden, um durch Einstampfen des Beschickungsgutes eine bessere Ausnutzung des Kochers, Ersparnisse an Lauge, Dampf und Löhnen zu erreichen.

Je nach der Art der Arbeit leisten die Stampfer das 4- bis 6fache, bisweilen sogar das 8fache der Handarbeit. Ihre Handhabung ist ungemein einfach und bei weitem nicht so anstrengend wie der Gebrauch irgendwelcher Handwerkzeuge. Es mag auch gleich erwähnt sein, daß die Preßluftstampfer zu den Werkzeugen gehören, die am wenigsten empfindlich sind, obwohl gerade sie am meisten in Sand und Staub, also unter erschwerenden Umständen, verwendet werden. Demgemäß muß natürlich bei den Stampfern das Hauptaugenmerk auf vortreffliches, dem Verschleiß sich widersetzendes Material gelenkt werden. Der Zylinder muß aufs sorgfältigste ausgebohrt, der kräftige Kolben gut gehärtet sein. Besonders wichtig ist die Abdichtung der Kolbenstange nach unten hin, um zu verhüten, daß bei der Arbeit Sand, Staub, Schlamm usw. ins Zylinderinnere gelangt. Gut bewährt hat sich eine Lederdichtung, wie man sie in verschiedener Ausführung vorfindet. Man kann hierfür genau geschnittene Lederscheiben verwenden, die auf die Kolbenstange aufgesteckt und dann durch die fest angezogene Stopfbuchse zusammengedrückt werden, man kann aber auch einen sog. Binderiemen benutzen, der in normalen Zeiten wohl immer zur Hand oder aber leicht aufzutreiben ist. Diesen etwa 2 mm starken und 10 bis 12 mm breiten Riemen wickelt man fest um die

Kolbenstange herum, so daß sie gerade noch in den Zylinder hineinpaßt, ohne zu klemmen. Der Sicherheit halber kann man bei den größeren Stampfer- modellen zwei Lagen hintereinander legen. Die Stopfbüchse wird dann fest angezogen. Die Lederdichtung paßt sich erfahrenermaßen der Kolben- stange einerseits und der Zylinderwand anderseits bestens an und bewirkt eine vorzügliche Abdichtung. Natürlich muß die Stopfbuchse von Zeit zu Zeit nachgezogen werden. Auch er- scheint es ratsam, alle paar Tage einmal nachzuprüfen, ob die Dich- tung noch gut ist; ist das Leder ausgetrocknet, so muß man es schleunigst wieder gehörig einfetten bzw. durch Öl geschmeidig machen. Harte und brüchige Dichtungen müssen unverzüglich erneuert wer- den, um größeren Schaden zu ver- hüten. Daß die Stampfer immer ge- ölt werden müssen, erscheint in An- betracht der staubigen Verhältnisse, unter denen sie zumeist benutzt werden, selbstverständlich. Höchst empfehlenswert sind selbsttätige Schmierapparate.

Die von der Maschinenfabrik Sürth herausgebrachten neuen Mo- delle haben automatische Ölung, die während des Arbeitens des Stampfers sämtliche inneren Teile ausreichend und trotzdem sparsam ölt. Gerade bei Stampfern, die doch alle mehr oder weniger in staubiger Luft ar- beiten müssen, ist bisher die Ölung sehr vernachlässigt gewesen. Man begnügte sich beim Trockenlaufen des Werkzeuges, Öl in den Auspuff zu schütten, oder auf die Kolben-

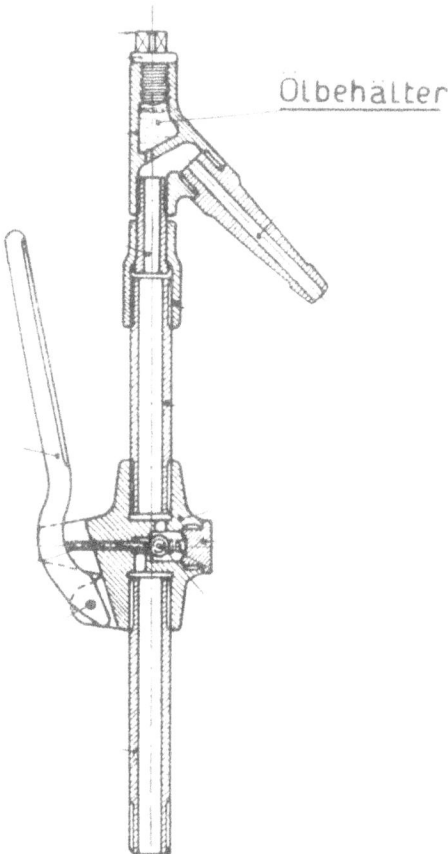

Abb. 165. Stampfer-Führungsstange mit Öl- behälter (Fabr. Maschinenfabrik Sürth).

stange zu träufeln. Beides genügte jedoch nur für den Augenblick, und in der meisten Zeit mußte das Werkzeug ohne Öl arbeiten. Daher kommt es auch, daß wohl bei keinem Preßluftwerkzeug der Verschleiß und die Reparatur- kosten höher waren als wie bei den Stampfern.

Bei den Sürther Stampfern ist die drehbare Haube als Ölbehälter ausge- bildet, von welchem das Öl beim Arbeiten des Stampfers in den Luftstrom und damit zu allen inneren Teilen des Stampfers gelangen kann.

Es genügt, wenn die Haube in mehrstündigen Zeitabschnitten gefüllt wird, und zwar am besten mit gewöhnlichem Maschinenöl, dem zweckmäßig etwas Petroleum beigemengt wird. Für gewöhnlich wird auf die Behandlung der Stampfer viel zu wenig Gewicht gelegt, und man vergißt vielfach, daß man

Einzelteile:

1 Kopfstück
2 Ventilgehäuse
3 Vorderer Deckel
4 Hinterer Deckel
5 Steuerventil
6 u. 7 Sicherungsstifte
8 Zylinder
9 Kolbenstange, vierkant oder rund
10 Kolbenhälften
11 Führungsbuchse, vierkant oder rund
12 Stopfbüchse, vierkant oder rund
13 Überwurfmutter
14 Hülse, vierkant od. rund
15 Keil
16 Lederscheiben, vierkant oder rund
17 Einlaßschieber
18 Einlaßschieberfeder
19 Verschlußschraube
20 Dichtungsring
21 Handhebel
22 u. 23 Stift
24 Schutzpackung
25 Stampfplatte
26 Dorn.

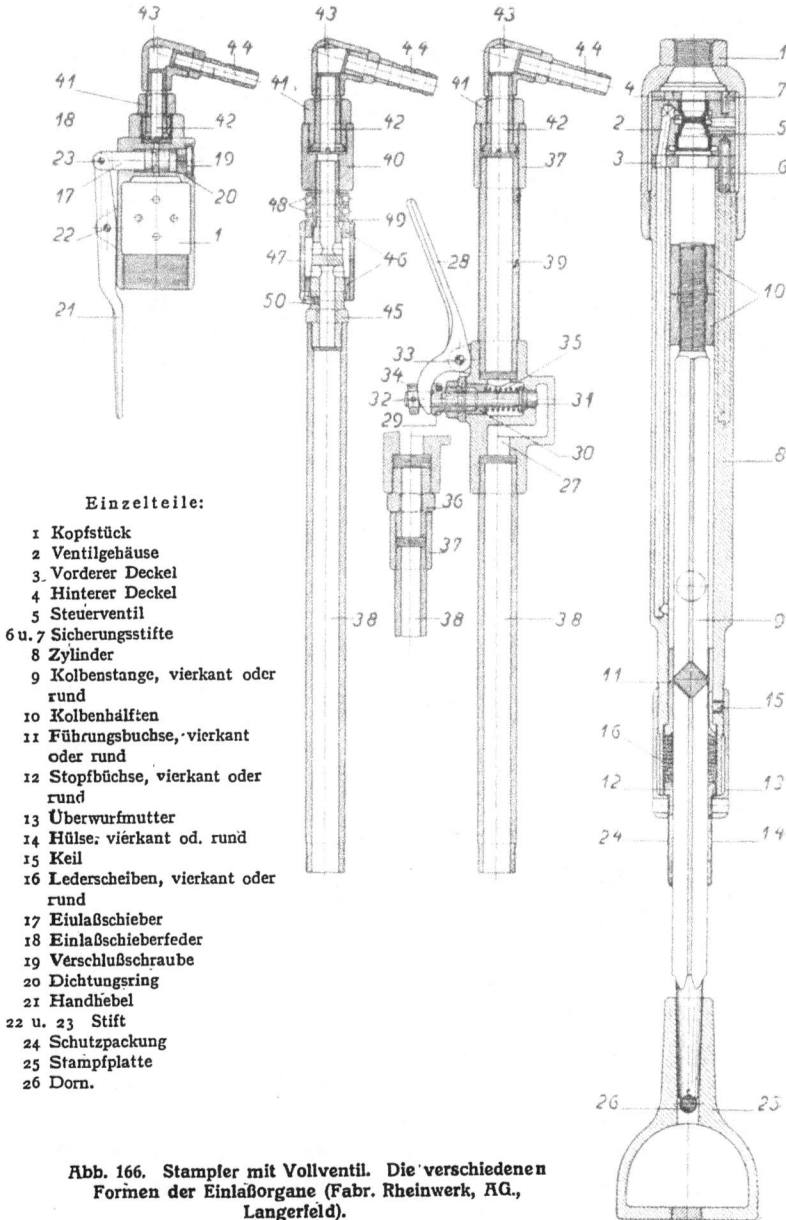

Abb. 166. Stampfer mit Vollventil. Die verschiedenen Formen der Einlaßorgane (Fabr. Rheinwerk, AG., Langerfeld).

es auch hier mit ausgesprochenen Präzisionswerkzeugen zu tun hat. Mit Rücksicht auf die lange Zylinderbahn dürfen keine harzhaltigen Öle zum Schmieren verwandt werden. Wenn man sich der verhältnismäßig kleinen Mühe unterzieht, die Stampfer regelmäßig auseinanderzunehmen und alle Teile mit Hilfe von Petroleum sorgfältig zu säubern, so wird man nicht darüber zu klagen haben, daß die Apparate übermäßig rasch verschleißen. Im Gegenteil, die Stampfer sind infolge ihrer Konstruktion und Arbeitsweise zu den dauerhaftesten und betriebssichersten pneumatischen Werkzeugen zu zählen. Sie gehören zur Klasse der Langhubhämmer, und ihre Steuerung gleicht deshalb im allgemeinen der der Niethämmer. Für gewöhnlich verzichtet man aber bei den Stampfern auf den Handgriff mit seinen Einlaßorganen, und man begnügt sich mit einem Konushahn als Lufteinlaßventil. Abb. 166 zeigt den Schnitt durch einen modernen Stampfer mittlerer Größe, und zwar sehen wir daneben einen Konushahn und ein Druckhebelventil als Lufteinlaßorgan. Der Konushahn ist vorteilhaft, wenn Stampfarbeiten zu bewältigen sind, bei denen ununterbrochen längere Zeit hindurch der Stampfer in Tätigkeit bleibt, wie z. B. beim Einstampfen sehr großer Formen, bei Betonarbeiten usw. Das Druckhebelventil hingegen ist besser am Platze, wenn es sich um feinere Arbeiten handelt, bei denen ein oftmaliges An- und Abstellen erforderlich ist. Der Konushahn kann ebensogut am Ende der Haltestange wie auch am Kopf resp. an der Haube des Stampfers, nach Belieben an dieser Stelle auch quer zum Zylinder, angeordnet werden. Um den Stampfer noch handlicher zu machen, pflegt man häufig im Verein mit dem Druckhebelventil eine drehbare Schlauchtülle anzuordnen, so daß sie sich der Richtung des Anschlußschlauches anpaßt.

Die Kolbenstangen werden vielfach vierkantig ausgeführt, man findet jedoch auch sechskantige und runde Formen. Dem Verschleiß am wenigsten ausgesetzt ist unstreitig die Vierkantform, die sich auch am besten abdichten läßt. Die runde Form ist für manche Arbeiten, bei denen ein Verdrehen des Stampfschuhes vermieden werden muß, nicht zu gebrauchen. Unten verläuft die Kolbenstange konisch, um den auswechselbaren Stampfschuh aufzunehmen, der natürlich in allen erdenklichen Ausführungsformen geliefert wird. Für die Betonflächenstampferei werden Aluminiumstampfschuhe bevorzugt. Die Haltestange des Stampfers, die am oberen Ende meist das Lufteinlaßorgan trägt, kann beliebig lang ausgeführt werden, was z. B. bei der Herstellung von Zementröhren bedeutungsvoll ist. Es existiert auch ein Patent (F. Berenbrock, Mülheim) auf eine Haltestange, in der sich ein zweites Rohr luftdicht führt und in Abständen mit Anschlägen versehen ist. Die letzteren legen sich gegen eine Sperrklinke, die oben am Halterohr befestigt ist und dem Arbeiter die Möglichkeit bietet, den Stampferschaft während des Betriebes mühelos zu verlängern und zu verkürzen.

Die Preßluftstampfer werden in verschiedenen Größen hergestellt, mit 110 bis 350 mm Hub, 7,5 bis 16 kg Gewicht und 30 bis 35 mm Kolbendurchmesser. Infolge der langen Zylinderbahn ist der Rückschlag bei ihnen nicht unangenehm fühlbar, und die Apparate werden aus diesem Grunde von den Arbeitern gern gebraucht. Für Betonstampferei kommen hauptsächlich die größeren Modelle mit 320 bis 350 mm Hub in Frage. Der Luftverbrauch der Stampfer schwankt je nach Größe zwischen 250 und 600 l in der Minute. Die Betonstampfer werden häufig mit zwei Handgriffen ausgerüstet, von denen der eine einen Hammergriff mit den bekannten Lufteinlaß-organen trägt.

Für feine Stampfarbeiten, z. B. für Bankarbeiten in der Gießerei, hat man ein kleines Spezialmodell geschaffen, das nur etwa 3 kg wiegt, 125 mm Hub hat und bei 22 mm Kolbendurchmesser minutlich 200 l Luft verbraucht. Ähnlich wie die in einem vorangegangenen Kapitel erwähnten kleinen Spezialhämmer erfreuen sich auch diese Miniaturstampfer großer Beliebtheit. Ihre Betätigung erfolgt durch einen seitlich angebrachten Druck-hebel.

Die schon oben angeführten großen Stampfermodelle mit zwei Hand-griffen (s. Abb. 167) werden in der Gießerei für Grubenarbeiten vorteil-haft benutzt. Gleichem Zwecke dient ein sog. Kranstampfer, wie er in Abb. 168 dargestellt ist. Derselbe wird am Kran aufgehängt, er besitzt in handlicher Höhe zwei Griffe, mit denen er geführt wird; einer davon dient gleichzeitig zur Betätigung des Lufteinlasses mit Hilfe eines kleinen Kegelrad-getriebes. Die Verstellung des Stampfers in senkrechter Richtung geschieht mittels einer senkrechten Schraubenspindel, durch deren Bohrung die Druck-luft in den Arbeitszylinder geleitet wird. Dieses schwere Modell wird aber fast gar nicht angewandt.

Über eine neuartige Verwendung pneumatischer Stampfer hat Ober-bergkommissär J. Grießenböck in der österreichischen Zeitschrift für Berg-und Hüttenwesen Interessantes berichtet: Bei der Solegewinnung müssen in bedeutendem Umfange Dammwehren bzw. Dammkörper hergestellt werden, die aus Laist, d. h. dem unlöslichen, tonigen Rückstand des aus-gelaugten Salzgebirges, bestehen. Die Herstellung erfolgte bislang von Hand mit Schlägeln usw. durch schichtenweises Auftragen und Festschlagen des sorgfältig geschichteten Verschlagmaterials. Diese Arbeit erfordert be-sondere Sorgfalt und Gewissenhaftigkeit, damit die Dammasse nicht durch-lässig werde, was nicht allein Verlust an Sole, sondern die vollständige oder teilweise Erneuerung des Dammes und nicht selten den Verlust der Werks-anlage im Gefolge hat. Deshalb war es notwendig, die Dammverschlagung immer von besonders geschulten und meist hochlöhnigen Arbeitsleuten im Schichtlohn ausführen zu lassen. Diese kostspielige und zeitraubende Mani-pulation führte schließlich bei der Salinenverwaltung Bad Ischl zu dem Be-streben, einen Ersatz durch maschinelle Einrichtungen zu schaffen. Beschafft wurden mittelgroße Stampfer mit 100 und 280 mm Hub. Das Aufstampfen erfolgt mit dem größeren Stampfer und umfaßt das Herausdämmen der Seihkastengrube, die Herstellung des Dammantels und des Ablaßdammes samt den Dammflügeln auf jenes Maß, das durch die Konstruktionshöhe des Stampfers gegeben ist. Das kleinere Modell wird dann benutzt, um die übrigen Dammteile herauszustampfen bzw. herabzuwölben. Bei letzterer Manipulation werden von Hand Ziegel geformt, angelegt und sodann

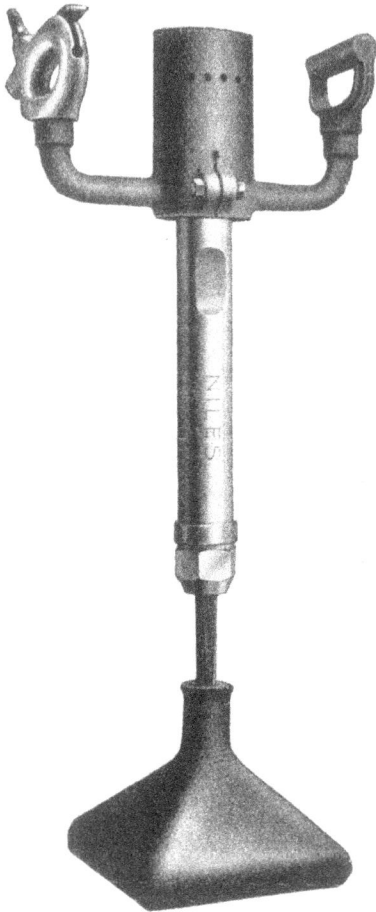

Abb. 167. Schwerer Gruben- und Betonstampfer
mit 2 Handgriffen.

Abb. 168. Kranstampfer.

maschinell festgestampft. Zum Herausstampfen der Ecken und Kanten wird ein länglicher Stampfschuh eingesetzt. Die Preßluft wird einer fahrbaren Kompressoranlage entnommen (s. Abb. 169), die minutlich 1 cbm Luft ansaugt und 7,5 PS Kraft verbraucht. Der Kompressor hat 155 mm Zylinderdurchmesser, er macht 300 Touren in der Minute. Die Aggregate sind auf einen Windkessel von 700 mm Durchm. und 2000 mm Länge aufgesetzt, eine Wasserpumpe mit Exzenterantrieb von der Kurbelwelle aus ist seitlich angeordnet.

Um festzustellen, wie sich das pneumatische Stampfverfahren rentiert, sind andauernd gewissenhafte Aufzeichnungen gemacht worden, wobei man am Schluß feststellte, daß die Leistung beim Preßluftbetrieb 3,35mal so groß, die Gestehungskosten dagegen um das 2,54fache niedriger sind und damit der Zeitaufwand für die Herstellung der Dämme 3,35 mal geringer wird als bei dem bisherigen Handarbeitsverfahren. Wenn nur jährlich zwei Ablaßdämme von je 100 cbm fertiggestellt werden, so ergibt sich ein tatsächlicher Gewinn von 4280 Kr. (Friedensrechnung). Die Kosten der ganzen

Abb. 169

Kompressoranlage nebst Stampfern usw. haben sich in 1,13 Jahren amortisiert, was einer jährlichen Amortisation von 88,6% gleichkommt. Von ganz besonderem Vorteil ist sodann noch die durch die ausströmende Druckluft herbeigeführte Ventilation der jeweiligen Arbeitsorte, die seitens der Arbeiter hoch eingeschätzt wird und zweifelsohne zur Erreichung der nachgewiesenen günstigen Erfolge mit beiträgt.

Des weiteren werden Preßluftstampfer vorteilhaft in Schamotte- und Dinaswerken gebraucht. Hier leistet ein Mann mit einem Preßluftstampfer mindestens das Dreifache gegenüber der bisherigen Arbeitsmethode. Es können die verschiedenartigsten Steine, beispielsweise die zum Ausmauern von Hochöfen bestimmten, aus einem Gemisch von Koks und Teer bestehend, erfolgreich gestampft werden. Beachtung verdient hierbei die Festigkeit der mit Druckluft fertiggestellten Steine. Ein Stein der vorgenannten Art, in einer Größe von 650 · 400 · 160 mm, wird durchschnittlich in 1 Minute fertiggestampft. Auch große Schamottesteine, Präparate aus Ton und Schiefer und sonstigen Materialien lassen sich mit Druckluft äußerst wirkungsvoll herstellen. Erfahrungsgemäß können sodann Preßluftmeißelhämmer bei der Bearbeitung von gebrannten Hochofen- und Schamottesteinen vorzügliche Dienste leisten. Die Hämmer verrichten dabei das Dreifache der Handarbeit, und die Steinflächen werden bei einiger Übung so glatt wie gehobelt.

In Kunststeinbetrieben geht man ebenfalls mehr und mehr zum Gebrauch der Preßluftstampfer über, wenn schon nicht verschwiegen werden darf, daß die Stampfarbeiter hier vielfach nicht in hinreichendem Maße die Anlage auszunutzen vermögen, weil ein großer Teil ihrer Arbeitszeit auf Ausschalen der Werkstücke, Wiedereinschalen, Materialbeförderung, Formenreinigen usw. benutzt werden muß. Es bleiben immer noch neben der reinen Stampfarbeit gar manche Arbeiten übrig, die nicht mit Hilfe der Druckluft fertiggestellt werden können; besonders bei Treppenstufen und Fassadesteinen. Aber nichtsdestoweniger lassen sich doch,, wenn man sich vorurteilsfrei bemüht, eine richtige Arbeitseinteilung zu schaffen, beträchtliche Ersparnisse bei Verwendung der Preßluftstampfer erzielen, insbesondere bei Zementröhren und rohen Quadern. Ein nicht zu unterschätzender Faktor bei der Zementröhrenfabrikation kann darin erblickt werden, daß die mit Preßluft gestampften Röhren unter allen Umständen gleichmäßiger und fester ausfallen.

Abb. 170. Betonstampfer bei der Arbeit.

Sie können sofort ausgeschaltet werden und sind in bedeutend kürzerer Zeit verwendungsfähig Durch die rasch aufeinander folgenden, immer gleich kräftigen Schläge des Preßluftstampfers wird eine unvergleichlich kompakte Masse erzielt. Beim Mischungsverhältnis kann darauf Rücksicht genommen und erheblich an Zement gespart werden.

Die Eisenbeton- und die Zementwarenindustrie machen sich gegenseitig Konkurrenz, und beide machen sich das pneumatische Arbeitsverfahren zunutze. In der Regel werden z. B. bei großen, modernen Neubauten die Betonstücke an Ort und Stelle eingestampft. Es fragt sich aber, ob es nicht ratsamer ist, einen großen Teil derselben, u. a. die Hauptgesimse, in der Kunststeinfabrik herzustellen und hernach das fertige Stück an die Baustelle zu schaffen. In der Fabrik ist es u. a. möglich, derartige Werkstücke hohl zu

formen, denn die Schalung kann hier mit solcher Genauigkeit und so fest
gemacht werden, wie es auf dem Bau kaum denkbar ist, wobei zu berück-
sichtigen ist, daß sich nach Aussage von Sachverständigen beim Stampfen der
Betonteile mit Preßluft ein um 25% dichteres und festeres Erzeugnis gegen-
über der Handarbeit ergibt. Es kommt hinzu, daß nach 10 bis 14 Tagen die
Werkstücke ebenfalls in der Fabrik durch den Steinmetz in musterhafter
Weise mit Hilfe pneumatischer Meißelhämmer fertig bearbeitet werden können.
Gerade auf diesem Gebiet sind ja gewissermaßen die Preßluftwerkzeuge

Abb. 171. Preßluftstampfer bei der Herstellung von Rohrgräben aus Eisenbeton beim Bau
einer Untergrundbahn.

emporgewachsen, so daß es sich eigentlich erübrigt, ihre Nützbarkeit noch
einmal besonders hervorzuheben. Den Kunststeinen soll ja in allererster Linie
ihre Billigkeit gegenüber den Natursteinen zugute gebracht werden, und
dem Bestreben, möglichst billig zu produzieren, kommen eben die pneumatischen Werkzeuge trefflich entgegen. In diesem Sinne lassen sich gerade für die
Steinmetzarbeiten die Preßluftwerkzeuge kaum entbehren. Mit verhältnismäßig geringen Mitteln läßt sich eine Druckluftanlage schaffen, die sowohl
Stampfer als auch Hämmer für Bearbeitungszwecke aller Art speisen kann,
so daß eine Arbeit die andere ablöst bzw. vorteilhaft ergänzt.

In der Regel rechnet man für 1 Preßluftstampfer eine Kolonne von
4 Leuten. Einer bedient den Stampfer, ein zweiter besorgt das Stampfgut,
die beiden anderen kümmern sich um das Ausschalen, Reinigen, Zusammensetzen der Formen usw. Es ist nicht angängig, daß — wie beim Handbetrieb —

sämtliche Arbeiten von ein und demselben Mann ausgeführt werden, weil sonst die Anlage etwa drei Viertel der Zeit unbenutzt und bei gleicher Leistung die vierfache Anzahl Werkzeuge erforderlich sein würde.

Die wirtschaftlichen Vorteile bei Verwendung der Preßluftstampfer sind ziemlich bedeutend. Wir wollen einmal annehmen, es arbeiten 3 Stampfkolonnen mit einem Tagesverdienst von je 20 M. Stehen Preßluftstampfer zur Verfügung, so kann jede Kolonne mindestens 30% mehr Arbeit in gleicher Zeit leisten als von Hand. Nimmt man pro Kolonne und pro Tag eine Ersparnis von 5 M. an, für drei Kolonnen also 15 M., so kommt man bei 300 Arbeitstagen auf einen Nutzen von 4500 M. (Friedensrechnung). Rechnet man hierzu die Ersparnisse bei der Steinmetzarbeit mit pneumatischen Hämmern, so läßt schon diese flüchtige Betrachtung erkennen, daß sich der Druckluftbetrieb auch für diese Zwecke vorzüglich rentiert, von der besseren Qualität der geleisteten Arbeit ganz zu schweigen.

Preßluftwerkzeuge im Baugewerbe.

Das Hasten und Drängen, wie es die moderne Zeit auf allen Gebieten mit sich bringt, macht sich auch im Baugewerbe fühlbar. Der die gesamte Industrie, das Verkehrswesen und überhaupt das ganze Leben beherrschende Kampfruf: »Zeit ist Geld« macht sich mehr und mehr geltend, er treibt die Menschen zu immer rascherem Tun und läßt den im Konkurrenzkampf Stehenden keine Zeit zu langem Nachdenken und bequemem Handeln.

»Rasch und billig« ist die Devise aller Geschäftsführenden, die aber eigentlich im Widerspruch steht mit den sozialen Bestrebungen der Neuzeit, sofern es sich um bloße Menschenkraft handelt.

Menschenkräfte sind längst nicht mehr billig, und rasches Arbeiten erfordert Geld und wieder Geld! Gerade im Baugewerbe kann der Unternehmer ein Lied davon singen. Auf allen anderen Industriegebieten ist durch wohlüberlegtes Heranziehen der Technik ein rationeller Ausgleich zu den fortdauernd anwachsenden Unkosten an Arbeitslöhnen zur rechten Zeit geschaffen worden. Und wo die Menschenkräfte zu teuer wurden, da traten bald Maschinen auf den Plan, die die bisher von Hand bewerkstelligten Arbeiten um ein Vielfaches rascher und billiger und obendrein zuverlässiger und gleichmäßiger zu verrichten vermögen! Auf diese Weise konnte in fast allen Industriezweigen der neuzeitlichen Devise »rasch und billig« nachgekommen werden.

Im Baugewerbe jedoch hat man den ungeheuren wirtschaftlichen Wert der maschinellen Arbeit nicht frühzeitig genug einzuschätzen gewußt. Zweifelsohne wären dem Baugewerbe etliche Krisen erspart geblieben, würde man dem Zug der Zeit entsprechend den mannigfachen Baumaschinen, den Aufzügen und Transporteinrichtungen zur rechten Zeit den Weg geebnet haben. Lange genug konnte die veraltete Devise »Immer langsam voran« im Baugewerbe ihren Wert behalten, weil diejenigen, die es in erster Linie anging, noch nicht gelernt hatten, großzügig zu handeln. Die traditionelle »Pünktlichkeit« der Maurer und der gemächliche Fortgang eines Baues blieben viel zu lange charakteristisch für die Rückständigkeit im Baugewerbe.

Allmählich, und nicht ohne wirtschaftliche Kämpfe, hat man auch im Baugewerbe eingesehen, wie notwendig es ist, die bloße Menschenkraft tunlichst durch maschinelle Kräfte zu ersetzen, um sich auf diese Weise gegen übertriebene Forderungen der Arbeiterschaft zu schützen und sich in gewissem Sinne von dieser unabhängiger zu machen.

Es ist heute nicht mehr angängig, Bauten — zumal öffentliche — im Schneckentempo fertigzustellen. Es ist der modernen Technik inzwischen Gelegenheit gegeben worden, auch das Baugewerbe von Grund auf zu reformieren, und man betrachtet es heute als selbstverständlich, daß auf größeren und kleineren Bauten dem Fortschritt Rechnung getragen wird, indem man für alle erdenklichen Arbeiten Spezialmaschinen heranzieht. Dabei steht das Baugewerbe sicherlich erst am Anfang dieser Epoche! Aber schon deutet das Auftauchen z. B. einer Zement- und Mörtelschleudermaschine oder einer mechanischen Aufzugrolle für die Steine den Wandel der Zeit genugsam an, der aller Wahrscheinlichkeit nach eine allgemeine wirtschaftliche Besserung mit sich bringen wird.

Wenn heute »Einer vom Fach«, der vielleicht vor 15 Jahren das Zeitliche gesegnet hat, aus dem Grabe auferstünde, er würde es sicherlich nicht begreifen können, in welch unglaublich kurzer Zeit ein moderner Riesenbau gewissermaßen aus der Erde wächst. Und er würde sich vor Staunen nicht zu fassen wissen, wenn er sähe, wie beim Ausschachten die mechanische oder die Druckluftwinde spielend die schwer beladenen Wagen aus der tiefen Grube herauszieht, ohne daß hundert Flüche aus heiseren Fuhrmannskehlen bis ans Ende der Straße schallen und die harten Peitschenschnüre auf den schweißtriefenden Rücken der abgeplackten Gäule Zug um Zug niedersausen! Und wiederum würde er staunend die radikale und rasche Arbeit der pneumatischen Sandstrahlgebläse beim Putzen der Fassaden betrachten, deren Handlichkeit und Leistungsfähigkeit dem Unternehmer allein Hunderte von Mark an Gerüstkosten und Arbeitslöhnen ersparen! Oder die pneumatischen Anstreichmaschinen, von denen jede in der Hand eines ungeübten und billigen Arbeiters in einer Stunde so viel Raum bestreicht, wie vordem 6 Mann von Hand! Und auch hier wird die Arbeit an sich nicht allein wesentlich billiger und viel rascher auf mechanischem Wege fertiggestellt, sondern es kommt noch hinzu, daß an Farbe beträchtlich gespart wird und die Kosten für den Gerüstbau zum Teil in Wegfall kommen. Ganz abgesehen von den vielfachen Unannehmlichkeiten, die der letztere und die lange Dauer der Handarbeit vielfach zur Folge hatten!

Annähernd die gleichen Vorteile, die der Gebrauch der Preßluftwerkzeuge in der Eisenindustrie, im Schiffbau, im Gießereigewerbe und auf allen mög-

Abb. 172. Betonstampfer beim Bau einer Untergrundbahn.

lichen anderen Gebieten deutlich erkennen läßt, können auch dem Baugewerbe zum großen Teil zugute kommen.

Würden sich die Unternehmer des Untergrundbahnbaues nicht dieses modernsten Triebmittels, der Druckluft, in reichlichem Maße bedienen, sie würden am Ende die doppelte oder dreifache Zeit für die Beendigung der Bauarbeiten gebrauchen oder aber die drei- bis vierfache Anzahl Leute notwendig haben. So aber werden die umfangreichen Nietungen an den Tausenden von Trägern mit Preßlufthämmern vorgenommen, und noch wichtiger und zeitsparender sind hier die pneumatischen Stampfer, die die umfangreichen und gewaltigen Betonwände, die Böden und Decken fertigstellen helfen. Der Nutzen aber, der den Unternehmern daraus erwächst, daß es möglich ist, Tunnelbauten 6 oder gar 12 Monate früher zu Ende zu bringen als ursprünglich vorgesehen war, und zwar ohne Mehrbelastung des Etats, ist natürlich enorm. — Und ebenso wie beim Bau einer Untergrundbahn kommt es heutzutage auch beim Bau irgendeines öffentlichen Gebäudes, beispielsweise eines Hotels oder eines

Abb. 173. Stampfer bei der Fertigstellung einer Betonwand im Untergrundbahnbau.

Industriepalastes oder eines beliebigen Geschäftshauses großen Stils, wohl in erster Linie darauf an, schnell fertig zu werden, ohne dabei außergewöhnliche Aufwendungen zu machen. Und diesem Ziele kommt die Druckluft in jedem Falle entgegen!

Für manche Arbeiten genügt schon eine kleine Anlage von etwa 1,5 cbm minutlicher Ansaugeleistung. Für Bauzwecke genügt oft ein so kleiner Kompressor, da dem Fortgang der Arbeiten angemessen immer nur wenige Werkzeuge zu betätigen sind.

Der Unternehmer wird im Vorteil sein, der die Anlage möglichst vielseitig beansprucht, der beispielsweise den jeweiligen Arbeiten entsprechend zeitweise Stampfapparate für Beton, Zement, Schamotte usw. betätigt und zu anderer Zeit Hämmer für Abbrucharbeiten betreibt oder Werkzeuge zur

Herstellung von Rillen und Kanälen in Mauerwerk, für Dübellöcher usw. verwendet. Je vielseitiger die Druckluft gebraucht wird, um so größer ist der wirtschaftliche Nutzen. Tunlichst sollen deshalb noch pneumatische Anstrichapparate, vielleicht auch Hebezeuge und irgendwelche sonstigen mit Druckluft zu betreibenden Hilfswerkzeuge angeschlossen werden. Aber auch für einseitige Zwecke im Baugewerbe macht sich eine Druckluftanlage in kürzester Zeit bezahlt, um hernach einen Gewinn von 40 bis 50% gegenüber der veralteten Methode von Hand abzuwerfen. So haben z. B. bedeutende Elektrizitätswerke fahrbare Druckluftanlagen im Gebrauch, die sie ausschließlich dazu verwenden, mit Hilfe der Drucklufthämmer **Dübellöcher, Rillen und Kanäle zum Einbetten der elektrischen Leitungen und Teile** in die Wände und Decken bereits fertiger Gebäude einzustemmen. Es kommt vor, namentlich in kleineren Städten, daß irgendein Warenhaus oder ein öffentliches Gebäude oder ein Hotel modernisiert, d. h. durchgehends mit elektrischem Licht usw. versehen wird. Für ein Hotel bedeutete dies naturgemäß bisher einen um so größeren Schaden, je länger die Bauarbeiten sich hinzogen. Heute wird vielfach den Unternehmern von vornherein vorgeschrieben, daß sie für ihre Arbeiten Preßluftwerkzeuge verwenden müssen, weil es bereits genugsam bekannt ist, daß nur mit deren Hilfe die Arbeiten energisch gefördert und in allerkürzester Zeit zu Ende geführt werden können.

Abb. 174. Herstellen von Rillen und Kanälen im Mauerwerk für elektr. Installationen.

Es ist sicherlich nur noch eine Frage der Zeit, daß von dem Unternehmer in jedem Falle verlangt wird, daß er über eine entsprechende Preßluftanlage verfügt.

Von der außerordentlichen Leistungsfähigkeit des Preßlufthammers bei **Abbrucharbeiten** zeugen folgende, der Praxis entnommene Daten: Mit einem mittelgroßen Hammer läßt sich in Ziegel eine Rille von 3 × 3 cm und 1 m Länge im Zeitraum von nur 30 Sek., in Beton eine solche binnen einer Minute zustande bringen!

Derselbe Preßlufthammer kann nach Einsetzen eines anderen Werkzeuges (siehe Abb. 174) gleich vorteilhaft für Mauerdurchbrüche aller Art, für Dübellöcher, Konsolarbeiten, wie auch für Flächenbearbeitungen, zum Stocken und Scharrieren von natürlichen und künstlichen Steinen und schließlich für leichtere Abbrucharbeiten gebraucht werden. Arbeit wird stets zur Genüge vorhanden sein. Für **Mauerdurchbrüche** größeren Umfangs, für tiefe Löcher und ähnliche Arbeiten, wie sie im Baugewerbe an der Tagesordnung sind, müssen etwas stärkere Preßlufthämmer genommen werden, wie solcher z. B. in Abb. 176 dargestellt ist.

Mit einem Drucklufthammer kommt man überall hindurch. Auch durch Beton und Gestein. Mit einem Bohrhammer ist es beispielsweise möglich, in sehr hartem Granit in 10 Minuten ein Loch von 35 cm Tiefe und 30 mm Durchm. fertigzubringen. In Kalkstein ist die Bohrleistung mit 1400 mm Tiefe und 35 mm Durchm. in 15 Min. festgestellt worden; in Sandstein mit 1½ m Tiefe und 30 mm Durchm. in 10 Min.

Abb. 175. Leichter Stemmhammer bei Ab-
bentrucharbeiten.

Abb. 176. Schwerer Stemmhammer bei Ab-
bentruarbeiten.

Aber auch die kleinen Preßlufthämmer leisten bei gewöhnlichen Abbau-arbeiten Außerordentliches. Eiserne Bolzen von 18 mm Durchm. werden in etwa 30 Sek. sauber abgestoßen. Mauerwerk wird mit einem Preßluftmeißel mitunter so rasch gesprengt und abgehoben, daß es den Anschein hat, als würden die Schichten direkt weggeblasen. Überall, wo das an heftiges Gewehr-feuer gemahnende Geknattere der Druckluftwerkzeuge ertönt, stehen die Zuschauer in Massen und bewundern die Riesenkraft dieser winzigen Dinger.

In einer Zeit, wo die Häuser, auch Geschäftspaläste, oft schon nach wenigen Jahren wieder abgebrochen werden, um irgendeinem anderen Bauwerk Platz zu machen, wo mit anderen Worten den Abbruchunternehmern die Arbeit über den Kopf zu wachsen droht, muß den Druckluftwerkzeugen eine große

Bedeutung für das wirtschaftliche Leben im Baugewerbe zugesprochen werden.

Unter normalen Verhältnissen vermag ein Arbeiter mit einem Preßlufthammer in der Stunde etwa 2 cbm Mauerwerk niederzulegen, und zwar ohne große Anstrengung und ohne Gefahr. Für dieselbe Arbeitsleistung würde er mit dem Pickeisen, also von Hand, sicherlich einen halben Tag gebrauchen müssen.

Die pneumatischen Stampfapparate sind für umfangreiche Betonbauten, also beim Bau. von Untergrundbahnen, Seeschleusen, Talsperren usw. kaum noch zu entbehren, denn nicht allein schafft ein Mann mit einem pneumatischen Stampfer ungefähr das Sechsfache als von Hand, sondern — und das ist von Wichtigkeit — die mit Druckluft gestampfte Masse erhält eine unvergleichliche Festigkeit Dies erklärt sich damit, daß die Druckluftstampfer von früh bis spät durchaus gleichmäßig arbeiten, was beim Stampfen von Hand

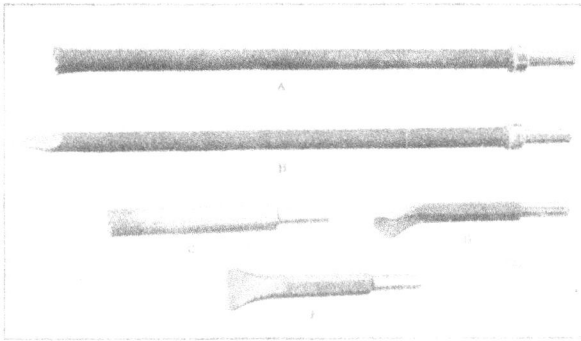

Abb. 177.

A Vollbohrer zum Bohren in Mauerwerk, auch zum Ausbohren hart-gebrannter Gußmasse usw.
B Pickmeissel zum Abbau von Kohle, Betonfundamenten, Mauern u. dgl.
C Rohrbohrer zur Herstellung gleichmäßiger Löcher (Dübellöcher) in Mauerwerk, für kleine Durchbrüche usw,
D Meißelwerkzeug zur Herstellung von Rillen und Kanälen in Mauerwerk, für Installation usw.
E Kräftiger Meißel für die verschiedenartigsten Arbeiten, zum Abspitzen von Mauervorsprüngen u. dgl.

infolge der im Laufe des Tages eintretenden Ermüdung des Arbeiters ausgeschlossen erscheint. Die Handhabung der Druckluftstampfer ist einfach; ein schwerer Betonstampfer wiegt annähernd 10 kg, doch ist zu bedenken, daß der Arbeiter dieses Gewicht nicht zu halten hat, denn der Apparat liegt infolge der rasch aufeinander folgenden Schläge der Kolbenstange gewissermaßen in der Luft, und der Mann hat den Apparat eigentlich nur zu führen. Beim Preßluftstampfer spielt auch das effektive Gewicht des Stampfers resp. Stampfschuhes keine Rolle, denn nicht durch das Eisengewicht, wie beim Handstampfen, sondern durch die Kraft der Druckluft wird die Stampfarbeit bewerkstelligt.

Ist eine größere Anlage wegen der Notwendigkeit einer steten Ausnutzung nur für Großbetriebe geeignet, so ist an der Rentabilität auch einer kleinen Anlage, die man nur für Abbrucharbeiten oder zum Einstemmen von Kanälen und Dübellöchern in Mauerwerke u. dgl. verwenden will, nicht zu zweifeln.

Betrachten wir nur den Kleinbetrieb mit einer Anlage von nicht mehr als ½ cbm Leistung. Die Anschaffungskosten für Kompressor, Windkessel und Luftfilter stellen sich schätzungsweise auf 900 M (Friedenspreis!). Hierzu käme ein leichter Hammer für Dübellöcher, Rillen und Kanäle usw. sowie ein schwerer für Mauerdurchbrüche usw. im Betrage von zusammen 300 M. Für die Armaturen und Schläuche genügt eine Summe von 150 M., so daß sich die Anschaffungskosten für die komplette Anlage, ohne Motor, auf 1350 M. stellen. Kann die Anlage nicht von einer vorhandenen Transmission aus getrieben werden, was aber bei dem heutigen Stande der Arbeiten im Baugewerbe meist der Fall sein wird, so müßte ein Elektromotor hinzukommen, der mit 650 M. reichlich hoch veranschlagt ist. Die Beschaffungskosten stiegen dann auf 2000 M. Für die Berechnung soll ein Grundpreis von 12 Pf. pro Kilowatt und Stunde, resp. von rd. 10 Pf. pro PS, und ein Stundenlohn von 0,80 M. angesetzt werden.

Der kleine Kompressor hat einen Kraftverbrauch von 4 PS im Dauerbetriebe. Die Betriebskosten würden mithin $0{,}10 \cdot 4 \cdot 10 = 4$ M. pro Tag ausmachen. Der Kühlwasserverbrauch ist mit 0,40 M. einzuschätzen, der Verbrauch an Schmiermaterial usw. auf 0,20 M., der Verbrauch an Stemm- und Bohrwerkzeugen usw. auf 1,00 M., und für die Bedienung und Instandhaltung der Kompressorenanlage sollen 1,50 M. pro Tag extra veranschlagt werden, obschon die modernen Kompressoren so betriebssicher gebaut sind und so verläßlich funktionieren, daß eine besondere Wartung überflüssig erscheint.

Abb. 178. Niethammer mit Kronen-Vollbohrer bei schweren Abbrucharbeiten.

Mithin kommen die täglichen Betriebskosten auf 7,10 M. zu stehen.

Die Verzinsung der angeschafften Anlage im Betrage von 2000 M. soll mit 5% eingesetzt werden, gleich 100 M., für die Amortisation der Kompressoranlage kann man 10% annehmen, das ergibt 155 M., für die Hämmer, Schläuche und Armaturen eine solche von 30%, gleich 135 M., in Summa 390 M.

Der Mann, der mit dem Preßlufthammer arbeitet, erhält einen Tagelohn von 8 M. bei zehnstündiger Arbeitszeit, er leistet aber das Vierfache der Handarbeit, d. h. zur Bewältigung der gleichen Arbeit wären sonst 4 Mann notwendig, deren Löhne insgesamt 32 M. pro Tag ausmachen würden. Es ergibt sich demnach eine tägliche Ersparnis an Löhnen von 24 M., welchem Betrage die Betriebskosten der Kompressoranlage mit 7,10 M. gegenüberstehen. Der effektive Gewinn beträgt demnach 16,90 M. pro Tag.

Nimmt man nun an, daß die Kompressoranlage nur das halbe Jahr, d. h. 120 Arbeitstage im Betrieb ist, so bedeutet der Preßluftbetrieb für diese Zeit eine Gesamtersparnis an Löhnen von 2028 M., womit sich die Anlage bereits bezahlt gemacht hätte.

Zu berücksichtigen ist dann aber — sofern es sich nicht um Abbrucharbeiten handelt — noch die bessere Ausführung der mit Preßluftwerkzeugen vorgenommenen Arbeiten gegenüber der Handarbeit. So können beispielsweise beim Arbeiten von Hand die Rillen und Kanäle usw. keinesfalls so sauber eingestemmt werden; die sonst für die Nacharbeiten notwendigen Kosten fallen beim Druckluftbetrieb fort.

Abb. 179. Abbruch einer alten Eisenbahnbrücke mit Hilfe von Preßluft-Abbauhämmern (Phot. b. Beuchelt & Co., Grünberg i. Schl.)

Noch größer sind die Ersparnisse und die praktischen Vorteile bei Stampfarbeiten. Es rentiert sich also schon die kleinste Anlage im höchsten Grade.

Unter Zugrundelegung der vorgenannten Kosten ergibt sich bei einer größeren Druckluftanlage, z. B. von 1,5 cbm Leistung, eine Ersparnis an Arbeitslöhnen von annähernd 8000 M. bei halbjährlichem Gebrauch. Hierzu kommt dann aber noch der ganz enorme wirtschaftliche Gewinn, der sich daraus ergibt, daß die Arbeiten soviel schneller als von Hand beendet werden, der Abbruch oder die Stemm- resp. die Stampfarbeiten also in bedeutend kürzerer Zeit als sonst zu Ende geführt werden und die betreffenden Gebäude usw. eher dem Gebrauch übergeben werden können.

Wenn also die Unternehmer und Baufirmen dem Zuge der Zeit angemessen der Devise »rasch und billig« folgen wollen, so müssen sie nolens volens sich zu Anhängern des pneumatischen Arbeitsverfahrens bekennen, dessen Nutzbarkeit auf allen Industriegebieten tausendfach nachgewiesen ist.

Beim Abbruch von Fundamenten u. dgl. erweist sich der sog. Abbauhammer als unübertrefflich in bezug auf Leistung und Wirtschaftlichkeit. Bei Abbrucharbeiten von Ziegelmauerwerk kann ebenfalls der Pickhammer vorzügliche Dienste leisten. Unterstützt wird seine Tätigkeit wirksam durch den Preßluftkeillochhammer, von dem in einem späteren Kapitel noch die Rede ist, und durch den Bohrhammer, der ebenfalls noch besonders behandelt wird. Die beigegebene Abbildung (Abb. 180) zeigt die Anwendung von Bohrhämmern beim Abbau alter Gaskessel, die in reinem

Portlandzementmörtel gemauert und teilweise eisenarmiert gewesen sind. Die pneumatischen Werkzeuge wurden zum Bohren von Sprenglöchern benutzt, mit der Wirkung, daß die Mauern hernach in großen Klötzen einfach mittels eines Löffelbaggers abgebrochen und die Bruchstücke unmittelbar auf Fuhrwerke zur Wegbeförderung geladen werden konnten. In diesem Falle würde der Abbruch dieser starken Mauern ohne die Preßluftanlage mit Anwendung der anderen Sprengmittel und Maschinen nach Aussage der Firma Karl Stöhr, München, Schwan-thalerstr. 11, welche den Abbruch bewerkstelligte, mindestens den 10 fachen Betrag verschlungen haben.

Gerade bei schwierigen Abbrucharbeiten zeigt sich die Nutzbarkeit des pneumatischen Betriebes im hellsten Lichte. Für gewöhnlich genügt der normale Pickhammer, in Konstruktion und Ausführung einem starken normalen Meißelhammer entsprechend. Der mit einem runden Schaft ausgestattete Pick-

Abb. 180. Abbruch eines alten gemauerten Gasbehälters mit Preßluft-Bohrhämmern.

meißel, 500, 750 oder 1000 mm lang, wird vorn durch eine Überwurfkappe oder auch durch eine Feder gehalten. Die letztere muß aber sehr stark und eng gewickelt sein, sonst zieht sie sich nach kurzem Gebrauch aus. Wird der Pickhammer vorwiegend schräg oder senkrecht nach oben gebraucht, wie es bei den Nacharbeiten in Untergrundbahntunnels zu beobachten ist, so erscheint die Überwurfkappe praktischer. Übrigens lassen sich für Abbrucharbeiten auch normale Niethämmer gebrauchen. Man nimmt dann Kronen-, Voll- oder Hohlbohrer, wie für die Bohrhämmer, bohrt eine Anzahl Löcher dicht nebeneinander und bricht hernach das Stehengebliebene mit einfachen Mitteln ab.

Einen eigenartigen Preßlufthammer sehen wir in Abb. 182 dargestellt. Es ist dies der sog. Betonaufreißer, der sich von den übrigen Hämmern durch einen langen Zwischenschaft auszeichnet. Der letztere ermöglicht dem Arbeiter eine bequeme, stehende Haltung, wenn es gilt, Asphaltstraßenpflaster aufzubrechen. Hauptsächlich für diesen Zweck ist nämlich ursprünglich der Aufreißer konstruiert worden. Beim Schweißen oder Auswechseln von Straßenbahnschienen mußte es bislang als Kalamität betrachtet werden, daß es nicht möglich war, mit den Flach- und Spitzhacken das Aufbrechen

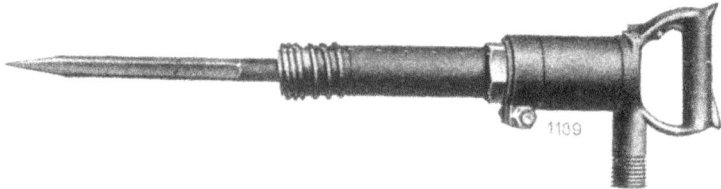

Abb. 181. Zweckmäßiger Abbauhammer, auch für Kohle (Fabr. H. Flottmann & Co., Herne).

des Asphalts auf die notwendige schmale Fläche längs den Schienen zu begrenzen. Es wurde vielmehr fast immer die Asphaltdecke im weitesten Umkreis in Mitleidenschaft gezogen. Die Arbeiten wurden hierdurch nicht allein unnütz in die Länge gezogen, sondern durch die umfangreichen nachfolgenden Reparaturen der Asphaltdecke auch im Übermaße verteuert.

Abb. 182.

Zwar wurde die Methode, Pflasterbeton mittels Preßluftwerkzeuge aufzubrechen, schon im Jahre 1904 der Firma Franz Melaun, Berlin, patentiert, doch ist sie lange nicht in die Praxis umgesetzt worden, weil erstens das Interesse für den pneumatischen Betrieb gerade im Straßen- und Kleinbahnwesen seinerzeit nicht das stärkste gewesen ist, und weil zweitens die gewöhnlichen Preßlufthämmer sich für den beregten Zweck nicht sonderlich eigneten. Erst nachdem es gelungen war, einen Spezialhammer zu konstruieren, machte sich ein lebhaftes Interesse in den maßgebenden Kreisen der Straßenbahngesellschaften und der Unternehmer bemerkbar. Verschiedene Straßenbahngesellschaften, u. a. die »Große Berliner«, haben das pneumatische Aufhauverfahren praktisch erprobt und für vortrefflich befunden.

Mit Hilfe des Betonaufreißers ist es möglich, längs den Schienen genau abgegrenzte Kanäle und Flächen aus dem Asphaltpflaster herauszumeißeln, ohne daß die umliegende Asphaltdecke Risse und Sprünge erhält. Erwähnt mag noch sein, daß ein Mann mit dem Preßluft-Betonhammer, sofern er gut eingearbeitet ist, nahezu dasselbe zu leisten vermag wie 6 bis 8 Leute mit der

Spitzhacke! Der Betonaufreißer wiegt etwa 15 kg und hat einen minutlichen Luftverbrauch von 1 cbm. Für den Straßentransport und zum Betrieb derartiger Werkzeuge geeignete Kompressoranlagen sind schon in verschiedenen Großstädten seitens der Straßenbahngesellschaften angeschafft worden. Das Gegenstück zu dem Aufreißer bilden pneumatische Pflasterrammen, die man jedoch nicht häufig antrifft. Die Preßluftramme gleicht in der Form einem Stampfer, nur daß alle Teile wesentlich stärker sind. Die durchgehende Kolbenstange setzt sich auf das Pflaster auf. Beim Andrücken des den Lufteintritt regelnden Hebels, der an den beiden am Kopf sitzenden Griffstangen angeordnet ist, hebt sich der ganze Körper der Ramme an der feststehenden Kolbenstange hoch. Ist der Körper bis zur gewünschten Fallhöhe angestiegen, so wird der Hebel losgelassen, worauf der Rammbär, der gewöhnlich etwa 160 mm Durchm. hat, durch sein Eigengewicht herunterfällt. Mit der Preßluftramme kann ein Arbeiter minutlich bis 80 Schläge

Abb. 183. Verstemmen von Rohrmuffen.

ausüben; die Arbeitsleistung übersteigt die Handarbeit um das Vier- bis Fünffache. Eine Druckluftramme vermag am Tag etwa 100 qm Pflaster auf fester Unterbettung zu rammen. Ausschlaggebend für die Nutzbarkeit der Pflasterrammen ist die Verwendung einer zweckdienlichen fahrbaren Kompressoranlage mit Brennstoffmotor, damit man von jeder Kraftquelle unabhängig ist und die Werkzeuge überall gebrauchen kann. Eine Ramme verbraucht minutlich rd. 500 l Luft. Zum Betriebe von 3 Rammen würde man also einen Kompressor von 1,75 bis 2 cbm Ansaugeleistung benötigen, zu dessen Betrieb ein Motor von rd. 18 PS gehört. Verschiedentlich hat man fahrbare Kompressoren für Straßenbauzwecke geschaffen, die sich mit eigener Kraft fortbewegen.

Ein mit dem vorerwähnten verwandter Arbeitszweck ist das Verstemmen von Rohrmuffen mit Preßlufthämmern. Auf Grund der deutschen Gußrohrnormalien, aufgestellt vom Verein deutscher Ingenieure und dem Verein deutscher Gas- und Wasserfachmänner, wird vorwiegend eine

Muffenform gewählt, bei der die Dichtungsfuge die Form eines Hohlzylinders besitzt. Wenn die Muffe in ihrem vorderen Teil, vielleicht auf eine Länge von 50 mm, konisch ausgeführt wird (die Konizität kann zweckmäßig 6 mm auf den Durchmesser betragen), so ergibt sich auf einfachste Art eine zuverlässige Dichtung. Praktische Versuche ließen erkennen, daß derartige Muffen bei einem mehrstündigen Probewasserdruck von 20 bis 22 Atm. durchaus dicht hielten. Als Dichtungsmaterial kommt sowohl Gußblei wie auch Bleiwolle in Frage. Die letztere ist etwas teurer als Blockblei, und das Einlegen und Einstemmen erfordert bei Handarbeit viel Zeit. Anders wird die Sache, wenn man es möglich machen kann, mit Hilfe von Preßlufthämmern mit entsprechend geformten Stemmwerkzeugen eine beträchtliche Zeitersparnis herbeizuführen. Zugleich ist zu bedenken, daß das Verstemmen auf diese Weise viel gleichmäßiger und zuverlässiger bewerkstelligt wird als von Hand. Es ist einleuchtend, daß das maschinelle Verstemmen bei größeren Rohrdimensionen vorteilhafter ist als bei kleinen Rohren, für welche man wohl beim Vergießen der Muffen bleiben wird. Von Hand vermögen zwei eingearbeitete Leute im Dauerbetrieb z. B. eine gußeiserne Muffe von 750 mm Durchmesser in einer Stunde sachgemäß zu verstemmen. Mit Preßlufthämmern dagegen kann von geübten Arbeitern tatsächlich in der halben Zeit dieselbe Leistung vollbracht werden. Dies ergibt eine Tagesleistung von rd. 20 Muffen für 2 Arbeiter gegenüber 10 Muffen von Hand. Nimmt man für die beiden Arbeiter einen Stundenlohn von 80 Pf. an, so kommt man auf eine tägliche Lohnersparnis von 16 M., in 300 Arbeitstagen auf 4800 M. Ich bin jedoch überzeugt, daß sich eine noch wesentlich günstigere Zeit bei Verwendung der pneumatischen Werkzeuge herausrechnen läßt, sobald die Arbeiter sich mit diesen richtig eingearbeitet haben. Es können natürlich ebensogut auch Teer- wie Bleistricke zur Abdichtung benutzt werden. Beim Zuwerfen des Erdreichs können hernach, um die Kompressoranlage noch günstiger auszunutzen, mit Erfolg Preßluftstampfer herangezogen werden.

In Amerika gibt es einige Gesellschaften, die sich das pneumatische Arbeitsverfahren mit außerordentlichem Erfolg bei der Aufführung von sog. Schnellbauten zunutze machen. Bei der in Deutschland herrschenden Wohnungsnot ist es eigentlich unbegreiflich, weshalb man sich dieses Baumittels nicht ebenfalls bedient. Mannigfache Versuche nach dieser Richtung hin sind schon gemacht worden, und zwar vorwiegend während des Krieges, als es sich darum drehte, überall so rasch als möglich Barackenbauten aufzuführen. Aber die Versuche sind scheinbar alle im Sande verlaufen. Ich kann mich erinnern, daß seinerzeit die Deutschen Niles-Werke auf Veranlassung eines Herrn Moser, der sich die Sache ein schönes Stück Geld kosten ließ, langanhaltende praktische Versuche gemacht hatten mit einer durch Preßluft betätigten Mörtel- oder Zement-Schleudermaschine. Ein kleiner Kompressor war auf einem Wagengestell aufmontiert und ließ die Druckluft in eine Trommel einmünden, in welcher die Spritzmasse mit Hilfe einer Preßluft-Vierzylinderbohrmaschine verrührt wurde. Die Druckluft nahm von hier aus ihren Weg durch einen Schlauch von ziemlichem Durchmesser, an dessen Mündung sich eine Düse befand. Die Spritzmasse, ein rasch trocknender Betonmörtel, wurde in weitem Strahl auf die Wand, die ebensogut aus Holz wie aus Stein oder Geflechtmaterial bestehen konnte, aufgetragen, wo sie haften blieb.

Es kommt natürlich hier in erster Linie auf die richtige Zusammensetzung der Spritzmasse an und nicht zum mindesten auf die Konstruktion der Düse. Sind diese beiden Faktoren nicht zweckentsprechend, so verstopft sich die Düse leicht, oder die Masse ist zu dünn und haftet nicht, oder sie ist zu dick

Abb. 184. Nachdem die Muffen verstemmt sind, kann beim Zuschütten der Stampfer
für das Erdreich benutzt werden.

und bildet Klumpen, die nicht gleichmäßig trocknen und abbröckeln. Inzwischen gibt sich eine amerikanische Gesellschaft große Mühe, auch bei uns Fuß zu fassen, und wenn ich nicht irre, besitzt sie bereits deutsche Patente auf das Spritzverfahren für Bauzwecke. Da wären uns die Herren von drüben wieder einmal zuvorgekommen!

Wie schon angedeutet, hat sich das Beton-Spritzverfahren in Amerika schon viele Freunde erworben. Nicht zum mindesten deshalb, weil damit in der Tat ganz außerordentliche wirtschaftliche Erfolge erzielt werden. Das Auftragen der Masse geht unvergleichlich rasch vor sich, man wird wiederum von geschulten und teuren Arbeitskräften unabhängig, das Spritzmaterial selbst ist billig, und dazu kommt, daß durch die Schleuderwirkung eine außerordentlich dichte, jeder Fugenbildung usw. abholde Fläche geschaffen wird. Das Verfahren ist natürlich nicht allein für Neubauten, sondern ebensogut für Ausbesserungsarbeiten aller Art geeignet. Hauptsächlich aus dem Grunde, weil sich der Betonmörtel vorzüglich mit vorhandenen alten Baustoffen verbindet.

Auch hier ist man abermals auf ein Gebiet gestoßen, auf dem sich der ungeheure Vorteil der gepreßten Luft in ungeahnter Weise ausbreiten kann, nicht sowohl zum Nutzen des Unternehmers, wie der Allgemeinheit!

———

Blasapparate.

Zum Abblasen und Säubern von Maschinenteilen, zum Kühlen des Drehstahls in der Dreherei und Fräserei, zur Entfernung von Spänen an Bearbeitungsmaschinen in allen Fällen, wo hierfür Wasser nicht benutzt werden kann, zum Kühlen der Schnelldrehstähle nach der Härtung, zum Ausblasen von Meßinstrumenten und Motoren, kurzum für die verschiedenartigsten Arbeiten lassen sich Ausblasehähne und Ausblasepistolen vorteilhaft anwenden. In keramischen Werken dienen sie zum Verputzen. Die gestreckte Form eignet sich zum Ausblasen von Formstücken, Rohren u. dgl.

P. Möller berichtet von seiner Studienreise durch die Vereinigten Staaten, daß in den amerikanischen Fabriken von den Ausblaseapparaten weitgehendster Gebrauch gemacht wird. Man findet selbst in Werkstätten, die sonst keine Preßluftwerkzeuge benötigen, neben pneumatischen Hebezeugen überall die Ausblasehähne vor. Ausgedehnte, aber naturgemäß ganz ein-

Abb. 185. Selbstschließendes Ausblasventil zum Ausblasen von Werkzeugen, Gußformen etc.; Mundstück kann mit verschiedenen Bohrungen eingeschraubt werden.

fache Rohrleitungsnetze ziehen sich durch alle Räume hin, Abzweigungen zu jeder Werkzeugmaschine und zu jeder Werkbank entsendend. Fast jeder Arbeiter hat neben seinem Werkplatz in greifbarer Nähe den Schlauch mit dem Ausblasehahn, und er benutzt ihn zum Reinigen der Werkbank, zum Wegblasen der Späne beim Bohren und Fräsen von Gußeisen usw. Vor dem Montieren einer Maschine werden z. B. sämtliche Bohrungen mit Benzin gefüllt und dann mit Druckluft ausgeblasen. Die Ankörnungen von runden Körpern, die zwischen Spitzen aufgespannt werden sollen, werden durch den Luftstrahl gereinigt. Möller meint, man habe anfangs, wenn man durch die Werkstätten geht und allerorten das Zischen und Pfeifen dieser »Blasinstrumente« hört, das Gefühl, als tue man hier des Guten zu viel. Bei reiflicher Überlegung kommt man jedoch zu der Ansicht, daß auch auf diesem Gebiete die systematische und großzügige Ausnutzung der Druckluft entschieden von Vorteil ist.

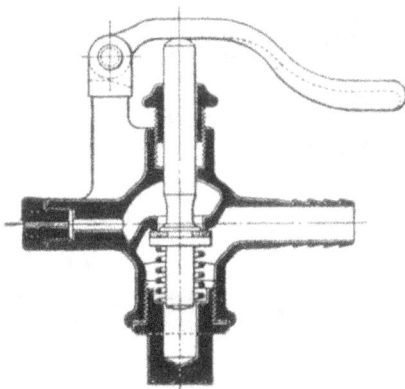

Gewiß läßt sich eine Werkbank auch mit einem Besen säubern, aber unstreitig ist die Handhabung der Druckluftpistole bequemer und weniger zeitraubend. Und wenn man berücksichtigt, daß z. B. beim Aufspannen eines Stabes auf die Schleifmaschine schon ein kleiner Fremdkörper, der im Körnerloch haftet, die peinliche Genauigkeit der Schleifarbeit beeinträchtigt, so wird man zugeben, daß weitgehende Benutzung der Ausblaseventile keinesfalls von Übel ist.

Bedingung ist jedoch, daß die Apparate dem Arbeiter immer zur Hand sind, so daß ihm die fortwährende Anwendung zur Gewohnheit wird. Zum

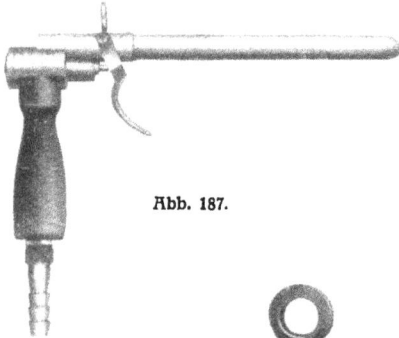

Abb. 187.

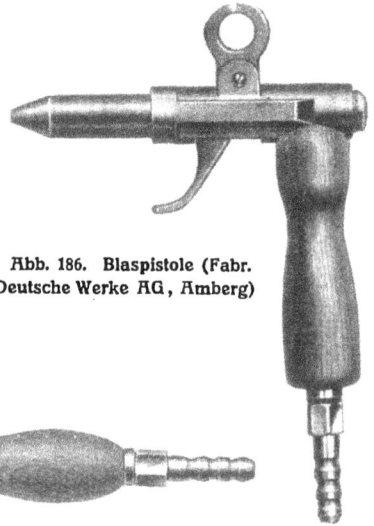

Abb. 186. Blaspistole (Fabr. Deutsche Werke AG, Amberg)

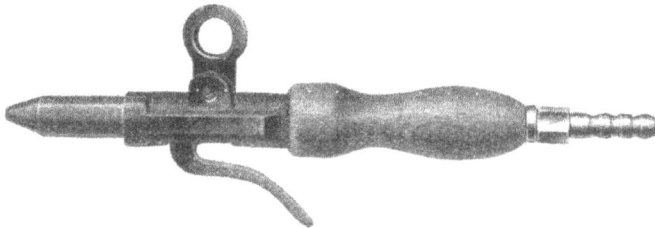

Abb. 188. Ausblasepistole in gestreckter Form.

Fortschaffen der Späne beim Bearbeiten von Gußeisen ist die Benutzung der Ausblaseventile in Amerika allgemein üblich. Die Druckluft wirkt gleichsam wie eine Flüssigkeit kühlend, was naturgemäß beim Fräsen und Bohren bedeutungsvoll ist. Es werden sogar stellenweise hohle Bohrer mit einer seitlichen Öffnung der Höhlung am oberen Ende gebraucht, die mit dem Luftschlauch durch eine feststehende Hülse verbunden sind, so daß beim Bohren die Luft zur Bohrerspitze gelangt.

In Deutschland, wo die Erkenntnis von dem ungeheuren Nutzen des Druckluftbetriebes noch lange nicht in alle Kreise eingedrungen ist, werden vorläufig die Ausblaseapparate noch nicht in dem Maße angewendet, wie es im Interesse der Allgemeinheit wünschenswert erscheint. Jedoch führen sich die Apparate mehr und mehr ein. Von Werken, die mehrere Hunderte von Ausblasepistolen in ihren Werkstätten verwenden, seien die Daimler-Werke und die Bayerischen Motorenwerke genannt.

Die Ausblasepistolen, die handlicher und dabei sauberer gearbeitet sind, als die sonst üblichen Ausblaseventile und Hähne, haben für gewöhnlich 2,5 mm Bohrung, die jedoch vergrößert werden kann. Die Pistolen halten einem Betriebsdruck von 15 Atm. stand, sind also an jede Rohrleitung anzuschließen, die für Preßluftwerkzeuge (6 bis 7 Atm.) bestimmt ist. Die Stärke des Luftstroms läßt sich durch mehr oder weniger weites Öffnen des Einlaßhahnes an der Schlauchleitung regulieren. Für besondere Zwecke muß eventuell ein Reduzierventil in die Leitung eingeschaltet werden. Der Luftverbrauch dieser Apparate ist verhältnismäßig gering. Er beträgt bei 4 bis 5 Atm. Betriebsdruck 100 bis 120 l, bei 6 Atm. Druck etwa 250 l in der Minute. Abb. 187 zeigt eine Ausblasepistole mit verlängertem Düsenrohr und 4 mm Bohrung. Die Form des Werkzeuges und die Bohrung richten sich ganz nach dem Verwendungszweck.

Soll eine eigene Kompressoranlage zur Speisung von Ausblaseapparaten aufgestellt werden, so genügt ein einstufiger, einfach wirkender Kom-

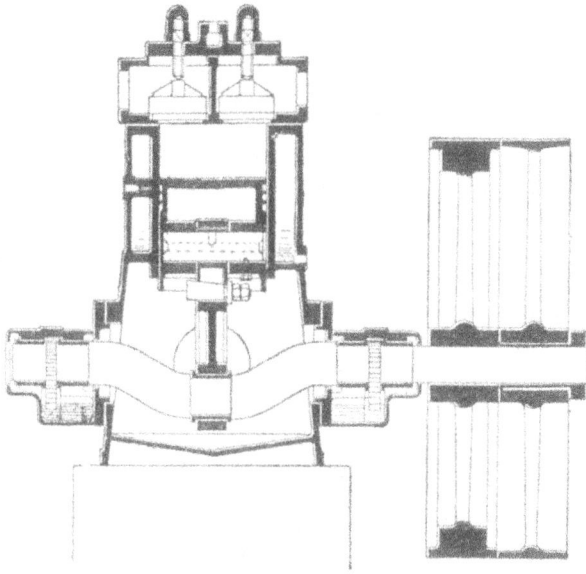

Abb. 189. Einstufiger Luftkompressor
(Fabr. Colditzer Maschinenfabrik, Colditz i. S.).

pressor gemäß Abb. 189. Es empfiehlt sich die Aufstellung eines möglichst großen Windkessels als Reservoir. Im übrigen ist zu bedenken, daß die Pistolen oder Ventile fast immer nur sekundenlang betätigt werden, und daß stets nur eine gewisse Anzahl gleichzeitig gebraucht werden. Infolgedessen kann ein ziemlich kleiner Kompressor gewählt werden, der aber mit einer sicher wirkenden, selbsttätigen Druckreguliervorrichtung ausgestattet sein muß.

Spritzapparate.

Die pneumatischen Spritzapparate kommen sowohl in Frage für einfachen Anstrich wie für feinste Lackierung und Retusche sowie künstlerische Dekoration usw.

Sie erfreuen sich mit Recht steigender Beliebtheit und werden seit Jahren in Deutschland für alle erdenklichen Zwecke fabriziert. Meist arbeiten sie bei einem Druck von 2 bis 3 Atm. Zu ihrem Betriebe muß also entweder ein kleiner Niederdruckkompressor genommen werden, oder es muß in die vorhandene Preßluftleitung ein Reduzierventil eingeschaltet werden.

Abb. 190. Preßluft-Farbenspritzpistole (Fabr. Krautzberger & Co., Holzhausen b. Leipzig).

Die Apparate haben sich besonders gut eingeführt für alle Anstreich- und Lackierarbeiten (an Stelle des Pinsels), für photographische Retuschierarbeiten und zum Kolorieren von Erzeugnissen der Papier-, Karton- und Luxuswarenindustrie. Ferner werden sie gebraucht für Unterglasuren in der Porzellanbranche, für Printenmalerei, zum Dekorieren von Stoffbahnen, zum Verspritzen von Ölfarben und Lacken auf Blechwaren, desgleichen in der Fahrrad- und Nähmaschinenbranche, zum Emaillieren aller möglichen Gegenstände, zum Abtönen künstlicher Blumen, zum Zerstäuben von trockenem Pulver usw. Auch zum Verspritzen dickflüssiger Asphaltlacke, Leimfarben u. dgl. bewähren sie sich. Kurzum, der Verwendungszweck dieser Apparate ist so mannigfaltig, daß es nicht denkbar ist, eine erschöpfende Aufstellung zu machen. Im Rahmen dieses Buches interessiert hauptsächlich die Nutzbarkeit der Farbspritzapparate für große Flächen, wie z. B. beim Anstreichen von Behältern, Brücken, Eisenkonstruktionen, Schiffskörpern, Kesseln, Waggons u. a. m. Die Hauptvorteile gegenüber Pinselarbeit sind: Wesentliche Mehrleistung und gleichmäßigerer Anstrich. Bei glatten Flächen kann man in der Minute 2 bis 3 qm Ölfarbenanstrich oder etwa 5 bis 10 qm Wasserfarbenanstrich bewerkstelligen. Mit Hilfe einer kleinen fahrbaren Kompressoranlage (die Zerstäuber verbrauchen verhältnismäßig wenig Luft) kann man die Apparate überall verwenden.

Auch das Lackieren von Massenartikeln ist noch viel zu wenig bekannt. Eine einfache Einrichtung für diesen Zweck sei im folgenden beschrieben:

Auf eine Drahthorde von entsprechender Maschenweite und Maschenform legt man mehrere hundert Gegenstände, setzt die Horde auf einer Handdrehscheibe in langsam rotierende Bewegung und bespritzt hierbei die Gegenstände mittels eines Handspritzapparates. Durch die rotierende Bewegung ist es möglich, die Gegenstände nicht nur von oben her gleichmäßig zu treffen, es werden auch die Seitenflächen allseitig bestrichen, und man kann auf diese Art in Bruchteilen von einer Minute mehrere tausend Gegenstände, wie z. B. Knöpfe o. dgl., einseitig anstreichen. Diese einfache, vielfach bewährte Einrichtung kann aber nicht in Anwendung kommen, wenn zum Beispiel Massenartikel innen und außen, oben und unten zu gleicher Zeit angestrichen werden sollen. Für solche Zwecke kommt ein Apparat in Frage, wie ihn die Abb. 191 zeigt.

Der Apparat besorgt das Anstreichen solcher Gegenstände automatisch: Die Gegenstände werden auf ruhig

Abb. 191. Farbenspritzautomat.

stehende Aufsteckdorne gesetzt; durch eine revolverartig arbeitende Scheibe raportiert sich der Gegenstand zu jener Arbeitsstelle, wo er in rotierende Bewegung versetzt und, von einer oder mehreren Düsen bearbeitet, in einem einzigen Arbeitsvorgang angestrichen wird. Nach der Bearbeitung wird der Gegenstand weiter transportiert und vom ruhig stehenden Aufsteckdorn abgenommen. Die Spritzapparate werden während des Arbeitsvorganges entsprechend gesteuert und reguliert, so daß Luft- und Farbventil nur in Tätigkeit sind, solange der Gegenstand bestrichen werden soll. Zumeist sind zum Auf- und Abnehmen der Gegenstände 2 Personen erforderlich. Das Abnehmen wird vielfach ebenfalls automatisch besorgt.

Gegenüber dem Handspritzapparat bietet dieser Automat wesentliche Vorteile. Was Farbverbrauch und Leistungen anbelangt, so ist man beim Handspritzapparat von der Geschicklichkeit des Arbeiters abhängig; dies ist beim automatischen Betrieb nicht der Fall. Mit dem Farbspritzautomaten

(Fabr. Krautzberger & Co., Holzhausen 207 bei Leipzig) kann man beispielsweise in der Stunde 2000 bis 2500 Stück Hohlkörper von 65 mm Durchm.,
etwa 100 mm hoch, anstreichen, bei rd. 375 g Lackverbrauch. Eine gleiche
Leistung, bei gleichem Lackverbrauch und Ausfall des Anstriches, wird
kaum annähernd bei einem anderen Verfahren erreicht werden können.

Preßluftwerkzeuge im Gießereibetriebe.

Verhältnismäßig spät ist man dazu übergegangen, die Preßluftwerkzeuge auch den Gießereien nutzbar zu machen. Wahrscheinlich hatte man sich anfänglich von der irrigen Ansicht leiten lassen, daß die Einführung der Druckluft hier keine allzu großen Vorteile mit sich bringen könne, weil die verschiedenen Werkzeuge nicht ständig, sondern nur zeitweise gebraucht werden. Auch ständen die Gießereileute den Angaben über die Leistungsfähigkeit der Stampfwerkzeuge und der Hämmer beim Gußputzen lange Zeit skeptisch gegenüber.

Man berief sich auch darauf, daß für die Stampferei ohnehin keine teuren Facharbeiter herangezogen zu werden brauchten, ganz abgesehen davon, daß die Leute überhaupt nur verhältnismäßig wenig Zeit, an den übrigen Arbeiten gemessen, darauf verwenden.

Dazu kommt, daß die Preßluftstampfer, die in den früheren Jahren auf den Markt kamen, wenig befriedigten. Bei der Bauart derselben war nicht genügend Rücksicht auf die im Gießereibetriebe herrschenden Verhältnisse genommen

Abb. 192. Preßluft-Stampfer.

worden. Die Apparate waren zu empfindlich, Betriebsstörungen waren an der Tagesordnung, und die Kosten für Reparaturen und Ersatzteile wollten nicht abreißen.

Außerdem weigerten sich selbstverständlich anfangs auch die Arbeiter, mit den pneumatischen Werkzeugen zu arbeiten, obwohl jeder Einsichtige zugeben mußte, daß der Gebrauch derselben auch beim Stampfen und Gußputzen sichtliche Erleichterungen für die Arbeiter schafft. Als Beispiel hierfür sei wiederholt erwähnt, daß der den Preßluftstampfer führende Mann nicht, wie beim Handstampfer, das ganze Eigengewicht des Apparates zu tragen hat. Dieser wird vielmehr infolge seiner Arbeitsweise gewissermaßen in der Schwebe gehalten; der Arbeiter hat nicht nötig, die auf und ab gehende Bewegung des Kolbens mit der anhaftenden Stampfplatte mit auszuführen, er braucht nur den Zylinder in der geeigneten Höhe zu »führen« und kann die eigentliche Stampfarbeit dem pneumatischen Apparat überlassen.

Abb. 193. Stampfer mittlerer Größe beim Aufstampfen des Ober-
kastens für einen Walzenständer von 18000 kg (Phot. b. Gebr. Klein,
Dahlbruch).

Bearbeitet der For-
mer den Formkasten
dagegen von Hand,
so wird an seine Mus-
kelkraft eine wesent-
lich größere Anfor-
derung gestellt. Der
Arm mit dem Hand-
stampfer ermüdet
bald, und der Mann
muß abwechselnd mit
der linken und der
rechten Hand arbei-
ten. Zwischendurch
muß er sich natürlich
auch gehörig aus-
ruhen, und die kost-
bare Zeit wird so ver-
trödelt.

Dabei kann der Ar-
beiter mit dem Hand-
stampfer, wenn er
fleißig ist, doch höchstens 80 bis 100 ziemlich ungleichmäßige Stöße ausführen,
wogegen der Preßluftstampfer 500 bis 600 Schläge minutlich vollführt. So
ist es erklärlich, daß beim Vergleich
mit der Handarbeit gerade der pneumatische Stampfer eines der leistungsfähigsten und nutzbringendsten Werkzeuge darstellt, und daß der Druckluftbetrieb in der Gießerei sich rentiert,
obschon die Werkzeuge nur zeitweise
benutzt werden!

Ein wichtiger Umstand kommt
noch hinzu, daß nämlich beim Gebrauch
der Druckluftstampfer die Stampfarbeit
immer gleichmäßig ausfällt, und nicht
wie beim Handstampfen infolge der all-
mählichen Ermüdung gegen Ende der
Arbeitsperiode hin schlechter wird. Denn
der Preßluftapparat kennt keine Er-
schlaffung, und der Schlagkolben mit der

Abb. 194.

Stampfplatte schlägt am Abend noch ebenso frisch und ebenso kräftig wie am
Morgen! — Ein Mann mit einem Preßluftstampfer leistet soviel wie 5 und
6 Leute mit Handstampfern.

Ähnlich verhält es sich beim Gußputzen. Ein tüchtiger Putzer wird im Durchschnitt nicht mehr als 50 Schläge von Hand ausführen; der Preßlufthammer vollführt ununterbrochen etwa 1500 gleichmäßig starke Schläge in der Minute. Kleinere Hämmer sogar bis zu 2500. Der Gußputzer, der von Handarbeitet, ermüdet mit dem Fortschreiten der Arbeit und läßt in seiner Leistung zum Schluß bedeutend nach. Der Preßlufthammer braucht sich nicht auszuruhen, um frische Kraft zu schöpfen, er schafft von früh bis spät unverdrossen mit gleicher Kraft und verrichtet so die Arbeit von 2 bis 3 Leuten, welches Verhältnis sich hauptsächlich bei schweren Arbeiten noch sehr zu seinen Gunsten verschiebt. Die Preßlufthämmer eignen sich ebensogut zum Bearbeiten von Gußeisen wie von Schmiedeeisen,

Abb. 195. Verputzen von Rotorsternen.
(Phot. b. A.-G. Brown, Boveri & Co., Baden.)

Flußstahl usw. Für den erstgenannten Zweck sind nicht zu schwere Hämmer zu wählen, die einen leichten Anschlag aufweisen und deren Schlagstärke

Abb. 196. Gußputzhämmer und Abklopfer in der Gießerei.

sich regulieren läßt. Daß die Meißelhämmer nicht nur in der Gußputzerei, sondern auch in der Montagewerkstätte zum Verputzen von abstehenden Kanten, von Flächen usw. höchst vorteilhaft benutzt werden können, ist bereits an anderer Stelle erwähnt worden.

Die gleichmäßige Stampfarbeit bietet eine schätzenswerte Sicherheit für das Gelingen des Gusses. Das Ausheben der Modelle geschieht leicht und ohne Beschädigungen der Form, so daß auch an Nacharbeiten gespart wird.

Ebenso praktisch wie beim Feststampfen des Formsandes erweist sich der Preßluftstampfer nach beendetem Guß zum Lockern des Materials. Zu diesem Zweck läßt sich die Stampfplatte ohne große Mühe abnehmen und durch ein spatenähnliches oder mit Zinken versehenes Werkzeug ersetzen. Des weiteren eignen sich die Stampfer zum raschen Zuschütten von Gruben, wobei wiederum beachtenswert ist, daß der Apparat gleichmäßige und kräftige Arbeit verrichtet, so daß keine weichen, nachteiligen Stellen im Sande verbleiben.

Nachdem die Preßluftstampfer gleich den Gußputzhämmern in ihrer Konstruktion und Ausführung so weit vervollkommnet worden sind, daß sie

Abb. 197. Runde und vierkantige Preßluft-Sandsiebmaschine in der Formerei.

allen Anforderungen der Praxis genügen, und nachdem inzwischen die Vorurteile der Arbeiterschaft gegen den pneumatischen Betrieb zum größten Teil fallen gelassen worden sind, läßt sich erfreulicherweise in Gießereikreisen allenthalben ein lebhaftes Interesse für die Preßluftwerkzeuge beobachten. Große Gießereien, die mit der Zeit mitgegangen sind, haben ihre Werkstätten längst in größtem Umfang auf Druckluftbetrieb eingestellt. Und unausgesetzte Erweiterungen auf diesem Gebiete lassen deutlich erkennen, daß man sich n seinen Erwartungen nicht getäuscht hat.

Wie schon mehrfach erwähnt, steigt die Rentabilität der Druckluftanlage mit dem Grade ihrer Ausnutzung. Da nun Stampfer und Gußputzhämmer nicht fortgesetzt beschäftigt werden können, so muß man danach streben, nach Möglichkeit noch andere Preßluftapparate in den Gießereibetrieb hinüberzunehmen. Da liegt denn die Anwendung von pneumatischen Sandsiebmaschinen in der Formerei sehr nahe.

Wie bei allen Preßluftwerkzeugen, so soll man auch hier wieder darauf sehen, daß man gut durchkonstruierte, neuzeitliche und betriebssichere Apparate verwendet. Siebmaschinen früherer Konstruktion, mit selbststeuerndem Kolben, haben sich nicht bewährt. Es empfiehlt sich auch für diese Apparate ein regelrechtes Steuerventil, das den Wechsel der Bewegungsrichtung des an dem Kolben befestigten Schüttelsiebes beschleunigt und so die Wirkung des letzteren beträchtlich verstärkt. Im übrigen ist die Bauart der Siebmaschinen bei allen Fabrikaten ziemlich die gleiche. Die aus dem wagerecht angeordneten Zylinder herausragende Kolbenstange trägt an ihrem Ende das Sieb, das entweder rund oder länglich-viereckig gestaltet ist und gezwungen

wird, die hin und her schwingende Bewegung des Preßluftkolbens mitzumachen. Das Sieb selbst ist — wenigstens bei den größeren und viel leistungsfähigeren vierkantigen Maschinen — leicht auswechselbar. Die normale Maschenweite beträgt 5 mm. Eine Siebmaschine mit rundem Sieb hat für gewöhnlich ein Sieb von 450 bis 500 mm Durchm., wogegen

Abb. 198. Meißelhämmer in der Sandputzerei
(Phot. b. Stahlwerk Oeking, AG., Düsseldorf),

bei den vierkantigen Maschinen ein Sieb von etwa 500 · 800 mm eingespannt ist. Damit die Maschinen, die leicht transportabel sein müssen, nicht zu schwer ausfallen, pflegt man ein hölzernes Untergestell mit 4 Füßen anzuordnen. Die runden Siebe dagegen weisen durchweg ein eisernes Dreifußgestell auf, das man durch Gewichte belastet.

Vorteilhaft ist es, wenn der ganze Steuermechanismus staubdicht eingekapselt, der Zylinder also gegen das Eindringen des in der Formerei unvermeidlichen feinen Staubes wirksam geschützt ist.

Eine pneumatische Siebmaschine hat einen minutlichen Luftverbrauch von 500 bis 600 l. Die Maschinen sind, gediegene Ausführung und zweckdienliche Konstruktion vorausgesetzt, beinahe unverwüstlich, und Reparaturen daran kommen fast nie vor. Eine Siebmaschine mit viereckigem Sieb verarbeitet bequem so viel Material, wie 2 Leute in angestrengter Arbeit hineinschaufeln!

In der Gußputzerei können sodann mit Erfolg Preßluftschleifmaschinen zum Putzen und Abgraten verwendet werden. Allerdings findet man diese

Maschinen noch nicht häufig vor. Zum Teil mag dies darauf zurückzuführen sein, daß die aus 1 oder 2 Preßluftbohrmaschinen zusammengesetzten Maschinen einen beträchtlichen Luftverbrauch aufweisen, also ziemlich unwirtschaftlich sind, wenn nicht gerade besondere Umstände oder speziell für sie geeignete Arbeiten ihre Verwendung als vorteilhaft erscheinen lassen. Die Schmirgelscheibe kann natürlich durch eine Polierscheibe ersetzt werden. Der Luftverbrauch einer Doppelmotorschleifmaschine liegt zwischen 3 und 4 cbm, was — an der Kompressorwelle gemessen — einem Kraftverbrauch von 21 bis 30 PS entspricht. Die Schleifmaschine muß im Betrieb aufgehängt werden, denn sie wiegt 25 bis 30 kg. Immerhin sind die pneumatischen Schleifmaschinen unter besonderen Verhältnissen als recht praktisch zu bezeichnen, und wenn sie einen geringeren Luftverbrauch hätten, so dürfte man ihnen weiteste Verbreitung prophezeien können, denn ihre Leistungen sind bei einer Tourenzahl von 1000 bis 1200 mit einer Schleifscheibe von etwa 250 mm Durchm. und 30 bis 35 mm Breite außerordentlich befriedigend.

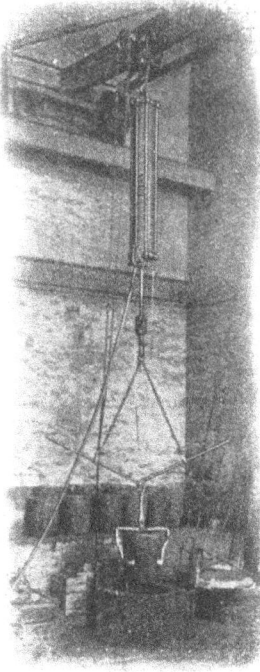

Abb. 199. Preßluft-Hebezeug in der Metallgießerei.

Von den Luftfressern, den Schleifmaschinen, kommen wir zu luftsparenden Werkzeugen, zu den pneumatischen Hebezeugen, deren Bedeutung für den Gießereibetrieb noch längst nicht genügend gewürdigt wird. Auch bei ihnen ist natürlich, wenn sie sich hierfür eignen sollen, Unempfindlichkeit gegen Staub die Hauptbedingung. Bei den modernen Zylinderhebezeugen wird diese durch sichere Abdichtung des Zylinders restlos erfüllt.

Die Drucklufthebezeuge haben einen verhältnismäßig so geringen Luftverbrauch, daß sie

Abb. 200. Stampfer in der Metallgußformerei (Stahlwerk Oeking).

sich in jede bestehende Anlage ohne weiteres mit einschalten lassen. Die

Preßlufthebezeuge, deren Betriebssicherheit besonders zu rühmen ist, und die von jedem ungeübten Tagelöhner ohne Gefahr gehandhabt werden können, arbeiten geräuschlos und vor allem stoßfrei.

Die Last, die infolge eines eingebauten Rohrbruchventils selbst bei Beschädigungen des Zuführungsschlauches gegen Herabstürzen gesichert ist, kann beim Heben und Senken an jeder beliebigen Stelle angehalten werden, was für den Gießereibetrieb von Wichtigkeit ist.

Die Hebezeuge können zum Anheben der Modelle und Formkästen, zum Ausheben von Schmelztiegeln, zum Transport von Gußstücken usw. benutzt werden. Die normale Hubhöhe liegt zwischen 1250 und 1300 mm, doch können natürlich auch längere Zylinder vorgesehen werden. Es werden

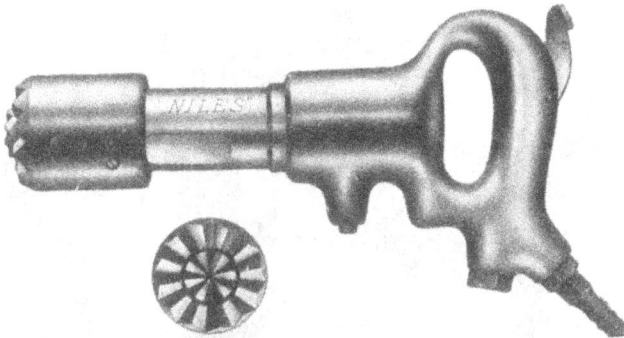

Abb. 201. Abzunderhammer.

Zylinderhebezeuge für Lasten bis zu 12000 kg Schwere gebaut. Der Luftverbrauch ist, wie schon erwähnt, sehr gering. Er beträgt beispielsweise bei einem Hebezeug von 1800 bis 2000 kg Tragkraft nur 235 l pro Hub!

Es ist eigentlich unergründlich, weshalb gerade die pneumatischen Hebezeuge nicht auch schon in Deutschland viel mehr verbreitet sind. Sind doch ihre Vorzüge offensichtlich, und es gibt keinen Grund, der gegen ihre Verwendung in diesem oder jenem industriellen Betrieb sprechen könnte. Wenn man sich daran stößt, den Hebezeugzylinder senkrecht herunterhängen zu lassen, so kann man ihn ja einfach wagerecht anordnen. Es läßt sich dann auch eine Rollenübersetzung einschalten, wodurch man die Hebekraft bis zum äußersten auszunutzen vermag!

Für leichte Abzunderarbeiten wird zuweilen der Preßluftabklopfer herangezogen. Der kleine, sehr vielseitige Apparat macht in der Minute annähernd 5000 leichte Schläge, die natürlich nicht besonders stark sind, da ja der Kolbenhub nicht größer ist als 15 mm. So wird denn eigentlich nur eine starke Vibration hervorgerufen, die aber ihren Zweck bei Arbeiten der vorgenannten Art vollkommen erfüllt.

Dem Abklopfer im Prinzip ähnlich, aber für wesentlich schwerere Arbeit, ist der Abzunderhammer. Es handelt sich hier um einen gewöhnlichen Stemmhammer, auf dessen Zylinder vorn ein Stahlkranz mit scharfen Zacken aufgesetzt worden ist. In diesem ist das eigentliche, ebenfalls radial gezahnte Schlagwerkzeug untergebracht. Dieser sehr leistungsfähige Hammer hat sich in der Hauptsache für Stahlwerke bewährt, zum Abzundern sehr großer Stücke, wie Ständer, Steven u. dgl. Beim Abzundern von Stahlguß leistet er das Vier- bis Fünffache eines normalen Preßlufthammers und ungefähr das Achtfache der Handarbeit. Die Arbeiter wollen manchmal zuerst an den Abzunderhammer nicht recht heran. In der Tat erfordert seine Handhabung etwas Übung. Hat sich aber ein Mann mit ihm eingearbeitet, so schlägt er damit Zunder bis 5 mm Stärke rasch und sauber ab.

Abb. 202. Preßlufthammer beim Ausbohren der Kernmasse.

Zum Ausbohren von Kokillen und von harten Kernen aus Gußstücken und für ähnliche Zwecke leisten Preßluftwerkzeuge vortreffliche Dienste. Der eine bevorzugt hierfür den sog. Bohrhammer mit Umsatz, wie er für Bohrungen in Gestein verwandt wird, ein anderer hingegen schwört auf den Abbau- oder Pickhammer, der in Konstruktion und Ausführung einem normalen, schweren Stemmhammer entspricht und sich von ihm für gewöhnlich nur dadurch unterscheidet, daß vorn am Zylinderende eine Überwurfkappe angebracht ist, zuweilen auch eine Spiralfeder, die den langen Pickmeißel festhält.

Beide Werkzeuge haben sich für den genannten Zweck gut bewährt. Der Abbauhammer ist mehr für leichtere Arbeiten bestimmt; besonders wenn die Kerne mit vielen Eisenstäben durchsetzt sind. Man nimmt dann vorn angespitzte Meißel von 300, 500, auch 750 mm Länge, es haben sich aber auch für den Abbauhammer Kronenvollbohrer von entsprechender Länge bewährt, die einmal als Flachmeißel angeschärft, das andere Mal mit Vierkantspitze versehen werden.

In manchen Stahlgießereien greift man auch, zumal wenn besonders festgebrannte Kerne zu entfernen sind, zu einem Preßluftniethammer mit runder oder sechseckiger Buchse und entsprechend starkem Meißelwerkzeug, und zwar bohrt man zunächst mit dem Bohrhammer eine Anzahl Löcher möglichst dicht beieinander, um hernach mit dem erwähnten schweren Hammer das Stehengebliebene wegzustemmen.

Das Entfernen festgebrannter Kerne von Hand ist zumeist eine recht zeitraubende und unbequeme Arbeit, die dagegen mit Preßlufthämmern leicht und rasch zu bewältigen ist. Deshalb ist es wohl zu verstehen, daß sich die Preßlufthämmer auch für diesen Zweck immer mehr einführen. Ihre Leistungsfähigkeit läßt sich beispielsweise daran erkennen, daß das Ausstemmen eines harten Kerns von 1500 mm Länge und 300 mm Durchm. nur durchschnittlich 15 Minuten in Anspruch nimmt.

Zu erwähnen wäre schließlich noch das Auseinandersprengen von Schlakkenblöcken mit dem Abbauhammer. In etwa 10 Minuten kann 1 Mann einen Schlackenkuchen von 3 cbm sprengen. Bei heißen, innen womöglich noch flüssigen Kuchen ist das Sprengverfahren mit dem Preßlufthammer allerdings nicht vorteilhaft. Erstens kann man immer nur einen Mann daran arbeiten lassen, weil es vorkommt, daß beim Bersten noch flüssige Masse herumspritzt, und da der Augenblick des Zerspringens nicht genau vorausgesehen werden kann, so würde ein zweiter, an demselben Kuchen arbeitender Mann leicht gefährdet sein. Auch werden die Meißel bald stumpf.

Bei abgekühlten Schlackenblöcken genügt es, 3 bis 4 Löcher in ziemlich großem Abstand voneinander herzustellen, um den ganzen Block zu sprengen.

In Eisen- und Stahlgießereien gibt es also, alles zusammengefaßt, eine ganze Menge Arbeit für die Preßluftwerkzeuge, und infolge der Vielseitigkeit und Leistungsfähigkeit derselben muß sich der Druckluftbetrieb unter nur einigermaßen ansprechenden Verhältnissen unbedingt rentieren. Die nachstehende Rentabilitätsberechnung kann nur ein ungefähres Bild abgeben, das je nach den örtlichen Umständen zu vervollständigen und zu ergänzen ist.

Als Grundpreise sind hierbei angenommen:

1 KW = 12 Pf. in der Stunde, oder
1 PS = 9 Pf., abgerundet auf 10 Pf.

Durchschnittsstundenlohn: 0,50 M.

Die Kompressoranlage betreibt 5 Stampfer und 10 Hämmer.

Betriebskosten des Kompressors 0,10 · 28 · 10, pro Tag .	28,— M.
Kühlwasserverbrauch, 3 l pro cbm, 0,003 · 4 · 60 · 10 = 7,2 cbm, 7,2 · 0,20	1,44 »
Putz- und Schmiermaterial usw.	0,80 »
Verbrauch an Meißeln usw.	2,— »
Instandhaltung bzw. Bedienung	5,— »
Tägliche Betriebskosten	37,24 M.
Abgerundet auf	37,25 M.

Anschaffungskosten der Anlage:

Kompressor von 4 bis 6 cbm Leistung.	3510,— M.
Windkessel von 6 cbm Inhalt	730,— »
Rohrleitung, normal	1395,— »
Montage	420,— »
Fundamente	100,— »
6 große Stampfer, à 214,— M.	1284,— »
10 Meißelhämmer, à 178,40 M.	1784,— »
(Alles »Friedenspreise«!)	9223,— M.
Verzinsung zu 5%	461,— »
Amortisation der Fundamente, Rohrleitung und Maschinen usw., zu 10% angenommen	615,50 »
Amortisation der Preßluftwerkzeuge, zu 30% angesetzt .	920,40 »
in Summa	1996,90 M.
Abgerundet auf	2000,— »

Rentabilitätsberechnung für 240 Arbeitstage:

6 Leute für die Stampfer, 10 Std., 1 Mann 5 M.	30,— M.
10 Leute für die Hämmer, 1 Mann 5 M.	50,— ».
Gesamtlöhne für Stampfer und Putzer usw. pro Tag . .	80,— M.
Summe dieser Löhne pro Jahr	19200,— M.
Betriebskosten pro Jahr	8940,— »
Verzinsung und Abschreibung	2000,— »
	30140,— M.

Gegenüberstellung der Kosten beim Handbetrieb:

Die Leistungen beim Handbetrieb stehen beim Stampfen gegenüber dem Preßluftbetrieb wie 1 : 4, beim Meißeln und Gußputzen wie 1 : 2,5.

An Lohn wäre demnach bei gleicher Leistung beim Handbetrieb zu zahlen:

Für Stampfen 4 · 6 · 5	120,— M.
Für das Meißeln und Gußputzen 2,5 · 10 · 5	125,— »
Gesamtlöhne für Stampfer und Putzer usw. pro Tag . .	245,— M.
Summe dieser Löhne pro Jahr . . . . 58800,— M.	
Löhne beim Preßluftbetrieb . . . . . . 19200,— »	
Handarbeitskosten pro Jahr	58800,— M.
Gesamtkosten des Preßluftbetriebes pro Jahr	30140,— »
Differenz	28660,— M.

Die Kostenverminderung beim Preßluftbetrieb beträgt mithin für 240 Arbeitstage 28660 M.

Die Anschaffungskosten stellten sich auf 9223 M.

Auch dieser Berechnung sind natürlich »Friedenspreise« zugrunde gelegt worden, aber wie sich die Verhältnisse auch ändern mögen, die Ersparnis durch den Preßluftbetrieb wird nicht ungünstiger, sondern eher noch vorteilhafter werden, wenngleich die Anschaffungskosten der pneumatischen Anlage eine Steigerung erfahren.

Unberücksichtigt in obiger Berechnung sind sodann noch verschiedene nutzbringende, durch Preßluft zu betätigende Maschinen und Vorrichtungen, von denen zunächst die Formmaschinen zu nennen sind. Eine moderne »Universalrüttelformmaschine« besteht im wesentlichen aus einer Grundplatte, einem Mittelzylinder mit Kolben, der auf letzterem befestigten Rüttelplatte, zwei Schlagpfosten, einer Wendeplatte, welche in zwei seitlichen Stützen drehbar gelagert ist, und der Steuerung. Die Rüttelplatte ruht auf den Schlagpfosten und trägt die Wendeplatte. Die erwähnten beiden Seitenträger, in denen die Wendeplatte drehbar gelagert ist, sind als Zylinder aufzufassen, in denen sich auf- und abwärts bewegbare Rundstangen mit Lagern und Lagerbolzen befinden. Dazu gehört eine Mitnehmervorrichtung für die Rundstangen und eine Horizontalstellvorrichtung für die Wendeplatte.

Abb. 203. Preßluft-Vibrator.

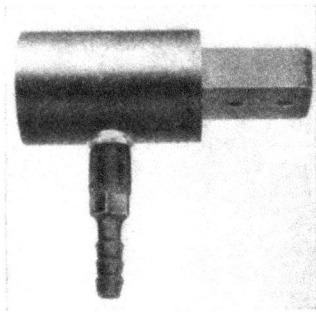

Abb. 204. Preßluft-Vibrator
(Deutsche Niles-Werke).

Das Heben und Senken, wie auch das Rütteln wird vom Mittelzylinder aus mittels der Steuerung bewirkt. Wagen und Gleise dienen zur Aufnahme der fertigen Form und zum Herausfahren derselben aus der Maschine. Wenn nach dem Wendeverfahren geformt werden soll, wird die Modellplatte mit dem betreffenden Modell auf die Wendeplatte geschraubt. Der Formkasten wird auf der Modellplatte befestigt. Nachdem der Modellsand eingesiebt ist, füllt man den Formkasten bis obenhin mit Füllsand; damit man nicht nachzufüllen hat, kann ein Holzrahmen auf den Kasten gelegt werden, der ein Höherfüllen mit Sand um etwa $\frac{1}{4}$ der Formkastenhöhe gestattet. — Dann wird die Steuerung auf Rütteln gestellt. — Nach etwa 50 bis 100 Schlägen, je nach Fallhöhe und Formmaterial $\frac{1}{4}$ bis $\frac{1}{2}$ Minute Rüttelzeit, ist der Kasten eingerüttelt. Man stampft mit einigen Stößen eines Plattstampfers die oberste etwas lose Sandschicht fest. Darauf wird die Wendeplatte mit Kasten gehoben und durch eine Befestigungsvorrichtung in dieser Hochstellung festgehalten. Die Rüttelplatte indessen geht abwärts, und nun kann die Wendeplatte mit Formkasten gewendet werden. Der Wagen wird unter den Kasten gefahren und gegen den hängenden Formkasten gehoben, darauf der letztere von der Modellplatte gelöst und auf dem Wagen ruhend durch Abwärtssenken vom Modell befreit. Der Wagen steht wieder im Geleise und wird aus der Maschine mit der Form herausgefahren. Um das Formen von neuem beginnen zu können, wird durch Zurückschwenken und Senkung der Wendeplatte erst wieder Grundstellung herbeigeführt.

Soll nach dem Durchzugsverfahren gearbeitet werden, so ist die Wendeplatte zu entfernen, und es werden auf die seitlichen Rundstangen besonders mit der Maschine gelieferte Kastenfangvorrichtungen aufgesetzt. Die Modellplatte wird auf der Rüttelplatte befestigt, alsdann die Durchzugsplatte bzw. Abstreifkamm darauf gelegt und nach erfolgtem Aufsetzen des Formkastens die Form eingerüttelt, wie zuvor beim Wendeformen geschildert. Ein einfaches Hochgehen und Wiedersenken des Mittelkolbens bewirkt die Befreiung der Form vom Modell, da die über die Modellplatte links und rechts wenig überstehende Durchzugsplatte von der Fangvorrichtung beim Senken erfaßt und samt Formkasten oben festgehalten wird, während Modellplatte mit dem Modell nach unten frei durchgeht. Der Kasten wird je nach Gewicht von Hand oder mittels Kran abgehoben.

Zu erwähnen wären schließlich noch die sog. Vibratoren, die an die Formkastenwände angeschraubt werden. Sie arbeiten wie die Abklopfer. Man trifft sie aber recht selten an.

Sandstrahlgebläse.

Zu den mit Druckluft arbeitenden Werkzeugen und Apparaten, die immer weitere Industriekreise sich erobern, gehören auch die Strahlgebläse, welche vorwiegend zum Putzen von Gußstücken jeglicher Art sowie zum Entsanden von Blechen, Walzeisen u. dgl. ; ferner zum Mattieren und Gravieren von Glas Verwendung finden.

Abb. 205.
Sandstrahlapparat.

Abb. 206. Putzhaus in Holzkonstruktion
ohne Sandbecherwerk.

Das Sandstrahlgebläse ermöglicht eine so gründliche Reinigung selbst bei starken Vertiefungen und Profilunterscheidungen, wie sie von Hand nicht erreicht wird. Bei entsprechender Behandlung läßt sich von den Gußstücken sogar die harte Gußhaut entfernen, wodurch bei der weiteren Bearbeitung die Schneidwerkzeuge erheblich geschont werden. Gegenstände, die später einen Email- oder Metallüberzug erhalten sollen, können durch Sandstrahlgebläse vollständig dekapiert werden, so daß eine Behandlung mit Säuren nicht nötig ist.

Der Sandstrahl wird durch ein Gemisch von Sand und Preßluft gebildet. Je nach der Art, wie der Sand der Luft beigemischt wird, unterscheidet man drei Systeme.

1. Das Saugsystem, bei welchem der benötigte Sand durch den Luftstrom injektorartig angesaugt wird, zeichnet sich durch große Einfachheit aus.
2. Bei dem Schwerkraftsystem gelangt der benötigte Sand durch die
Schwerkraft in die Mischdüse und vereinigt sich erst kurz vor dem
Austritt mit der Luft, wodurch eine hohe Putzleistung und ein geringer
Verschleiß der sandführenden Teile erreicht wird.
3. Bei dem Drucksystem mischen sich Sand und Luft in einem besonderen Apparat unter Druck. Mit diesem System lassen sich sehr
hohe Leistungen erreichen, jedoch treten auch erhebliche Abnutzungen
der sandführenden Rohrleitungen ein.

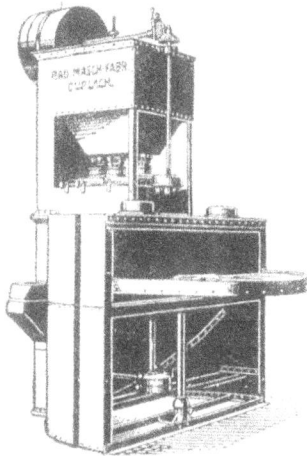

Abb. 207. Sandstrahlgebläse
mit Drehtisch.

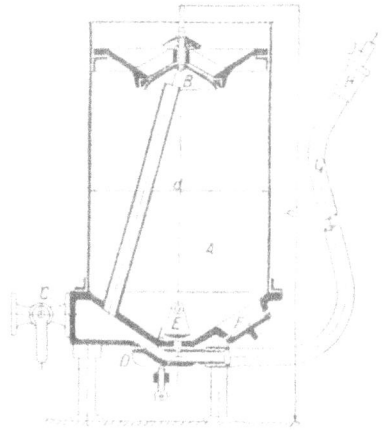

Abb. 208. Schnitt durch ein
Druck-Freistrahlgebläse.

Unter weitgehendster Anpassung an den jeweiligen Verwendungszweck
werden alle drei Systeme verwendet, und zwar
1. das Saugsystem für kleine, einfache und billige Apparate,
2. das Schwerkraftsystem an allen mechanisch bewegten Apparaten,
welche den Anbau eines Sandbecherwerkes zum Rücktransport des
gebrauchten Sandes zulassen,
3. das Drucksystem bei Freistrahlgebläsen, da bei denselben die der
Abnutzung unterworfenen Teile einfach und leicht zugänglich ausgeführt werden können.
Die Gebläse lassen sich vorteilhaft verwenden zum Bearbeiten von
Stahlguß, Temperguß, Metallguß, Maschinenguß, Kunstguß, Grauguß,
Eisenguß usw. sowie von Stahlwaren, Werkzeugen, Spiralbohrern, Feilen,
Rohren, Blechen, Geschossen usw. In Verbindung mit fahrbaren Kompressoren
können sie außerdem zum Reinigen von Schiffswänden, Brücken und Eisen-
konstruktionen sowie Häuserfassaden benutzt werden. Ob man den Sand-

strahl zum Abblasen, Entzundern, Putzen resp. Entsanden oder zum Mattieren, Schärfen und Abschleifen gebraucht, man kann in allen Fällen eine höchst befriedigende Leistung feststellen. Es ist unmöglich, die mannigfachen Ausführungsarten der Gebläse an dieser Stelle zu besprechen. Es gibt Freistrahlgebläse für große Arbeitsstücke und weiter Gebläse in Verbindung mit umlaufenden Trommeln, Drehtischen, Sprossentischen usw. Als gebräuchlichste Gußputzmaschinen können die Gebläse mit Drehtisch bezeichnet werden, die für alle Arten Maschinen- und Handelsguß geeignet sind. Die Bedienung einer solchen Anlage beschränkt sich darauf, den zu putzenden Guß auf die Tisch-

platte, welche langsam rotiert, zu legen, die Stücke, nachdem sie den Sandstrahl einmal passiert haben, umzuwenden und sie nach dem zweiten Durchgang vollkommen gereinigt abzunehmen.

Die Wirkungsweise eines nach dem Drucksystem arbeitenden Freistrahlgebläses, hergestellt von der Badischen Maschinenfabrik in Durlach, veranschaulicht Abb. 208. Durch das Ventil *B* gelangt

Abb. 209. Putzkammern für Frei-Sandstrahlgebläse.

derSand in den Raum *A*. Wird der Lufthahn *C* geöffnet, so schließt der Luftdruck das Ventil *B* selbsttätig ab, und die Preßluft strömt daraufhin in die Mischkammer *D*. Hier mischt sie sich nach Öffnen des Sandregulierhahns *E* mit dem einströmenden Sand und bewegt sich mit dem Gemisch durch den Schlauch *G* und das Strahlrohr *H* in die eigentliche Blasdüse *J*, die leicht auswechselbar ist.

Die sog. Freistrahlgebläse können als Universal-Sandstrahlapparate angesprochen werden, denn es lassen sich damit alle vorkommenden Arbeiten ausführen. Hauptsächlich finden dieselben zur Bearbeitung großer Werkstücke, Eisenkonstruktionen u. dgl. Verwendung, bei denen eine Sandstrahlbehandlung mittels eines mechanisch arbeitenden Apparates unmöglich ist. In Eisen- und Stahlgießereien benutzt man die Freistrahlgebläse meistens in Verbindung mit Putzkammern entsprechend der Abb. 209, um den verbrauchten Sand zurückzugewinnen und eine staubfreie Arbeitsweise zu ermöglichen.

Ein neues Anwendungsgebiet für die Druckfreistrahlgebläse hat die Badische Maschinenfabrik den Sandstrahlgebläsen erschlossen, nämlich die Kesselreinigung! Mit dem Sandstrahl läßt sich in kürzester Zeit eine metallisch reine Kesseloberfläche erzielen, auch dann, wenn der Kesselsteinansatz bereits ziemlich stark und sehr fest ist. Durch Verwendung eines besonders ge-

formten Blasmundstückes (Doppeldüse) kann auch das Innere der Siederohre (s. Abb. 210) schnell und vollkommen von Kessel- stein befreit werden.

Es genügt hierzu ein Betriebsdruck von 1,5 bis 2 Atm. Unter den heu- tigen Verhältnissen ist es weniger empfehlenswert, beim Vorhandensein einer Druckluftanlage für 6 bis 7 Atm. diesen Betriebs- druck unter Verwendung eines Reduzierventils zu

Abb 210. Entfernung des Kesselsteins aus Siederöhren mittels Sandstrahldüse.

benutzen. Vielmehr ist es aus wirtschaftlichen Gründen richtiger, für das Sandstrahlgebläse eine besondere kleine Kompressoranlage zu beschaffen und diese fahrbar zu machen, um sie an den verschiedenen Gebrauchsstellen inner- halb der Fabrik benutzen zu können.

Die Sandstrahldüsen haben mit Rück- sicht darauf, daß der Luftstrom ununter- brochen ausströmt, einen ziemlich großen Luftverbrauch. Beim Kesselreinigen z. B. muß man pro 1 Düse mit 7 bis 8 mm l. W. und bei 2 Atm. Druck mit einem minut- lichen Luftverbrauch von ca. 1,5 cbm rechnen. Dafür kann man aber auch mit dieser Sandstrahldüse 4 bis 6 qm Kessel- heizfläche in der Stunde reinigen. Beim Abblasen von Ruß und Flugasche usw. läßt sich eine bedeutend größere Leistung erzielen. Die Kosten der Reinigung eines Dampfkessels mittels Sandstrahl stellen sich kaum halb so hoch wie bei Hand- arbeit, dabei wird der Kessel aber viel sauberer und vor allen Dingen auch wesent- lich mehr geschont als beim Abklopfen.

Abb. 211. Rohrreinigung mittels Sandstrahlgebläse.

Die Abb. 205 veranschaulicht einen nach dem Saugsystem wirkenden Sandstrahlapparat in einfachster Bauart. Die übrigen z. T. abgebildeten Sandstrahlmaschinen (Rotationstrommel,

Drehtisch, Sprossentisch, Blech- und Walzeisen-Entzunderungsapparat) arbeiten nach dem sog. Schwerkraftsystem, welches durch zweckentsprechende Anwendung und bei vollkommener Bauart die brauchbarsten Sandstrahlapparate ergibt.

Die Sandstrahlgebläse haben genau wie die übrigen schon behandelten Preßluftwerkzeuge eine außerordentliche Lohnersparnis gegenüber der Handarbeit im Gefolge, sie verbessern außerdem die Qualität der mit ihnen verrichteten Arbeit. Sie arbeiten nicht wie die Metall- und Steinbearbeitungswerkzeuge usw. mit 6 bis 7 Atm. Betriebsdruck, sondern sie sind meistens für einen Arbeitsdruck bis 3 Atm. konstruiert. Zur Bearbeitung von Glasgegenständen genügt schon ein Druck von etwa 0,2, und im allgemeinen muß der Betriebsdruck jeweilig den Werk-

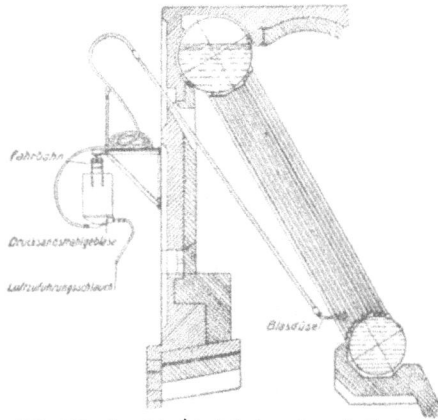

Abb. 212. Sandstrahlreinigung eines Steilrohrkessels von Flugasche während des Betriebes.

stücken sowie dem Zweck der Sandstrahlbehandlung angepaßt werden. Angebrannte Stahlgußstücke können z. B. nur bei einem Druck von etwa 3 Atm. vorteilhaft geputzt werden. Es ist sehr wichtig, daß mit ganz trockenem Sand gearbeitet wird, und diese Bedingung erfordert wiederum die Zuleitung möglichst trockener Luft, denn sobald sich Öl und Kondenswasser in dem Sand- und Luftgemisch ausscheidet, treten leicht Verstopfungen oder Betriebsstörungen ein.

Es ist ratsam, die Kompressoranlage möglichst nahe dem Sandstrahlgebläse aufzustellen, um lange Rohrleitungen und Druckverluste zu vermeiden. Schon bei den Anlagen zum Betriebe von Metallbearbeitungswerkzeugen usw. wurde darauf hingewiesen, daß es vorteilhaft ist, einen möglichst großen Druckluftkessel recht kühl aufzustellen; und dies gilt auch für die Sandstrahlgebläse. Auch empfiehlt sich bei langen Leitungen die Anbringung eines Öl- und Wasserabscheiders.

Abb. 213. Freistrahlgebläse.

Kessel- und Siederohrreinigung mit Preßluftwerkzeugen.

Das Festsetzen des Kesselsteins in den Rohren und an den Kesselwänden ist vergleichbar mit dem Auftreten von hartnäckigen und gefährlichen Parasiten, die allen Abwehrmitteln , welche der Menschengeist schon ersonnen, Trotz bieten. Der Kesselstein macht sich je nach der Beschaffenheit des Wassers mehr oder weniger unangenehm bemerkbar und behauptet seinen Platz, bis man ihm — der Not gehorchend, nicht dem eigenen Triebe — endlich energisch zu Leibe geht.

Es ist bekannt, daß der Kesselsteinansatz infolge der schlechten Wärmeleitung die Verdampfung des Wassers beeinträchtigt und dadurch den Bedarf an Heizmaterialien steigert. Nach statistischen Feststellungen kann bei einer Kesselsteinstärke von 1 mm schon mit einem Mehrverbrauch von 15%, bei 6 mm Stärke mit etwa 40% gerechnet werden. Ist der Kesselstein auf eine Stärke von 12,5 mm angewachsen, so beträgt der Mehrverbrauch an Feuerungsmaterial unter Umständen 150%. Dies ist nicht erstaunlich, wenn man bedenkt, daß sich die Wärmeleitfähigkeit des Kesselsteins zum Eisen wie 1 : 37 verhält, d. h. man kann gerade so schnell eine 37 mm starke Eisenplatte durchwärmen, wie 1 mm Kesselstein.

Aber nicht allein in wirtschaftlicher Hinsicht ist der Kesselstein von Schaden. Er bildet auch eine Gefahr für den Kessel und bewirkt womöglich das Durchbrennen der Rohre. Zum mindesten kann man sich auf kostspielige Reparaturarbeiten gefaßt machen. Angesichts der Gefahren, die eine übermäßige Kesselsteinbildung heraufbeschwören kann, sind Gesetze geschaffen worden, die — ausnahmsweise — zu keinem Widerspruch herausfordern, sondern von den beteiligten Kreisen, schon im eigensten Interesse, respektiert werden.

Chemische Beimengungen zum Speisewasser vermögen die Plage etwas zu lindern. Aber wenn diese Mittel wirksam sein sollen, so werden sie für gewöhnlich im Laufe der Zeit so kostspielig, daß man doch lieber wieder zu dem ältesten Mittel, der periodischen, gewaltsamen Entfernung des Kesselsteins zurückkehrt. Auch der Einbau von Wasserreinigungsapparaten sowie konstruktive Eigenheiten im Bau der Kessel und ähnliche technische Errungenschaften und Versuche auf diesem Gebiete haben nicht den gewünschten Erfolg gehabt. Nach wie vor zeigt sich der Kesselstein als ein schlimmer

Feind des wirtschaftlichen Fortschritts. Und wenn man die Summen zu-
sammenrechnet, die die Industrie laufend, gewissermaßen als Tribut, zur
Bekämpfung des Kesselsteins verausgabt, so kann man die Anstrengungen,
wohl begreifen, die von allen Seiten gemacht werden, um dem Übel zu steuern.

Die älteste Art, den Kesselstein zu entfernen, nämlich das Loshämmern,
Abschaben u. dgl. auf mechanischem Wege, hat sich bis auf die heutige Zeit
erhalten und am besten bewährt. Allerdings ist die Arbeit mühsam, lang-
wierig und daher recht kostspielig, wenn man sie mit Handwerkzeugen, mit
Hammer und Meißel, Rohrketten, sog. Hechtköpfen und ähnlichen primitiv
gearteten Hilfsmitteln ausführt. Man bedient sich deshalb seit einiger Zeit
mit bestem Erfolg der mannigfaltigen Reinigungsapparate, die mit Elektrizität,
Preß- resp. Leitungswasser oder Druckluft betätigt werden. Hydraulische
und elektrische Apparate sind fast ausschließlich für Rohrreinigungszwecke
gebaut, während die sog. Kesselsteinabklopfer für Kesselwände meist durch
Preßluft angetrieben werden.

Der Preßluftabklopfer repräsentiert in Bauart und Wirkungsweise
eines der ersten pneumatischen Werkzeuge überhaupt. Er hat sich in seiner
ursprünglichen Form wenig verändert und ist zu vielen Tausenden im Gebrauch.

Der kurze, sich selbst steuernde Schlagkolben macht minutlich etwa
5000 Schläge. Dank der einfachen und soliden Konstruktion sind Betriebsstörungen so gut wie ausgeschlossen und Reparaturen höchst selten. Allerdings nutzt sich der gezahnte Kolben ziemlich rasch ab, doch kann er mehrmals geschärft und schließlich mit geringer Mühe und wenig Kosten ausgewechselt werden. Alle übrigen Teile des Abklopfers hingegen sind nahezu
unverwüstlich.

Wer vor Enttäuschungen bewahrt sein will, muß allerdings darauf achten,
daß der Abklopfer, den er erwirbt, hinsichtlich Material und Ausführung auch
wirklich erstklassig ist! Gerade weil der Abklopfer aus wenigen Teilen besteht, die an und für sich nicht schwierig herzustellen sind, und weil der Bedarf
in diesen Apparaten groß ist, hat sich schon so manche kleine Schlosser-
werkstätte bewogen gefühlt, Kesselsteinklopfer zu fabrizieren und zu niedrigen
Preisen auf den Markt zu bringen. Natürlich ist das Geld für einen solchen
in den meisten Fällen weggeworfen, denn der aus billigem Material mit primitiven Mitteln hergestellte Apparat nutzt sich rasch ab, bleibt mitten in der
Arbeit stecken und bildet eine nie versiegende Quelle des Ärgernisses. Auch der
Preßluftabklopfer muß, wenn er seinen Zweck in vollkommener Weise erfüllen und wirklich befriedigen soll, wie alle anderen pneumatischen Werkzeuge
in allen seinen Teilen aus den denkbar besten Rohstoffen unter Benutzung
von Toleranzkalibern mit größter Präzision hergestellt werden, denn bei
der hohen Schlagzahl werden die arbeitenden Teile stark beansprucht.

Es ist bei dem geringen Hub erklärlich, daß die eigentliche Schlagstärke
des Abklopfers nicht groß sein kann. Der Rückschlag ist relativ schwach und
wird obendrein meist durch eine Feder nahezu aufgehoben. Deshalb arbeiten
die Leute gern mit dem Apparat. Die erstaunliche Wirkung wird durch die in-

folge der hohen Schlagzahl auftretende Vibration hervorgerufen. Von einer Beschädigung der Kesselwände kann keine Rede sein. Auch Ausbeulungen können bei richtiger Handhabung des Abklopfers niemals auftreten.

Um an schlecht zugänglichen Stellen mit dem Abklopfer arbeiten zu können, ist es angängig, den normalen Schlagkolben gegen einen längeren auszuwechseln. Bei einigen Modellen kann man die sog. Armierung, einen unten auf den Zylinder aufgeschraubten Zahnkranz, gegen eine gewölbte austauschen, um die Vertiefungen der Wellrohre an Dampfkesseln vorteilhaft bearbeiten zu können.

Es hat sich als praktisch erwiesen, die Abklopfer an der Führungsstange, welche bald gerade, bald gewölbt ausgeführt wird, mit einem regelrechten Lufteinlaßventil, d. h. einem Hahnkonus, zu versehen, der einen sanften Anschlag und ferner eine zuverlässige Regulierung der Schlagzahl und Schlagstärke auch dem ungeübten Arbeiter ermöglicht.

Abb. 214. Abklopfer für Wellrohre (mit gewölbtem Unterteil).

Ein guter Abklopfer hat einen minutlichen Luftverbrauch von etwa 180 l, und da er noch bei 4 Atm. Überdruck befriedigend arbeitet, so kann man zum Betriebe von Abklopfern, falls noch keine Druckluftanlage vorhanden, getrost zu billigen einstufigen Luftkompressoren greifen. Ein solcher von ½ cbm Minutenleistung mit 5 PS Kraftbedarf ist zum gleichzeitigen Betriebe von 2 Abklopfern ausreichend.

Um ein ungefähres Bild von der Rentabilität einer solchen Anlage zu erhalten, betrachte man das folgende, der Praxis aus der Friedenszeit entnommene Beispiel: Zur Reinigung eines Cornwallkessels von etwa 9 m Länge und 1,8 m Durchmesser gebrauchten bei Handarbeit 8 Arbeiter durchschnittlich 6 Tage. Der Kesselstein war 9 bis 10 mm stark. Die Leute erhielten einen Stundenlohn von 75 Pf., pro neunstündiger Arbeitszeit mithin zusammen 54 M., gleich insgesamt 324 M. für die vollständige Reinigung des Kessels. Dieselbe Arbeit wurde sodann von 4 Arbeitern, von denen zwei mit Preßluftabklopfern hantierten, während die beiden anderen noch mit Handwerkzeugen nachhalfen, in 3 Tagen bewältigt. Die Löhne betrugen in diesem Falle 27 M. pro Tag, für die vollständige Kesselreinigung also 81 M., was einer Lohnersparnis von 243 M. entspricht. Von den riesigen Vorteilen ganz zu schweigen, die durch die Möglichkeit einer früheren Inbetriebnahme des Kessels entstehen.

Vielfach läßt man die Kesselreinigung durch ein Institut ausführen. In diesem Falle würde naturgemäß dessen Verdienst zu den oben genannten Beträgen hinzuzuschlagen sein. Es bedarf keiner tiefgründigen Berechnung, um zu der Überzeugung zu gelangen, daß sich das pneumatische Arbeitsverfahren zur Reinigung von Kesseln in hohem Maße rentiert, und daß sich

nötigenfalls sogar eine kleine Spezialanlage für diesen Zweck in verhältnismäßig kurzer Zeit bezahlt macht.

Brauereien, chemische Fabriken, Spinnereien,
Elektrizitätswerke und Kraftwerke aller Art und
aller Industriezweige, die sonst nichts mit Preßluftwerkzeugen zu tun haben, sollten deshalb dem
Preßluftabklopfer noch mehr als bisher ihre Aufmerksamkeit zuwenden.

Nun ist ja der Kesselstein allerorten verschieden in der Zusammensetzung und in der
Stärke. Und es ist nicht abzuleugnen, daß in
manchen Fällen die Vibrationskraft des Abklopfers nicht ausreicht, um den Stein zum Abbröckeln
zu bringen. Dann muß man eben zum Preßluft-
stemmhammer greifen, von dem zur Entfernung
von Kesselstein ein Spezialmodell existiert, zu
dem man einen Meißel mit besonders breiter
Schneide verwendet. Unerläßlich notwendig ist
bei diesem Hammer eine wirksame Reguliervorrichtung für die Schlagstärke. Der Lufthammer
entfaltet natürlich eine ganz andere Kraft als
der Abklopfer, und der Arbeiter muß hier schon
ein wenig aufpassen. Dafür leistet aber der
Hammer hervorragende Dienste, namentlich
wenn es sich um große Flächen handelt. Sein
Luftverbrauch ist nur wenig größer als der des
Abklopfers.

Zur Entfernung des Kesselansatzes aus Röhren
gibt es Apparate mannigfacher Art, die mit Wasser
betrieben oder durch Elektrizität betätigt werden.
In der Regel besitzen sie drei oder vier Arme mit
am Ende angesetzten, leicht beweglichen Rädchen.
Der Kopf wird dann durch eine biegsame Welle
oder turbinenartig in drehende Bewegung gesetzt,
worauf die Arme mit den Rädchen nach außen
geschleudert werden, d. h. an die Rohrwand anschlagen. Diese Apparate haben sich im großen
und ganzen gut bewährt. Es gibt auch durch
Druckluft betriebene Rohrreiniger, deren Kopf,
außen mit Messern versehen, in gleicher Weise in

Abb. 215. Preßluft-Rohrreiniger.

Drehung gebracht wird. Doch haben sich dieselben,
fast ausnahmslos amerikanischen Ursprungs, nicht viel einführen können.

Bekannter ist der Preßluftrohrreiniger, bei dem durch zweckmäßige
Steuerung des Kolbens ein am Kopf sich befindlicher scharfkantiger Klöppel

in rascher Folge gegen die Rohrwand geschleudert wird. Ein solcher Apparat kann auch benutzt werden, wenn Kesselsteinansatz von der Außenwand der Rohre entfernt werden soll. Für diesen Zweck wird der scharfkantige Klöppel durch einen abgerundeten ersetzt.

Es ist erklärlich, daß die Schlagwirkung nicht sonderlich kräftig sein kann, und deshalb ist ein Rohrreiniger dieser Bauart auch nur zu empfehlen für leichten Kesselsteinansatz und vor allem für Rohre von nicht zu großem Durchmesser; vielleicht bis 75 mm Durchm.

Für größere Rohre mit stärkerem Kesselsteinansatz kommen Preßluftrohrreiniger in Betracht, die — ganz ähnlich dem schon beschriebenen Abklopfer — einen selbststeuernden Kolben besitzen, der freischwingend am Ende des zur Führung im Rohr dienenden zylindrischen Körpers angeordnet ist und nicht nur, wie beim Abklopfer, nach einer Richtung hin, sondern nach oben und unten hin wirkt. Beide Enden des Kolbens sind deshalb gezahnt. Wenn dieser Abklopfer gleichmäßig in dem Rohr gedreht wird, so werden alle Stellen des Rohres getroffen, und es wird eine sehr befriedigende Leistung erzielt. Es muß nur darauf geachtet werden, daß die Länge des Schlagkolbens im richtigen Verhältnis zu dem Rohrdurchmesser steht. Ist der Kolben zu kurz, so kann er natürlich nur in unvollkommenem Maße den Kesselstein angreifen. Und ist er zu lang, so wird der Hub nicht ausgenutzt und Schlagzahl wie Schlagstärke sind zu niedrig. In beiden Fällen wird der Apparat den Erwartungen nicht entsprechen. Also ist es unbedingt notwendig, den Rohrreiniger dem Rohrdurchmesser gut anzupassen und eventuell Schlagkolben verschiedener Länge vorrätig zu halten. Ebenso wichtig ist es, den oben erwähnten zylindrischen Körper, der zur Führung des Apparates im Rohr dient, dem Rohrdurchmesser anzupassen. Im anderen Falle würde die Doppelwirkung des nach oben und unten ausschlagenden Kolbens illusorisch sein. Rohrreiniger dieser Bauart haben sich für Rohre von 80 mm aufwärts bis 130 mm Durchm. gut bewährt. Dabei ist es vorteilhaft, daß man ein und denselben Apparat für verschiedene Rohrdurchmesser gebrauchen kann, indem man den zylindrischen Körper durch Auflegen von Ringen oder durch übergeschobene Muffen nach Bedarf vergrößert oder verkleinert. Man darf aber nicht vergessen, auch den Schlagkolben entsprechend lang zu halten.

Die Wirkungsweise des Rohrreinigers ist im allgemeinen der des Preßluftklopfers gleich, so daß es sich erübrigen dürfte, des näheren darauf zu sprechen zu kommen. Die Handhabung ist ganz einfach. Der Hahnkonus, der auch hier wieder einem einfachen Lufthahn entschieden vorzuziehen ist, muß bei der Inbetriebsetzung allmählich geöffnet werden, und zwar nicht eher, bevor nicht der Apparat mit dem zylindrischen Körper schon Führung im Rohr genommen hat. Um den Rohrreiniger in das Rohr einführen zu können, muß man naturgemäß zuvor ein kleines Stück des letzteren erst einmal von Kesselstein säubern. Hernach muß der Rohrreiniger gleichmäßig im Rohr gedreht werden. Der Rohrreiniger kann sowohl für Wasserrohre als auch für Feuerrohre verwendet werden. Bei mit Wasserstein besetzten Rohren müssen stumpfe, abgerundete Kolben anstatt der gezahnten genommen werden. Wenn dann die Rohre vorher ausgeglüht werden, so springt der Stein leicht ab.

In einem Elektrizitätswerk, welches 3 Kessel von je 90 qm und einen von 150 qm Heizfläche im Betrieb hat, von denen durchschnittlich die Hälfte ständig benutzt wird, wurde festgestellt, daß die Kohlenersparnis nach Einführung der pneumatischen Rohrreiniger infolge der öfteren, wenig Zeit raubenden Reinigung der Kessel in 9 Monaten rd. 2000 M. (Friedensrechnung) ausmachte. Außerdem wurden aber noch erhebliche Ersparnisse an Löhnen gegenüber der früheren Methode der Kesselreinigung erzielt!

In neuerer Zeit werden auch die anfangs beschriebenen Preßluftabklopfer zum Rohrreinigen erfolgreich herangezogen. Allerdings nur für bestimmte Rohrweiten. Die aufgeschraubte Haube wird für diesen Zweck gezahnt oder gerieffelt. Es sollen recht gute Erfolge damit erzielt worden sein.

Bisweilen werden die Abklopfer auch mit einer Staubabsaugevorrichtung ausgerüstet. Doch scheint eine solche nur dort am Platze

Abb. 216.

zu sein, wo es sich um Kesselstein von besonders staubbildender Beschaffenheit handelt. Unter gewöhnlichen Verhältnissen ist eine Staubabsaugevorrichtung nicht erforderlich, zumal sie die Handlichkeit des Abklopfers sichtlich beeinträchtigt. Es wird auch darüber geklagt, daß sich das Saugrohr vielfach verstopft, so daß Betriebsstörungen entstehen, die man sonst bei der Arbeit mit Preßluftabklopfern nicht gewohnt ist.

Sind die bis jetzt angeführten Apparate für Kesselsteinansatz von nicht zu großer Stärke geeignet, so leistet eine Preßluftbohrmaschine ganz Hervor-

Abb. 217. Abklopfer als Rohrreiniger.

ragendes beim Reinigen oder besser gesagt beim Ausbohren von Rohren, die einen überaus starken Kesselsteinansatz aufweisen! Beispielsweise werden in den Zechen Wasserrohrkessel auf diese Art gereinigt, denen mit keinem anderen Mittel beizukommen ist. Der Kesselstein hat dort stellenweise eine Stärke von 8 bis 12 mm. Die Rohre sind 4 bis 5 m lang und haben 80 bis 90 mm l. W. Auch bei einer Kraftprobe, bei der ein Rohr gereinigt wurde, das dermaßen mit Kesselstein angefüllt war, daß man kaum noch ein zölliges Rundeisen hindurchstecken konnte, erwies sich die Preßluftbohrmaschine als unwiderstehlich. Die Abb. 218 erläutert die Anwendung der Bohrmaschine für Rohrreinigungszwecke. Allerdings muß vorausgesetzt werden, daß Preßluft in genügender Menge vorhanden ist, was ja bei den Zechen zumeist der Fall ist. Eine Bohrmaschine nämlich braucht nicht, wie ein Abklopfer, nur etwa 180 l angesaugte, auf 4 bis 5 Atm. gepreßte Luft, sondern sie hat einen Luftverbrauch von 1,75 bis 2 cbm in der Minute bei 6 bis 7 Atm. Betriebsdruck! Auf den Kompressor übertragen, entspricht dies einem Kraftbedarf von annähernd 15 PS. Wenn jedoch eine hinreichend ergiebige Preßluftanlage vorhanden ist, so müssen alle Bedenken gegen die Benutzung der Bohrmaschine zum Rohrreinigen angesichts ihrer außerordentlichen Leistungsfähigkeit verschwinden. Dabei ist auch zu berücksichtigen, daß man womöglich die Maschine nebenbei auch für andere nutzbringende Arbeiten, vorwiegend zum Bohren, Aufreiben, Gewindeschneiden, Einwalzen von Siederohren usw. verwenden kann.

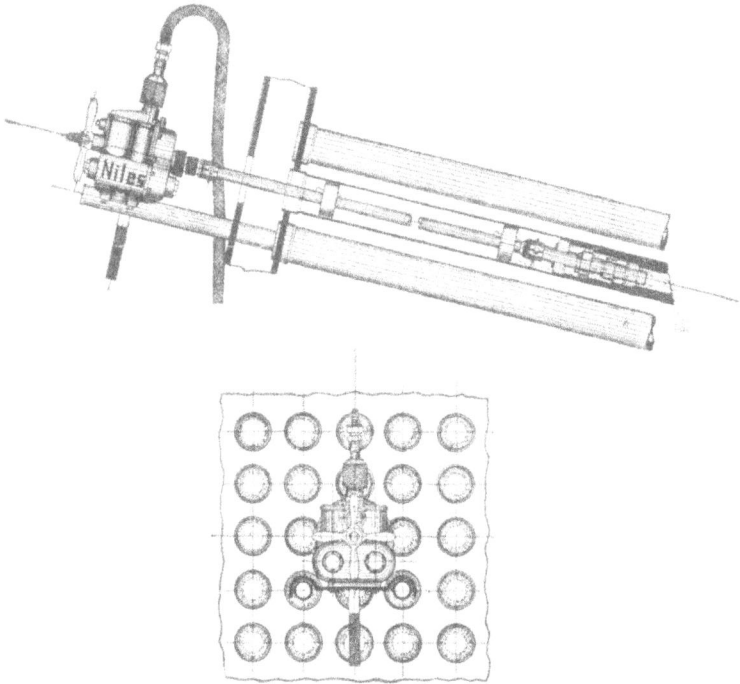

Abb. 218.

Da es unmöglich ist, die Maschine frei zu halten und eine Aufhängevorrichtung in diesem Falle auch nicht vorteilhaft erscheint, so ist man genötigt, ein provisorisches Gerüst vor dem zu reinigenden Kessel aufzubauen. Man lagert dann die Maschine am besten auf einem Flacheisenstück, das an beiden Enden halbkreisförmig gebogen ist und auf zwei in nebenliegende Kesselrohre eingesteckten, massiven oder auch hohlen Stangen gleitet. Allenfalls kann man ja die Maschine auch oberhalb des Kesseleingangs aufhängen und durch ein Gegengewicht ausbalancieren. Besser ist aber eine Vorrichtung der vorgenannten Art oder eine ähnliche, die man leicht den örtlichen Verhältnissen angepaßt schaffen kann.

Die Bohrmaschine wird mit einem Spezialfutter ausgerüstet, das eine Stange mit über Kreuz sitzenden vier Messern trägt. Die letzteren werden zweckmäßig auf eine Länge von etwa 200 mm verteilt und so ausgeführt, daß nur die Stirnseite schneidet, während sie auf der anderen Seite etwa dem Rohrradius entsprechend abgerundet sind. In $1\frac{1}{2}$ bis 2 m Länge setzt man in gleichmäßiger Entfernung je einen Ring auf, der festgekeilt wird und der Stange die nötige Führung gibt. Die Stange selbst stellt man je nachdem aus 2 oder 3 Teilen her, die man an den vierkantigen Aufsteckenden durch Stifte zusammenhält.

Obwohl sich der Kesselstein in den Wasserröhren bekanntlich ungleichmäßig ansetzt, ist nicht zu befürchten, daß die Rohrwand etwa durch die Messer angegriffen wird. Das letzte und größte Messer muß etwa 1 mm kleiner dimensioniert werden als der lichte Rohrdurchmesser ist.

Es muß ein ziemlich großes und leistungsfähiges Bohrmaschinenmodell gewählt werden. Das für Bohrzwecke u. dgl. notwendige Zuspannkreuz wird zweckmäßig durch einen Handgriff ersetzt. Die Stange mit den Messern pflegen sich die Verbraucher für gewöhnlich selbst herzustellen. Bei einer Bohrmaschine ist mehr als bei allen anderen pneumatischen Werkzeugen darauf zu achten, daß sie immer genügend geölt wird. Zumal, wenn die Maschinen zum Rohrreinigen gebraucht werden und mehr als sonst dem Staub ausgesetzt werden. Auch ist zu berücksichtigen, daß hierbei die Maschinen in viel höherem Maße beansprucht werden als beim Bohren, Aufreiben usw., weil sie längere Zeit ununterbrochen arbeiten müssen und zudem — besonders bei vorgeschrittener Arbeit in langen Rohren — die Kraftleistung durch die Stange mit den Messern in erheblichem Grade wächst. Deshalb muß auch, wie schon gesagt, immer ein großes, leistungsfähiges Modell gewählt werden, und zwar tunlichst kein Schnelläufer!

Preßluftwerkzeuge für den Grubenbetrieb.

Lange bevor an die Verwendung von pneumatischen Hämmern, Stämpfern usw. zu denken war, feierte die Druckluft bei Tunnelbauten und vorwiegend im Grubenbetrieb große Triumphe im Verein mit der Gesteins- oder Stoß-bohrmaschine. Den direkt wirkenden »Stoßbohrmaschinen« suchten in früheren Zeiten indirekt wirkende Hammermaschinen den Rang streitig zu machen. Dieser Konkurrenzkampf läßt sich bis 1857 zurückverfolgen. Die erste indirekt wirkende Maschine soll von Schwartzkopff gebaut worden sein. Allmählich ist es aber den direkt wirkenden Stoßbohrmaschinen gelungen, sich in den Vordergrund zu bringen, und von dem anderen System hat sich nur die nach Frank konstruierte Hammermaschine bis in die neuere Zeit hinein durchsetzen können. Sie wird z. B. im Mansfelder Bergbau angewandt, woselbst man mit ihr in Kupferschiefer zum Bohren

Abb. 219.

eines 0,6 m tiefen Loches durchschnittlich 12 Minuten gebraucht. Ein Vorzug dieser Maschine ist offenbar ihr leichtes Gewicht. Ebendies hat sie aber in Konkurrenz mit dem einen riesigen Aufschwung nehmenden Preßluftbohr-hammer gebracht, und damit dürfte ihr Schicksal vielleicht besiegelt sein.

Der Kohlenbergbau ist der Preßluftstoßbohrmaschine zu größtem Dank verpflichtet. Seit drei Jahrzehnten bedient er sich ihrer mit bestem Erfolg, nachdem schon früher die Stoßbohrmaschine dem Tunnelbau außerordentliche Dienste geleistet hatte. Das Charakteristische bei der Stoßbohr-maschine ist die Vereinigung des Bohrers mit dem Druckluftkolben zu einem starren Stück, welches durch die Wirkung der gepreßten Luft hin und zurück geschleudert wird. Naturgemäß übt die schwere, hin und her gehende Masse einen ziemlich starken Rückstoß aus, weshalb es nicht möglich ist, eine Stoß-bohrmaschine von Hand zu betätigen, was übrigens schon das Eigengewicht verbieten würde. Die Stoßbohrmaschinen werden deshalb entweder in Verbindung mit Dreifußgestellen oder mit Bohrsäulen oder auch — namentlich im Tunnelbau — im Verein mit sog. Bohrwagen, die unter Umständen 4 bis 6 oder noch mehr Bohrmaschinen tragen, angewendet.

Die Gesteinsbohrmaschinen sind die ältesten Preßluftmaschinen. Ihr Ursprung liegt in Amerika, wo sich hauptsächlich die Ingersoll Rand Co. auf diesem Gebiete hervortat. Deutsche Maschinen tauchten erst sehr viel später auf. Um so erfreulicher ist es, daß sich die deutschen Konstruktionen von vornherein nicht nur als ebenbürtig erwiesen, sondern daß nach kurzer Zeit sogar eine offensichtliche Überlegenheit konstatiert werden konnte. In Fachkreisen hat man u. a. den großen Erfolg noch im Gedächtnis, den deutsche Stoßbohrmaschinen bei dem großen internationalen Wettbohren in den Randminen der englischen Kolonie in Transvaal 1910 zu verzeichnen hatten.

Flottmann & Co. bauen Stoßbohrmaschinen mit Doppelschiebersteuerung, bei denen die Kompressionsableitung ebenfalls gesteuert wird. Diese Maschinen werden mit 75 und 90 mm Zylinderdurchmesser ausgeführt. Ein direktes Auspuffen von unverbrauchter Preßluft ist bei diesen Maschinen ausgeschlossen, da das Steuerorgan den Lufteintritt bereits abgeschlossen hat, bevor der Kolben den direkten Auspuff im Zylinder freigibt. Die sich vor dem Kolben nach Überlaufen des Auspuffes bildende Kompression wird fast vollständig abgeleitet, so daß der Stoß des Kolbens ungeschwächt zur Geltung kommt.

In Amerika führten die hohen Arbeitslöhne, außerdem aber die Mächtigkeit der dortigen Kohlenflöze und schließlich die Schneidbarkeit der amerikanischen Weichkohle ganz von selbst dazu, die Stoßbohrmaschinen zum Teil durch Schrämmaschinen zu ersetzen. Es ist möglich, sich einer Stoßbohrmaschine zum Schrämen zu bedienen, indem man sie an einer Spannsäule befestigt, dergestalt, daß sie um einen lotrechten Zapfen gedreht wird, und zwar mittels eines Zahnsektors und einer Handkurbel (System Eisenbeis). Da man auf diese Weise namentlich in sehr niedrigen und schmalen Räumen zu arbeiten vermag, so hat sich das Verfahren besonders in Deutschland eingebürgert. Wenn genügend Platz vorhanden ist, so kann man die Stoßbohrmaschine auch in Verbindung mit einem Querträger und darauf verschiebbarem Support zum Schlitzen und Schrämen gebrauchen: Der Querträger wird mit Klemmschellen dreh- und verschiebbar an zwei Spannsäulen befestigt und kann leicht in jede beliebige Höhen- und Schräglage eingestellt werden. Der Arbeiter betätigt mit der einen Hand die Kurbel für den Vorschub der Bohrstange mit der Schrämkrone, mit der anderen Hand schwenkt er die Bohrmaschine, diese zugleich zeitweise in der Längsrichtung durch Drehen der Supportkurbel verschiebend. Die so zu erzielende Schramlänge richtet sich ganz nach dem Maß der Verschiebung der Bohrmaschine auf dem Querträger und nach der Länge der zur Verwendung kommenden Bohrstangen und beträgt ungefähr Verschiebung plus 2mal Bohrstangenlänge. Man soll so mit 1 Maschine von 2½ m Querträgerlänge mit 2 Mann Bedienung 7 m Schramlänge und 2 m Schramtiefe in harter Kohle in 5 Stunden — die Zeit für das Aufstellen und Abschlagen mit eingerechnet — fertigstellen können. Von einer eingearbeiteten Kolonne wird man aber wohl noch eine etwas größere Leistung verlangen können.

In Amerika wird die sog. Karrenschrämmaschine bevorzugt, bei der eine normale Stoßbohrmaschine zwischen zwei Räder eingespannt und an Ort und Stelle von Hand geschwenkt wird. Mangels geeigneter Führung des Schrämbohrers entsteht ein ziemlich weiter, etwa 50 cm messender Schram, da jedoch diese Art Schrämmaschinen wenig Raum beanspruchen und leicht zu bedienen sind, so erfreuen sie sich allgemeiner Beliebtheit. Die Durchschnittsleistung einer Maschine wird mit 10000 t pro Jahr angenommen. Weniger

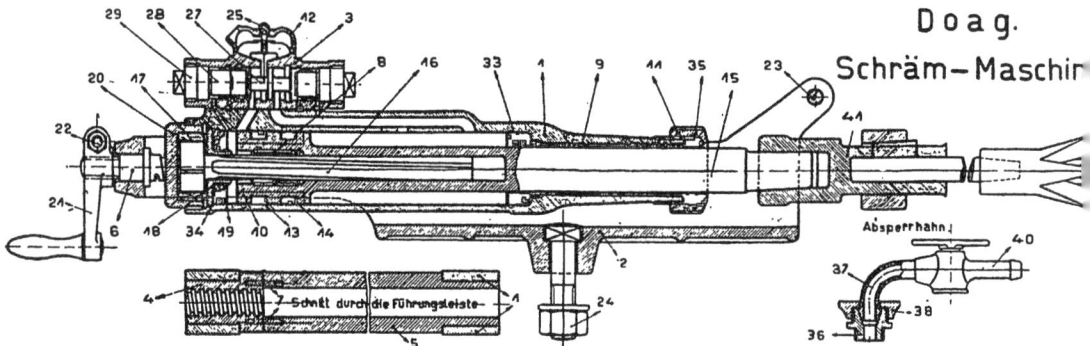

Abb. 220.

Einzelteile zur Schräm-Maschine:

1	Zylinder	15	Stoßkolben	29	Verschlußstopfen
2	Zylinderführung	16	Drallspindel	30	Sperrklinken
3	Steuergehäuse	17	Sperrgehäuse	31	Sperrkölbchen
4	Vorschubmutter	18	Drallspindelführung	32	Sperrfedern
5	Führungsleiste	19	Prellscheibe	33	Vorderer Pufferring
6	Vorschubspindel	20	Hinterer Zylinderdeckel	34	Hinterer Pufferring
7	Sicherungsstifte	12	Handkurbel	35	Dichtungsring
8	Drallmutter	22	Schraube zu Pos. 21	36	Anschlußstück
9	Zylinderbüchse	23	Stellschraube zu Pos. 2	37	Anschlußkrümmer
10	Kolbenkörper	24	Befestigungsschraube	38	Überwurfmutter
11	Stopfbüchsenmutter	25	Schraube f. den Auspuffdeckel	39	Staubdeckel mit Kette
12	Auspuffdeckel	26	Schraube zum Steuergehäuse	40	Absperrhähn
13	Zweiteilige Kolbenringe	27	Steuerkolben	41	Bohrschuh.
14	Kolbenringfedern	28	Führungsstopfen		

verbreitet sind die Scheibenschrämmaschinen. Deren Hauptstück besteht aus einer ziemlich großen, ähnlich einer Kreissäge am Rand mit auswechselbaren Schneiden und Spitzen ausgestatteten, flach am Boden zwischen zwei Blechplatten gelagerten Scheibe. Dieselbe ist als Kegelrad ausgebildet, in das ein Ritzel eingreift, welches von einem Druckluftmotor — zuweilen auch von einem Elektromotor — angetrieben wird. Der Vorschub der auf einem Schlitten ruhenden Maschine geschieht durch ein Drahtseil. Ganz ähnlich arbeitet die Kettenschrämmaschine, bei der das Scheibenrad durch eine über zwei Kettenräder laufende Gliederkette ersetzt ist, die an ihrem Rand wie eine Bandsäge die Schneidzähne aufweist.

Man hat auch in Deutschland mehrmals Versuche mit Ketten- und Scheibenschrämmaschinen unternommen, so z. B. mit der ersteren im Kgl. Steinkohlenbergwerk Göttelborn, wobei man feststellen konnte, daß gegenüber dem Handbetrieb 10 Leute gespart werden konnten. Aber im allgemeinen sind die deutschen Verhältnisse dem Schrämbetrieb nicht günstig, weil die Flöze nicht mächtig genug, das Hangende brüchiger und der Raum wegen der erforderlichen Stützen zu beschränkt sind.

Allenfalls können, wenn es die örtlichen Verhältnisse gestatten, bei uns die normalen Stoßbohrmaschinen, um Spannsäulen schwenkbar angeordnet, für Schrämarbeiten in erhöhtem Maße verwendet werden, wenn man die Feststellungen der Kgl. Bergwerksdirektion Saarbrücken betrachten will. Es ergaben sich danach nach einjähriger Beobachtung beim Maschinenbetrieb zwischen 3,42 und 4,81 M./t Kosten gegenüber 3,66 und 5,26 M./t beim Handbetrieb für die Tonne Kohlen.

Eine neuzeitliche Schrämmaschine zeigt Abb. 220. Dieselbe wird von der Deutschen Oxhydric-A.-G. in Sürth fabriziert und weist nicht unwesentliche Verbesserungen früherer Konstruktionen auf. Nicht nur, daß die Steuerung unvergleichlich einfach und betriebssicher ist, wird auch durch die vorgenommene Vergrößerung der Laufflächen die Lebensdauer gegenüber den sonst angewandten Langhubsteuerungen erhöht. Eine Verbesserung kann auch darin erblickt werden, daß Führung und Vorschubmutter getrennt worden sind, so daß bei einem Verschleiß der Vorschubmutter nur diese ausgewechselt zu werden braucht. Neben dem gewohnten schweren Modell baut die Firma noch eine leichte Maschine für Schrämarbeiten in niedrigen Flözen oder für Flöze in steiler Lagerung. Diese Maschine hat einen minutlichen Luftverbrauch von 1,75 bis 2 cbm. Als Schwenkvorrichtung kommt der schon erwähnte Eisenbeis-Sektor zur Verwendung, jedoch kann das leichte Modell auch mit einer einfachen Schrämkupplung benutzt werden. Die genannte Firma hat den Eisenbeis-Sektor übrigens etwas verbessert, so daß jetzt nach eintretendem Verschleiß durch einfaches Drehen der Schneckenlagerung jeder tote Gang ausgeglichen werden kann. Damit fällt das kostspielige Auswechseln des Schneckenrades und der Schnecke fort. Der Sektor wird in drei Ausführungen gebaut; am praktischsten ist der sog. Universalsektor, weil er ein Schrämen und Schlitzen unter jedem beliebigen Winkel gestattet, unabhängig davon, wie die Spannsäule aufgestellt ist. Die letztere wird in der Regel mit einer Knarre zum Anziehen bzw. Lösen nach Art einer Bohrratsche ausgerüstet. Man findet in der Praxis Spannsäulen von 65, 75, 90 und 100 mm Durchm., je nach der Schwere der Maschine und nach der Art der Arbeiten. Die beiden kleineren Größen kommen bei einer Flözstärke bis zu 2 m zur Anwendung. Bei niedrigen Flözen kann die Spannsäule einfach auf einem Schlitten fest montiert werden. Man braucht dann vielfach beim Weitertransport die Maschine nicht abzumontieren.

Das nicht zu unterdrückende Verlangen nach leichteren und dementsprechend handlicheren Maschinen führte schließlich zur Konstruktion der Preßluftbohrhämmer, die sich in verhältnismäßig kurzer Zeit in überraschender Weise eingeführt und vielfach die Stoßbohrmaschinen verdrängt haben. Es soll gleich betont werden, daß der deutsche Bohrhammer sich

Weltruf verschafft hat. Es gibt keinen amerikanischen Hammer, der leistungs-fähiger, betriebssicherer, haltbarer wäre und ökonomischer arbeitet als der

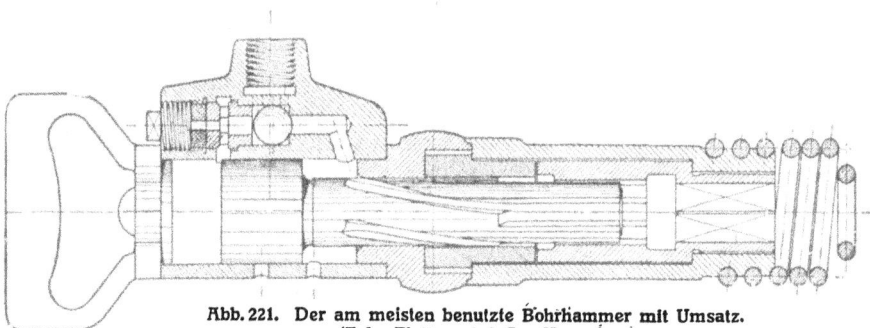

Abb. 221. Der am meisten benutzte Bohrhammer mit Umsatz.
(Fabr. Flottmann & Co., Herne.)

deutsche Bohrhammer. Der letztere vereinigt in sich verschiedene Fabrikate, die sich aber nur wenig voneinander unterscheiden. Die Bohrhämmer sind aus den Niet- oder Meißelhämmern entstanden. Man benutzte einfach einen Bohrer anstatt des Meißels oder Döppers und drehte den Hammer oder den Bohrer von Hand, indem man z. B. den letzteren mit einem Schlüssel umfaßte. Es dauerte nicht lange, so hatte man den Hammer mit selbsttätiger Drehbewegung geschaffen, der sich als ein unübertreffliches, unter allen Umständen nutzbringendes Hilfswerkzeug für den Grubenbetrieb, bei der Herstellung von Querschlägen sowohl als auch zum Schachtabteufen usw. erwiesen hat.

Abb. 222.

Aber bevor die Bohrhämmer des näheren besprochen werden, sei als Zwischenstufe die pneumatische Drehbohrmaschine genannt, zumal die Nachfrage danach ständig wächst! Daß die Drehbohrmaschine unter gewissen Umständen dem Bohrhammer vorgezogen wird, ist ganz begreiflich, weil sie ruhiger arbeitet und den Mann nicht so anstrengt wie der Bohrhammer, der doch immerhin Rückstöße und Erschütterungen im Gefolge hat. Beim Bohren in trockener Kohle ist auch zu beachten, daß die Kohlenstaubentwicklung bei der rotierenden Bohrmaschine viel geringer ist. Allerdings kann man mit dem Bohrhammer, was gleich erwähnt sein soll, bedeutend tiefere Löcher bohren.

Aus einem Bericht von Oberbergkommissär Lipold läßt sich entnehmen, daß bei eingehenden Bohrversuchen, zu denen eine normale, U-Thor-Drill genannte Drehbohrmaschine von 9 kg Gewicht mit ca. 800 Umdr. i. d. Min. (Fabrikat: Ingersoll Rand Co.) herangezogen worden war, eine erhebliche Mehrleistung dieser Maschine gegenüber einem 14 kg schweren Bohrhammer festgestellt werden konnte. Während der letztere bei 35 mm Schneidendurchmesser minutlich 30 bis 40 cm bohrte, arbeitete die Drehbohrmaschine in der gleichen Zeit ein 70 bis 80 cm tiefes Bohrloch aus, und zwar mit Spiralbohrern mit 45 mm Spitzenabstand. Sobald man auf steinerne Zwischenlagen stieß, arbeitete allerdings die Drehbohrmaschine nicht ganz so günstig, aber die Widerstände dabei konnten doch überwunden werden. Es sei bemerkt, daß die genannte Bohrmaschine mit 4 Zylindern arbeitet. Je ein Paar in einem Winkel von 90⁰ zueinander gestellter Zylinder hat einen Rundschieber, worin die Zuleitungskanäle so angeordnet sind, daß immer in zwei gegenüberliegende Zylinder Preßluft eintreten kann; wogegen bei den beiden anderen Zylindern die Preßluft um die Schieber herum entweicht. Lipold gibt zu, daß das hervorragend günstige Resultat mit der Drehbohrmaschine zum größten Teil mit der großen Sorgfalt zuzuschreiben war, die man auf die Spiralbohrer gelegt hatte. Für eine Bohrlochtiefe von 180 cm gebrauchte man eine dreiteilige Garnitur, abgestuft von 60 zu 60 cm, wobei die Spitzen des ersten Bohrstahls 46, des zweiten 44, des dritten 42 mm voneinander entfernt waren. Schneidewinkel, Härtung und Schärfe sowie die Windungen müssen den jeweiligen Verhältnissen gut angepaßt werden. Nach Lipold soll der linsenförmige Querschnitt des Bohrstahls in seiner langen Achse mindestens 35 mm, in seiner kürzeren Achse mindestens 15 mm betragen. Besser soll es sein, wenn man mit dem Querschnitt einerseits auf 40, anderseits auf 16 bis 17 mm steigt.

Eine deutsche Kohlenbohrmaschine veranschaulicht Abb. 223. Man hat es hier mit einer einfach und solide gebauten Zweizylindermaschine zu tun. Die Zylinder sind doppelt wirkend und als Drehschieber ausgebildet, die Kurbelwelle besteht aus einem Kugelgehäuse. Was die Maschine, die natürlich auch für Metallbearbeitungszwecke verwendbar ist, für den Gebrauch in der Grube besonders wertvoll macht, ist der Umstand, daß sie nur aus etwa 10 Teilen besteht. Die Maschine ist infolge ihrer eigenartigen Konstruktion sehr betriebssicher. Die Außenflächen der Zylinder sind derart zu einem parallel zur Kurbelachse liegenden Zylindermantel ausgebildet, daß dieser gleichzeitig Drehzapfen und Schieberspiegel wird. Das Gehäuse ist hierbei zugleich Lager und Steuerschieber für den Zylinder. Die Lagerschalen sind nachstellbar. Eine Kohlenbohrmaschine muß aber auch so einfach wie möglich sein, sonst hat sie ihren Zweck verfehlt. Man hat auch schon öfters zwei Bohrmaschinen vereinigt, so daß die beiden Bohrer gleichzeitig arbeiten.

Eine solche Maschine veranschaulicht z. B. Abb. 109 (Fabrikat: Deutsche Niles-Werke).

Zurückkommend auf den Bohrhammer mit selbsttätiger Drehvorrichtung sei zunächst bemerkt, daß wie bei den Niet- und Meißelhämmern auch bei diesem Werkzeug die verschiedenen Fabrikate konstruktiv einander recht ähnlich sehen. Teils besitzen sie Außendrall, teils Innendrall. Der Unterschied liegt zuweilen nur in der Form des Steuerventils. Seit Jahren bestbewährt hat sich die einfache, immer betriebssichere Kugelsteuerung des Flottmannhammers, die deshalb auch in allen nur erdenklichen Variationen nachgeahmt worden ist (die Kugel war patentiert). Man findet Linsen

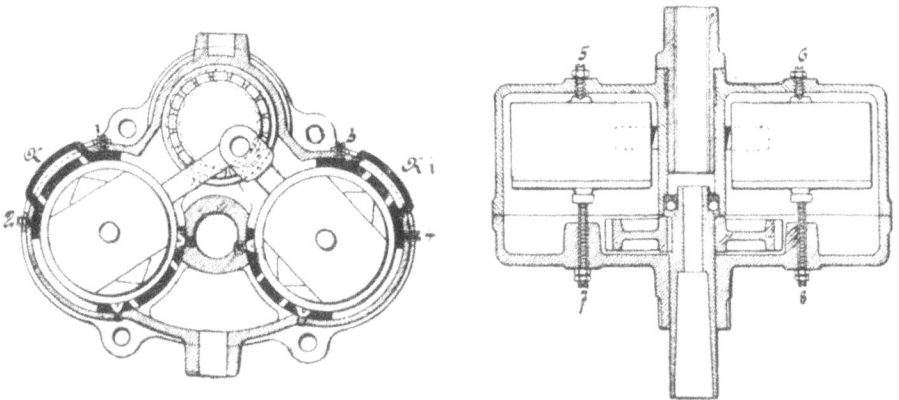

Abb. 223. Preßluft-Kohlenbohrmaschine. (Fabr. G. Düsterloh, Sprockhövel.)

und Platten, Kegel und Doppelkegel und anderes mehr. Im übrigen ist die Funktion überall so ziemlich die gleiche: Der selbsttätige Umsatz geschieht nach jedem Schlag, indem zwei Sperrklinken in die Zähne des am Kolben sich befindlichen Sperrades eingreifen. In den Schaft des Schlagkolbens sind acht Nuten eingefräst, von denen die vier vorderen parallel mit der Achse des Kolbens verlaufen, während die vier hinteren, die sog. Drallnuten, im Gegensatz zu den Führungsnuten, schräg auf dem Mantel des Kolbens liegen. Um den hinteren Schaftteil des Kolbens ist das auf dem äußeren Mantel mit Zähnen versehene Sperrad drehbar angeordnet, mit dem die Drallmutter fest verbunden ist, die ihrerseits mit vier Drallzügen in die Drallnuten des Kolbens eingreift. Im vorderen Zylinderdeckel des Hammers befindet sich die ebenfalls drehbar ausgeführte Bohrhülse, die vorn ein Loch zur Aufnahme des Bohrers besitzt. Das hintere Teil der Bohrhülse umschließt ebenfalls den vorderen Schaft des Kolbens und ist im inneren Teil als Führungsmutter ausgebildet. Diese vier Führungszüge greifen in die Führungsnuten des Kolbens ein. Steht beispielsweise der Schlagkolben in seiner hinteren Endstellung und wird nun durch die eindringende Preßluft nach vorn getrieben, so bewegt er sich geradlinig, und die Drallnuten des Kolbens nehmen die Drallzüge des Sperrades mit und verdrehen letzteres um einige Zähne. Beim Rückgang des

Kolbens halten die eine oder die andere im vorderen Gehäuse sitzende Sperrklinke das Sperrad auf, und der Kolben ist nun gezwungen, gleichzeitig mit
der zurückgehenden Bewegung eine drehende auszuführen, da die Drallzüge
des Sperrades aufgehalten werden und der Kolben infolgedessen folgen muß.
Da nun der Schlagkolben anderseits mit der Bohrhülse durch die erwähnten
Führungszüge und Führungsnuten direkt gekuppelt ist, so muß logischerweise auch die Bohrhülse die drehende Bewegung mitmachen. Hierbei setzt
nun seinerseits der Bohrer um, d. h. er dreht sich, um die Bohrerschneide
bei jedem Schlage auf einen neuen
Teil des zu bohrenden Materials aufschlagen zu lassen.

Der »Westfalia«-Bohrhammer besaß eine Klappensteuerung, d. h. eine
ausbalancierte, zweiarmige Klappe
gibt der eintretenden Preßluft abwechselnd Zutritt zu den beiden Ar-
beitskanälen. Es liegt auf der Hand,
daß die ausbalancierte Klappe sich
sehr leicht steuert und der Hammer
deshalb in jeder Lage zuverlässig arbeitet. Auch bringt es die Klappensteuerung mit sich, daß der Hammer
bei niedrigem Luftdruck, bei dem
manches andere System schon versagt, noch gut funktioniert.

Der große Vorteil des Bohrhammers gegenüber der Stoßbohrmaschine
liegt darin, daß der Hammer so leicht
ist, daß er in der Hand gehalten werden kann, während die Stoßbohrmaschine ihres Gewichtes und des

Abb. 224. Bohrhammer auf Vorschubsäule.

Rückstoßes wegen an Säulen, Gestellen, auf Dreifüßen u. a. m. befestigt werden
muß. Anderseits ist nicht zu verkennen, daß die Handhabung des Bohrhammers den Arbeiter natürlich sehr ermüdet. Man hat deshalb für den Hammer
selbsttätige Vorschubsäulen und ähnliche Vorrichtungen konstruiert, die den
Arbeiter entlasten und die Leistungsfähigkeit erhöhen sollen. Der Vorschub
wird entweder durch den Stoß des Arbeitskolbens oder durch die Druckluft
bewirkt. Es existieren da in Ausführung und Konstruktion sehr verschiedene
Modelle zum Bohren senkrecht nach oben, senkrecht nach unten oder mehr
oder weniger horizontal. In Aufbruchbetrieben konnte bei Einführung der
selbsttätigen Vorschubvorrichtungen eine Mehrleistung von 30 bis 50 % beobachtet werden und dementsprechend eine Herabsetzung des Gedinges erfolgen. Die für Querschlagbetrieb konstruierten Vorrichtungen haben sich
bis jetzt noch nicht sonderlich einführen können, doch sind auch hierin

Mehrleistungen bis zu 35% festgestellt worden. Besonders wertvoll sind Vorschubvorrichtungen, die es möglich machen, daß mehrere Bohrhämmer gleichzeitig von 1 Mann bedient werden. Hierzu gehört u. a. die Flottmann-Vorrichtung, bei der der Bohrhammer mittels eines Bügels in einen Schlitten gespannt ist, welcher auf einer Zahnstange verschiebbar ist. Die Bewegung des Schlittens auf der Zahnstange wird durch drei Sperrklinken vermittelt, die durch Federdruck in die Zähne eingreifen. Beim Vorstoß des Kolbens wird der fest mit dem Bohrhammer verbundene Schlitten mitgerissen, so daß der Bohrhammer selbsttätig, entsprechend der Vertiefung des Bohrloches, gegen den Arbeitsstoß vorrückt, während beim Rückgange des Kolbens die Sperrklinken, von denen sich stets eine im Eingriff mit der Zahnstange befindet, ein Rückgleiten des Schlittens verhindern. Wenn ein Bohrer abgebohrt ist, werden die Sperrklinken durch eine Auslösevorrichtung von der Zahnstange abgehoben, worauf der Schlitten mit dem Bohrhammer zurückgezogen werden kann. Die Vorrichtung kann leicht an horizontalen wie auch an vertikalen Säulen angeordnet werden, dergestalt, daß beliebig viele Bohrhämmer selbsttätig neben- oder untereinander arbeiten.

Jedenfalls wird sich die Stoßbohrmaschine durch den Bohrhammer im Grubenbetriebe schwerlich völlig verdrängen lassen, man kann aber annehmen, daß sich die beiden Typs ergänzen. Besonders erfreulich ist es, daß wir keinesfalls die amerikanischen Stoßbohrmaschinen oder ausländischen Bohrhämmer benötigen. Aus einer vor Ausbruch des Krieges durch Geh. Regierungsrat von Ihering aufgestellten, sehr ausführlichen statistischen Arbeit war zu ersehen, daß von 341 im Amtsbezirk Dortmund arbeitenden Schrämmaschinen 9 Stück ausländischen Fabrikats waren und daß sich unter den 1130 im gleichen Gebiet zu findenden Stoßbohrmaschinen 28 Stück, unter den 5400 Bohrhämmern 105 Stück, unter den 107 Abbauhämmern noch 27 Stück befanden, die nicht das bewährte Schutzzeichen »Made in Germany« aufweisen konnten. Die amerikanische Ingersoll Rand Co. war vor dem Kriege sehr eifrig am Werk, um ihre Erzeugnisse in Deutschland an den Mann zu bringen. Man konnte sogar amerikanische Kompressoren von ihr beziehen. Als ob wir nicht Dutzende von deutschen Firmen hätten, die mindestens ebenso gute Luftkompressoren bauen.

Die Firma Flottmann & Comp. fabriziert neben den üblichen Modellen auch einen ganz schweren Bohrhammer, im Hinblick darauf, daß im Bergwerksbetriebe oftmals Bohrlöcher mit größerem Durchmesser notwendig werden.

Besonders ist das der Fall bei dem beim Abteufen von Schächten angewandten Zementierverfahren, wo zur Einführung der Zementierstandrohre Löcher von 80 mm Durchm. und mehr vorgebohrt werden, welche dann mit geringerem Schneidendurchmesser bis 18 m und tiefer abgeteuft werden. Da diese Löcher meist senkrecht oder fast senkrecht gebohrt werden, so ist zur Vermeidung eines den Hauer immerhin anstrengenden, besonderen Aufdrückens auf den Hammer ein bestimmtes Gewicht desselben durchaus notwendig. Da ferner bei solchen Bohrungen mit Luft- oder Wasserspülung ge-arbeitet werden muß, so bietet ein schwerer Hammer noch den besonderen Vorteil, daß dadurch eine ruhigere Lage des Wasserspülkopfes gewährleistet wird.

Für das Bohren horizontaler Löcher von außergewöhnlich großem Durch-messer eignet sich ein schwerer Hammer ebenfalls besser als ein leichter.

Für die Anwendung schwerer Hämmer spricht ferner der Umstand, daß beim Bohren größerer Löcher das Umsetzen des mit gleicher Umfangs-geschwindigkeit arbeitenden größeren Bohrers bei kleinen Hämmern schwie-riger ist als bei größeren, daß die größeren Bohrerschneiden eine größere Auf-schlagskraft bedingen, und daß für den größeren Schneidendurchmesser stärkerer Bohrstahl Verwendung finden muß, der infolge seiner größeren Abmessungen und seines dadurch bedingten höheren Gewichtes eine größere Durchschlagskraft erfordert.

Zum Tragen und Vorschieben dieses schweren Bohrhammers, der 75 mm Zylinderdurchmesser hat und naturgemäß einen starken Schlag entwickelt, benutzt man vorteilhaft eine Schlittensäule, die sonst namentlich in Quer-schlägen Verwendung findet.

Der Hammer wird hierbei in einen Sattel eingelegt, der durch eine Schrau-benspindel innerhalb eines Schlittens verschoben werden kann. Dieser Schlitten ist an einem Klemmstück festgemacht, das auf einem an einer leichten Spannsäule befestigten Arm sitzt. Der Arm kann an der Säule, das Klemmstück wieder am Arm und der Schlitten im Klemmstück verdreht werden, so daß also Löcher in jeder beliebigen Richtung gebohrt werden können. Wie erwähnt, erfolgt der Vorschub des Bohrhammers durch die Bewegung der Schraubenspindel im Schlitten. Es kann jedoch auch der Schlitten selbst im Klemmstück bzw. Schlittenhalter verschoben werden, so daß es möglich ist, ohne daß der ganze Apparat besonders schwer aus-fällt, einen Gesamtvorschub von 1 bis 1,3 m zu erreichen. Die Säule ist an sich kräftig gehalten, und es können an derselben zwei Arme angebracht werden, so daß also zu gleicher Zeit mit zwei Bohrhämmern gearbeitet werden kann. Um bei söhligen Löchern den Apparat umkehren zu können, so daß also der Bohrhammer nach unten liegt, ist der Sattel mit einem Bügel zum Ein-klemmen des Hammers versehen, damit dieser nicht herunterfallen kann. Das Arbeiten mit der Säule und dem Bohrhammer ist wesent-lich einfacher und leichter als mit den schweren Stoßbohr-maschinen, da ein Arbeiter bequem den Hammer einlegen kann.

Für das Abteufen von Schächten und für alle Arbeiten in feuchtem oder klüftigem Material, zumal wenn tiefere Löcher hergestellt werden sollen, hat u. a. die Deutsche Oxhydrix A.-G. einen Spezialhammer konstruiert mit Zusatzluftspülung. Der Umsatz wird bei diesem Hammer dadurch erreicht, daß der Schlagkolben nicht mit Geradführungs- und Drallnuten, sondern mit Geradführungs- und Drallflächen versehen worden ist. Flächen sind natürlich in geringerem Maße dem Verschleiß unterworfen und können zudem genauer hergestellt werden. Am unteren Zylinderteil befindet sich ein sog. Spülkopf mit einem Hahn, nach dessen Öffnen aus der Zuleitung Frischluft in den Hohlbohrer gedrückt wird. Der Spülkopf kann leicht abgenommen und der Hammer dann für gewöhnliche Arbeiten gebraucht werden.

In neuester Zeit machen die Preßluftkeilhauen oder Kohlenhacken viel von sich reden. Eine solche ist unzweifelhaft schon ihrer Form wegen für den Bergmann das bestgeeignete Hilfswerkzeug. Abb. 225 läßt die Konstruktion

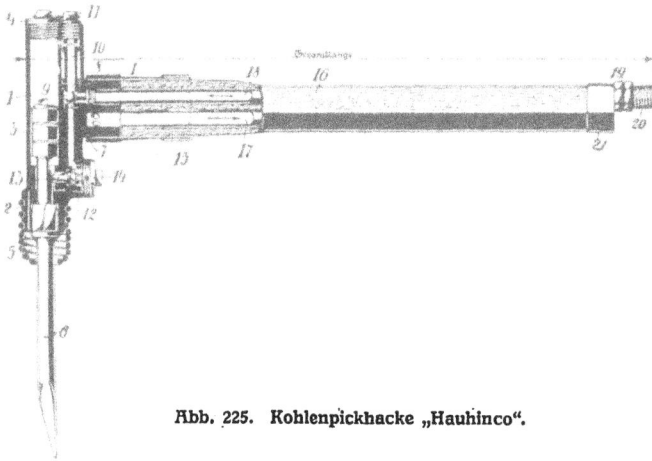

Abb. 225. Kohlenpickhacke „Hauhinco".

1	Zylinder mit Stielhalter	8	Steuerdeckel	15	Ring zum Stielhalter
2	Büchse	9	Kugel	16	Holzstiel
3	Kolben	10	Abstandhalter	17	Auspuffrohr
4	Zylinderstopfen mit Splint	11	Steuerstopfen	18	Luftzuführrohr
4a	Zylinderstopfen m. Griff u. Splint	12	Ventilbüchse	19	Gegenmutter
5	Feder	13	Ventilkegel	20	Anschlußtülle mit Sieb
6	Meißel	14	Ventilstopfen mit Splint u. Dichtscheibe	21	Stielkappe
7	Steuerplatte (fest i. Zylinder)			22	Mantel.

einer solchen Hacke (Fabrikat d. Maschinenfabrik G. Hausherr, Hinselmann & Co., Essen) deutlich erkennen:

Die Spitzhacke besteht aus dem Zylinderkörper 1, in dem der Kolben 3 hin und her bewegt wird. Im Schlaghube trifft der Kolben 3 gegen den Meißel 6, der durch die Feder 5 gehalten wird. Der Verschluß des Zylinders erfolgt durch den Stopfen 4. Neben der Kolbenbohrung ist die Steuerbohrung im Zylinderkörper angeordnet. In dieser wird das Steuerorgan 9 durch die Platten 7 und 8 gehalten bzw. abgeschlossen. Ein Zwischenstück 10 regelt den Abstand und den Durchgang der Preßluft, während die Steuerbohrung durch einen Stopfen 11 abgeschlossen wird und Stopfen 11 mit Stopfen 4 zur gegenseitigen Sicherung verbunden ist. Meißel oder Spitzeisen 6 ist in einer Büchse 2 geführt und betätigt mit seinem Schaft ein Anlaßventil, dessen Körper 13 in einer entsprechend gestalteten Büchse 12 geführt ist und nach außen durch einen Stopfen 14 begrenzt wird. Quer zu dem eigentlichen

Preßluftwerkzeug ist der Stiel *16* angeordnet, der aus Holz besteht und durch den die Zuführung der Preßluft und Abführung der verbrauchten Luft erfolgt. Der Stiel wird mittels eines Stielhalters (zu *1*) am Zylinderkörper *1* befestigt und durch Ring *15* gesichert. In Stiel *16* ist Rohr *18* als Zuführrohr, Rohr *17* als Auspuffrohr eingebettet. Das Stielende ist durch eine Kappe *21* geschützt. An Rohr *18* ist eine Anschlußtülle *20* mit Sieb und Konus zum Anschluß mittels der üblichen konischen Tüllen.

Der Betrieb gestaltet sich sehr einfach. Die Funktion des Preßluftwerkzeugs ist an sich die übliche, d. h. die ankommende Preßluft wird nach Maßgabe der herrschenden Druckverhältnisse von dem Steuerorgan *9* vor oder hinter den Kolben geführt. Bei der neuen Spitzhacke kommt indessen hinzu, daß diese Steuerung in Abhängigkeit von dem Arbeitswillen des Arbeiters gebracht ist, d. h. der Betrieb des Werkzeuges erfolgt nur dann, wenn das Spitzeisen *6* durch Aufsetzen auf das Werkstück, die Kohle, ganz in den Zylinder hinein gedrückt und das Anlaßventil dadurch geöffnet ist. Zunächst tritt die Preßluft durch das Rohr *18* im Stiel vor das Steuerorgan *9*. Angenommen Kolben *3* stände ganz unten und Ventilkörper *13* läge an Stopfen *14* an, so würde die Frischluft zunächst Ventil *13* schließen und dann auch Steuerorgan *9* gegen die obere Platte *8* pressen. Dieser Zustand tritt ein, gleichgültig wie die einzelnen Organe im Zylinder *1* stehen. Wird nun durch den eingedrückten Meißel *6* Ventilkörper *13* beiseite geschoben, so beginnt die eigentliche Arbeit des Kolbens im Zylinder unter Abführung der verbrauchten Luft über die Auspuffbohrungen zu Rohr *17* im Stiel *16*. Die Frischluft tritt also über Platte *8*, Zwischenstück *10* aus der Steuerbohrung hinter den Kolben *3* und schleudert ihn gegen das Spitzeisen. Der Kolben überfliegt die obere Bohrung; die Rückseite des Kolbens ist damit entlastet, Steuerorgan *9* schließt die Öffnung in Platte *8* und die Frischluft tritt über Platte *7* und Ventil *13* vor den Kolben und treibt diesen zurück, bis er wieder die unteren Auspuffbohrungen überfliegt und Steuerorgan *9* seinen Sitz wechselt und das Spiel von neuem beginnt.

Besondere Kennzeichen sind:

Der Stiel ist aus Holz; das Werkzeug dadurch handlich. Arbeit wird nur geleistet, wenn das Spitzeisen aufgesetzt wird. Dadurch und durch zweckmäßige Führung geringer Preßluftverbrauch. Das Gewicht ist gering und beträgt annähernd 6 kg.

Angeblich ergibt die Spitzhacke gegenüber Schießarbeit eine Mehrleistung von ca. 25 % nebst Schießkostenersparnissen. Die Staubbelästigung ist minimal. Kurzum, aus der Verwendung dieser neuartigen Preßluftwerkzeuge im Grubenbetrieb erwachsen allerlei Vorteile. In ähnlicher Form präsentiert sich die Hacke von G. Düsterloh, Sprockhövel, die nur aus 6 Teilen zusammengesetzt ist. Bei der Kohlenhacke der Maschinenfabrik Rheinwerk, Langerfeld (System Fachinger), ist die Ventilsteuerung die gleiche wie bei den Niet- und Meißelhämmern.

Die Steuerung ist in die Stielnabe gelegt, wodurch der Schwerpunkt des Werkzeuges nach ·unten gedrückt und eine Gewichtsersparnis erzielt wird. Die Erschütterungen werden hierdurch schon möglichst vermindert. Die ganze Aufhebung des Rückschlages wird erzielt durch eine besondere Ausbildung der Meißelführung, die ein selbsttätiges Einarbeiten in die Kohle bewirkt, ohne daß das Werkzeug gehalten zu werden braucht.. Der Stillstand der Hacke wird bewirkt durch einfaches Abheben von der Kohle. Außerdem ist am Ende des Hackenstiles ein Absperrhahn angebracht, der ein vollständiges Abstellen der Luft ermöglicht.

Ein Preßluftwerkzeug, das den Bedürfnissen des Bergbaues in trefflicher Weise entspricht und noch viel zu gering bewertet wird, ist der Abbau-

Kühlbehälter für Motor

Abb. 226. Fahrbarer Grubenkompressor mit stehendem Zwillings-Benzinmotor. Leistung 4 cbm angesaugte Luft in der Minute.

hammer. Derselbe eignet sich vorzüglich zum Abbauen von Kohle, Minette und Mineralien und ersetzt die von Hand mit Picke und Keilhaue ausgeführte Gewinnungsarbeit in überlegener und gewinnbringender Form. Namentlich für den Kohlenbergbau ergibt sich bei Benutzung des Abbauhammers der Vorteil, daß fast nur Stückkohle gewonnen wird.

Allerdings ist seine Nutzbarkeit von ganz bestimmten Arbeitsverhältnissen abhängig. Von Vorteil ist der Abbauhammer besonders bei steil aufsteigenden Kohlenflözen, weil dort die abgehauene Kohle mit dem Kohlenklein unmittelbar vom Arbeitsplatz wegrutschen kann. Es wird dann das lästige Aufwirbeln des Kohlenstaubs durch die auspuffende Luft vermieden. Erfolgreiche Arbeit verrichtet der Hammer in Flözen von geringer Mächtigkeit von 0,30 bis 1 m, während in mächtigeren Flözen unter gewöhnlichen Umständen lieber geschrämt und abgeschossen wird.

Es steht fest, daß unter günstigen Verhältnissen mit dem Abbauhammer durchschnittlich 25% mehr geleistet wird als von Hand. Dabei hat sich herausgestellt, daß vorwiegend in Kohle von mittlerer Festigkeit, die mit der Hacke schwerlich noch vorteilhaft gewonnen wird, gute Resultate zu erzielen sind. Beim Gebrauch des Abbauhammers wird nicht nur Sprengmaterial, sondern auch Holz gespart, weil die Stempel, die vielfach unweit der Schußstelle stehen, sonst beim Schießen durch das Herumfliegen von Sprengstücken usw. vielfach beschädigt werden und ersetzt werden müssen.

Vor allen Dingen kann aber mit Hilfe des Abbauhammers noch recht viel Kohle aus schwierigen Flözen gefördert werden, die man sonst am Ort belassen müßte. Der Abbauhammer gehört zu denjenigen Preßluftwerkzeugen, an die außergewöhnlich hohe Ansprüche hinsichtlich Betriebssicherheit und Dauerhaftigkeit gestellt werden.

Abbauhämmer müssen in allen Teilen kräftig und sehr solide ausgeführt sein, denn sie werden in der Grube außergewöhnlich stark beansprucht. Die Arbeiter, denen sie übergeben werden, verstehen in der Regel nichts von Präzision, und man kann es ihnen nicht übelnehmen, wenn sie mit den ihnen anvertrauten Werkzeugen unter den in der Grube herrschenden Betriebsverhältnissen über alle Maßen schlecht umgehen. Die Abbauhämmer werden miserabel behandelt, wenig oder gar nicht geölt, sie arbeiten in Staub und Schmutz, werden kaum gereinigt und sollen doch unbedingt betriebssicher sein, zuverlässig arbeiten und nicht allzu rasch verschleißen. Hieraus geht klar hervor, daß durchaus nicht jeder beliebige Preßluftmeißelhammer als Abbauhammer zu gebrauchen ist! Die Erfahrung hat gelehrt, daß der Griff mit Innenhebel oder Innendrücker für den in der Dunkelheit der Grube arbeitenden Hammer entschieden am vorteilhaftesten ist. Die Handmuskeln des meist in gebückter oder liegender, jedenfalls höchst unbequemer Lage arbeitenden Mannes werden durch den Innenhebel oder Innendrücker geschont. Der Abbauhammer der Maschinenfabrik »Westfalia« wird vielfach bevorzugt. An ihm sind hauptsächlich die beiden getrennten Steuerventile bemerkenswert, von denen je eins für jede Zylinderseite vorgesehen ist. Die beiden als zylindrische Kölbchen ausgebildeten, gehärteten Steuerventile sind in einem besonderen Gehäuse im Griff untergebracht, sie arbeiten unabhängig voneinander, so daß bei keiner Stellung des Kolbens ein Moment eintritt, wo die Preßluft zu beiden Zylinderseiten gleichzeitig Zutritt hat. Auch dieser Hammer hat den Drücker im Innern des Griffes.

Viele Firmen liefern als Abbauhammer ihren normalen schweren Meißelhammer oder auch — wie die Deutschen Werke A.-G. — den etwas veränderten Niethammer mit aufgesetzter Prellfeder oder mit einer aufgeschraubten Kappe, die den Bund des Pickmeißels festhält.

Ein eigenartiges Pickhammermodell fabriziert die Fa. Flottmann & Co. Dieser Hammer wird vollständig aus geschmiedetem Spezialstahl hergestellt und ist infolgedessen sehr haltbar.

Bedeutende Steigerung der Leistung, erhebliche Vermehrung des Stückkohlenfalls, Vermeidung der Schießarbeit, Verringerung der Staubbildung u. a. m. sind, wie schon gesagt, die Vorzüge, welche die Anwendung des Pickhammers mit sich bringt. Diese Vorteile, welche sich in allen Gesteinen erzielen lassen, deren Härte nicht zu groß ist, kommen im Schiefer und Anhydrit, in der Minette und in der Kohle besonders zur Geltung. Für die einzelnen Verwendungszwecke ändert sich natürlich die Schneide des benutzten Pickeisens. Während zum Losbrechen von Kohlen beispielsweise ein einfaches, mit einer Schneide versehenes Eisen genügt, muß zum Schrämen in anderen, härteren Gesteinen ein Eisen mit Flachmeißelschneide Verwendung finden.

Der Flottmann-Pickhammer wird in zwei Größen als Leicht- und Schwermodell ausgeführt.

Die Steuerung ist in dem unteren, kapselartig ausgebildeten Boden des Handgriffes angeordnet und dadurch gegen Staub und Schmutz wirksam geschützt. Als Steuerorgan dient die in mehr als 90000 Bohrhämmern bewährte Kugel, welche für den Preßluftbetrieb wohl als das am besten geeignete und erprobte Steuerorgan bezeichnet werden kann. Zur Aufhebung der bei Pickhämmern leicht eintretenden, den Durchschlag des Kolbens nicht zulassenden Kompression ist die Steuerung mit einer besonderen, geschützten Verbesserung versehen, welche die Schlagkraft wesentlich erhöht, den Rückstoß vermeidet und unangenehme Erschütterungen beseitigt.

Der Lufteintritt wird durch ein entlastetes, leicht zu bewegendes Kolbenventil mit Hilfe eines am Handgriffbügel bequem angebrachten Hebels geregelt.

Der Handgriff und der Zylinder sind durch zwei entsprechend ausgebildete Spannschrauben mit Federn, ähnlich wie beim Bohrhammer, verbunden. Diese einfache Verbindungsart bietet gegenüber der vielfach verbreiteten und leicht defekt werdenden Anordnung mittels Überwurfmutter verschiedene Vorteile. Sie hat vor allem das Angenehme, daß sie nötigenfalls leicht in jeder Schmiede instand gehalten und erneuert werden kann, auch günstig für die Schonung des Materials und die Hand des bedienenden Arbeiters einwirkt.

Am Schluß dieses Kapitels muß noch auf die Druckluftlokomotiven hingewiesen werden. Durch die Folgen des Krieges ist eine rationelle und möglichst ergiebige Kohlenförderung das Ziel allgemeiner Aufmerksamkeit geworden. Die Erweiterung der mechanischen Zugförderung gehört zu den Maßnahmen, die man treffen mußte, um den gesteigerten Ansprüchen gerecht werden zu können. So ist es erklärlich, daß man den Grubenlokomotiven ein erhöhtes Interesse entgegenbringt. Schon 1919 waren im Dortmunder Zechengebiet annähernd 2250 Grubenlokomotiven, und davon 625 mit Druckluftbetrieb, im Gange. Die unbestrittenen Vorzüge des Druckluftbetriebes, vornehmlich die Gefahrlosigkeit dieses Kraftmittels, die die Verwendung auch in Schlagwettergruben gestattet, kommen auch auf diesem Gebiete voll zur Geltung. Die Druckluftlokomotive ist unabhängig von Temperatureinflüssen, sie macht die elektrischen Leitungsdrähte überflüssig und verschlechtert nicht die Luft, wie die Benzollokomotive. Wohl in jeder Grube wird heutzutage mit Preßluft gearbeitet; eine Kompressoranlage ist zumeist vorhanden. So liegt es auf der Hand, daß die Druckluftlokomotive bevorzugt wird, zumal ihre gedrängte Bauart sie auch für Strecken von geringem Querschnitt geeignet macht.

Vor dem Kriege wandte man kaum einen höheren Füllungsdruck als 100 bis 150 Atm. an. Heute ist man dazu übergegangen, einen Druck von 200 Atm. zu nehmen. Hierdurch und durch Vergrößerung der Druckluftbehälter hat man den Fahrbereich erweitert.

Wohl die kräftigste und betriebssicherste Lokomotive ist die von Borsig, Tegel. Erstens hat sie je einen Führersitz hinten und vorn, so daß der Führer beim Vorwärtsfahren eine ebenso gute Übersicht über die Strecke hat wie beim Zurückfahren. Zweitens verbürgt die schwere und solide Bauart mit gußeisernem Rahmen große Betriebssicherheit. Die Borsigsche Lokomotive ist naturgemäß schwerer als andere Fabrikate. Sie wiegt ca. 9,2 t, wogegen das Gewicht der sonst bekannten Fabrikate, welche für gewöhnlich einen dünnwandigen, schmiedeeisernen Rahmen aufweisen, zwischen 6,5 und 8,5 t schwankt. Gewiß bedingt das Mehrgewicht der schweren Lokomotive auch stärkere Schwellen und Schienen usw., dafür aber wird ein sicheres Anfahren und eine befriedigende Leistung gewährleistet. Die Borsigsche Lokomotive weist 4 Behälter auf. Von allen Fabriken ist nur Borsig der altbewährten Heusinger-Steuerung treu geblieben.

Abb. 227. Grubenlokomotive für Preßluftbetrieb.

Die Beobachtung der Luftverbrauchsdaten der verschiedenen Systeme hat die Überlegenheit der Verbundlokomotiven mit natürlicher Zwischenwärmung erwiesen.

In Deutschland ist dieses System für Grubenlokomotiven seit Mitte des Jahres 1911 fast allgemein eingeführt worden. Die Vorteile einer Erwärmung der Luft während ihres Durchganges durch die Lokomotive waren schon seit längerer Zeit bekannt, und Lokomotiven in gewöhnlicher Zwillingsanordnung, jedoch mit künstlicher Lufterwärmung, sind in Europa schon beim Bau des Simplon- und Lötschbergtunnels verwendet worden. Ein weiterer Fortschritt wurde beim Bau des Tunnels durch den Mont d'Or bei Vallorbe an der schweizerisch-französischen Grenze gemacht, für den im Frühjahr 1911 zum erstenmal Verbunddruckluftlokomotiven mit zweifacher künstlicher Lufterwärmung Verwendung fanden. Die künstliche Lufterwärmung in der hier für Tunnellokomotiven vorgesehenen Form mittels einer besonderen Feuerung läßt sich natürlich nicht ohne weiteres auf Grubenlokomotiven übertragen; immerhin kann aber der mit solchen Lokomotiven erreichte Erfolg für die Beurteilung der Frage der Druckluftlokomotiven überhaupt ein allgemeines Interesse beanspruchen, da einerseits über die Betriebsergebnisse großer Druckluftlokomotiven trotz ihrer erwähnten frühzeitigen Verwendung bis heute wenig bekannt geworden ist und anderseits auch ein Weg angedeutet wird, auf dem unter Umständen eine weitere Verbesserung der jetzigen Grubenlokomotiven erreicht werden kann.

Bei der Borsigschen Lokomotive (auch bei der Konstruktion Thyssen) besteht der Zwischenwärmer aus einem Behälter mit eingewalzten Rohren, durch welche die warme Grubenluft hindurchgesaugt wird, während die kalte, aus dem Hochdruckzylinder abströmende Luft die Rohre umspielt und so angewärmt wird. Aus dem Zwischenwärmer strömt die Luft in den Niederdruckzylinder und von da ins Freie. Das Auspuffrohr dient gleichzeitig als Blasrohr zum Ansaugen der Grubenluft in den Zwischenwärmer.

Es ist mit Sicherheit anzunehmen, daß die Verwendung der Druckluftwerkzeuge gerade im Grubenbetriebe immer mehr zunehmen wird. Sie erfüllen hier eine große Mission in volkswirtschaftlichem Sinne und gewinnen somit immer größeres Interesse auch für die Allgemeinheit.

Die Preßluftanlagen für den Grubenbetrieb werden immer gewaltiger. Um so schwieriger und kostspieliger wird die Unterbringung hinreichend großer Druckwindkessel. Die Gelsenkirchener Bergwerks-A.-G. hat, was an dieser Stelle erwähnt sein mag, bei der Erweiterung ihrer Schachtanlage Alma zu einem eigenartigen Hilfsmittel gegriffen. Als die aus drei Kompressoren von zusammen 20000 cbm Leistung bestehende Druckluftanlage dem steigenden Bedarf nicht mehr genügen konnte, entschloß man sich zur Anlage von Druckluftspeichern, welche zu Zeiten geringen oder ganz aussetzenden Druckluftbedarfes den Teil der von den mit gleichbleibender Leistung durchlaufenden Kompressoren gelieferten Druckluft aufspeichern und zu Zeiten höheren, von der Kompressoranlage nicht gedeckten Druckluftbedarfes wieder abgeben sollen. Diese Maßnahme ist an sich natürlich gar nichts Ungewöhnliches, und sie mußte erfahrungsgemäß auch zu dem gewünschten Erfolge führen, wenn man die Druckluftspeicher groß genug wählte. Genügend große, aus Blechen zusammengenietete Druckluftbehälter würden aber sehr teuer geworden sein, und so entschloß man sich zu dem eigenartigen Versuch, unterirdische Grubenräume, zwei vorhandene Versuchsquerschläge von zusammen 8000 cbm Rauminhalt, durch gemauerte Dämme dicht abzuschließen und als Druckluftspeicher zu benutzen.

Der Versuch ist nach »Glückauf« vollkommen gelungen, weil die benutzten beiden Grubenbaue in festem, von bergbaulichen Einwirkungen gar nicht berührtem Gebirge stehen und man die Abdichtungsarbeiten mit besonderer Sorgfalt durchführte. Ein dritter unterirdischer Druckluftbehälter von 6000 cbm Inhalt wird in gleicher Weise hergestellt, und angesichts des großen Druckluftbedarfes der Bergbaubetriebe und der Möglichkeit, auch in weniger günstigem Gebirge stehende Grubenbaue etwa durch Spritzbeton gut abzudichten, dürfte das Verfahren bald Nachahmung finden. Es kann unter Umständen auch bei größeren Tunnelbauten in Betracht gezogen werden.

Preßluftwerkzeuge bei Steinbrucharbeiten.

Die meisten Steinbrüche arbeiten schon mit Preßluftwerkzeugen, deren wirtschaftliche Vorteile gegenüber der veralteten Handarbeit auch auf diesem Arbeitsgebiete klar zutage treten, derart, daß selbst ein Kleinbetrieb mit nur zwei Bohrhämmern ausschlaggebende wirtschaftliche Ersparnisse erzielt! Gegenüber dem Handbohrer kann mit einer tatsächlichen Ersparnis von rd. 75% an den eigentlichen Bohrkosten gerechnet werden. Die Steigerung der Leistung beim Maschinenbohren beträgt etwa das 17fache gegenüber der Handbohrung. In Hartgestein ist der Unterschied noch gewaltiger. In Diorit mit 2256 kg auf den Quadratzentimeter konnte ein Mann mit einem Bohrhammer das 32fache gegenüber der Handarbeit vollbringen. Die Steingewinnung geschieht hauptsächlich durch Sprengwirkung. Die Hauptarbeit im Steinbruch kommt mithin den Bohrwerkzeugen zu. Die schweren Stoßbohrmaschinen, von denen schon im vorigen Kapitel die Rede war, und die auch für Schrämarbeiten benutzt werden, feiern ihre größten Triumphe nach wie vor im Tunnelbau, wo sie unersetzbar sind. Werden Stoßbohrmaschinen im Steinbruch angewendet, was für gewöhnlich nur der Fall ist, wenn es sich um schwierige Bohrarbeiten in Hartgestein handelt, so bedient man sich hier des bekannten Dreifußgestells, bei dem die Füße durch Gewichte belastet und an einem Universalgelenk befestigt sind. Mit Hilfe desselben kann man die Bohrmaschine sowohl wagerecht als auch senkrecht abeiten lassen.

Größere Gesteinsblöcke aus geschichtetem Gestein gewinnt man ferner mit den gleichen Maschinen durch Schlitzarbeit und nachträgliches Lüften durch Keile auf der Schlitzfläche. Das Schlitzen selbst erfolgt durch die Stoßbohrmaschine und Steinbruchsbarre.

Um rationell arbeiten zu können, muß man Bohrer in genügender Menge bereithalten. Jede Bohrmaschine braucht mindestens 2 Satz Bohrer, damit, wenn der eine Satz nachgeschärft wird, keine Unterbrechung der Bohrarbeit eintritt. Für jeden Satz nimmt man für gewöhnlich 4 Bohrer an, deren Länge sich nach der Bohrlochtiefe richtet und auch von dem Vorschub der Bohrmaschine abhängt. Den ersten Bohrer nimmt man etwa 500 bis 600 mm lang, die anderen Bohrer sind 1000, 1500 oder 2000 mm lang. Von großer Wichtigkeit ist die Wahl geeigneten Materials für die Bohrer.

Die Stoßbohrmaschinen sind sehr leistungsfähig, sie haben aber auch einen großen Luftverbrauch, der mit etwa 2 cbm pro Maschine und Minute nicht zu hoch angesetzt ist. Dies entspricht einem Kraftverbrauch von rd. 15 PS. Manche Modelle haben einen noch größeren Luft- und Kraftverbrauch. Hieraus ergibt sich schon, daß die Stoßbohrmaschinen für den mittleren und kleinen Steinbruchbetrieb kaum in Betracht kommen. Beim Tunnelbau spielt der Luftverbrauch angesichts der außerordentlichen Leistungsfähigkeit der Maschinen und des befriedigenden Arbeitsfortgangs dagegen keine Rolle.

Eine außerordentliche Verbreitung hat im Steinbruchbetriebe der Preßluftbohrhammer gefunden, den man überall, in jedem Gestein, antreffen kann. Auch der Bohrhammer ist bereits in dem vorangegangenen Kapitel des näheren beschrieben worden. Man kann zwei Arten unterscheiden: Den Hammer mit selbsttätigem Umsatz und den Hammer mit Handumsatz. Der letztere soll beim Bohren in Hartgestein sich als leistungsfähiger erweisen. Er muß bei der Bohrarbeit von Hand gedreht werden, was entweder am besten mit Hilfe eines um den Zylinder oder auch um den Bohrerschaft herumgreifenden Schlüssels geschieht. In Granit, Grünstein, Porphyr, Grauwacke, Basalt, Melaphyr, Gneis und anderen widerstandsfähigen Steinen haben sich gute Resultate erzielen lassen. Nach den Beobachtungen einer bedeutenden Firma, die in ihren Grauwacken- und Grünsteinbetrieben schon etliche Jahre mit einer größeren Anzahl solcher Hämmer arbeitet, lassen sich mit ihnen Löcher von 2½ und 3 m Tiefe bei 45 mm Bohrkronendurchmesser fertigstellen. Allerdings ist es notwendig, bei der Härte des Gesteins die Bohrer ungefähr alle 10 Minuten anzuschärfen. Das Scharfhalten der Bohrer ist sehr wichtig, denn sonst brechen sie infolge der auftretenden toten Schläge meist am Schaftende ab. Für die Fertigstellung eines 1 m tiefen Loches zwischen den Fugen oder Schnitten der Steine werden durchschnittlich 10 Minuten gebraucht. In festem Gestein muß man für 1 m Lochtiefe 1 Stunde rechnen, und zwar beträgt die Festigkeit des Gesteins in diesem Falle 3800 kg pro Quadratzentimeter.

Für die Hämmer mit Handumsatz werden für gewöhnlich sog. Kronenbohrer genommen, die an und für sich verhältnismäßig billig sind. Das Erneuern

Abb. 228. Bohrhammer mit Handumsatz.

der Bohrkrone geschieht am besten mit einem Setzhammer. Abgebrochene Bohrer lassen sich auf der Drehbank vorteilhaft ausbessern. Aber auch Hohlbohrer haben sich vielfach bewährt.

Beim Bohren in Gestein kann man oft die unangenehme Erfahrung machen, daß die Bohrer glatt abbrechen. Man ist dann gewöhnlich leicht zu der Annahme geneigt, dieses ausschließlich auf die Stahlqualität zu schieben. Die Erfahrung hat aber gelehrt, daß der Grund für diese Erscheinung in überaus vielen Fällen hierin nicht zu suchen ist. Das glatte Abbrechen der Bohrer ist einesteils in der Art der Bohrer selbst zu suchen, anderseits in der Behandlung, die ihnen zuteil wird. Bei der Wahl des Bohrers ist darauf zu achten, daß er im Querschnitt nicht zu schwach ist, d. h. daß beispielsweise bei Schlangenbohrern der zylindrische Kern, über den die Windungen laufen, nicht zu dünn ist. Aus diesem Grunde sind außer den eigentlichen Schlangenbohrern noch eine ganze Reihe anderer Profile im Handel.

Der Stahl kommt in verschiedenen Querschnitten, wie flach, oval, linsenförmig, dreikantig usw., und auch in spiralförmig gewundenem Zustande auf den Markt. Ob ihre Stabilität aber wirklich größer ist als die der Schlangenbohrer mit rundem Kern, darüber ist man geteilter Meinung. Das Profil allein ist auch nicht ausschlaggebend, jedenfalls muß auch das Stahlmaterial von entsprechender Stärke und Zähigkeit sein. Allerdings ist bei der Wahl eines Profilbohrers mit zu berücksichtigen, auf welches Gestein er arbeiten soll. So wird man für ein weiches Gestein Bohrer mit etwas höheren Schlangenwindungen nehmen müssen als für hartes Gestein, damit das Bohrmehl schneller und leichter nach oben gelangen kann. Weiches Gestein liefert bei der Bohrarbeit naturgemäß mehr Bohrmehl und dürfte bei zu niedrigen Spiralen die leichte Entfernung des Bohrmehls leiden. In diesem Falle würgt der Bohrer, arbeitet unter erschwerten Verhältnissen, klemmt sich leicht fest und bricht schließlich ab. Das Abbrechen der Bohrer ist ferner vielfach auch darin zu suchen, daß sie entweder zu schwach oder zu lang verwendet werden. Besonders zu lange Bohrer begünstigen das Vibrieren außerordentlich, was ein etwaiges Abbrechen zur natürlichen Folge haben kann.

Anderseits werden die Bohrer von den Arbeitern nicht immer einwandfrei behandelt. Dieses bezieht sich hauptsächlich auf das Herausziehen der Bohrer nach erfolgter Bohrarbeit. Besonders in weichem Gestein oder bei tiefen Löchern klemmen sich die Bohrer gern fest. Ist dieses nun der Fall, so erleichtert man sich das Herausziehen desselben aus dem Bohrloch oft dergestalt, daß man ihn zwecks der Lockerung hin und her biegt. Eine solche Behandlung verträgt ein Bohrer auf die Dauer natürlich nicht, und das Ende ist, daß man ihn abbricht. Eingestehen wird dieses natürlich niemand, aber es ist Tatsache, daß die gewaltsame Behandlung eines Bohrers sehr oft die Schuld an seinem frühen Lebensende ist. Das leichte Festklemmen können zu niedrige Windungen, besonders bei weichem Gestein, oder auch zu stumpfe Kanten sehr begünstigen. Entsprechend scharfe Schneidkanten wirken im Bohrloch immer mehr schneidend und werden beim Festklemmen die Lockerung bzw. Entfernung des Bohrers günstig beeinflussen.

Nun liegt es in der Natur der Sache, daß nicht jedes Gestein immer gleichmäßig in seiner Härte ist. Kommt man nun auf härtere Stellen und bohrt mit derselben Geschwindigkeit ruhig weiter, so stellt sich die natürliche Folge der Überlastung des Bohrers ein, was unter Umständen ebensogut zum Bruch führen kann. Es ist die Bohrarbeit daher immer mit einer gewissen Aufmerksamkeit auszuführen; ein rücksichtsloses Drauflosarbeiten verträgt schließlich kein Werkzeug, auch ein Bohrer nicht.

Allerdings ist es immer angebracht, Gesteinsbohrer nur in besserer Qualität zu verwenden, wenn es sich nicht gerade um ein ganz weiches, gleichmäßiges Gestein handelt. Das Zusammenschweißen gebrochener Bohrer hat mit großer Sorgfalt zu erfolgen. Die Bruch- bzw. Schweißstellen müssen jedenfalls metallisch rein sein und gut aufeinander passen. Die Verwendung eines guten Schweißmittels wird hierbei gute Dienste leisten. Da ein Bohrer doch stets auf Torsion beansprucht wird, so dürfte es ratsam sein, die zusammenzuschweißenden Stellen so vorzurichten, daß sie ineinandergreifen. Diese Art der Zusammenschweißung wird auch vielfach von Steinbohrerfabriken als zweckentsprechend empfohlen. Man schmiedet die beiden zu verschweißenden Enden gabelförmig aus, steckt sie zusammen und verschweißt sie ordentlich. In dieser Beziehung sind Bohrer aus Schweiß- oder Raffinierstahl solchen aus Tiegelgußstahl vorzuziehen. Erstere lassen sich nicht bloß leichter schweißen, sondern sind auch in der Feuerbehandlung nicht so empfindlich. Bohrer aus Tiegelgußstahl besitzen wohl eine höhere Härte, sind dafür aber um so empfindlicher gegen Bruch, während Bohrer aus Schweiß- oder Raffinierstahl zäher sind und schließlich in der Behandlungsweise mehr vertragen.

Am meisten verbreitet ist im Steinbruchbetriebe der Bohrhammer mit selbsttätigem Umsatz, obwohl nicht abzuleugnen ist, daß er vielfach recht empfindliche Teile hat, die — speziell bei unregelmäßig gelagerten Gesteinsarten usw. — zu Betriebsstörungen Anlaß geben. Vortrefflich geeignet ist er Umsetzhammer für weiche und mittelharte Gesteine, wie z. B. für Tonschiefer, Ruhrsandstein, Jurakalk usw. Seine Durchschnittsleistung in mittelhartem Kalkstein kann mit 22 bis 25 cm pro Minute bei 1,75 m gesamter Bohrlochtiefe und 33 mm Lochdurchmesser angenommen werden. Immerhin muß die Geschicklichkeit der Arbeiter mit in Betracht gezogen werden. Es kommen sowohl geringere als auch höhere Leistungen vor.

Über die Art der Bohrer läßt sich nicht ein für allemal eine Bestimmung treffen. Jedenfalls haben sich aber bei senkrecht nach unten gerichteten Bohrungen und für größere Tiefen Hohlbohrer am besten bewährt, weil das Ausblasen des Bohrloches durch die durch den Bohrer hindurchstreichende Druckluft entschieden von Vorteil ist, wenn auch anderseits nicht zu verkennen ist, daß das stark stäubende Bohrmehl den Arbeiter mitunter etwas belästigt.

Schlangenbohrer sind bei nach oben gerichteten Bohrlöchern, ferner bei weichem Gestein und vor allem beim Arbeiten in etwas feuchtem Material zu empfehlen. Vollbohrer werden im Bohrhammer mit selbsttätigem Umsatz selten verwendet.

Es ist einleuchtend, daß die Preßluftwerkzeuge in den Steinbrüchen überaus strapaziert werden. Handhabung, Behandlung und Wartung liegen fast immer im argen, weil logischerweise Tagelöhner zu den Bohrarbeiten herangezogen werden, die mit einem Präzisionswerkzeug nicht umzugehen verstehen. Die reichliche Staubaufwirbe-lung macht dem Hammer viel zu schaffen und führt einen raschen Verschleiß herbei. Natürlich wird auf die so wichtige regel-mäßige und reichliche Schmierung der Innenteile gar nicht geachtet, obwohl ein so sensibler Mechanismus, wie ihn die Um-setzvorrichtung des Bohrhammers dar-stellt, eigentlich einer besonderen Pflege und Aufmerksamkeit bedarf! Die Folge ist, daß die Hämmer rasch verschleißen und klapprig werden!

Geschmiert wird der Hammer in der Regel erst dann, wenn die Leistung merk-lich zurückgegangen ist. Oft jedoch erst dann, wenn der Hammer festsitzt. Nun wird in der Regel in den Auspuff des Ham-mers Öl geschüttet und auch nicht zu wenig. Doch ist diese gutgemeinte Schmie-rung nicht von langer Dauer. Die aus-puffende Luft reißt natürlich den größten Teil des Öles wieder mit ins Freie. Nach dem Bohrerhalter und der Umsatzvor-richtung, die einer Schmierung gerade am

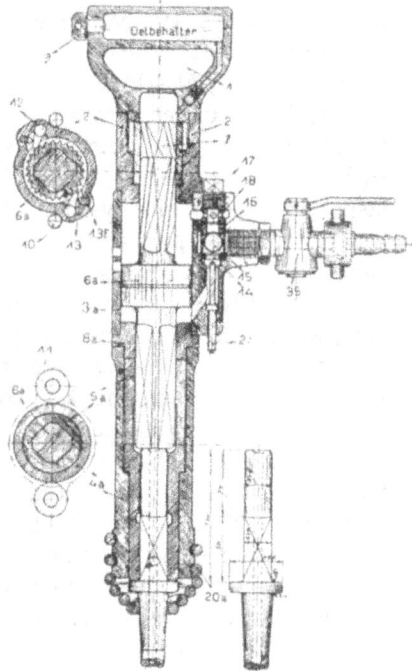

Abb. 229.

notwendigsten bedürfen, ist nur sehr wenig oder gar kein Öl gelangt. Die Folge dieser ungenügenden Ölung macht sich natürlich in starkem Verschleiß der Hammerteile und in kostspieligen Reparaturen bemerkbar. Um diesem tatsächlich bestehenden Übelstand abzuhelfen, hat die Maschinenfabrik Sürth den Handgriff des Bohrhammers als selbsttätigen Öler ausgebildet, dessen einmalige Füllung für einen mehrstündigen Bohrbetrieb ausreicht. Wie aus Abb. 229 ersichtlich, ist der Handgriff hohl und als Sammelbehälter aus-gebildet, von welchem aus das Öl, und zwar nur beim Arbeiten des Hammers in den Zylinder bzw. in den Luftstrom gelangen kann, wodurch es gleichmäßig allen arbeitenden Teilen des Hammers zugeführt wird. Die Größe des Ölraumes ist so bemessen, daß unter normalen Verhältnissen eine Füllung ausreicht, um während der Arbeitsschicht den Hammer ausreichend

zu ölen. Praktische Versuche haben bewiesen, daß zum Ölen des Bohrhammers nur eine sehr geringe Ölmenge erforderlich ist. Es muß nur gesorgt
werden, daß das Öl in genügend kleinen Quantitäten gleichmäßig dem
Hammerinneren zugeführt wird. Ein hoch beanspruchter Steinbruchsbohr-
hammer braucht nach eingehenden Versuchen arbeitstäglich nicht mehr wie
50 g Öl. Der Fassungsraum im Handgriff nimmt ca. 60 g Öl auf, so daß
noch eine kleine Reserve vorhanden ist

Wie bei allen Ölern für Preßluftwerkzeuge setzt auch dieser voraus,
daß dem Öl ein kleiner Prozentsatz Petroleum beigemischt wird. Hierdurch
wird verhindert, daß das Öl verharzt und dieses Harz die kleine Schmier-
öffnung verstopft. Nach den angestellten Versuchen hat sich eine Mischung,
die aus etwa $3/4$ Maschinenöl und $1/4$ Petroleum besteht, am besten bewährt.

Nach den an den verschiedenen Stellen gemachten Versuchen geht durchschnittlich der Ölverbrauch bei Verwendung des patentierten Griffölers auf
$1/4$ bis $1/5$ des vorher benötigten Bedarfes zurück. Weiter ist mit dieser Öl-
ersparnis die Gewähr verbunden, daß alle Teile ausreichend geschmiert
werden. Dementsprechend ist der Verschleiß der Einzelteile geringer und die
Reparaturen verringern sich in demselben Maße.

Wie jedem Fachmann bekannt ist, hat sich in Steinbrüchen und überall
dort, wo mit Preßlufthämmern und Hohlbohrern gearbeitet wird, als Nachteil
herausgestellt, daß die sog. selbsttätige Spülung für das Niederbringen tiefer
Bohrlöcher nicht ausreicht. Dies trifft hauptsächlich beim Bohren tiefer Löcher
in hartem und dann in feuchtem Gestein zu. Wenn hier der Bohrer eine gewisse
Bohrlochtiefe erreicht hat, so hört das Ausblasen des Bohrmehles auf, das
feuchte Bohrmehl legt sich über die Bohrerschneide herum fest und in kurzer
Zeit ist der Bohrer derartig festgeklemmt, daß er auch unter Anwendung
größter Gewalt nicht mehr frei zu bekommen ist. Die ganze Bohrarbeit war
in diesem Falle umsonst geleistet. In der Regel muß ein neues Bohrloch
angefangen werden. Der Übelstand ist lediglich darauf zurückzuführen, daß
die selbsttätige Spülung, also die Spülung, welche bei jedem Kolbenrückgange,
dann aber auch zum Teil bei jedem Kolbenvorgange selbsttätig durch den
Arbeitskolben erfolgt, nicht so stark gemacht werden kann, um auch unter
schwierigen Verhältnissen das Bohrloch rein zu halten.

Auch hier ist es der Maschinenfabrik Sürth gelungen, eine Neuerung
zu schaffen.

Das Prinzip der Erfindung besteht darin, daß durch einen Hebel oder
durch einen Ventilstift beliebiger Art das Steuerventil in eine solche Lage
gebracht wird, daß die ganze zur Verfügung stehende Luftmenge nach dem
Bohrer geleitet wird. Tatsächlich ist diese Spülung so stark, daß beispielsweise ein
4 m tiefes Bohrloch, welches bis oben hin mit Bohrmehl, feuchtem Sand
u. dgl. festgestampft worden war, in einem Augenblick durch Betätigung der
Spülung sauber geblasen werden konnte. Was dies bedeutet, wird nur der
ermessen, der in seinem Bruch ständig tiefere Löcher herzustellen hat und
der weiß, wie oft die eigentliche Bohrarbeit unterbrochen werden muß, um das

Bohrloch mittels des Schlauches und eines an diesen angeschlossenen Bohr-
stückes auszublasen. Bei vorgenannter Erfindung wird die Bohrarbeit nur
auf Sekunden unterbrochen. Der bedienende Arbeiter drückt nur einen
Augenblick auf den Hebel bzw. auf den Ventilstift, und das Loch wird sofort
saubergeblasen. Es hat sich gezeigt, daß es zweckmäßig ist, vielleicht alle 3
bis 4 Minuten die Spülung in der vorgeschriebenen Weise zu betätigen. Oft
genügt es, wenn nach erfolgtem Abbohren des Bohrers eine Spülung erfolgt.

Mit Hilfe dieser Spülung ist es möglich, auch in schwierigem Gestein Bohrlöcher von 4 bis 6 m Tiefe herzustellen,
ohne befürchten zu müssen, daß der Bohrer
versagt. Eine weitere Folge dieser Spülung
ist ein nahezu gleichmäßig schnelles Niederbringen des Bohrloches, da der Bohrer
auch bei der größten Lochtiefe nicht durch
das Bohrmehl behindert wird.

Als Verbesserung bei den Sürther
Bohrhämmern muß auch die Kolbenform
angeführt werden. Wie aus der Abbildung
ersichtlich, besteht das Vorder- und Hinter-
teil des Schlagkolbens aus vierkantigen
Zapfen. Diese vierkantigen Zapfen können
sehr genau hergestellt werden, nutzen sich
außerordentlich wenig ab, und da sie glatt
geschliffen werden können, ist die Rei-
bungsarbeit eine außerordentlich geringe.

Abb. 230 veranschaulicht einen Sürther Bohrhammer ohne selbsttätigen Umsatz, wie er in Hartgesteinen vorzugsweise
Verwendung findet. Die Umsetzung erfolgt
durch einfaches Hin- und Herdrehen des

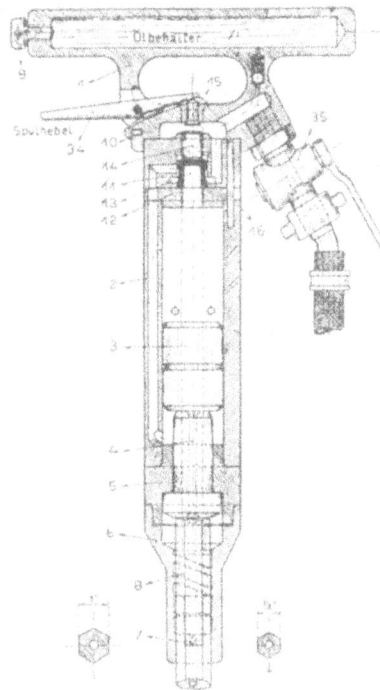

Abb. 230.

Handgriffes durch den Arbeiter selbst. Der Handgriff ist dadurch entsprechend größer ausgebildet worden, und der Ölraum konnte so groß gehalten
werden, daß die Füllung für einen mehrtägigen Betrieb ausreicht. Die Spülung
ist in analoger Weise wie bei dem vorher beschriebenen Hammer ausgebildet
worden. Durch Anziehen des Spülhebels, Pos. 34, wird das Steuerventil in
die untere Lage gebracht, wodurch die Frischluft ebenfalls auf die Unterseite
des Zylinders und von hier durch den hohlen Zwischenkolben nach dem Hohlbohrer und durch diesen auf die Bohrlochsohle gelangen kann. Die Bohrein-
steckenden brauchen hier in keiner Weise bearbeitet zu werden. Als Bohrer
dienen in der Regel $1''$ bzw. $7/8''$ Sechskantstähle. Das Einsteckende wird an
der Schlagfläche lediglich gerade gefeilt. Das lästige Anstauchen eines Bohrer-
bundes oder eine besondere Formgebung des Einsteckendes ist nicht erforderlich. Als Bohrerschneiden werden ausschließlich Kronenschneiden verwendet,

die neben dem Vorzug einer leichten Herstellbarkeit noch den Vorzug besitzen, daß sie sich in hartem Gestein verhältnismäßig wenig abnutzen.

Höchst erfreulich ist es, daß die deutsche Preßluftindustrie gerade in Bohrhämmern und Gesteinsbearbeitungsmaschinen sich vom Auslande nicht nur völlig unabhängig gemacht hat, sondern daß sie sich ohne Zweifel — schon vor dem Kriege — auf dem Weltmarkt eine führende Stellung erringen konnte. Es gibt keine einzige ausländische Marke in diesen Werkzeugen, die qualitativ an die weltbekannten Werkzeuge der verschiedenen deutschen Spezialfirmen heranreicht. Auch in den Stoßbohrmaschinen war die Überlegenheit der deutschen Fabrikate schon vor Jahren anerkannt und unbestritten, wie u. a. der Sieg der Deutschen Maschinenfabrik beim Südafrikanischen Wettbohren seinerzeit erkennen ließ. Die Überlegenheit der deutschen Industrie auf diesem Gebiete läßt sich also nicht ableugnen.

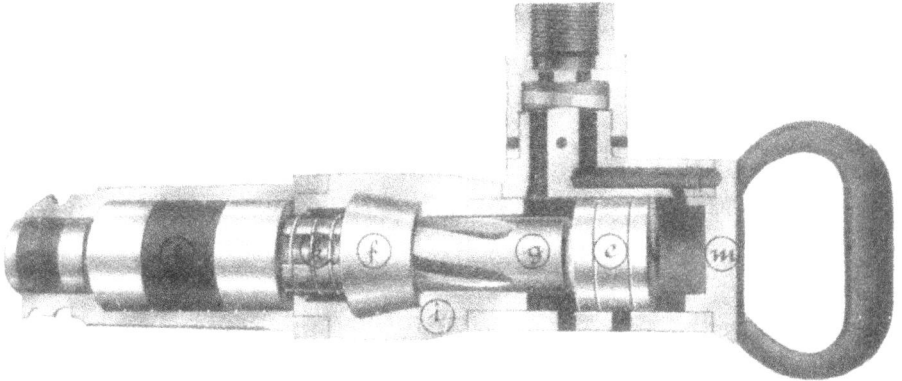

Abb. 231. Neuartiger Bohrhammer.

Die Schlagwirkung der Bohrhämmer beruht fast ausnahmslos auf ein und demselben Prinzip. Die Steuerungsweise, von der schon im vorigen Kapitel die Rede war, hat sich gut bewährt, und es ist kaum anzunehmen, daß nach dieser Richtung hin noch umwälzende Neuerungen aufkommen werden.

Unter Beibehaltung des Prinzips ist es nun aber G. Düsterloh, Sprockhövel, gelungen, eine neue Steuerung auf den Markt zu bringen, die wesentlich einfacher ist als die bisher bekannten, weil sie nur aus einem einzigen Teil, aus einer Scheibe besteht.

Die Konstruktion der Steuerung ist aus Abb. 213 zu ersehen. Der übliche Stutzen *a* des Bohrhammerzylinders hat eine dachförmige Abplattung, auf deren Schneide die Steuerscheibe *s* liegt. Der Stutzen *a* hat zwei getrennte Bohrungen, von denen die eine vor und die andere durch einen Längskanal hinter dem Kolben mündet. Die Steuerscheibe *s* wird durch die Muffe gehalten. Da die Steuerscheibe als auch der Stutzen gehärtet sind, ist ein Einschlagen der Scheibe oder eine Verbreiterung des Schlitzes zwischen Scheibe und Stutzen ausgeschlossen. Der Luftverbrauch bleibt also auch bei längerem Gebrauch der Hämmer derselbe.

Diesen Vorteil besitzen die bisher bekannten Bohrhammersteuerungen nicht, da die ringförmigen Ventilsitze oder Aufschlagflächen sich bei der Kugel-, Doppelkegel- oder Plättchensteuerung recht bald einschlagen, den Hub des Steuerventils und somit den Luftverbrauch des Hammers vergrößernd. Durch Messungen des Luftverbrauchs an alten Hämmern kann sehr leicht festgestellt werden, daß der Luftverbrauch pro Minute bis zu 300 l bei 5 Atm. Druck beträgt, während ein neuer Hammer nur 150 bis 180 l verbraucht. Was dieser Mehrverbrauch an Preßluft wirtschaftlich bedeutet, zeigt folgende Überschlagsrechnung.

Nehmen wir an, auf einer Zeche sollen 100 alte Bohrhämmer im Betrieb sein, die durchschnittlich 100 l Preßluft von 4 Atm. pro Minute mehr verbrauchen wie neue Hämmer. Die Hämmer sollen bei 300 Arbeitstagen durchschnittlich 2 Stunden täglich arbeiten, und die Kosten für 1 cbm angesaugte Luft des Kompressors sollen nur 3 Pfennig betragen.

(100 l von 4 Atm. gleich 0,50 cbm angesaugte Luft.) Dann stellt sich der Mehrverbrauch an Luft auf $100 \cdot 60 \cdot 2 \cdot 300 \cdot 0,5 = 1800000$ cbm angesaugte Luft.

Die Mehrkosten bei 3 Pf. pro cbm auf 54000 M. pro Jahr.

Die vorliegende Scheibensteuerung bedeutet somit eine exakte Begrenzung des Luftverbrauchs für die ganze Lebensdauer des Werkzeugs und wird auch wohl die Begrenzung einer weiteren Vervollkommnung der Schlagwirkung sein.

Nicht so einfach und darum auch nicht so gleichartig ist dagegen die zweite Arbeitsleistung des Bohrhammers: die Umsetzung des Bohrers gestaltet. An sich nicht so leicht lösbar, hat diese Aufgabe die Erfinder seit langem beschäftigt. In der Praxis haben sich nur zwei Ausführungen bewährt, und zwar die Umsetzvorrichtung mit besonderer Drallspindel und Sperrad, die hinter dem Schlagkolben liegt und eine Vorrichtung, bei der die Drallnuten auf dem verlängerten Kolbenhals angeordnet sind. Beide Arten haben als Sperrmittel das Sperrad sowie Sperrklinken, Bolzen und Federn für die einseitige Sperrung beibehalten, wie sie bei den stoßenden Bohrmaschinen üblich war.

Auch auf diesem Gebiete bringt der Bohrhammer der Firma Düsterloh eine praktische Neuerung. Es fallen hierbei die erwähnten Sperräder, Sperrklinken, Bolzen und Federn fort, wodurch die Konstruktion und Wirkungsweise der Umsetzvorrichtung vereinfacht und die Betriebssicherheit des Bohrhammers erhöht wird.

Die neue Art der Umsetzvorrichtung besteht aus einer konischen Reibungskupplung. Der Kolben e wird in üblicher Weise durch das gesteuerte Betriebsmittel hin und her bewegt. Beim Schlaghub des Kolbens e wird die lose Drallmutter f, die als Konus ausgebildet ist, durch die Drallzüge des Kolbenhalses g etwas angelüftet und gedreht.

BeimRückhub desKolbens wird sie zurückgezogen und durch die Feder *c* in die konische Bohrung des Gehäuses *i* festgeklemmt.

Hierbei tritt ein Teil der Preßluft, die den Kolben zurückwirft, durch die Kanäle *m* und *n* hinter den Kragen der Drallmutter und unterstützt die Feder *c* beim Festklemmen des Konusses, so daß der Kolben sich jetzt drehen muß.

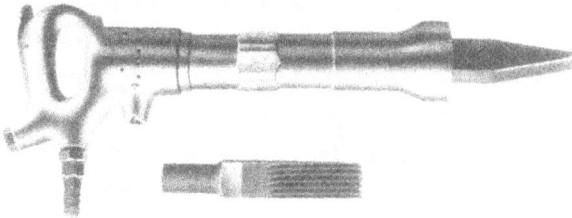

Da an dem äußersten Ende des Kolbenhalses die Längsnuten gerade geführt sind und in entsprechende Längsnuten der Vierkantbüchse *l* eingreifen, wird die Büchse und damit auch der Bohrer umgesetzt.

Abb. 232. Keillochhammer und konischer Keilmeißel.

Neuerdings macht sich in den Steinbruchbetrieben eine lebhafte Nachfrage nach pneumatischen Keillochhämmern bemerkbar. Und mit Recht, denn diese Spezialwerkzeuge sind für viele Betriebe von unschätzbarem Wert.

Vordem wurden große Blöcke und Steine auf zweierlei Art gespalten. Man fertigte die Keillöcher von Hand mit Hilfe eines Spitzeisens und trieb dann den Stein mittels konischer Stahlkeile auseinander. Die letzteren wurden mit einem schweren Handhammer von etwa 10 kg Gewicht eingeschla-

Abb. 233. Keillochhammer in Tätigkeit.

gen. Oder aber man bohrte runde Löcher und schuf durch Einlegen von Eisenplatten ein einigermaßen kantiges konisches Loch zum Eintreiben der Stahlkeile. Bisweilen half man sich auch einfach mit runden Stahlkeilen. Im ersteren Falle konnten aber nur selten geradlinige Spaltungen erreicht werden, im letzteren wohl überhaupt nicht!

Der Keillochhammer mit konischem Meißel und kräftigem Vierkantschaft ist speziell zur Herstellung von konischen Löchern konstruiert. Die letzteren können von Hand nicht im entferntesten so gleichmäßig in den Stein eingearbeitet werden wie mit dem Preßlufthammer. Von der Gleichmäßigkeit der Keillöcher ist jedoch die geradlinige, saubere Spaltung der Steinblöcke abhängig! Die Anfertigung der Löcher von Hand erfordert viel Zeit und Mühe; man braucht beispielsweise bei hartem Gestein zur Fertigstellung eines einzigen Lochs 30 bis 40 Minuten. Der

Abb. 234. Rasche Wirkung des Keillochhammers.

Keillochhammer schafft dies in durchschnittlich 8 Minuten! Dabei muß nochmals betont werden, daß die Keillöcher von Hand niemals so sauber und gleichförmig hergestellt werden können. Hieraus ergibt sich wiederum, daß zur Spaltung der Blöcke beim Arbeiten mit dem Preßlufthammer weniger Keillöcher notwendig sind als bei der Handarbeit. Genügen zur einwandfreien, tadellos geradlinigen Spaltung eines großen Blocks im Gewicht von 30000 kg beispielsweise je vier Längs- und Querkeile, wenn die Löcher mit dem Preßlufthammer eingearbeitet wurden (siehe die Abb. 233 u. 234), so wären hierfür mindestens vier Keile mehr notwendig gewesen, wenn die Keillöcher von Hand hergestellt worden wären. Tatsächlich treiben die Keile im ersteren Falle um 30 bis 50% besser!

Die Zeitersparnis liegt auf der Hand! Der durch die geradlinige, saubere Spaltung errungene Nutzen für die Verwertung der Steine ist frappant.

Abb. 235. Preßlufthammer für Bildhauerarbeit.

Die Keillochhämmer gleichen vielfach in Konstruktion einem normalen schweren Niethammer, nur pflegt man den sehr stark beanspruchten Zylinder, um seine Haltbarkeit zu erhöhen, im unteren Teil wesentlich zu verstärken.

Auch die weitere Bearbeitung der Steine, z. B. das Stocken, Scharrieren, Planen, Behauen usw., wird mit Preßlufthämmern vorteilhaft bewerkstelligt. Für die groben Arbeiten kommen gewöhnliche Stemmhämmer in Betracht, wie sie auch in der Metallindustrie verwandt werden. Für feinere Arbeiten lassen sich kleine Hämmer gut gebrauchen, deren Schlagkraft durch Drosselung der Einlaßkanäle in nötigem Grade gemäßigt werden kann. Die Hämmer sind dann für Steinmetz- und Bildhauerarbeiten trefflich geeignet.

Auch sollen schließlich die pneumatischen Hebezeuge und Winden als nützliche Helfer auch an dieser Stelle nochmals erwähnt werden.

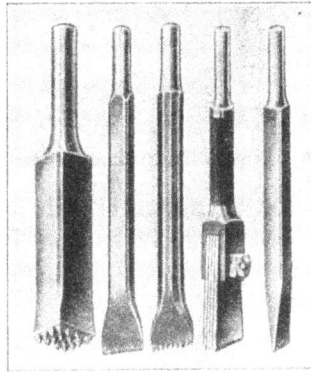

Abb. 236. Werkzeuge zur Steinbearbeitung.

Elektro-pneumatische und elektrische Werkzeuge.

Es mag zuerst etwas eigenartig erscheinen, im Rahmen dieses Preßluft-buchs elektrische Maschinen zu besprechen. Aber offenbar kommen die ehemals so feindlichen Brüder — die Preßluft und die Elektrizität — sich langsam näher. Sie haben wohl eingesehen, daß sie sehr wohl nebeneinander arbeiten können und daß für jeden ein genügend großes Arbeitsfeld vorhanden ist. Die freundschaftliche Annäherung wird bewiesen durch die Tatsache, daß die neuartigen, sog. elektro-pneumatischen Apparate ihre Existenzberechtigung schon praktisch durchgesetzt haben.

An dieser Stelle von den elektrischen Drehbohrmaschinen zu sprechen, hieße angesichts ihrer ungeheuren Verbreitung Eulen nach Athen tragen. Also lassen wir sie beiseite. Was im Rahmen dieses Kapitels besonders interessiert, das sind dagegen die elektrischen Schlagwerkzeuge. Die Versuche, auf diesem Gebiete ein brauchbares und leistungsfähiges Werkzeug auf den Markt zu bringen, reichen weit zurück. Bedeutende Elektrizitätsfirmen, wie Dr. Max Levy, haben keine Mühen und Kosten gescheut, um dem Preß-lufthammer ein ebenbürtiges Konkurrenzwerkzeug entgegenzustellen. Es ist nicht ausgeschlossen, daß dies noch gelingen wird.

Abb. 237. Nietarbeit.

Der Gedanke, der Preßluft Konkurrenz zu machen, liegt sehr nahe und wird in den Vordergrund gerückt durch die Tatsache, daß die pneumatischen Werkzeuge, wie bekannt ist, im großen und ganzen recht unwirtschaftlich arbeiten. Daß sich der pneumatische Betrieb nichtsdestoweniger so vorzüglich rentiert, ist auf die außerordentliche Leistungsfähigkeit der Preßluftwerkzeuge zurückzuführen. Immerhin ist der Druckluftbetrieb für den kleinen Unternehmer, der vielleicht nur einen einzigen Schlaghammer benötigt, schon deshalb nicht am Platze, weil für diesen einzigen Hammer eine vollständige Druckluftanlage mit dem kostspieligen Kompressor, mit Windkessel, Rohrleitungsnetz usw. angeschafft werden muß! So ist es ganz klar, daß man seit langem nach einem Ersatz gesucht hat. Und es sind im Laufe der Zeit schon alle möglichen Gestalten von elektrischen Werkzeugen den Köpfen der Konstrukteure entsprungen.

Man hat z. B. versucht, die Zugkraft von Elektromagneten zum unmittelbaren Hervorbringen von Schlagwirkungen zu benutzen. Die Schwierigkeit besteht nur darin, daß der Erregerstrom nach jedem Schlag wieder ausgeschaltet werden muß, wobei starke Funken entstehen, die die Kontaktstücke bald zerstören. Den besten Erfolg hatte bisher das System Depoele, bei welchem durch Kombination eines Gleichstromfeldes mit einem Wechselfeld niedriger Frequenz ein in einem Solenoid hin und her wanderndes Feld erzeugt wird. Die Einrichtung ist jedoch ziemlich kompliziert, und das System gestattet es nicht, ganz leichte Handwerkzeuge herzustellen, weshalb die Konstruktion vorwiegend für elektrische Bergwerks-Bohrmaschinen (Tunnelbohrmaschinen) Anwendung gefunden hat.

L. Schüler hat nun bei seinen Versuchen, einen Elektromagneten unmittelbar zur Ausübung von Schlagwirkungen zu benutzen, die oben erwähnte Schwierigkeit der Funkenbildung mit Erfolg vermieden. Bei diesem System dient zum Betriebe des Hammers Wechselstrom. In den Stromkreis wird eine synchrone Unterbrechervorrichtung eingebaut, die aus einem

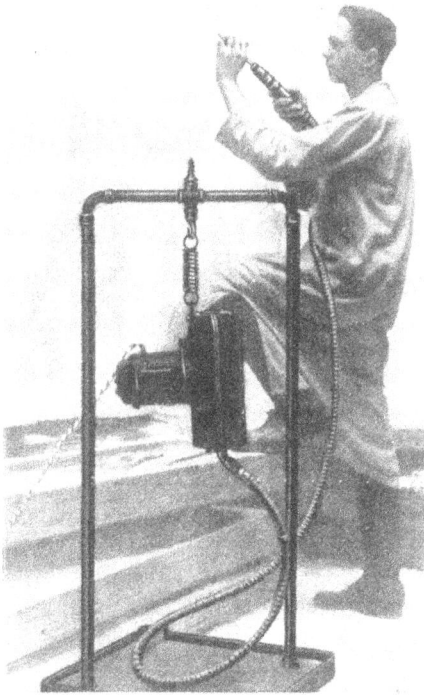

Abb. 238. Der elektro-pneumatische Bildhauer-Hammer.

kleinen Synchronmotor besteht, der eine Kontaktscheibe antreibt. Die Anordnung ist nun so getroffen, daß der Strom immer im Nullpunkt des Wechselstroms ein- und ausgeschaltet wird. Für den eigentlichen Schlag des Hammers wird immer eine Wechselstromperiode benutzt, und der Stromkreis bleibt dann während der folgenden zwei Perioden unterbrochen. Während dieser Zeit wird der Anker des Elektromagneten durch eine Feder in die Anfangsstellung zurückgezogen. Der Hammer macht bei 50 Perioden 16 bis 17 Schläge in der Sekunde. Der Anker oder Schläger ist an einer Welle befestigt, die ihrerseits zwischen starken Stahlspitzen gelagert ist. Der Anker führt eine schwingende Bewegung aus, wobei die Reibungsverluste sehr gering sind. Das Gewicht eines solchen Hammers beträgt rd. 6 kg, er ist also nicht schwerer und nicht unhandlicher als ein kleiner Preßluft-Meißelhammer. Der letztere allerdings macht annähernd 2000 Schläge in der Minute, wogegen es der elektromagnetische Hammer nur auf etwa die Hälfte bringt. Er kann also hinsichtlich der Schlagzahl und Schlagkraft mit dem rein pneumatischen Hammer vorerst nicht konkurrieren. Dafür aber bietet er den Vorzug, daß man ihn an jede elektrische Leitung anschließen kann und keine teure Preßluftanlage braucht. Er wäre also das gegebene Werkzeug für den Kleinbetrieb. Zumal der Wirkungsgrad dieses elektrischen Werkzeugs ungefähr 60 % betragen soll.

Es erscheint angebracht, in Gegenüberstellung einen elektrischen Schlaghammer zu beschreiben, der von der amerikanischen Diamond Blower Co. fabriziert wird:

Der Elektromotor a, s. Abb. 239, wird durch Niederdrücken der Taste b im Innern des Handgriffes c in Gang gesetzt und überträgt seine Drehbewegung mittels eines Zahnradgetriebes auf eine Hülse d, in deren unterem Teil sich ein Doppelnocken e befindet. Dieser Nocken ist in der Mitte durchbohrt und nimmt den mit 2 Ansätzen f versehenen Teil des Hammers g auf. Die Ansätze gleiten auf dem Nocken und betätigen auf diese Weise die auf und nieder gehende Bewegung des Hammers, der durch eine kräftige Schraubenfeder stets in seine untere Lage gedrückt wird. Damit der Hammer die Drehbewegung nicht mitmacht, hat er an der Stelle, wo er die Gehäusewand durchdringt, viereckigen Querschnitt. Das ganze Werkzeug ist sorgfältig eingekapselt; alle umlaufenden Teile mit Ausnahme des Zahnradgetriebes sind auf Kugeln gelagert. Der Motor ist für 5000 bis 6000 Uml/Min. bemessen, damit er genügend klein und leicht wird. Der Hammer arbeitet mit 2000 bis 4000 Schlägen in der Minute. Statt des Hammers läßt sich ohne weiteres ein Meißel in den unteren Teil der Kapsel einsetzen. Ferner kann das Werkzeug auch noch als Bohrmaschine verwendet werden, indem an Stelle der Hülse d ein mit Innenverzahnung versehener glockenförmiger Teil h, Abb. 240, der die Bohrspindel i mit dem Bohrfutter trägt, auf das Zahnradgetriebe geschoben und durch das Gehäuse k eingekapselt wird. Mit der Maschine können Löcher bis rd. 14 mm Durchm. gebohrt werden. Durch Einspannen einer kleinen Schleifscheibe läßt sich das Werkzeug endlich noch als Schleifmaschine benutzen. (Zeitschr. des Vereins deutscher Ing., Dez. 1921.)

Schon im Jahre 1893 wurde von der Firma Siemens & Halske eine elektrische Kurbelstoßmaschine eingeführt, bei welcher der den Kolben tragende Stoßkolben von einer Kurbel unter Zwischenschaltung von stark gespannten Federn angetrieben wurde. Der Antrieb dieser Maschine erfolgte von einem räumlich getrennten und mit der Maschine durch eine biegsame Welle ver-

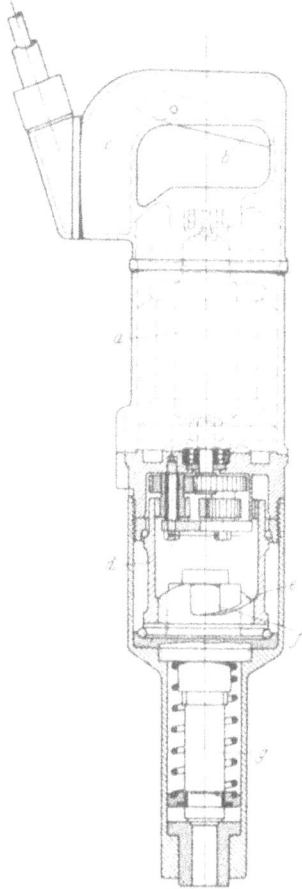 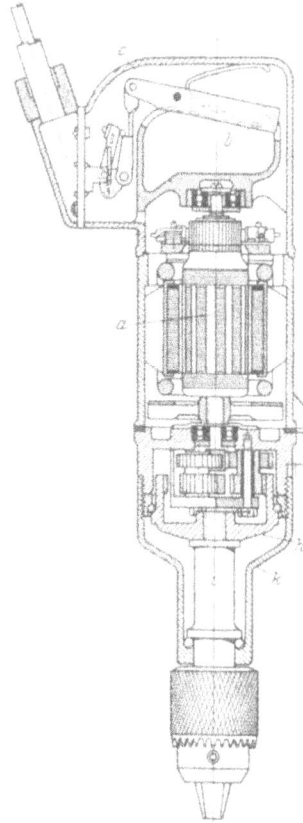

Abb. 239.   Abb. 240.

bundenen Motor aus. Im Jahre 1902 wurde dann eine Kurbelstoßbohrmaschine auf den Markt gebracht, bei welcher der Motor unter Wegfall der biegsamen Welle unmittelbar an der Bohrmaschine befestigt ist. Diese Maschine wird als Motorkurbelstoßbohrmaschine bezeichnet.

Die Konstruktion ist folgende:

Von dem Motor wird mittels eines Stirnradvorgeleges eine doppelt gelagerte, mit Schwungrad versehene Kurbelwelle angetrieben, welche ihrerseits durch eine Kurbelschleife einen Schlitten hin und her bewegt. In diesem

Schlitten sind zwei Arbeitsfedern eingespannt, und zwar so stark, daß auch beim vollständigen Zusammendrücken der einen Feder die andere nicht ganz entspannt und lose werden kann. Diese beiden Federn umgeben den Stoßkolben, der in einer vorderen und hinteren Büchse geführt wird, und halten die auf demselben drehbar, aber nicht längsverschiebbar angebrachte, mit Flansch versehene Stoffbüchse zwischen sich fest.

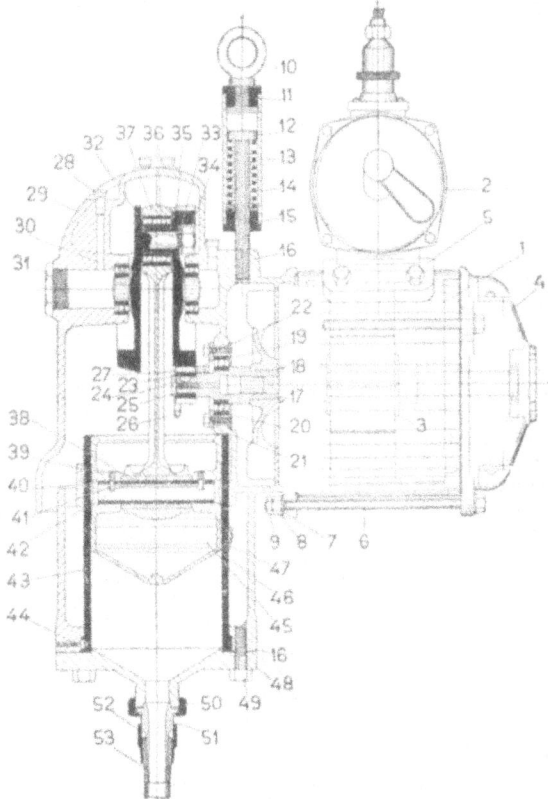

Abb. 241. Motorluftpumpe des elektro-pneumatischen Feinhammers.

Das Schwungrad soll die starken Stöße des Stoßkolbens aufnehmen, um diese nicht über die Zahnräder hinweg zum Antriebsmotor fortzupflanzen. In das Schwungrad ist außerdem eine Reibungskupplung eingebaut und so eingestellt, daß bei der höchsten zulässigen Beanspruchung der Maschine die Kupplung noch nicht gleitet. Das Umsetzen des Bohrers erfolgt mittels Drall in bekannter Weise. Der Energieverbrauch dieser Maschine ist praktisch unabhängig von der Gesteinsart. Der Energieverbrauch ist gering und beträgt etwa 1 KW, das ist also ca. 1¼ PS.

Im Granit ist die Leistung bei 35 mm Durchm. 5 bis 10 cm in der Minute.

Bei den drehenden Bohrmaschinen erfolgte früher der Antrieb der Spindel durch eine biegsame Welle. Die größere Motorgeschwindigkeit wurde durch Zahnradübersetzung reduziert. In neuerer Zeit bauen die Siemens-Schuckert-werke auch Drehbohrmaschinen mit direkt angebautem Motor (Motordrehbohr-maschine). Auch hier erfolgt der Antrieb der Bohrspindel durch Zahnrad-übersetzung. Diese Maschinen eignen sich nur für weiches Gestein und haben namentlich in Minettegruben und Salzbergwerken eine größere Verbreitung gefunden.

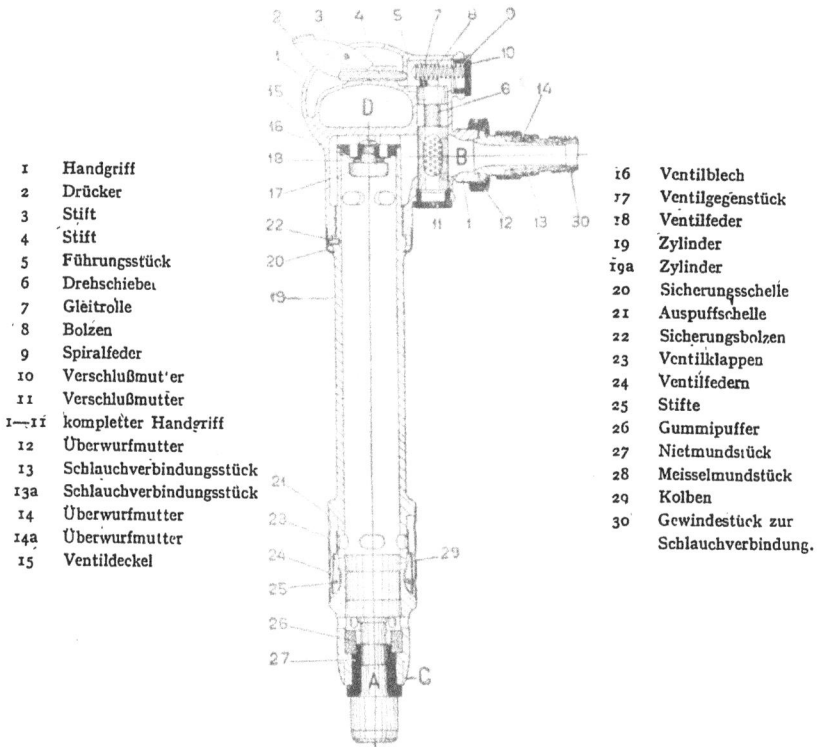

1	Handgriff		16	Ventilblech
2	Drücker		17	Ventilgegenstück
3	Stift		18	Ventilfeder
4	Stift		19	Zylinder
5	Führungsstück		19a	Zylinder
6	Drehschieber		20	Sicherungsschelle
7	Gleitrolle		21	Auspuffschelle
8	Bolzen		22	Sicherungsbolzen
9	Spiralfeder		23	Ventilklappen
10	Verschlußmutter		24	Ventilfedern
11	Verschlußmutter		25	Stifte
1—11	kompletter Handgriff		26	Gummipuffer
12	Überwurfmutter		27	Nietmundstück
13	Schlauchverbindungsstück		28	Meisselmundstück
13a	Schlauchverbindungsstück		29	Kolben
14	Überwurfmutter		30	Gewindestück zur
14a	Überwurfmutter			Schlauchverbindung.
15	Ventildeckel			

Abb. 242. Niethammer.

Vor Kriegsausbruch erschien die Ingersoll Sergeant Drill Co., von der in diesem Buche schon mehrfach die Rede war, auch auf dem deutschen Markt mit einer elektropneumatischen Gesteinsbohrmaschine, deren Wir-kungsweise auf dem System hin und her schwingender Luftsäulen beruht.

Diese Luftsäulen stoßen in den vorderen bzw. hinteren Zylinderraum der Bohrmaschine vor und bewegen den Schlagkolben hin und her. Zum Antrieb ist ein Elektromotor erforderlich, der mittels Zahnradgetriebes eine doppelt gekröpfte Kurbelwelle des sog. Wechseldruckerzeugers oder Pulsators antreibt. In den beiden nebeneinander liegenden Zylindern des Pulsators bewegen sich zwei gegenläufige, einseitig wirkende Tauchkolben, von denen der eine als Stufenkolben ausgebildet ist. Der dadurch entstehende kleine, ringförmige Zylinderraum dient als Hilfsluftpumpe. Die beiden Arbeitsräume des Pulsators sind mit der eigentlichen Bohrmaschine durch zwei Schläuche verbunden, die 2,5 bis 3 m lang sind. Die Arbeitsräume des Pulsators bilden demnach mit Hilfe der sie verbindenden Luftschläuche zwei abgeschlossene Lufträume, in welchen die beiden Luftsäulen pulsieren. Der Pulsator mit dem Elektromotor befindet sich auf einem leichten Wagengestell und wird mühelos im Verein mit der Stoßbohrmaschine dem Fortgang der Arbeit entsprechend transportiert. Der Wirkungsgrad dieser elektropneumatischen Gesteinsbohrmaschine soll sehr günstig sein; ihr Kraftverbrauch beträgt nur etwa ein Drittel von dem einer normalen rein pneumatischen Maschine! Ähnlich wirkende elektropneumatische Gesteinsbohrmaschinen werden neuerdings von der Flottmann-Preßluftgesellschaft vertrieben; hergestellt werden sie von C. & E. Fein nach einem Patent Berners.

Auf dem Gebiete der elektropneumatischen Werkzeuge ist die Firma C. und E. Fein, Stuttgart, tonangebend geworden! Sie hat nicht nur Meißel- und Stemmwerkzeuge herausgebracht, sondern auch Niethämmer. Der sog. Fein-Hammer besteht aus einer kleinen ortsbeweglichen Luftpumpe, mit der das eigentliche Schlagwerkzeug durch einen Schlauch verbunden ist. Die Schlagwirkung kommt dadurch zustande, daß die in den Zylindern und im Schlauch zwischen Pumpen- und Hammerkolben eingeschlossene Luft durch den einfach wirkenden Pumpenkolben abwechselnd verdünnt und verdichtet wird. Dadurch wird der Hammerkolben angesaugt und abgestoßen und ist gezwungen, den Bewegungen des ersteren im Gleichtakt zu folgen. Die Pumpe wird durch einen Elektromotor angetrieben, sie wird nahe an dem Schlaghammer entweder in einem fahrbaren Gestell oder auch nach Belieben an einem selbstgefertigten oder vorhandenen Gerüst aufgehängt. Der Hammer selbst wird ganz ähnlich gehandhabt wie ein Preßlufthammer. Der Verbindungsschlauch darf nicht länger als 2 resp. 4 m lang sein! Der eminente Vorteil der elektropneumatischen Hämmer ist wiederum darin zu suchen, daß die kostspielige Kompressoranlage mit dem ganzen Rohrleitungsnetz in Wegfall kommt. Die elektropneumatischen Hämmer der Firma Fein sind gebaut nach dem Patent Berner; man soll mit ihnen nicht allein stemmen und meißeln, sondern auch nieten können, und zwar wird eine Nietstärke bis zu 30 mm angesetzt!

Die zur Verwendung kommende Motorluftpumpe ist eine ganz gewöhnliche Kolbenpumpe ohne jegliche Saug- oder Druckventile und wird mit einem Elektromotor -1 beliebiger Stromart angetrieben. Der Anbau des Motors ist so konstruiert, daß jeder Laie den Motor gegen einen anderen auswechseln kann. Der Antrieb der Pumpe durch den Motor geschieht mittels des auf der Motorwelle sitzenden Ritzels 23 und des Kurbelgetriebes (Kurbelzahn 35 und Schwungrad 32). In der oberen Totlage des Pumpenkolbens 39 wird atmosphärische Luft in den Zylinder 43 eingesaugt, während des Kompressionshubes durch den am Zylinderdeckel 48 angeschlossenen Schlauch 53 in die Hammerpistole getrieben, wo sie den Pistolenkolben nach unten schleudert ünd nach dessen Aufschlagen auf dem Werkzeug durch die am unteren Pistolen-zylinder angebrachten Auspuffventilklappen entweicht, damit bei Rückgang des Pumpenkolbens eine Saugspannung entsteht, die den Pistolenkolben wieder hochsaugt. Dieser Vorgang wiederholt sich ca. 600 mal und entspricht also der Schlagzahl des Hammers. Um die durch die Schwungräder nicht ganz ausgeglichenen Schwingungen des Pumpenkolbens mit. Pleuelstange aufzufangen, ist die Pumpe mit einer federnden Aufhängevorrichtung *10—15* versehen (s. Abb. 241).

Der Verbindungsschlauch ist normal 2 m und dient dazu, die Luftschwin-gungen der Pumpe auf den Pistolenkolben zu übertragen.

Die Hammerpistole selbst be-steht aus drei Hauptteilen: Dem Handgriff *1* mit Einlaßschieber *6*, dem Zylinder *19* mit Regel- und Aus-

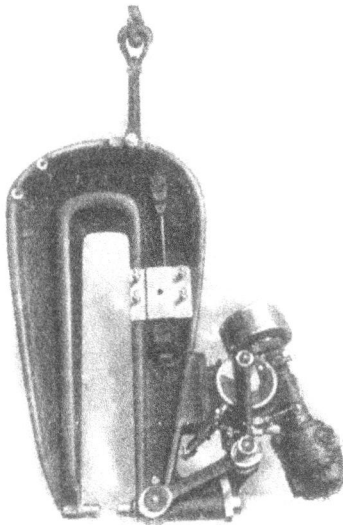

Abb. 243. Nietmaschine mit elektrischem Antrieb, mit großer Ausladung und einfachem Aufhängebügel, umgehängt für wagerechte Nietungen.

Abb. 244. Nietmaschine mit elektrischem Antrieb, mit Ganz-Universal-Aufhängung. (Fabr. Leipziger Maschinenbaugesellschaft, Leipzig-Sellershausen.)

puffventil *23* bis *25* und dem Schlagkolben *29*. Die Luftschwingungen der Pumpe werden bei heruntergedrücktem Drücker *2* in den Pistolenzylinder weitergeleitet, so daß der Schlagkolben im Gleichtakt mit dem Pumpen-kolben schwingt. Bei geschlossenem Schieber tritt die schwingende Luft, um durch fortwährendes Aufprallen auf demselben den Handgriff nicht unnötig zu wärmen, durch einen senkrecht zum Durchlaß des Schiebers angebrachten Schlitz und die vielen auf der Schnittzeichnung bei *B* sichtbaren Bohrungen des Handgriffs ins Freie (s. Abb. 242).

Das im oberen Pistolenzylinder eingebaute Regelventil hat den Zweck, beim Hochsaugen des Schlagkolbens den über den Einlaßschlitzen befind-lichen Zylinderraum als Luftpolster auszubilden, um den Rückschlag aufzu-fangen. Bei oberer Ruhelage des Schlagkolbens, der in dieser Stellung die

Einlaßschlitze verschlossen hält, hat das Regelventil weiter die Aufgabe, die schon etwas komprimierte Luft einzulassen, um die Arbeitsbewegung des Schlagkolbens einzuleiten, welche Bewegung nach Freiwerden der Haupteinlaßöffnungen durch die nun mit aller Macht einströmende komprimierte Luft für die Arbeitsleistung beschleunigt wird. Die überschüssige Luft entweicht nach Aufschlagen des Schlagkolbens auf dem Werkzeug durch die Auspuffklappenventile, damit die Saugspannung genügend groß wird, um das Schlagkolbengewicht zu heben.

Kolbengewicht und Kolbenhub ist mit der Pumpenkolbenhubzahl und den Druck- und Saugwirkungen so in Einklang gebracht, daß die Arbeits-

Abb. 245. Elektrische Nietmaschine.

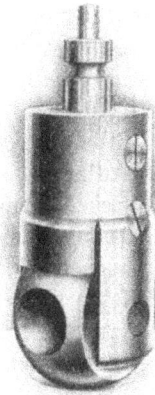

Abb. 246. Revolverdöpper.

leistung als eine gewisse Höchstleistung erscheint. Beachtung verdienen sodann die neuen elektropneumatischen Werkzeuge der Fa. Friedr. Krupp AG. Namentlich die Spezialapparate zum Unterstopfen von Eisenbahnschwellen.

Da wir nun einmal von den elektrischen und elektropneumatischen Werkzeugen sprechen, so soll auch nicht unerwähnt bleiben, daß sich in neuerer Zeit nicht selten eine gewisse Abneigung gegen die pneumatischen Kniehebel-Nietmaschinen geltend macht. Nicht nur der Umstand, daß die elektrischen Nietmaschinen nicht, wie die hydraulischen und pneumatischen Maschinen, von einer besonderen Kraftanlage abhängig sind, hat oftmals zu einer Bevorzugung der elektrischen Nietmaschinen geführt, sondern auch die Erkenntnis, daß das letztere System technische und wirtschaftliche Vorteile besitzt. Die Leipziger Maschinenbau-Gesellschaft hat auf Grund jahrelanger praktischer Erfahrungen, die sie als Spezialfirma in der Niettechnik sammeln konnte, die Konstruktion der elektrischen Nietmaschinen außerordentlich gefördert, und diesem Produktionszweig — neben ihren pneumatischen und hydraulischen Nietmaschinen — besondere Aufmerksamkeit zugewandt. Die elektrischen Nietmaschinen werden durch einen in jeder Lage arbeitenden Spezialmotor angetrieben; ein auf der verlängerten Motorwelle sitzendes Schwungrad gibt im Augenblick der Druckerzeugung die erforderliche Energie ab, so daß der Elektromotor im Augenblick des Nietens nur mäßig belastet wird und deshalb verhältnismäßig klein gewählt werden konnte. Die Bewegung des Schwungrades wird mit Hilfe einer in diesem eingebauten, auf einer Schneckenwelle sitzenden Gleitkupplung auf das den Kurbelmechanismus betätigende Schneckenrad übertragen. Die schon erwähnte Gleitkupplung wird für eine Maximalkraft eingestellt und sichert den Bewegungsmechanismus vor übermäßiger Beanspruchung. Der Kniehebelmechanismus erhält seine Bewegung von dem Kurbelgetriebe.

Auch bei der elektrischen Nietmaschine ist es möglich — was von besonderer Bedeutung ist! — den vollen Enddruck auf dem Niet beliebig lange Zeit bestehen zu lassen. Ohne diese Möglichkeit ist eine dampfdichte und einwandsfreie Kesselnietung nicht denkbar.

Die elektrische Kniehebelnietmaschine arbeitet genau so wie die pneumatische in allen Lagen. Es gibt auch hier einfache, halbuniversale und ganzuniversale Aufhängearten. Die vorgenannte Firma hat in der Niettechnik zudem allerlei Neuheiten geschaffen, die namentlich die elektrische Nietmaschine als besonders geeignet für Spezialarbeiten in den verschiedensten Branchen erscheinen läßt. Als Beispiel sei nur eine sog. Nietzange erwähnt, die beim Nieten kleiner Profile und überall da angewandt wird, wo man mit der Nietmaschine selbst nicht ordentlich herankommen kann. Die Zange besteht aus einem oberen und einem unteren Balken, welche die Schenkel bilden. Der untere Schenkel ist nun auf dem unteren Horn der Nietmaschine befestigt, während der obere gelenkartig mit der Döpperspindel verbunden ist. Der obere Zangenschenkel erhält die zum Nieten erforderliche Bewegung von der Döpperspindel. Das vordere kürzere Zangenteil, das den Döpper trägt, drückt den Niet, während das andere Zangenende sich auf eine einstellbare Druckschraube stützt. Es existieren noch eine ganze Menge ähnlicher Sondervorrichtungen, deren Aufzählung und Beschreibung hier zu weit führen würde. Erwähnt sei nur noch ein Revolverdöpper. Seine Verwendung und Arbeitsweise liegen klar zutage. Der eigentliche Döpper besteht aus einer beiderseitig abgeflachten Kugel, die in einem Gabelstück drehbar gelagert ist. Das letztere wird mittels eines Zapfens in der Spindel drehbar gehalten. Auf dem Umfang der Döpperkugeloberfläche sind an vier einander gegenüberliegenden Stellen für den jeweiligen Zweck in Frage kommende Nietkopfformen den Materialstärken entsprechend eingedreht.

Die elektrischen Nietmaschinen werden in verschiedenen Größen, bis zu 130000 kg Schließdruck (für 40 mm starke Kesselniete), hergestellt. Der Kraftbedarf beträgt je nach Größe der Maschine 0,8 bis 1,5 PS.

Ungefähre Endtemperaturen der Luft

bei Kompression derselben von 1 Atm. abs. bis auf 11 Atm. abs.
bei der Anfangstemperatur von 20⁰ Cels.

p. Atm. abs.	T. ⁰ Cels.	p. Atm. abs.	T. ⁰ Cels.	p. Atm. abs.	T. ⁰ Cels.
1,0	20	2,4	76	5,0	131
1,2	33	2,6	81	6,0	146
1,4	41	2,8	86	7,0	160
1,6	49	3,0	92	8,0	172
1,8	56	3,5	104	9,0	183
2,0	63	4,0	115	10,0	192
2,2	70	4,5	123	11,0	201

Einstufiger, einfachwirkender E. Kompr. für 0,3cbm Ansaug.

Fahrbarer, zweistuf.-Einzylinderkompr. mit elektr. Motor.

Zweistuf. Einzylinderkompr. für 1/2 cm Saugleistung pr. Minute.

Zweistuf. Einzylinderkompr. in Zwillings – Anordnung.

Zwickauer Maschinenfabrik

Kompressoren

Zwickau i. Sa.

Fahrbarer, zweistuf.-Einzylinderkompr. für Grubenbetrieb.

Einstuf. doppeltwirk. Riemenkompr. für 2 cbm Saugleistung pr. Minute.

Fahrbarer, zweistuf. Einzylinderkompr. mit Benzin-Motor.

Zweistuf. Einzylinderkompr. für 7 cbm Saugleistung pr. Minute.

335400 Kilowattstunden
jährliche Stromersparnis

durch unsere

selbsttätige
Lehrlaufanlaßvorrichtung

D. R.-Patente **System Ibach** Auslands-Pat.

mit besonders patentierter

Nullspannungsauslösung

(selbsttätige Einschaltung der Anlage bei
Wiederkehr des Stromes)

*

Unentbehrlich für Kompressoren,
Akkumulatoren und Pumpen

Hundt & Weber
G. m. b. H.

Geisweid (Kr. Siegen)

(4)

Preßluftmesser

Dampfmesser

Über 1700 Apparate über und
unter Tage in Betrieb

Vertreter-Besuch und Beratung kostenlos

FEODOR STABE

APPARATE - BAU - ANSTALT

BERLIN SO 26

Telephon: Moritzplatz 10961   (15)

Telegramme: Meßapparat

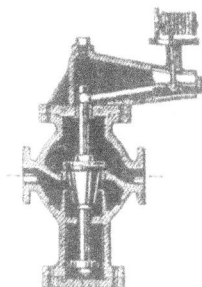

Unsere

Preßluft-
Spitzhacke

erhöht die Förderung, beseitigt das
Schießen, ergibt reine Kohle

ist mit Holzstiel ausgerüstet, arbeitet

nur beim Aufsetzen

D. R. P. und Auslands-Patente angemeldet
Einzelheiten durch D. R. G. M. geschützt

Wir liefern ferner:

Rollen-Rutschen	**Luftreiniger**
feststehende Rutschen	**Bohrhämmer**
Seitenkipper für Preßluft-betrieb	selbsttätige **Vorschub-einrichtungen** für Bohrhämmer
Kappenwinkel	

etc. etc.

Hauhinco

Maschinenfabrik
G. Hausherr, E. Hinselmann & Co.
G. m. b. H.

(17)

Fernsprecher 195 u. 776 **Essen** Telegr.-Adr.: Hauhinco

Vollständige
Druckluft-Anlagen

mit vorzüglichen Ventil-
Kompressoren

★

Preßluft-Werkzeuge

★

Alle Arten von
Preßluft-Armaturen

Deutsche Werke

AKTIEN-GESELLSCHAFT, BERLIN

H.S.& E. MISSMAHL

KOMD.-GES.

Spezialfabrik für Preßluft-Werkzeuge

DÜSSELDORF 53

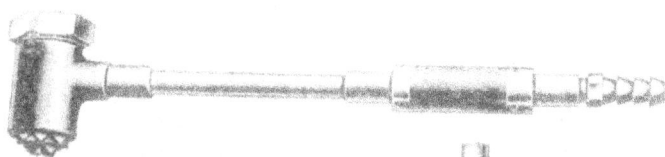

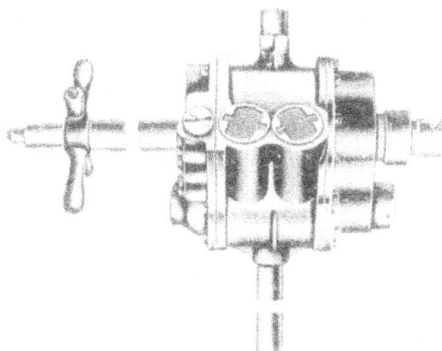

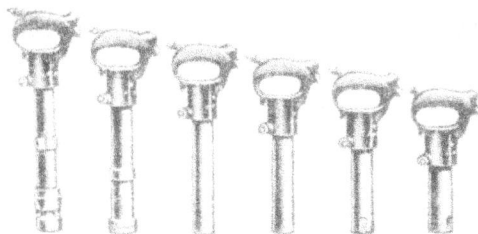

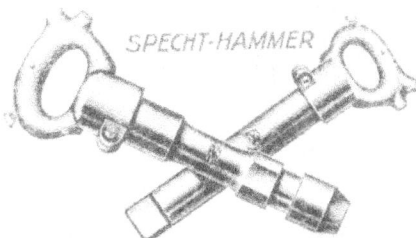

SPECHT-HAMMER

(9)

Hochwertige

Edelstähle

für alle Verwendungszwecke bei höchster
Beanspruchung,

Werkzeugstähle,
Schnellarbeitsstahl

Spezialität:

Marke „Becker Iridium"
und „Iridium Extra"

D. R.-P. Nr. 281386

Kugellager- und Kugelstahl,
Präzisions-Silberstahl.

Baustähle

in Nickelstahl, Nickelchromstahl und unlegierten Qualitäten
für Automobil-, Luftfahrzeug-, Schiff- und Motorenbau für
höchste Beanspruchung geeignet

Stahlwerk Becker

A.-G.

Willich-Rhld.

HOCHLEISTUNGS-PRESSLUFTWERKZEUGE

MASCHINENFABRIK SÜRTH
ZWEIGNIEDERLASSUNG DER GES. FÜR LINDE'S EISMASCHINEN A.G.
(FRÜHER DOAG) SÜRTH ⁰ KÖLN

Wir liefern:

Vollständige Preßluftanlagen

für Kesselschmieden
" Eisenkonstruktions-Werkstätten
" Lokomotivfabriken
" Eisengießereien
" Waggon- und Brückenbau-Anstalten

preiswert
und in
vollendeter Ausführung
nach eigenen Patenten

Maschinenfabrik Sürth, Sürth bei Köln am Rhein

(12)

Delbag bedeutet

Reinluft für
Preßluftwerkzeuge

durch leicht anzubringende, ölhaltbenetzte **Metallfilter** von geringem Gewicht.
Die Betriebsluft wird vor dem Gebrauch hochgereinigt. Wirkungsgrad bis 97%.
Kein Werkzeugverschleß. Lieferant aller maßgebenden Preßluftfirmen.
Sonderdrucke zu Diensten. Zahlreiche Schutzrechte.

Deutsche Luftfilter-Baugesellschaft m. b. H.
Berlin NW 7, Dorotheenstraße 117

Leipziger
Maschinenbau-Gesellschaft m. b. H.
Leipzig-Sellerhausen

liefert

Nietmaschinen

aller Systeme

*

Als Spezialität

Nietmaschinen mit elektr. Antrieb

SCHOELLERSTAHL
FÜR PRESSLUFT = WERKZEUGE

I. Für Lokomotiv = und Waggonbau, Schiffswerften,
Kesselschmieden und Eisenkonstruktions = Bau.

FÜR PRESSLUFT = MEISSEL:

Schoeller = Tiegelguß = Edelstahl »SUPERIOR«, mittelhart,
Schoeller »SPEZIAL W. Z.«,
legiert für höchste Leistungen.

FÜR PRESSLUFT = DÖPPER
UND SCHELLEISEN:

Schoeller = Tiegelguß = Edelstahl »SUPERIOR«, zähhart,
Schoeller »SPEZIAL W. Z. D«,
Schoeller »SPEZIAL AEROPNEU«,
legiert für höchste Leistungen.

II. Für Steinbearbeitung,

anerkannt erstklassige, aus reinstem steirischen Rohmaterial erzeugte

GESTEINS = BOHRSTÄHLE:

VOLLBOHRSTAHL: rund, sechskantig und achtkantig,
SCHLANGENBOHRSTAHL: in allen gebräuchlichen Profilen,
HOHLBOHRSTAHL: nach eigenem Verfahren hergestellt, rund,
sechskantig und achtkantig, bis 33 mm Durchmesser.

Die genannten Gesteins = Bearbeitungsstähle werden für alle vorkommenden
Gesteinsarten in verschiedenen Härtegraden geliefert / In allen erwähnten
Qualitäten umfangreiche Vorräte auf unseren deutschen Lagern.

Schoellerstahl = Gesellschaft m. b. H.

Zentrale: Berlin W. 57, Bülowstr. 66 / Tel. Lützow 8824/25

FILIALEN:

Frankfurt a. M., Tel. Hansa 6930 / Nürnberg, Tel. 2395
Breslau, Tel. Ring 4820=22 / Halle a. S., Tel. 2025 / Düsseldorf, Tel. 4221
u. 2221 / Chemnitz, Tel. 2250 / Leipzig, Tel. 13581 u. 31281

Telegr. = Adr.: SCHOELLERSTAHL   (5)

Rheinwerk

Preßluftwerkzeuge
für jeden Zweck

Preßluftarmaturen
und Schläuche

(18)

Preßluft-Anlagen
jeder Art und Größe

Maschinenfabrik Rheinwerk
Aktiengesellschaft
Langerfeld b/Barmen

Düsterloh

Fabrik guter

PRESSLUFT-WERKZEUGE

Abtlg. B.
für die Eisen-Industrie:

NIETHÄMMER
MEISSELHÄMMER
EISENBOHRMASCHINEN

G. DÜSTERLOH
Fabrik für Bergwerksbedarf G.m.b.H.
Sprockhövel i/W.

SÜRTHER

HOCHLEISTUNGS-BOHRHÄMMER

MASCHINENFABRIK SÜRTH

ZWEIGNIEDERLASSUNG DER GES FÜR LINDE'S EISMASCHINEN A G

(FRÜHER DOAG) SÜRTH b. KÖLN

Wir liefern: vollständige Preßluft-Bohranlagen für jeden Verwendungszweck

---

Fein-Hammer Patent Berner

elektropneumatisches Schlagwerkzeug

zum Nieten / Meißeln / Stemmen u.w.

Billiger

Ersatz für

Preßluft

C.&E. Fein Stuttgart 47

Zweigniederlassung in

BERLIN SW 11
Bernburgerstraße 31

FRANKFURT a. M.
Weserstraße 22

HAMBURG
Mönckebergstraße 9

ZÜRICH, Rennweg 35

„Airostyle"

Preßluft-
Spritzapparate

für einfachen Anstrich
„ feinste Lackierung
„ künstl. Dekoration
„ feinste Retusche

Lackier-Automaten für Massenartikel

(3)

Luftkompressoren
Dentilationsanlagen · Sandstrahlgebläse

A. Krautzberger & Co. G.m.b.h. Holzhausen 207 bei Leipzig

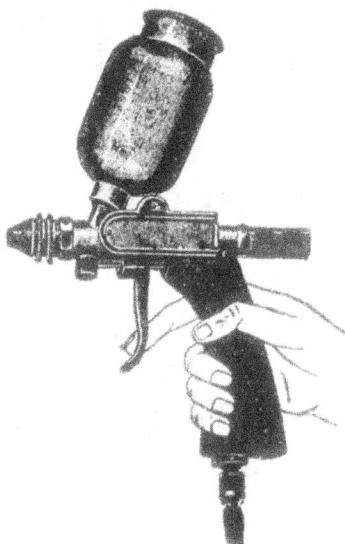

DIE GIESSEREI

Zeitschrift für die Wirtschaft und Technik des Gießereiwesens

herausgegeben vom

Verein Deutscher Eisengießereien, Gießereiverband, in Düsseldorf

Schriftleitung: Dr. Ing. Geilenkirchen in Düsseldorf

IX. Jahrgang 1922

Probenummern stehen auf Wunsch kostenlos zur Verfügung.

GIESSEREI=HANDBUCH

herausgegeben vom

Verein Deutscher Eisengießereien, Gießereiverband, in Düsseldorf

275 Seiten. gr. 8°. II. Auflage erscheint Ende 1922.

Das Gießerei=Handbuch soll allen denen, die mit dem Gießereiwesen oder mit seinen Erzeug=
nissen zu tun haben, den vorhandenen Stoff über die Technik und Wirtschaft des Gießereiwesens
gesammelt aus allen verfügbaren Quellen übersichtlich geordnet darbieten.
Die Preise sind jederzeit durch Buchhandlungen oder direkt vom Verlag zu erfahren.

R. OLDENBOURG / MÜNCHEN UND BERLIN

COLDITZER

MASCHINENFABRIK

(16)

COLDITZ i. Sa.

Fernsprecher Nr. 25
Telegr.: Maschinenfabrik Colditz

20 jährige Sonderheit:

Kompressoren

für Luft u. alle Gase bis 200 at Druck

Luftpumpen

Verlangen Sie unsere Druckschrift
Nr. 180

GARGOYLE

Eingetragenes Schutzmarke

Schmieroele und Fette
für alle besonderen Zwecke

Preßluftwerkzeugoele, Bohroele
usw.

Deutsche Vacuum Oel Aktiengesellschaft
Hamburg, Semperhaus

Verkaufsabteilungen: Berlin, Dresden, Düsseldorf, Frankfurt a. M.
Hamburg, Nürnberg
Erdoelraffinerien bei Hamburg und bei Bremen

3)

www.ingramcontent.com/pod-product-compliance
Lightning Source LLC
Chambersburg PA
CBHW081530190326
41458CB00015B/5506